南药传承创新 系列丛书

中国缅甸传统药物纲要

主编·赵荣华

俞 捷 孙永林

上海科学技术出版社

图书在版编目（CIP）数据

中国缅甸传统药物纲要 ／ 赵荣华，俞捷，孙永林主
编. -- 上海 ： 上海科学技术出版社，2020.5
（南药传承创新系列丛书 ／ 赵荣华，张荣平总主编）
ISBN 978-7-5478-4926-2

Ⅰ．①中… Ⅱ．①赵… ②俞… ③孙… Ⅲ．①药用植
物－研究－缅甸 Ⅳ．①S567

中国版本图书馆CIP数据核字 (2020) 第077666号

中国缅甸传统药物纲要
主编·赵荣华　俞　捷　孙永林

上海世纪出版（集团）有限公司
上 海 科 学 技 术 出 版 社 出版、发行
（上海钦州南路71号　邮政编码200235　www.sstp.cn）
上海雅昌艺术印刷有限公司印刷

开本 787×1092　1/16　印张 17
字数：400千字
2020年5月第1版　2020年5月第1次印刷
ISBN 978-7-5478-4926-2/R·2092
定价：98.00元

内容提要

缅甸与中国相邻，生态环境多样，蕴藏着丰富的药用植物资源，是我国进口药材的主要国家之一。本书从中缅传统药用植物中筛选出 400 余种，论述其中文名、异名、缅甸名、民族药名、分布、用途以及成分药理，还涉及我国民族用药经验以及世界上其他地区对该植物的药用论述。本书对实施国家"一带一路"倡议，中缅双方联合开展药用植物的研究、应用以及在缅甸开展中药材的种植，从源头上控制进口药材质量提供了重要的依据。

本书可供从事缅甸传统药物研究、进口药材研究以及中国民族医药研究的学者参考阅读。

"南药传承创新系列丛书"

序 一

　　南药是指亚洲南部(南亚)和东南部(东南亚)、非洲、拉丁美洲热带、亚热带所产的药材及我国长江以南的热带、亚热带地区,大体以北纬25°为界的广东、广西、福建南部、台湾、云南所产的道地药材。南药是亚非拉各国人民和我国各民族应用传统药物防病治病的经验结晶,是中外传统药物交流应用的精华,也是我国与各国人民团结合作的历史见证。

　　南药有着悠久的历史,汉代非洲象牙、红海乳香已引入国内。盛唐时朝,中外文化交流十分频繁,各国贾商、文化使者涌入中国,医药文化的交流是重要组成部分。李珣的《海药本草》,全书共六卷,现存佚文中载药124种,其中大多数药物是从海外传入或从海外移植到中国南方,而且香药记载较多,对介绍国外输入的药物知识和补遗中国本草方面作出了贡献,如龙脑出波律国、没药出波斯国、降香出大秦国、肉豆蔻出昆仑国等。唐代海上丝绸之路途经90余个国家和地区,全程约1.4万千米,大批阿拉伯人主要经营香药贸易,乳香、没药、血竭、木香等阿拉伯药材随之传入中国。宋元时期进口大量"蕃药",《圣济总录》"诸风门"有乳香丸、没药散、安息香丸等,以"蕃药"为主的成药计28种。明代郑和七下西洋,为所到达的西洋各国居民防病治病,传授医学知识,以此作为和平外交的重要内容。通过朝贡贸易,从国外输入香药以及包括各种食用调料和药材,朝贡采购的药物有犀角、羚羊角、丁香、乳香、没药、木鳖子、燕窝等29种以上,船队也带出中国本土的麝香、大黄、茯苓、肉桂、姜等中药,作为与各国进行交换和赐赠的物品,既丰富了中药资源,又促进了中医药的发展,给传统医药国际合作与交流树立了典范。

　　当前,建设"一带一路"和构建人类命运共同体等倡议正不断深化,卫生与健康是人类共同体的重要组成部分,而南药作为海上丝绸之路沿线国家防病治病的手段又具有特殊的意义。云南中医药大学因势利导、精心组织出版的南药传承创新系列丛书,从历史古籍、文化传承、现代研究、中外交流等多方面进行系统研究，构建了南药完整的理论体系，通过传承精华、守正创新，将有利于加强中国与"一带一路"沿线亚非拉国家在传统医药中的合作，实现更大范围、更高水平、更深层次的大开放、大交流、大融合，实现以传统中医药来促进"一带一路"国家民心相通，"让中医药更好地走向世界、让世界更好地了解中医药"，共绘中医药增进人类健康福祉的美好愿景。

有鉴于此，乐为之序。

中国工程院院士

中国医学科学院药用植物研究所名誉所长、教授

2020 年 4 月

"南药传承创新系列丛书"
序 二

∾∾

  "南药"称谓有多种解释,有广义和狭义之分,有不同国度之分,也有南药与大南药之分。本书采用肖培根先生的定义,即泛指原产于亚洲、非洲、拉丁美洲热带、亚热带地区的药材,在我国主产区包括传统南药和广药生产区域。南药不仅蕴含我国南药产区数千年来中华民族应用植物药防治疾病的宝贵经验和智慧,而且汇集了热带、亚热带地区中、外南药原产地各国人民的传统医药知识和临床经验,是中外传统医药"一带一路"交流互鉴的重要历史见证。对南药进行传承创新研究,将为丰富我国中药资源,推动中医药的发展起到重要的作用。

  南药的历史记载可以追溯到公元前 300 年左右的《南方草木状》,迄今已有 2 300 多年。随着环境变迁、人类进步、社会发展,南药被注入多样性的科学内涵。我国南药物种资源丰富、蕴藏量大,原产或主产于多民族聚集区域,不同民族或用同一种药物治疗不同的疾病或用不同的药物治疗同一种疾病,这种民族医药的多样性构成了南药应用的多样性。南药是中成药和临床配方的重要药材,除了槟榔、益智、砂仁、巴戟天四大著名南药外,许多道地药材如肉桂、血竭等,也是重要的传统南药,在我国有悠久的应用历史。很多南药来自海外,合理开发利用东南亚、南亚国家药用资源对我国医药工业可持续发展同样起到了促进作用。

  云南地处我国西南边陲,西双版纳、德宏、普洱、瑞丽等地与缅甸、老挝、越南相连,边界线总长达 4 060 千米,有 15 个少数民族世居在边境一带,形成了水乳交融、特色突出的南药体系。边疆民族地区良好的生态环境为发展南药种植提供了良好的条件。近几年来,边境地区南药的发展在精准扶贫,实现边境稳定、民族团结中发挥了重要作用。

  云南省政府近年来把生物医药"大健康"产业作为重大和支柱产业加以培育和发展,一直非常重视南药的发展。云南中医药大学在云南省政府的支持下,联合昆明医科大学、中国科学院昆明植物研究所、中国医学科学院药用植物研究所云南分所、广州中医药大学、云南白药集团等单位，于 2013 年成立了"南药研究协同创新中心"，通过联结学校、科研机构、企业，组成协同创新联盟，搭建面向国内外的南药研究协同创新平台，系统开展了南药文化、南药古籍文献整理、重要南药品种等研究，取得一系列重要的研究成果，逐步成为国内外南药学术研究、行业产业共性技术研发和区域创新发展的重要基地，在国家药物创新体系建设中发挥了重要作用。

云南中医药大学以"南药研究协同创新中心"为平台，邀请一批国内专家学者，编写了"南药传承创新系列丛书"，全面系统地总结了我国南药的历史和现状，为南药的进一步开发利用提供科学依据和研究思路。本书的初衷在于汇集、整理中国南药（South-drug in China）的历史记载、民间应用、科学研究之大成，试图赋予南药系统的、科学的表征。丛书的出版必将推动南药传承创新，扩大中药资源，丰富、发展中医药文化，促进我国与东南亚、南亚等国家在传统医药中的合作与交流，以及在实施国家"一带一路"倡议、构建南药民族经济发展带、推动云南"大健康"事业发展、实现边疆民族经济与社会的协调发展中发挥重要的作用。

中国科学院院士

中国科学院昆明植物研究所研究员

2020 年 4 月

前　言

　　中医药文化是中国历史发展长河中浓墨重彩的一笔,始于炎帝神农氏尝百草、作方书、疗民疾,盛于各朝各代之先贤,今时虽有西医之灼灼,然不掩中医之韶华。逢天时、地利、人和,乘国家发展之强劲,攀科技进步之迅疾,得政策扶持之力度,今中医药发展与时俱进,勇创新、释古义、补短板、合西理、阐机制,而有大成。古云"诸药以草为本",医和药在中医体系中已呈均分之势。

　　上善若水,厚德载物,友邻之邦,守望相助。恰逢"一带一路"倡议蓬勃发展之际,作为中医药人,满腔之喜,愿为国家发展尽一份绵薄之力。彩云之南,国境之边,云南与缅甸、老挝、越南毗邻而居,边界线达4 060千米,其中中缅边界绵延1 997千米。缅甸全称缅甸联邦共和国,其东北部与中国云南、西藏接壤,是中国"一带一路"向南开放、开展区域合作的重要门户。缅甸是一个历史悠久的文明古国,传统医药发展富有独特之处。缅甸传统医药获益于得天独厚的地理和气候条件,其药用植物资源丰富,缅甸传统药物的配方原料主要来源于当地各种可得可用的药用植物。近年来,缅甸政府非常重视传统医药的传承和发展,在卫生体育部成立传统医药司,在曼德勒成立了曼德勒传统医药大学,专门培养传统医药人才,在全国建立9个草药园和3个传统医药博物馆,并出版《缅甸传统医药手册》《缅甸药用植物》等书籍,为传统医药在缅甸的发展奠定了坚实基础。

　　作为依山带水之邻,中缅两国共有药材品种众多,15个跨境民族在传统医药方面长期交流,民众接受度很高,在诊治和用药方面颇具相通之处,为中缅两国传统医药合作创造了良好的条件。在中国"一带一路"倡议下,云南中医药大学与缅甸传统医药的合作更进一步、更深一层,相继成立了"中国—缅甸中医药中心"和"南亚东南亚传统医药防治代谢性疾病联合研究中心",为中医和缅甸传统医药共同发展铺就了道路、搭建了平台。在相关政策和资金的扶持下,中缅传统医药课题组成员在云南省政府以及科技厅、教育厅和云南中医药大学领导的大力支持下，多次到缅甸义诊，考察缅甸传统药物市场，对中缅传统药用植物资源进行比较研究，根据中缅两国药典、植物志以及相关专著，撰写了《中国缅甸传统药物纲要》一书。本书共著录了466种中国缅甸传统药用植物，明其拉丁学名，校其英文名、中文名和缅甸名，究其地理分布，述其药性和成分，详列临床、民间应用方法和注意事项。本书可作为研究中缅传统药用植物药性、作用和分布的重要工具书，对共同开展珍稀传统药物资源保护，防治热带重大疾病、多发病药物的开发，建立中药材种植基地以及对研究中缅医药技术、文化具有重要的参考价值。

　　一书虽成，心绪难平；中缅医药，任重道远。愿吾辈中人，步步有印，且行且成之。本书在资料收集和整理过程中得到了云南中医药大学、本书编委会各位专家及课题组研究生、本科生的大力支持，在此深表感谢！由于编者专业水平有限，编撰工作量大，疏漏和不足之处在所难免，敬请读者提出宝贵意见和建议。

编者

2020年4月于春城

目　录

Abelmoschus esculentus（L.）Moench
咖啡黄葵

【异名】 越南芝麻（湖南），羊角豆（广东），胡麻（《上海植物名录》），秋葵。

【缅甸名】 yonbade。

【分布】 原产于印度，广泛栽培于热带和亚热带地区。中国河北、山东、江苏、浙江、湖南、湖北、云南和广东等地有栽培。在缅甸广泛种植。

【用途】
缅药 果实：用作胃药和润肤剂。
其他：在印度，根入阳痿汤。

Abelmoschus moschatus Medik.
黄葵

【异名】 山油麻（福建），野油麻、野棉花、芙蓉麻（广西、云南），鸟笼胶（广东），假三稔、山芙蓉（海南），香秋葵（云南）。

【缅甸名】 balu-wah, kon-kado, taw-wah。

【分布】 分布于亚洲的热带地区。在中国台湾、广东、广西、江西、湖南和云南等地有栽培或野生。在缅甸分布于马圭、曼德勒、掸邦和仰光。

【用途】
缅药 1. 叶、根：制作膏药。
2. 花、果实：据记载有治疗遗精的功效。
3. 种子：据记载有滋补、利尿、解痉的功效。
4. 根：磨碎，治疗疖子和肿胀。
毛南药 根：治飞疗。
其他：在印度，种子用作兴奋剂、止痉挛剂、胃药、滋补剂和催情剂。

Abroma augustum（L.）L. f.
印度大麻

【缅甸名】 နွားသဘော

mway-ma-naing, mway-seik-phay-pin, nga-be, ulat-kamba。

【分布】 分布于喜马拉雅山脉、印度北部、中国东部、密克罗尼西亚和马来西亚。在缅甸广泛种植。

【用途】
缅药 根：治疗月经不调。
其他：在印度，新鲜或干燥的根皮用于子宫保健和催乳剂；根治疗瘙痒；新鲜的果汁治疗痛经。在印度尼西亚，根治疗瘙痒。

Abrus precatorius L.
相思子

【异名】 相思豆、红豆（广东），相思藤、猴子眼（广西），鸡母珠（台湾）。

【缅甸名】 ရွှေးပင်ချင်ရွှေးပင်

chek-awn, ywe, ywe-nge, ywe-new, ywenge。

【民族药名】 Yugere 玉格热（德昂药）；Mytbun muq（景颇药）；Aleg borqig 阿拉格宝日其格、哈日-乌兰-宝日其格（蒙药）；xiesysysyr 写似泗、义莫聂能色（彝药）。

【分布】 分布于热带地区。在中国分布于台湾、广东、广西、云南。在缅甸广泛分布。

【用途】
缅药 1. 叶：治疗喉咙痛；和芥末油、泥一起压碎，擦在皮肤上或作为膏药贴在患处，治疗肿胀、关节和肌肉僵硬；压碎后的油涂在皮肤上治疗疼痛；叶汁加牛奶治疗糖尿病患者的排尿过多。
2. 种子：催吐；用作泻药；制成粉末吸入治疗严重头痛。
3. 根：用作祛痰药；洗净后晒干，与糖混合治疗痔疮；水浸液治疗白带过多。
4. 种子、根：粉末与椰子水同服治疗痔疮。
德昂药 根、藤、叶：治咽喉肿痛、肝炎（《德宏药录》）。
景颇药 效用同德昂药。
蒙药 种子：治血瘀、"希日"病、子宫痞、闭经、难产、胎衣滞留(《蒙药》)。

维药　种子:治寒性阳痿、气虚阳痿、精液不足、湿性健忘、水肿、白癜风、肌腐不愈、视力下降、精神不振、思绪烦躁(《维药志》)。

彝药　1. 根:治高热烦躁、昏迷不醒、大便秘结。

2. 果实:治便秘腹胀。

3. 种子:治便秘和久治不愈的尿道感染(《滇省志》《哀牢》)。

藏药　种子:治妇科病、经脉阻滞、胎衣不下、月经不调、痞块、肝痞瘤、六腑痞瘤、六腑虫病(《藏本草》《中国藏药》)。

其他:种子经煮熟后,毒性被破坏,可作为一种补品。种子以前用于医学,尤其是眼科。

【成分药理】　破碎的种子有毒,中毒症状在2～3小时不等的潜伏期后出现,几日后就会出现严重的胃肠炎,伴有腹泻、痉挛和呕吐。

Acacia catechu（L. f.）Willd.
儿茶

【异名】　乌爹泥、孩儿茶(《本草纲目》),西谢。

【缅甸名】　ရှားပင်၊ရှားစေးပင်

mung-ting, nya, sha, shaji, tun-sa-se。

【民族药名】　锅西泻(傣药);卡提印地(维药);月多甲、堆甲、桑当加保(藏药);儿茶(德昂药)。

【分布】　主要分布于印度、非洲东部。在中国分布于云南、广西、广东、浙江及台湾,其中除云南有野生外,其余均为引种。在缅甸主要分布于马圭和曼德勒。

【用途】

缅药　1. 树皮:用作收敛剂。

2. 木材:提取物治疗皮肤溃疡。

傣药　1. 树皮、枝条、树脂、儿茶膏:治刀枪伤、外伤出血、烫烧伤、湿疹、皮肤溃烂疮疔、皮肤瘙痒、疮疡久不收口、斑疹、疥癣、痢疾、腹泻。

2. 枝干:治痰热咳嗽、消渴、吐血、衄血、尿血、血痢、血崩、小儿消化不良、牙疳、口疮、喉痹、湿疮、宫颈炎(《傣药志》《滇药录》《傣药录》)。

德昂药　1. 心材煎液浓缩的干膏:治咳嗽、腹泻、小儿消化不良、疮疡久不收口。

2. 枝干煎液浓缩膏:治湿热型或血液性质疾病、肠道生虫、湿性腹泻、热性牙周炎、牙龈出血、口腔疼痛、麻风黄痘、滑精、遗精、小便赤烧(《德宏药录》)。

蒙药　效用同德昂药。

维药　带叶嫩枝的干燥煎膏:治肠道生虫、湿性腹泻、热性牙周炎、牙龈出血、口腔疼痛、麻风、黄疸、滑精、遗精早泄、小便赤烧、坏血病、胃肠痈疡、多涎口臭;外用治疮疖肿毒、溃疡不敛、湿疹、跌打伤痛、外伤出血(《维药志》)。

彝药　心材煎液浓缩的干膏:治黄疸、麻风、坏血病、遗精早泄、胃肠痈疡、小便短赤、多涎口臭;外用治疮疖肿毒(《哀牢》)。

藏药　1. 浸膏:治痰热、咳嗽、口渴、骨节病、麻风病、下疳、痔肿、牙痛、急性扁桃体炎、痢疾、肺结核咳血、跌打损伤、外伤出血、烧烫伤、水肿、宫颈糜烂、溃疡不敛、关节炎、湿疹、热病、口疮、梅毒病、"黄水"病;外用搽面防皱。

2. 心材煎膏:外用治牙湿疮、口疮痛、下疳、痔脚(《藏本草》《中国藏药》)。

其他:树皮治疗口腔溃疡、胸痛、肠绞痛和促进分娩;心材熬成汁治疗癌性溃疡。在中国,树脂用作退热药、催泪剂、兴奋剂、止血药、消炎药、收敛剂、矫正剂和祛痰药。

【成分药理】　含有单宁和儿茶素,还包括儿茶酚酸、儿茶酚红和槲皮素。*L-epi*-儿茶素异构体据报道有非常好的生物活性,其最重要的来源是儿茶的心材。

Acacia concinna（Willd.）DC.
藤金合欢

【缅甸名】　ကင်ပွန်းမြစ်၊

hpah-ha（Kachin），hing-hang（Chin），hla pruckkha（Mon），sot lapoot（Mon），janah lapoot（Mon），hpak ha（Shan），sum-hkawn（Shan），kin-pun chin，kinmun-gyin。

【分布】 分布于亚洲的热带和温带地区。在中国分布于江西、湖南、广东、广西、贵州、云南。在缅甸各地广泛分布。

【用途】

缅药　1. 叶：治疗中暑，减轻腹泻；水煮液治疗疟疾、便秘和腹胀；将盐、罗望子（果实）和辣椒混合后碾碎，再加幼叶汁液浸泡，可缓解黄疸和胆囊疾病；幼叶泡水治疗疲劳和腹胀；压碎叶子涂在患处可减轻肿胀。

2. 花：化痰。

3. 果实：治疗皮肤感染，促进消化，减轻便秘、胃痛；压碎果实，局部应用可中和毒蛇咬伤；用果实汤剂和柠檬汁催吐，可治疗砷中毒。

4. 叶、果实：入汤剂可治疗便秘。

Acacia farnesiana（L.）Willd.
金合欢

【异名】 鸭皂树、刺毬花、消息花、牛角花。

【缅甸名】 nan-lon-kyaing，mawk-nawn-hkam（Shan）。

【民族药名】 曲者胜、鸭皂树（傈僳药）；闹钩（壮药）。

【分布】 主要分布于美洲亚热带、热带地区。在中国分布于浙江、台湾、福建、广东、广西、云南、四川。在缅甸广泛种植。

【用途】

缅药　1. 树皮：解毒，治疗血液异常、瘙痒和溃疡；水煮液含漱可治疗牙疼、发炎、感染和牙龈出血；煮熟的树皮治疗严重腹泻。

2. 树液：据记载能增强机体活力。

3. 叶：压碎的嫩叶可治疗淋病。

傈僳药　全草：治肺结核、脓肿风湿性关节炎（《怒江志》）。

壮药　藤茎：治肝炎、肝硬化（《桂药编》）。

【成分药理】 含有倍半萜烯和法尼索。

Acacia leucophloea（Roxb.）Willd.

【缅甸名】 tanaung。

【分布】 主要分布于巴基斯坦、印度、斯里兰卡、泰国、印度尼西亚。在缅甸分布于勃固、马圭、曼德勒和掸邦。

【用途】

缅药　树皮：用作收敛剂。

Acacia nilotica（L.）Delile.
阿拉伯金合欢

【缅甸名】 babu，babul，subyu。

【分布】 原产于非洲热带地区并延伸至中东地区、阿富汗、印度，现世界多地有栽培。在中国海南、云南有引种。在缅甸广泛分布。

【用途】

缅药　树皮：用作收敛剂。

Acacia nilotica（L.）Delile.
羽叶金合欢

【异名】 蛇藤、加力酸藤、南蛇簕藤（海南）。

【缅甸名】 hsu bok gyi，htaura（Kachin），hangnan（Chin），hla-pruck-hka-hnoke（Mon），hpak-ha-awn（Shan），suboke-gyi，suyit。

【分布】 分布于亚洲孟加拉国、不丹、柬埔寨、中国、印度、老挝、缅甸、斯里兰卡、泰国、越南及印度洋安达曼群岛。在中国分布于云南、广东、福建。在缅甸广泛分布，也有栽培。

【用途】

缅药　1. 树皮：治疗哮喘和支气管炎；配伍其他药物能中和蛇毒。

2. 叶：防止愈伤组织的形成，治疗消化不良和牙龈出血。

3. 根：与蟒蛇的胆囊一起制成糊状，可治疗舌疮或舌面粗糙；治疗泌尿系统疾病和睾丸增大。

4. 叶、根：纠正气血不和，缓解咳嗽，妇科病，刺激食欲。

其他：在印度，树皮治疗头皮屑和解蛇毒。

Acalypha indica L.
热带铁苋菜

【缅甸名】　ကြွင်ရှိသပေင်

【分布】　分布于非洲热带地区和亚洲的印度、斯里兰卡、泰国、柬埔寨、越南、马来西亚、印度尼西亚、菲律宾等地。在中国分布于海南、台湾。在缅甸分布于曼德勒、仰光、德林达依。

【用途】

缅药　1. 叶：愈合溃疡，缓解疲劳、便秘、腹泻、胃痛，治疗婴儿的各种疾病；配伍印楝树的叶和汁液用作祛痰剂，煮熟服用，治疗支气管炎、腹泻和呕吐；入汤剂治疗胸膜炎、哮喘、高血压以及由血液中的杂质引起的皮肤问题，通便，缓解气管肿胀；配伍蓖麻可减轻关节疼痛；压碎后作为膏药使用，可治疗耳部感染；煮熟做成沙拉食用可治疗肺病、神经疾病、耳鸣、耳痛、胃痛。

2. 果汁：治疗癣、疥疮和皮疹；配伍印楝树汁液治疗各种原因引起的皮肤瘙痒。

【成分药理】　含有氰基葡萄糖苷、三乙酰氨基酚和奎巴卡西醇等。

Acalypha wilkesiana Muell.-Arg.
红桑

【异名】　铜树叶。

【缅甸名】　saydan-kya。

【民族药名】　雅布隆（黎药）。

【分布】　原产于太平洋岛屿（波利尼西亚或斐济），现广泛栽培于热带、亚热带地区。在中国台湾、福建、广东、海南、广西和云南有栽培。在缅甸各地广泛种植。

【用途】

缅药　清热消肿，治疗跌打损伤肿痛、烧烫伤、痈肿疮毒。

黎药　叶：杀菌。

【成分药理】　含有没食子酸、没食子苷和天竺葵素。具有抗微生物活性。

Acanthus ilicifolius L.
老鼠簕

【缅甸名】　ခရာပင်(ရေ)

kaya-chon, kha-yar, kha-yar-chon。

【分布】　主要分布于印度、波利尼西亚和澳大利亚。在中国分布于海南、广东、福建。在缅甸分布于伊洛瓦底、若开邦、德林达依和仰光。

【用途】

缅药　1. 茎：治疗蛇咬伤。

2. 叶：治疗风湿。

其他：在印度，茎和根具有抗肿瘤作用；根还治疗慢性发热。

Achyranthes aspera L.
土牛膝

【缅甸名】　kyet-mauk-pyan, kyet-mauk-sue-pyan, naukpo。

【民族药名】　棉梭梭呢（哈尼药）；怀咙、怀哦聋、蛇茎草、怀乌聋、怪俄囡、克让让（傣药）；rib ngong jag 日拱甲、红牛习、尼那节栽（彝药）；才挂脂、苟且、才麻庆姑（白药）；红牛膝、鸡骨草、粘身草、山苋菜、鸡胶骨、倒扣草（畲药）；骂狗伞、马拉耶拔（侗药）；马刻安、马坑（仡佬药）；棵嘎刀、棵达刀（壮药）；牛膝风（瑶药）；Jiox sangx ghut ghutngeil niub 酒桑喀喀列里、白牛夕、洁得闹密背（苗药）；niu kexi 牛克西（土家药）；生媛怕撒（基诺药）。

【分布】　主要分布于不丹、柬埔寨、印度、印度尼西亚、老挝、马来西亚、尼泊尔、菲律宾、斯里兰卡、泰国和越南。在中国分布于湖南、江西、福建、台湾、广东、广西、四川、云南、贵州。在缅甸分布于马圭和仰光。

【用途】

缅药 叶、花穗、种子：用作催吐剂和平喘药。

哈尼药 全草：治疗吐血、咳血、跌打损伤、脚气肿胀、肝硬化水肿、疮疖肿痛（《滇药录》）。

傣药 1. 全草：活血祛瘀，清热除湿，利尿，治感冒发热、风湿性关节炎、泌尿系统结石（《德宏药录》《傣医药》）。

2. 根、种子：治月经不调、难产、体弱盗汗（《版纳傣药》）。

3. 根、皮、嫩叶：治腹泻、痛肿、淋病、尿血、瘀血、闭经、难产、胎盘不下、喉痹、跌打损伤、腰膝骨痛（《傣药志》）。

彝药 根：治风湿性关节炎、淋病、月经不调、经来腹痛、白浊湿淋、胎盘滞留（《滇药录》《哀牢》《楚彝本草》）。

白药 根、叶：治风湿性关节炎、跌打损伤、筋骨不舒、淋证、无名肿毒、血瘀腹痛、过敏性荨麻疹（《大理资志》）。

畲药 根、全草：治骨节疼痛、腰膝痹痛、痢疾、尿道炎、经闭、白带过多、跌打损伤、痈疽肿毒（《畲医药》）。

侗药 根：治蛾喉、跌打、风湿（《桂药编》）。

仫佬药 1. 根：治痢疾。

2. 全草：治鱼骨鲠喉（《桂药编》）。

壮药 全草：治水肿、白浊、风湿性关节炎（《桂药编》）。

瑶药 治肾炎水肿、石淋、下肢关节肿痛。

苗药 1. 根：凉血止血，化瘀止痛（《苗药集》）。

2. 根、叶：治喉痛、痢疾、前痈疖、风湿骨痛、风火牙痛、肾炎、滞产、闭经、尿路结石、小儿肺炎（《湘蓝考》）。

土家药 根、全草：治腰腿痛、关节痛、蛾子（扁桃体炎）（《土家药》）。

基诺药 根、全草：治疟疾（《基诺药》）。

其他：在印度，整株治疗咳嗽；叶酒浸治疗白癜风，也可解蛇毒；根用作利尿剂、堕胎药，治疗虎、蛇咬伤以及流产后止血，配伍 *Heteropogon contortus* 的根治疗龋齿、萎缩、消瘦、恶病质，配伍 *Solanum surattense* 的根制成丸剂熏制治疗风湿病，配伍 *Randia uliginosa* 的根、槟榔叶和儿茶，磨碎并混合烈酒给药治疗肠绞窄，配伍其他药物治疗疥疮，与曼陀罗果实一起用油煮熟后治疗梅毒疮，与 *Artocarpus heterophyllus* 的花一起磨碎治疗产后不适；根皮治疗疟疾热。

Acorus calamus L.
菖蒲

【异名】 臭蒲（《唐本草注》），泥菖蒲（《本草纲目》），香蒲（上海、浙江、福建），野菖蒲（浙江），臭菖蒲（上海），溪菖蒲、野枇杷、石菖蒲、山菖蒲、水剑草、凌水挡、十香和（福建），白菖蒲（各地），水菖蒲（《滇南本草》），剑叶菖蒲、大叶菖蒲、土菖蒲（四川），家菖蒲（云南），剑菖蒲、大菖蒲（湖北），臭草（北方各地）。

【缅甸名】 လင်းနဲ
lin-ne, lin-lay。

【民族药名】 受布、三木补（景颇药）；囡考（布朗药）；沙布南、沙布蒲、含毫（傣药）；阿拍乔禾鲁玛古克、戳补补（基诺药）；乌克儿（拉祜药）；阿介苏（傈僳药）；拔踏、山江污、Ghob xangb wub 阿尚务、Jabboxongd 加保、Uabjabbuxliob 变加补略、Nbouxlenb 薄冷（苗药）；客底咪、咯底、刻地米（普米药）；菖蒲、歹十古（怒药）；夕白肿、菖蒲（佤药）；菖蒲柏（德昂药）；逞包乍、清包、水菖蒲（瑶药）；积隘喃、水蜡烛、土方便、cingfouz 青浮（壮药）；朗虾（哈尼药）；秀达那保、续达纳博、秀达那波（藏药）；查干-熟达格、依和-乌莫黑-哲格素、乌莫黑-吉格苏、乌莫黑-哲格勒（蒙药）；斯阿斯阔哈（哈萨克药）；白菖草、苍（朝药）；木吉、彝菖蒲（彝药）；伊根儿、一根儿（维药）；大胀膨（土家药);酱朴龙(侗药)。

【分布】 分布于北半球亚洲的温带和热带地区。在中国各地均有种植。在缅甸广泛分布。

【用途】

缅药 根茎:促进排尿,缓解便秘,清除体内杂质;炖根茎治疗发热、咳嗽和解毒;根茎用油烤焦后,用作局部擦剂,可减轻儿童胃痛及肿胀;根茎配伍腰果油用作擦剂,可缓解关节肿胀和肌肉酸痛;等量的干燥根茎与阿育魏果实混合后燃烧,产生的烟雾吸入后可治疗痔疮;根茎粉和热牛奶一起服用可治喉咙疮;根茎配伍穿心莲用于减轻发热;等量的根茎和烤过的 *Gardenia resinifera* 配伍服用可驱除儿童体内的蠕虫;根茎干粉配伍干姜粉、蜂蜜服用可治疗口腔、下巴和脸颊的局部麻痹;根茎粉加蜂蜜可治疗癫痫和丧失理智。

阿昌药 根茎:治感冒、头痛、肠胃炎、月经不调(《德宏药录》《滇药录》《民族药志(三)》)。

景颇药 1. 全草:治神志不清、慢性气管炎。

2. 根茎:治胃痛、腹痛(《滇省志》《滇药录》《民族药志(三)》《德宏药录》)。

布朗药 根茎、叶:治腹痛、头痛(《滇药录》《民族药志(三)》)。

傣药 根茎:治感冒、咳嗽、腹胀、腹痛、胃痛(《滇药录》《民族药志(三)》《滇药录》)。

基诺药 根茎:治消化不良、腹痛、腹胀、高热;外治痈疽疥癣、风湿骨痛、跌打损伤(《基诺药》《滇药录》)。

拉祜药 1. 根茎:治惊风、腹胀、急性胃炎、消化不良。

2. 叶:治头晕、关节炎(《滇药录》《民族药志(三)》)。

傈僳药 根茎:治感冒、腹泻、水肿(《滇药录》《民族药志(三)》)。

苗药 根茎:治耳聋、中风不语、跌打损伤、痢疾、心胃气痛,蛇风症(《苗医药》《滇药录》《滇省志》《民族药志(三)》《桂药编》)。

普米药 根茎:治胃痛、腹痛、胸腹闷胀、癫痛、神经衰弱、风湿疼痛、呕吐酸水、泄泻、痢疾(《滇药录》《滇省志》《民族药志(三)》)。

怒药 功效同普米药(《民族药志(三)》)。

佤药 根茎:治神经性头痛、痰涎壅闭、慢性气管炎、痢疾、肠炎、食欲不振、消化不良疼痛(《滇药录》《民族药志(三)》《中佤药》)。

德昂药 根茎:治肠炎腹痛、虫疾、胃炎,预防感冒头痛(《德民志》《滇省志》)。

瑶药 根茎:治失眠、遗精、腹泻、中风、气管炎、消化不良(《桂药编》)。

壮药 1. 根茎:治白浊、白带过多、脾脏肿大、浮肿。

2. 全草:治脾脏发炎、治咽喉炎、外伤出血(《桂药编》)。

仫佬药 花:治刀伤出血(《桂药编》)。

哈尼药 根茎:治慢性气管炎、肠炎、食欲不振(《版纳哈尼药》)。

藏药 根茎:补胃阳,治胃炎、关节炎、消化不良、食物积滞、白喉、炭疽、胃寒、蛔虫引起的腹部剧痛、腹胀、风寒湿痹、瘟疫时热、乳蛾炎、健忘;外用治疮疖肿毒、皮肤疥癣、溃疡(《民族药志(三)》《藏本草》《中国藏药》《藏标》《滇省志》《滇药录》《部藏标》)。

蒙药 根茎:治痰涎壅闭、神志不清、慢性支气管炎、痢疾、肠炎、腹胀腹痛、食欲不振、风寒湿痹、消化不良、胃寒、食积、"发症"、结喉、"希日乌素"病、关节痛、麻风病、关节炎、"赫依"病、"协日乌素"病(《蒙药》《蒙植药志》《民族药志(三)》)。

哈萨克药 根茎:治风湿性关节炎、腰酸腿痛、妇科病。

朝药 1. 全草:治慢性胃炎、神经衰弱、健忘证、鼓胀腹痛、淋巴结核、湿疹、中耳炎(《民族药志(三)》)。

2. 根茎:治呕吐、泻痢、中耳炎、水癣、湿疹(《朝药志》)。

彝药 根茎:治慢性气管炎、化脓性角膜炎、菌痢、肠炎;根茎泡酒治腹冷痛、食隔(《滇药录》《彝植药》《民族药志(三)》)。

维药 根茎:治四肢麻木、瘫痪、口舌生疮、咳嗽气喘、气管挛紧、小便短赤、尿路结石疼痛、胃腹湿寒疼痛、高血压、心脏病、肠炎痢疾、咽喉肿痛、疮疖肿毒、湿疹(《民族药志(三)》《维药志》)。

土家药 全草:治腹痛、心口痛、风火牙痛(《土家药》)。

侗药 根茎:治头痛。

Adenanthera pavonina L.
海红豆

【异名】 海红豆(《益部方物记略》),红豆、孔雀豆、相思格(广东),臭屎姜,蓬莪茂,山姜黄。

【缅甸名】 မယ်ချိန်

mai-chek, ywe, ywe-gyi, ywe-ni。

【民族药名】 糯埋蓬蝶、麻亮、罗埋朋蝶(傣药);特生(基诺药)。

【分布】 在东南亚,主要分布于印度、中国和马来西亚到马鲁古群岛,缅甸、柬埔寨、老挝、越南、印度尼西亚也有分布。在中国分布于云南、贵州、广西、广东、福建和台湾。

【用途】
傣药 1. 种子:治过敏性皮炎、麻疹。
2. 根:催吐、泻下。
3. 叶:收敛。
4. 种子、根、树皮及叶:治麻疹不透、过敏性皮炎、疮疡肿痛、疥癣、食物中毒、大便秘结(《傣药志》《滇药录》《傣药录》)。

哈尼药 种子:治花癣、头面游风、痢疾(《哈尼药》)。

基诺药 种子:治各种精神疾病、胃痛、腹痛(《基诺药》)。

【成分药理】 叶子中含有生物碱。

Aeginetia indica L.
野菰

【异名】 野菰(《海南植物志》),土灵芝草(南京),马口含珠、鸭脚板、烟斗花(广西)。

【缅甸名】 kauk-hlaing-ti。

【民族药名】 野菰(畲药);guo ten jun各停菌(土家药);Rib mgan beid月蒿别(佤药);jiouhn caengx求称、黄寄生、烟斗花(瑶药);寸必草、究枕(苗药)。

【分布】 分布于印度、斯里兰卡、越南、菲律宾、马来西亚及日本。在中国分布于江苏、安徽、浙江、江西、福建、台湾、湖南、广东、广西、四川、贵州和云南。在缅甸分布于钦邦、克钦邦、曼德勒、仰光。

【用途】
缅药 全株:治疗糖尿病。
畲药 全草:治风寒感冒、咳嗽、血热鼻衄。
土家药 全草:治热淋、咽痛、眩晕(《土家药》)。
佤药 全草:治脑膜炎、精神病、骨髓炎、尿路感染(《滇药录》《滇省志》)。
瑶药 全草:治咽喉炎、扁桃体炎、尿路感染、骨髓炎、虫蛇咬伤、痈疮肿毒。
苗药 全草:治咽喉肿痛、尿路感染、骨髓炎、疔疮(《湘蓝考》)。
其他:治疗痛经,解酒,退热,用作补药、净血剂、刺激性激素。

Aegle marmelos (L.) Corrêa
木橘

【异名】 孟加拉苹果。
【缅甸名】 hpun ja, kia-bok, mak-phyn, okshit。
【民族药名】 麻比草、麻比罕、骂比罕(傣药);皮哇、木桔、毕哇、比哇、彼哇(藏药)。
【分布】 印度、老挝、越南、柬埔寨、泰国、马来西亚、印度尼西亚等地有种植。在中国分布于云南西双版纳。在缅甸分布于勃固、钦邦、克钦邦、克伦邦、马圭、实皆、掸邦、德林达依和仰光。
【用途】
缅药 1. 果实:成熟的果实可消痰,治疗消化不良、发热,调节肠道;果肉压碎后与淘米水同服治疗晨吐;果肉加糖治疗严重腹泻;果肉制成饮料可调节肠胃,治疗严重便秘;果汁加牛奶治疗牙龈出血、口疮和牙龈痛;果实配伍干姜碾碎后炖煮,治疗排尿过多。

2. 叶:叶蒸馏液治疗腹泻、支气管炎和呼吸道黏液过多;叶榨汁服用治疗发热、咳嗽,驱除肠道蛲虫;叶制成药膏治疗疮、肿块、水肿,解酒;嫩叶做成沙拉食用治疗耳朵出血;叶制成咖喱食用治疗中暑。

傣药 果实:治痢疾、腹泻、腹痛、咽喉肿痛(《滇药录》《滇省志》《版纳傣药》)。

藏药 果实:治慢性腹泻、热痢、大小脉热泻、肠炎、呕吐(《滇药录》《部藏标》《中国藏药》《滇省志》《藏标》)。

Aerva javanica(Burm. f.) **Juss. ex Schult.**

【缅甸名】 on-hnye。

【分布】 广泛分布在亚洲、非洲、欧洲的热带和亚热带地区,引种至澳大利亚和其他地方。在缅甸分布于马圭、曼德勒、实皆、掸邦、仰光。

【用途】

缅药 根:制成糊状物治疗面部痤疮样情况。

其他:用作利尿剂,治疗肾结石和炎症。

Agave sisalana Perrine. **剑麻**

【异名】 剑麻(《中国种子植物科属辞典》),菠萝麻。

【缅甸名】 nanat-gyi, na-nat-shaw, thinbauk-nanat。

【民族药名】 些零掌(傣药);鸦吗把滇(哈尼药)。

【分布】 主要分布于墨西哥东部。中国华南及西南地区有栽培。在缅甸广泛分布。

【用途】

缅药 整株植物:用作泻药。

傣药 叶:治风湿热痹证、肢体关节和肌肉红肿热痛、骨质增生。

哈尼药 叶:治痈肿、疮疡(《版纳哈尼药》)。

Agave vera-cruz Mill.

【缅甸名】 thin-baw-na-nat。

【分布】 原产于墨西哥,后传入南欧、非洲西北部、毛里求斯、印度、斯里兰卡、缅甸等。在缅甸广泛分布。

【用途】

缅药 果汁:用作泻药。

其他:在印度,整株植物用作泻药。

Ageratum conyzoides(L.) L. **藿香蓟**

【异名】 胜红蓟,咸虾花、白花草、白毛苦、白花臭草(广东),重阳草、水丁药(云南),脓泡草、绿升麻(贵州),臭炉草(广西)。

【缅甸名】 ကတူးဖိ(ကဒူးဖို)
kado-po, kadu-hpo。

【民族药名】 牙货、稚货、牙伙、牙闷喊(傣药);牙闷喊(德昂药);血封草(哈尼药);描奶(基诺药);Noshinnvammo(景颇药);棵花登(京药);si fu za(拉祜药);莫腻本、藿香蓟(傈僳药);莴英(毛南药);藿香蓟(畲药);飞蹦草、竹林草、美京瑞(瑶药);个黑诺起、特值帕(彝药);美蒿、猪尿草(壮药)。

【分布】 原产于中南美洲,现广泛分布于非洲、印度、印度尼西亚、老挝、柬埔寨、越南等地。中国广东、广西、云南、贵州、四川、江西、福建等地有栽培。在缅甸分布于曼德勒、仰光、掸邦。

【用途】

缅药 叶:治疗皮肤病和麻风病。

傣药 1.根:治急性肠胃炎、上呼吸道感染、扁桃体炎、肾结石、膀胱结石(《版纳傣药》《滇药录》《滇省志》《德宏药录》)。

2.全草:治咽喉肿痛、恶心呕吐、腹部胀痛、双上肢酸痛麻胀、痈疖肿毒、外伤出血。

景颇药 效用同傣药(《德宏药录》)。

德昂药 全草:治上呼吸道感染、扁桃体炎、急性胃肠炎、胃痛、腹痛、崩漏、肾结石、膀胱结石、湿疹、鹅口疮、痈疮肿毒、蜂窝组织炎、下肢溃疡、中耳炎、外伤出血、疟疾、痈疮肿毒、烂疮、风湿疼痛、骨折(《滇省志》)。

侗药 全草:治流感、疮疔、感冒发热(《桂药编》)。

哈尼药 嫩叶尖:治痛经(《滇药录》)。

基诺药 全草:治感冒发热、头痛(《基诺药》)。

京药 全草:治感冒发热(《桂药编》)。

拉祜药 1.根:治感冒。

2.叶:研烂外敷治刀伤、止血。

傈僳药 全草:治上呼吸道感染、扁桃体炎、咽喉炎、急性胃肠炎、胃痛、腹痛、崩漏、肾结石、膀胱结石。

毛南药 全草:治上吐下泻(《桂药编》)。

畲药 1.根:治赤痢。

2.叶:治蛇伤、烂脚丫。

瑶药 全草:治咽喉肿痛、白喉、腹痛、崩漏、肾结石、膀胱结石、中耳炎;外用治疗疮、湿疹、口疮、肿毒、下肢溃疡、外伤出血、皮肤瘙痒、烧烫伤(《桂药编》)。

彝药 全草:治风热感冒、咳嗽、疖疮红肿、鹅口疮、皮肤瘙痒、胆道感染、崩漏(《滇药录》)。

壮药 全草:治木薯中毒、外伤出血、疮疡、胃痛、蜈蚣咬伤、感冒发热(《桂药编》)。

Aglaia cucullata（Roxb.）Pellegr.
太平洋枫树

【缅甸名】 မျောက်လည်ဆိပ်၊သစ်န
myauk-le-sik，thit-ni。

【分布】 孟加拉国、印度、印度尼西亚、马来西亚、中国、尼泊尔、巴布亚、新几内亚、菲律宾、新加坡、泰国和越南等地均有分布。在缅甸广泛种植。

【用途】
缅药 1.叶:治炎症。

2.种子:治风湿。

【成分药理】 含有 ridelin、豆甾醇(stigmasterol)，β-谷甾醇(β-sitosterol)，白桦酸(betulinic acid)、咖啡酸(caffeic acid)。

Albizia lebbeck（L.）Benth.
阔荚合欢

【异名】 合欢(《中国主要植物图说·豆科》)，大叶合欢(《中国树木分类学》)。

【缅甸名】 anya-kokk，kokko。

【民族药名】 麻沙玻(哈尼药)。

【分布】 原产于非洲热带地区,现广泛种植于热带、亚热带地区。在中国广东、广西、福建、台湾有栽培。

【用途】
缅药 1.树皮:治疗痢疾、疖子。

2.叶、种子:治疗眼科疾病。

哈尼药 根皮:治心悸失眠、蛲虫病(《哈尼药》)。

其他:在印度,树皮、种子治疗痢疾、腹泻和痔疮;种子治疗淋病;花作为软化剂用于膏药制作,治疗疖子、痈肿;根治疗牙龈海绵状溃疡。

Albizia odoratissima（L. f.）Benth.
香合欢

【异名】 香茜藤(海南),香须树(《中国高等植物图鉴》),黑格(广东)。

【缅甸名】 mai-kying-lwai，mai-tawn，meik-kye，taung-magyi，thit-magyi。

【分布】 主要分布于斯里兰卡、印度、马来西亚和泰国。在中国分布于福建、广东、广西、贵州、云南。在缅甸广泛种植。

【用途】

缅药　1. 树皮:治疗溃疡。

2. 叶:治疗咳嗽。

其他:在印度,树皮外用治疗麻风病和持续性溃疡;叶治疗溃疡。

【成分药理】　树皮富含单宁。

Allamanda cathartica L.
软枝黄蝉黄莺

【异名】　小黄蝉,重瓣黄蝉,泻黄蝉。

【缅甸名】　shwe-pan-new, shewewa-pan。

【分布】　原产于南美洲北部,现在广泛种植于热带地区。在缅甸广泛种植。

【用途】

缅药　1. 树皮:用作利尿剂。

2. 叶:用作泻药。

其他:在印度,功效与缅甸相同。

Allium cepa L.
洋葱

【缅甸名】　ကြက်သွန်နီဦးကြီး

kyet-thun-ni oo-gyi, shakau (Kachin), kaisun (Chin), canonecasaun(Mon)。

【民族药】　宗(藏药);皮牙孜、拜赛勒、皮牙孜乌鲁恶(维药)。

【分布】　原产于亚洲西部,全世界广泛栽培。在中国广泛栽培。在缅甸广泛种植(极寒冷地区除外)。

【用途】

缅药　1. 鳞茎:治疗气胀、痢疾、发热、咳嗽、颤抖、虚弱、瘦弱、胸痛;可缓解恶心,刺激食欲,强化精液;用作兴奋剂、利尿剂和祛痰剂;成人生吃洋葱能缓解尿堵塞,同病儿童可使用温热的烤球茎靠近膀胱热敷。

2. 洋葱汁:治疗腹泻和感染引起排尿时的灼热感;洋葱汁加糖可治疗出血性痔疮;洋葱汁加盐作为眼药水可减轻夜盲症;烤洋葱的温汁或新鲜液汁用作滴耳液可治疗耳部感染;切开洋葱分泌的乳白色液体混合可食用石灰,可中和蝎毒。

3. 种子:粉碎后食用可以增加机体活力。

藏药　全草:温胃,健胃,治"黄水"病、"培根""龙"并发症、胃寒、消化不良、脚气病(《藏本草》)。

维药　1. 鳞茎:利尿,通经,除尿道结石,通便,清肺,止血,增视力,预防呼吸道传染病,治阳痿、食欲不振、中风、污水中毒、脾炎、肝炎、消化不良、痰质引起的昏迷、白内障、疥疮、耳鸣、耳聋、耳疮、白癜风、疣、黑痣、脓疮、肛门瘙痒、炎肿、抽筋、肛裂、痔疮、痢疾性腹痛等;单食可除臭(《维医药》)。

2. 种子:壮阳,增食欲,开窍(《维医药》)。

【成分药理】　提取物对大鼠和家兔人工诱导糖尿病有疗效且具有持久的降血糖作用。

Allium sativum L.
蒜

【缅甸名】　ကြက်သွန်ဖြူ

kyet-thun hpyu, casaun-phet-tine。

【民族药名】　喝荒、帕颠(傣药);普弱(德昂药);大蒜头(侗药);大蒜(东乡药);蒜(鄂温克药);改、古、格色档(仡佬药);Xaqseil 哈色、胡蒜、独蒜(哈尼药);姑扑勒(诺药);Lason(景颇药);Zzuo(若)、拱多(毛南药);Sarimseg 赛日木斯格、赛日木萨嘎(蒙药);jixi 鸡西(羌药);大蒜(畲药);杠夺(水药);席妥、独蒜、蒜子(土家药);德西禾、辣蒜(佤药);Samsaq、萨木萨克(维药);呷丝、栽(彝药);果夹、郭加、各巴(藏药);Soana(台少药)。

【分布】　原产于亚洲西部或欧洲。在中国广泛种植。在缅甸主要分布于掸邦。

【用途】

缅药 1. 鳞茎:维持血液和眼睛的健康,减轻发热和皮肤病,增加出汗和精液量,刺激肠道和膀胱以及促进雄性特征发育,增寿,化痰,促进血液和胆囊健康,治疗未完全愈合的伤口、肺部问题、深度伤口和疮、月经不调和男性疾病;大蒜粉加蜂蜜睡前服用,可刺激食欲,促进健康睡眠;大蒜放入纯牛奶中煮沸,冷却,然后再煮一次,每日服用可治疗高血压;大蒜浸泡在芝麻油中,加盐,饭前食用可减轻肠胃胀气;用芝麻油煮熟的大蒜,温热倒入耳朵,治疗耳聋、感染和疼痛;烤大蒜鳞茎治疗婴儿结肠和消化不良。

2. 鳞茎汁:治疗皮肤病,包括癣、疥疮、湿疹、雀斑和类似的面部皮肤变色,还治疗咳嗽、胃肿胀和胃部疼痛;大蒜汁擦在身上可减轻疼痛;大蒜汁加水和糖治疗百日咳;大蒜汁加盐服用或在太阳穴摩擦,可治疗头痛。

3. 油:大蒜油涂在喉咙上可治疗甲状腺肿大。

布依药 鳞茎:治流行性感冒。

傣药 1. 全草:消瘀积,解毒草,杀虫,治头晕头痛(《版纳傣药》)。

2. 鳞茎:治头晕、头痛、痢疾、腹胀腹痛、腹泻稀水样便、胃脘部疼痛、牙痛(《滇省志》《傣医药》)。

德昂药 鳞茎:治肺结核、菌痢、肠炎、钩虫病,预防流感(《德宏药录》)。

景颇药 效用同德昂药(《德宏药录》)。

侗药 鳞茎:治感冒、肠炎、饮食积滞。

东乡药 鳞茎:治饮食积滞、脘腹冷痛、水肿胀满、泄泻、百日咳、痈疽肿毒。

鄂温克药 鳞茎:治"茂尼遥常哈"症。

仡佬药 鳞茎:研细,以阴阳水吞服,治呕血;加盐捣烂,于发病前半小时包于内关处,治小儿发热。

哈尼药 鳞茎:治心腹冷痛、水肿、疟疾、鼻衄、尿血、肿毒、皮炎。

基诺药 鳞茎:治毒蛇咬伤、感冒、肺结核、咳嗽、小儿消化不良(《基诺药》)。

毛南药 鳞茎:预防流行性感冒、流行性脑脊髓膜炎,治百日咳、肺结核、食欲不振、消化不良、细菌性痢疾、阿米巴痢疾、肠炎、蛲虫病;外用治阴道滴虫、急性阑尾炎。

蒙药 鳞茎:治"赫依"热、"山川间热"、主脉"赫依"病、"赫依"痞、支气管炎、喘息、蛲虫、蛇咬伤、狂犬病、外感风寒、白癜风、菌痢、肠炎、阿米巴痢疾、肺结核、百日咳、食欲不振、消化不良、钩虫病、慢性铅中毒、急性阑尾炎、痈肿疮疡;外用治阴道滴虫(《蒙药》《蒙植药志》)。

羌药 鳞茎:治细菌性痢疾、阿米巴痢疾、痈肿疮肠。

畲药 鳞茎:治冻疮、铁钉刺伤。

水药 鳞茎:治外感风寒。

土家药 鳞茎:治饮食积滞、泄泻痢疾、痈疽肿毒、白秃癣疮、阴痒、阴道滴虫、预防流脑、流感、呕吐泻肚、头晕、头痛热泻症、阴蛇症、雷火症。

佤药 鳞茎:治头晕、头痛、痢疾、疟疾(《中佤药》)。

维药 鳞茎:抗菌,解毒,消肿,清血,利尿养胃,助消化,燥湿,治皮肤脓疮、疮伤不愈、腹胀腹痛、肠胃虚弱、痢疾腹泻、肺炎、哮喘、肺结核、百日咳、瘫痪、面瘫、关节痛、坐骨神经痛、腰痛、阳痿、虫病、毛发脱落,杀灭阴道滴虫。

彝药 鳞茎:治脑炎、咳喘、疮肿、肺病、时疫、瘟毒、泻痢、冻伤,预防疟疾、生疮、流感(《彝植药》)。

藏药 1. 鳞茎:治菌痢及阿米巴痢疾、肠炎、胃寒腹痛、腹泻、腹胀、痔疮、感冒、痈肿疮疡、"龙"病、"龙"和"培根"并发症、白癜风、麻风病、秃发、瘟病时疫、肉斑、麻风、切风病、"黄水"病、瘤块、尿潴留、呃逆、痰喘、肺痨、阴道滴虫。蒜炭(密封煅)治风瘟昏迷、"龙"病、"黄水"病、麻风病、肉斑、痞瘤、痔疮、小便不利、呼吸困难、肉食未化、中毒、急腹症、寒热腹泻、血性腹泻、小肠刺痛(痢疾)。

2. 根:治"龙"病、"龙"和"培根"并发症、麻风病、呃逆、各种虫病、肠炎、感冒、"黄水"病、尿淋、肛痔、中毒(《藏标》《中国藏药》《藏本草》)。

台少药　鳞茎:生食治腹痛。

苗药　鳞茎:防治感冒、菌痢、肠炎、阿米巴痢疾、痈肿疮疡(《湘蓝考》)。

【成分药理】　大蒜具有抗菌、抗毒素和调节胆固醇作用;可增强主动脉弹性,有促进心血管系统健康的功能;对于白念珠菌和球孢子菌有抗菌作用;具有清除自由基的功能,可增强集体的抗氧化系统;可降低硝酸盐的浓度,而亚硝胺是致癌物的前体。新鲜大蒜汁可降低胆固醇和三酰甘油含量,有助于防止血液凝结,进而防止心脏病和中风发作;蒜汁存在于胃液中,可以预防胃癌。

Alnus nepalensis D. Don.
尼泊尔桤木

【异名】　旱冬瓜(云南)。

【缅甸名】　hyang, mai-bau, nbau, ning-bau, yang-bau。

【民族药名】　埋歪西傣、愈疮木、埋危(傣药);哥伦吕(德昂药);蛤哪、Heiqnyuq albol 赫聂阿波、冬瓜树(哈尼药);割懋、Humzhang(基诺药);Humzhang、料赶(景颇药);罗斯(拉祜药);急(傈僳药);烂起瓜虐、滥取瓜牛、野厚朴(苗药);旱冬瓜(纳西药);旱冬瓜、冬瓜树(佤药)。

【分布】　主要分布于喜马拉雅山脉东部,包括印度、不丹、尼泊尔,越南、印度尼西亚有栽培。在中国分布于西藏、云南、贵州、四川、广西。在缅甸分布于钦邦和克钦邦。

【用途】

缅药　树皮:用作收敛剂。

傣药　1. 树皮:治麻疹、腹泻、菌痢、刀伤出血、毒疮初起、感冒、头痛、风湿关节痛(《版纳傣药》《傣医药》《滇药录》《滇省志》)。

2. 茎皮:治腹泻、痢疾、细菌性风湿骨痛、跌打骨折(《傣药志》)。

3. 叶、树皮、根茎:治黄疸病、下痢红白。

4. 树皮、根或树上寄生:治黄水疮、腹痛腹泻、产后体弱多病、外伤出血、黄疸。

德昂药　树皮:消炎、止泻(《德宏药录》)。

哈尼药　1. 树皮:治细菌性痢疾、腹泻、风湿骨痛、跌打骨折、胃、十二指肠溃疡、消化不良、红白痢疾(《版纳哈尼药》)。

2. 叶:治外伤出血。

基诺药　树皮:消炎、止泻,治急性黄疸型肝炎、感冒、头痛、风湿关节痛、麻疹、毒疮初起、刀伤出血(《基诺药》)。

景颇药　树皮:消炎,止泻,治感冒、头痛、风湿关节痛、麻疹、毒疮初起、刀伤出血(《德宏药录》《滇省志》)。

拉祜药　树内皮、叶:治腹泻、痢疾、风湿疼痛、跌打骨折(《滇药录》)。

傈僳药　树皮:治麻疹、刀伤出血、毒疮初起、感冒、头痛、风湿关节痛(《滇药录》)。

苗药　1. 树内皮:治痢疾、胃肠炎、腹痛、腰痛(《滇药录》)。

2. 树皮:治感冒、头痛、风湿性关节痛、麻疹、毒疮初起、刀伤出血(《滇省志》);树皮充当厚朴用(《湘蓝考》)。

纳西药　树皮:治痢疾、腹泻、水肿、外伤出血、跌打损伤、骨折肿痛、风湿骨痛,解草乌、附子中毒。

佤药　树皮:治黄疸型肝炎、骨折、腹泻、痢疾(《中佤药》)。

彝药　叶:治疮疡痈疖、肌肉内异物(《哀牢》)。

其他:在印度,树皮治疗痢疾和胃痛;叶治疗伤口;根治疗腹泻。

Aloe vera（L.）Burm. f.
芦荟

【异名】　油葱(广东)。

【缅甸名】　ရှားစောင်းလက်ပတ်

men-khareek-leck-chuck（Mon）, sha-zaung-let-pat。

【民族药名】　雅郎、黑药草(傣药);且芽兰、牙脑(德昂药);Yaqhaqfeil 会哈菲奴会、劳伟、弥嘟把搏(哈尼药);Myinye chi(景颇药);Sebre 赛比热(维药);榨龙(瑶药);棵油棕(壮药)。

【分布】 主要分布于加那利群岛和阿拉伯半岛。在中国南方各地有种植。在缅甸广泛种植。

【用途】

缅药 1. 叶:治疗月经不调;胶状果肉和盐、*Butea monosperma* 一起食用,可治疗妇女月经过多;煮沸后食用可治疗水肿、肝病、皮肤病、发热、哮喘、麻风病、黄疸和膀胱结石。

2. 全草:制成膏药治疗胃部肿瘤;内层凝胶可促进黄疸患者良好的排便和排尿;放置在眼睛上可治疗眼睛疼痛;加热后倒入耳内,可迅速治愈耳部疼痛;加泡米水、糖,可治疗泌尿系统疾病。

傣药 1. 叶:治火烫伤、毒虫咬伤、冷风引起的胃肠绞痛;叶汁浓缩干燥物治小儿疳积、小儿惊痫、消化不良、便秘、龋齿痛、烧烫伤。

2. 全草:治胃痛、烧烫伤。

德昂药 1. 叶:叶汁浓缩干燥物治肝经实热、头晕头痛、便秘、疳积、龋齿、烧烫伤、湿癣、疔痈肿毒(《德宏药录》)。

2. 花:治咳血、吐血、尿血。

3. 叶、花:治肝经实热头晕、头痛、耳鸣、烦躁、便秘、小儿惊厥、发热、疳积。

景颇药 效用同德昂药(《德宏药录》)。

哈尼药 1. 全草:解毒。

2. 鲜叶、汁:治烧伤烫伤、便秘、小儿惊风、痈疮疔肿、牙痛,防晒,美容(脸上长有疔、疮、痘等)。

3. 叶、花:治肝经实热、便秘、烧烫伤、湿癣。

哈萨克药 叶:治高热引起的便秘、口舌生疮、口臭。

纳西药 叶:叶汁浓缩干燥物治热结便秘、肝火头痛、目赤惊风、虫积腹痛、疥癣。

维药 叶:叶汁浓缩干燥物治肠胃虚弱、大便秘结、疮疡、关节疼痛、夜盲视弱、月经不调、小便不利、肠寄生虫(《维药志》)。

瑶药 叶、全草:治烧烫伤。

彝药 叶:叶汁治火烫伤,配伍其他药物治胃痉挛(《哀牢》)。

壮药 叶、全草:治烧烫伤。

Alpinia galanga (L.) Willd.
红豆蔻

【异名】 大高良姜。

【缅甸名】 ပတဲကော်ကြီး

padei-kaw gyi, kunsa-gamon, kawain-hnoot (Mon)。

【民族药名】 大良姜(阿昌药);哥哈(傣药);红豆、良美子(侗药);Aoqmeil melieil 奥麦麦其、山姜、红豆蔻(哈尼药);咩匹(基诺药);Hkuing hka(景颇药);乌兰嘎云鸟日(蒙药);克孜力卡刻勒(维药);苏麦刀、嘎玛尔(藏药);ginghndoeng、红蔻、良姜芋(壮药)。

【分布】 在亚洲热带地区广泛种植,主要分布于印度、印度尼西亚、马来西亚、泰国、越南、缅甸。在中国分布于台湾、广东、广西和云南等地。

【用途】

缅药 茎:调节痰液,控制中毒和炎症的发生,促进消化,保持心脏健康,刺激食欲,治疗痢疾、哮喘和心脏病;加入姜汁、蜂蜜,治疗咳嗽;与山茛菪碱和烤盐混合调制,治疗胃痛;与等量的干姜、岩盐拌匀治疗消化不良。

阿昌药 果实:治胃寒疼痛、呕吐、消化不良、腹胀痛(《德宏药录》)。

傣药 根茎、果实:治关节麻木、皮肤瘙痒、蛇虫咬伤、腹部冷痛、发冷发热、风寒湿痹证、肢体关节酸痛、屈伸不利、脘腹胀痛、消化不良、斑疹、疥癣、湿疹(《版纳傣药》《滇药录》《滇省志》《傣医药》)。

德昂药 种子:治风湿痛(《德傣药》)。

侗药 果实:治上腹胀痛、食积胀腹、四肢关节冷痛。

哈尼药 根茎:治风寒感冒、胃腹冷痛、十二指肠溃疡、泄泻、痛经、骨折。

基诺药 根茎、果实：治腹胀消化不良、反胃呕吐(《基诺药》)。

景颇药 效用同阿昌药(《德宏药录》)。

蒙药 果实：治胃寒疼痛、呕吐、泄泻、消化不良、腹部胀痛(《蒙药》)。

维药 果实：治胃腹疼痛、呕吐、食欲不振。

藏药 1. 果实：治肾病、胃病。

2. 根茎：治脘腹冷痛、胃寒积食不化、肾虚腰痛、肺脓肿(《中国藏药》《藏本草》)。

壮药 根茎：治腹胀、胃痛、食积、恶心、呕吐、泄泻。

Alpinia officinarum Hance.
高良姜

【缅甸名】 ပတဲကောကလေး

padegaw-gale, padei-kaw lay, kawaintoot (Mon)。

【民族药名】 gao liang gang 高粱刚(朝药)；贺哈(傣药)；高良姜(东乡药)；局派、小良姜、风姜(黎药)；星屙马(毛南药)；Wulanga 乌兰-嘎、嘎玛日(蒙药)；良姜(纳西药)；Xolinjan 胡林江(维药)；见骨风(瑶药)；嘎玛儿、曼嘎(藏药)。

【分布】 分布于亚洲地区。在中国分布于广东、广西。在缅甸分布于勃固和仰光。

【用途】

缅药 根茎：成熟的根茎可调节肠道；煮过的根茎治疗排尿过多；烹饪的根茎可治疗四肢沉重、颈部和背部僵硬。

朝药 根茎：治疗胃寒痛、小便不利、湿病、水积、气滞、气痛、胸痛、腹痛、脾虚里寒证。

傣药 根：治汗斑、胃寒痛、呕吐、食积腹胀(《滇药录》)。

东乡药 根茎：治妇科病。

拉祜药 根茎：治汗斑、胃寒痛、呕吐、食积腹胀(《拉祜医药》)。

黎药 根茎：暖胃，散寒，消食止痛。

毛南药 根茎：治胃痛(《桂药编》)。

蒙药 根茎：治胃火衰败、消化不良、阳痿、体虚、泄泻、咳痰不利、脘腹冷痛、胃寒呕吐、肺脓疡、肾寒、腰腿疼痛、巴木病、胃寒性痞(《蒙药》)。

纳西药 根茎：治脘腹冷痛、胸胁胀痛、心脾痛、诸寒疟疾、霍乱呕吐不止、出汗。

维药 根茎：治胃脘虚弱、腹脘酸痛、腰腿寒痛、肠道梗阻、精少阳痿。

瑶药 根茎：治胃腹冷痛、急性肠胃炎、胸胁胀痛、食滞；外用治汗斑。

藏药 根茎：治脘腹冷痛、中寒吐泻、口淡胃呆(《藏标》)。

Alstonia scholaris (L.) R. Br.
糖胶树

【异名】 糖胶树，鹰爪木、象皮木、九度叶、英台木、金瓜南木皮、面架木、肥猪叶(广西)，灯架树(广东)，阿根木、鸭脚木、灯台树、理肺散、大树理肺散、大矮陀陀、大树矮陀陀(云南)，大枯树(广西、云南)，面条树(云南、广西、广东)。

【缅甸名】 စရည်းပင်၊သင်ပုန်းပင်

letpan-ga, taung-mayo, taung-meok。

【民族药名】 埋丁别、荡钉别喊(傣药)；许翁动(德昂药)；哧嚎嚎吗、干吉(哈尼药)；戈教、结交(基诺药)；盆倒倒、Myibum bvun、赔多垛(景颇药)；大树溪、大树洽稀、大叔洽溪(拉祜药)；灯台树(黎药)；盆架树、鸭脚树、考江贝、贝钉(佤药)；Maexdwnz、面条树叶、象皮木、灯台树(壮药)。

【分布】 主要分布在热带地区。在中国广西和云南有野生，广东、湖南和台湾有栽培。在缅甸分布于勃固、克钦邦、曼德勒、掸邦、德林达依和仰光。

【用途】

缅药 1. 树皮：治疗哮喘、心脏病、慢性溃疡、皮肤病；混合生姜粉给产妇服用，可以净化血液和促进乳汁分泌；树皮糊煮沸后可治疗疮及疖子，减少炎症和加速伤口愈合；树皮提取物可治疗肺病、酸胃、瘫痪、脑瘫、发热、胃痛；与肉桂种子粉混合后内服可驱除肠道寄生虫（丝虫、蛔虫）。

2. 乳胶：治疗溃疡、牙龈肿痛、脓肿。

3. 汁液：止痒，促进伤口愈合；混合芝麻油擦在耳朵内可治疗耳痛。

4. 叶：治疗小橼病、口腔炎。

傣药 1. 全草：治百日咳、气管炎、哮喘、疮疡、疖肿（《版纳傣药》《滇药录》《傣医药》《傣药志》）。

2. 树皮、叶：治妇女产后病、虚弱、咳嗽、喉痛（《滇药录》《民族药志（二）》）。

3. 叶、嫩枝和树皮：治腮腺炎、颌下淋巴结肿痛、乳痛、肺热、咳嗽痰多、疔疮痈疖脓肿。

4. 茎木：治风盛所致的头目昏痛、风湿病、肢体关节肿胀疼痛、孕期体弱多病、妊娠呕吐、产后面色苍白、心悸、胸闷、气短、头昏、形瘦体弱、咳嗽喘息、感冒痰多、咽喉肿痛、失眠多梦、疮痈脓肿；配伍其他药物治遗尿症（《德傣药》）。

德昂药 树皮、叶：治气管炎、百日咳、胃痛、腹泻；外用治跌打损伤（《德宏药录》）。

哈尼药 树皮、叶：治急慢性气管炎、百日咳、支气管哮喘、跌打损伤、风湿关节痛、胃痛（《滇省志》《民族药志（二）》《版纳哈尼药》）。

基诺药 树皮、叶：治骨折、慢性支气管炎、支气管哮喘、百日咳（《民族药志（二）》《滇省志》《基诺药》）。

景颇药 1. 树皮、叶：治支气管炎、百日咳、胃痛、腹泻、跌打损伤，有助于戒烟（《滇省志》《德民志》《德宏药录》）。

2. 树皮：接骨消肿，治咳嗽、哮喘（《滇药录》）。

拉祜药 茎皮、叶：治"倒病"（小儿呕吐、发热）、咳嗽、支气管炎、风湿疼痛（《滇药录》《滇省志》《民族药志（二）》）。

黎药 根皮：治外伤出血、骨折。

佤药 1. 树皮、叶：治支气管炎、百日咳、哮喘（《中佤药》）。

2. 根：治消化不良、身体虚弱（《滇省志》）。

壮药 1. 叶：治疗"墨"病（哮喘）、"埃"病（咳嗽）。

2. 根皮、树皮、叶：治感冒、肺炎、水肿、百日咳、痧气胃痛、泄泻、急性肝炎、妊娠呕吐、溃疡出血（《民族药志（二）》《桂药编》）。

其他：在印度，树皮用作补品、驱虫剂和催奶剂，治疗发热、腹泻、痢疾（粉末和蜂蜜混合）、蛇咬伤、皮肤病、心脏病、麻风病、肿瘤、风湿、霍乱、支气管炎和肺炎；果汁治疗溃疡和风湿疼痛、肝脏肿大。

【成分药理】 含有儿茶碱、埃奇胺（echitamine）、鸡骨常山碱（ditamine）、狄他树皮低碱（echitenine）、鸡骨常山胺（alstonamine）等生物碱。据报道有抗寄生虫、抗肿瘤和抗菌活性。

Alternanthera sessilis (L.) R. Br. ex DC.
莲子草

【缅甸名】 azun-sar, pazun-za。

【民族药名】 虾钳菜、帕嫩、帕嫩（傣药）。

【分布】 现广泛分布于亚、非、欧、美四大洲的热带和亚热带地区。在中国分布于安徽、江苏、浙江、江西、湖南、湖北、四川、云南、贵州、福建、台湾、广东、广西。在缅甸分布于仰光。

【用途】

缅药 叶、果汁：用作催乳药。

傣药 全草：治痢疾、腹泻（《版纳傣药》《滇药录》《傣医药》《傣药志》《滇省志》）。

其他：在印度，根治疗视力模糊和狗、豺狼、蜥蜴咬伤；配伍其他药物治疗夜盲症、产后不适、腹泻、发热剧渴；与叶、米饭、盐混合使用治疗脱垂和肛门瘘。在中国，与肉煮汤治疗肺结核；酒煎剂治疗内伤。

Altingia excelsa Noronha
细青皮

【缅甸名】 nantayok。

【分布】 分布于印度、缅甸、马来西亚及印度尼西亚等地。在中国分布于云南、西藏。在缅甸分布于克钦和德林达依。

【用途】

缅药 树脂：治疗睾丸炎。

其他：在印度，树脂治疗白癜风、疥疮，也用作抗坏血病药、驱风剂、健胃药和祛痰剂。在中国，树脂用作补药；液态的苏合香用于补药和兴奋剂，治疗胸部不适。在马来半岛，配伍其他药物用作补药。

【成分药理】 有报道的成分包括香草醛、肉桂酸、苯乙烯、萘等。

Alysicarpus vaginalis（L.）DC.
链荚豆

【异名】 小豆（广西），水咸草（香港）。

【缅甸名】 han-manaing-kyauk-manaing。

【民族药名】 哨片草芽卖乃、牙林比（傣药）。

【分布】 分布于热带地区。在中国分布于福建、广东、海南、广西、云南及台湾等地区。在缅甸广泛分布于炎热地区。

【用途】

缅药 1. 减轻水肿、麻木，排出脓液疮，治疗腹泻、痢疾、肾结石和排尿困难。

2. 叶：叶汁治疗肚子疼痛；干燥的叶泡水治疗腹泻、痢疾、经血和白带过多。

3. 全草：汁液作茶饮可治疗泌尿系统疾病和胆结石；新鲜的植物与熟米饭等量混合压碎，可作为膏药治疗乳房溃疡。

傣药 全草：治黄疸身热、小便不利、黄疸型肝炎（《傣药志》《傣药录》）。

Amaranthus cruentus L.
繁穗苋

【缅甸名】 ဟင်းနုနယ်-ရာဇဝိုင်ဉ

hin-nu-new。

【分布】 分布于马来西亚、印度尼西亚、新几内亚、菲律宾等东亚和热带非洲地区。在中国广泛栽培或野生。

【用途】

缅药 叶、种子：用作泻药、血液净化剂、利尿剂和安眠药。

朝药 种子：治跌打损伤、骨折。

其他：在印度，根治疗浮肿。

Amaranthus spinosus L.
刺苋

【异名】 笋苋菜（《岭南采药录》），勒苋菜（广东）。

【缅甸名】 ဟင်းနုနယ်ဆူးရစ်

hin-nu-new-subauk, khar-grope（Mon）。

【民族药名】 刺秣米、帕轰波、帕烘纳（傣药）；幼苋（京药）；叉周难（壮药）；莫哪曲、刺苋（傈僳药）；野苋菜、刺苋菜（畲药）；laij linh nqimv 来林紧、假苋菜（瑶药）。

【分布】 分布于热带地区，日本、印度、中南半岛、菲律宾、美洲等地皆有分布。在中国分布于陕西、河南、安徽、江苏、浙江、江西、湖南、湖北、四川、云南、贵州、广西、广东、福建、台湾。在缅甸广泛种植。

【用途】

缅药 1. 全株：用作泻药、血液净化剂、利尿剂和安眠药；压碎榨汁可中和蛇毒；煮沸后服用有助于防止流产。

2. 叶：治疗流鼻血；煮过的叶可治疗排尿困难，缓解肾结石产生的疼痛；叶汁和蜂蜜同食可治疗呕吐、失血、月经和白带过多、疮和肿块。

3. 根：治疗疮；加水制成糊剂，涂抹以中和蝎毒；加水制成膏剂，可治疗月经过多；制成糊剂或浸膏剂，均可以治疗肌肉僵硬。

傣药 1. 根：配伍治浅淋巴结肿大、痢疾（《德傣药》《德宏药录》）。

2. 全草：清热解毒，消肿，止痛，治肠炎（《傣医药》）。

景颇药 根：治痢疾、淋巴结肿大（《德宏药录》《桂药编》）。

京药 1. 根：治痢疾、痔疮。

2. 叶：治痢疾（《桂药编》）。

壮药 1. 根：治痢疾、痔疮。

2. 全草：治痢疾、痔疮、脱肛、子宫脱垂（《桂药编》）。

傈僳药 全草：治痢疾、肠炎、胃和十二指肠溃疡出血、痔疮便血。

畲药 全草：治尿血、痢疾、牙龈糜烂、臁疮出血、痈疽疔疗、赤白带，经期、孕期禁服。

瑶药 1. 全草、根：治痢疾、肠胃炎、便血、溃疡合并出血、白带过多、胆石症、痔疮、湿疹、蛇骨刺伤、蛇咬伤、肿痛、喉痛、疔肿。

2. 根：治细菌性痢疾、急性肠胃炎、溃疡疾合并出血、痔疮出血；外用治疗肿痛、喉痛、皮肤湿疹、疔肿、蛇咬伤。

其他：在印度，根用作轻泻药剂和堕胎剂并；叶用作轻泻药。

Amherstia nobilis Wall.
璎珞木

【缅甸名】 thawka, thawka-gyi。

【分布】 分布于东南亚温带地区。在缅甸分布于克伦邦和德林达依。

Amorphophallus paeoniifolius (Dennst.) Nicolson

【缅甸名】 wa-u-bin, wa-u-pin。

【分布】 在缅甸广泛分布。

【用途】

缅药 块茎：防止女性腹部下垂和膀胱扩大，也可调理身体，提升肤色，防止老年人心悸，并阻止体内多余脂肪和凝固脂肪沉积的形成。

Anacardium occidentale L.
腰果

【异名】 鸡腰果，槚如树。

【缅甸名】 သီဟိုသ်သရက်

thiho-thayet, shitkale, mak-mong-sang-yip。

【民族药名】 巴拉杜尔、安克尔地牙、巴拉都（维药）。

【分布】 原产于美洲热带地区，现热带地区广为栽培。中国云南、广西、广东、福建、台湾有种植。在缅甸广泛种植。

【用途】

缅药 1. 树皮：用作补剂。

2. 树皮、叶、果实：用作驱虫药，也可治疗白癜风、其他皮肤病和糖尿病。

3. 果核（坚果）：用作止痛药。

维药 果实：治疗精神不安、神经病、半身不遂、瘫痪、痉挛、面麻痹、抽搐、赘瘤、尿床、身体虚弱、脑和筋骨弱、皮炎瘢痕、寒性炎肿，可壮阳，固牙，使头发变黑（《维医药》《维药志》）。

其他：治疗疮、疣、癣和银屑病；腰果梨汁液可治疗流感；植物油用作泻药，也可治疗皮肤的早衰。

【化学药理】 浸泡坚果后得到的刺激性油呈粘稠的棕色，含有90%的漆树酸和10%的强心酚，对革兰阳性菌有较强的抗菌活性。花托（假果）外壳中的主要酚类成分是漆树酸和强心酚，具有抗菌、灭螺和驱虫作用。树皮中的单宁具有抗炎作用；内皮具有降血糖作用。叶的精油几乎完全由α-蒎烯组成，对中枢神经系统有抑制作用。种子中的漆树酸会造成皮肤脓疱或皮疹，还含有具有抗肿瘤活性的银杏酚。

Andrographis paniculata (Burm. f.) Nees
穿心莲

【异名】 一见喜（云南），印度草，榄核莲。

【缅甸名】 ဆေးခါးကြီး

sega-gyi, se-khar-gyi, hsay-kha gyi, ngayoke kha。

【民族药名】 翁得肚呢(阿昌药)。

【分布】 分布于印度次大陆,原产地可能在南亚,澳大利亚有栽培。中国福建、广东、海南、广西、云南、江苏、陕西有栽培。在缅甸分布于克钦邦、克伦邦、马圭、曼德勒和实皆。

【用途】

缅药 1. 整株:退热、助消化、增强体质。煎煮后治疗头痛、消化不良、大便不畅、痢疾、肠内气体引起的阵痛和发热。与诃子、毗黎勒粉末混合可治疗水肿、腹部肿胀、麻风病、头痛、颈部僵硬和头晕。

2. 叶:退热,调节胆囊,解毒。用于制作shar-put-hsay(通常用中药碾成灰褐色粉状的熔核形式)。

3. 叶、根:用作解热剂、健胃药、滋补药和驱虫剂,化痰,刺激食欲,适合儿童服用。

景颇药 治扁桃体炎、咽喉炎、流行性腮腺炎、肠伤寒、急性盆腔炎(《德宏药录》)。

阿昌药 功用同景颇药(《德宏药录》)。

苗药 地上部分:治疗风热感冒、扁桃体炎、咽喉炎、支气管炎、肺炎、肠炎、痢疾、尿路感染、化脓性中耳炎(《湘蓝考》)。

Anethum graveolens L.
莳萝

【异名】 土茴香、野茴香(广西、四川、甘肃),洋茴香(黑龙江)。

【缅甸名】 sameik, samon nyo。

【民族药名】 可落牙(回药);Sereq chechik 色日克其且克、Sereq chechik urnqi 色日合其切欧如合(维药)。

【分布】 原产于地中海地区,现热带和温带地区广泛引种栽培。中国东北、甘肃、四川、广东、广西等地有栽培。在缅甸北部广泛种植。

缅药 1. 果实、种子:用作驱风剂、健胃药和解痉药。

2. 叶、种子:可刺激循环系统和胆囊功能,减轻发热、炎症和充血。

3. 种子:水煮液浓缩,治疗胸部不适、闪痛和疼痛,也可用作产后的补药;烤种子可以直接食用,也可加冰糖同服,以刺激泌乳。

4. 叶:用油刷过在火上烘烤,磨成药膏,涂在疮上,以减轻炎症。

回药 种子:治膈气,消食,温胃,善滋食味。

维药 1. 全草、种子:治小便不通、肝痛腹痛、经水不下、关节肿痛。

2. 果实:治肠腹胀满、胃寒疼痛、脾胃湿热、尿结石、膀胱结石、关节肿痛、经水不下、小便不利(《民族药志(三)》)。

其他:用作芳香刺激剂。

Anneslea fragrans Wall.
茶梨

【异名】 安纳士树(《中国树木分类学》),猪头果(《中国高等植物图鉴》)。

【缅甸名】 taung-gnaw, gangawlwe, mai-mupi, meiktun, ngal-hjyang, pan-ma, pon-nyet。

【民族药名】 玛早摘电(基诺药)。

【分布】 分布于中国、柬埔寨、老挝、马来西亚、泰国和越南等地。在中国分布于福建、江西、湖南、广西、贵州、云南等地。在缅甸分布于勃固、钦邦、克钦邦、克伦邦、曼德勒和掸邦。

【用途】

缅药 花:作为血液净化剂。

傣药 树皮、叶:治消化不良、肠炎、肝炎。

基诺药 树皮:治感冒、高热;外敷治跌打损伤(《基诺药》)。

其他:在中南半岛,树皮配伍其他药物,用作止痢药和杀虫药;花入退热剂。

Annona squamosa L.
番荔枝

【异名】 荔枝（《岭南杂志》），林檎（广东），唛螺陀、洋波罗（广西）。

【缅甸名】 ဩဇာပင်

awzar, awsa（Kachin）, azat（Chin）, sotmaroat（Mon）, mai-awza（Shan）。

【分布】 原产于美洲热带地区，现全球热带地区有栽培。中国浙江、台湾、福建、广东、广西和云南等地区有栽培。在缅甸广泛种植。

【用途】

缅药 1. 全草：支持机体的血管、生殖、消化和排泄功能，减轻发热症状及发热相关疾病。

2. 树皮：提取物用作补剂，可增强体力。

3. 叶：捣碎服用可驱逐肠道蠕虫，尤其是蛲虫；外用为膏药，可缓解僵硬、肌肉酸痛；压碎后熏蒸，可减轻头痛和鼻窦炎。

4. 花、果：制成汤剂，有助于恢复性功能。

5. 果实：缓解腹泻、痢疾。

6. 种子：磨成粉末可治疗溃疡，也用作杀菌剂；吸入碾碎和燃烧种子产生的烟雾可治疗癫痫。

7. 根：清除泌尿系统感染，改善泌尿系统功能。

【成分药理】 果肉中游离氨基酸有瓜氨酸、精氨酸、鸟氨酸和GABA（γ-氨基丁酸）。种子具有交配后抗生育作用。

Antiaris toxicaria Lesch.
见血封喉

【异名】 见血封喉（《海南植物志》），箭毒木（云南）。

【缅甸名】 မျှားဆိပ်

hmya-seik, hkang-awng, aseik。

【民族药名】 埋广、戈丢、见血封喉（傣药）。

【分布】 非洲的热带地区、亚洲的热带地区至菲律宾岛、马达加斯加、斐济均有分布。变种分布于大洋洲和非洲地区。在中国分布于广东、海南、广西、云南。在缅甸分布于勃固、钦邦、曼德勒、孟邦、实皆和仰光。

【用途】

缅药 1. 乳胶：用作心脏补益药和退热药。

2. 种子、叶、树皮：退热，抗痢疾。

傣药 1. 树汁：强心，催吐，升压，止痛麻痹，可用作麻醉剂（《滇药录》）。

2. 树皮、叶：治恶心呕吐、不思饮食、疮痛疖脓肿。

其他：在印度，种子治疗痢疾和退热。在婆罗洲的一个部落，乳胶煎液用作退热药，也可涂抹于溃烂或蛇咬伤的伤口。据记载，叶、树皮和种子具有良好的退热和抗疟疾功效。

【成分药理】 成分包括有毒的糖苷和脂肪。小剂量可使心脏兴奋，但大剂量时有心肌毒害作用。另外，还有强洋地黄样作用。

Aphanamixis polystachya（Wall.）R. Parker
山楝

【异名】 沙罗、红罗、山罗、假油桐（海南），红果树、油桐（云南）。

【缅甸名】 chaya-kaya, ta-gat-net, than-thai-gyi, thit-ni。

【民族药名】 埋番汉（傣药）；叶好娇（哈尼药）。

【分布】 分布于印度、东南亚、所罗门群岛。在中国分布于广东、广西、云南等地区，现已广为栽培。在缅甸广泛种植。

【用途】

缅药 树皮：用作收敛药。

傣药 根、叶：治风湿筋骨疼痛。

哈尼药 根、叶：治风湿筋骨疼痛。

其他：在中国台湾地区，种子油可供药用。在印度尼西亚，树皮水煎液治疗感冒所致的胸疼；树皮粉治疗肝病（包括黄疸）、脾肿大、贫血、肿瘤、腹部疾病（包括筋膜炎、肠内寄生虫）和尿路感染；根制成糊剂治疗白带过多。

【成分药理】 果皮中含有生物碱。

Apium graveolens L.
旱芹

【异名】 药芹（江苏），芹菜。

【缅甸名】 စမွတ်၊နန်"တရုတ်"

samut, tayokenan-nan, kum-bomb-kroke (Mon)。

【民族药名】 等里俄（傈僳药）；骂瑞嘎（水药）；芹菜、香芹、药芹（土家药）；Kerepshe 开热非谢、Kerepshe yeltiz posti 开热非谢依力提孜破斯提、Chingsaiuruqi 青菜欧如合（维药）；是哪代母、哪代姆（彝药）；西斗（藏药）。

【分布】 分布于欧洲、亚洲、非洲及美洲地区。在中国广泛栽培。在缅甸各地均有分布。

【用途】

缅药 1. 全草：浸泡滤液与糖或蜂蜜同服，治疗高血压。

2. 种子：促进肠道循环，助消化，降血压，治疗呼吸道炎症引起的咳喘、恶心、呕吐及水肿；种子和烤过的食盐混合，治疗胃痛。

傈僳药 根、茎：治疗头昏脑胀、高血压、尿血症、月经过多（《怒江药》）。

水药 全草：水煎剂可降血压（《水族药》）。

土家药 全草：治疗高血压、头昏脑胀、面红目赤、小便热涩不利、尿血症、月经过量、崩中带下、丝虫病、痈疖、咳嗽、咯血（《土家药》）。

维药 全草、根皮、果实：治寒性头痛、湿寒性腹痛、气结性肋痛、哮喘、恶心呕吐、肠胃虚弱、消化不良、胃纳不佳、经水不调、小便不利、肾脏结石、膀胱结石、炎肿、中毒、高血压、体内异常体液增多、气滞性子宫炎、腹水、四肢麻木、风湿病、可清除胃中浊液（《民族药志（三）》）。

彝药 全草：治湿热、头风、眼疾（《楚彝本草》《彝药志》《滇省志》）。

藏药 果实：治"培根"病（水土不服引起的

各种过敏性疾病）、"木保"病、肠绞痛、胃腹胀满、胃疼痛、食欲不振（《中国藏药》）。

其他：在泰国，种子提取物用作杀虫剂，对白纹伊蚊（登革热蚊子媒介）和埃及伊蚊有效。

Aquilaria malaccensis Lam.
奇南沉香

【异名】 沉香。

【缅甸名】 အကျော်

akyaw, klaw (Kayin), thit-hmwe。

【民族药名】 Odindi 奥迪印地（维药）；阿尔那合、艾尔那（藏药）；Har Agaru 哈日-阿嘎如、阿日纳克（蒙药）。

【分布】 主要分布于东南亚地区。在缅甸分布于德林达依、钦邦、克钦邦、曼德勒、孟邦和实皆。

【用途】

缅药 1. 全株：治疗妇女分娩后的疼痛、风湿、天花、腹部疾病；制成制剂可治疗咳嗽、消化不良、麻风病、眼睛和耳朵相关疾病、月经疼痛、肝脏和肠道疾病，可增加体重。

2. 木材：用作兴奋剂、补药和祛风药，也治疗心悸；制成可吸入或燃烧能产生烟雾的糊状物，治疗过度头晕，局部应用治疗呕吐，止血，缓解关节肿胀和部分皮肤病；与蓖麻的根和树皮混合，局部使用能缓解胃痛，治疗哮喘和呕吐；粉末与蜂蜜混合，治疗心脏病和发热。

3. 叶：装入烟斗吸入，可增强心脏功能；烟灰有愈合伤口和治疗疮的功效。

蒙药 木材：治心热、心悸、气喘、心"赫依"、心刺痛、主脉"赫依"病。

维药 木材：治神经衰弱、心脑疾病、食欲不振、咳嗽及气管炎、脾胃虚寒、胸闷气短、四肢麻木。

藏药 1. 木材：治心热病、妇科诸病（《中国藏药》）。

2. 树干：治心脏及命脉热症、"龙"病。

其他：在印度，木材用作兴奋剂、补药、收敛剂，可治疗蛇咬伤、呕吐、腹泻。在中国，叶治疗疟疾；茎和根用作抗痢疾药、壮阳药和利尿药。在东亚和东南亚，树皮用来退热；心材可解热、抗疟，治疗呕吐、霍乱、咳嗽、无尿、消化不良、酒精过敏；磨碎根和叶的浸出物可治疗水肿；树叶和醋、盐、木炭混合可治疗呕吐、风湿、天花和腹部疼痛；树脂入镇静剂。据记载，香木用作兴奋剂、滋补剂和催泻剂，可治疗心悸。

Arachis hypogaea L.
落花生

【异名】　花生（通称），地豆（《滇海虞衡志》），番豆（《南城县志》），长生果（江西）。

【缅甸名】　myay-pe。

【民族药名】　dang kaong 当考鞥（朝药）；吐拎（傣药）；花生、Milcaq alsiq 米察阿习、地松米（哈尼药）；花生皮、老青、红色种皮（黎药）；花生（蒙药）；落花生（畲药）；Bonao TayalGaogao（台少药）。

【分布】　分布于巴西南部，现世界各地广泛种植。在中国，山东生长最佳。在缅甸广泛分布。

【用途】

缅药　种子：用作轻泻剂、软化剂。

朝药　种皮：治各种出血。

傣药　1. 种子：治腹内冷痛、水泻、肺痨。

2. 种皮：治血友病、类血友病、原发性及继发性血小板减少性紫癜、肝病出血症、术后出血、术内出血、内出血。

3. 枝叶：外用治跌打损伤痈疮（《滇省志》）。

哈尼药　种子：治燥咳、反胃、乳妇奶少、血小板减少症、便秘。

黎药　种皮：治内、外各种出血症（《蒙植药志》）。

蒙药　1. 种子：治肺热燥咳、反胃、脚气、乳汁少等症。

2. 种皮：治各种出血症。

畲药　1. 种子：治咳嗽、胃溃疡；带衣花生仁炖猪肚治胃溃疡。

2. 根：治少年发育不良。

台少药　种子：研成粉末，溶于水中，涂于患部治外伤；与盐混合捣碎后敷于患部，并用布包扎治火伤。

其他：在印度，果实用作收敛剂、开胃剂和润肤剂；未成熟的坚果用于催乳。在中国，种子可治疗淋病、肺病和消化病；外用治疗风湿病；油籽富含氨基酸、精氨酸和谷氨酸，治疗精神缺陷。

Archidendron jiringa（Jack）I. C. Nielsen

【缅甸名】　tanyin, danyin。

【分布】　原产于印度尼西亚，在印度尼西亚、泰国南部和孟加拉国等地广泛分布。在缅甸广泛种植。

【用途】

缅药　种子：治疗糖尿病。

Ardisia humilis Vahl.
矮紫金牛

【缅甸名】　ကြက်မအုပ်

shadwe, kyet-maok, kyet-ma-oak。

【分布】　主要分布于亚洲地区。在中国分布于广东。在缅甸分布于勃固、曼德勒、若开邦和德林达依。

【用途】

缅药　1. 全草：治疗月经失调。

2. 叶：用作祛风药和兴奋剂。

其他：在印度，治疗腹泻、发热和风湿病。

Argemone mexicana L.
蓟罂粟

【异名】　刺罂粟（《中国种子植物科属辞典》）。

【缅甸名】 ခရာပင်"ကုန်း"

Khaya。

【分布】 原产于中美洲和美洲热带地区,在大西洋、印度洋、南太平洋沿岸、西喜马拉雅山区及尼泊尔经常逸生。在中国分布于台湾、福建、广东及云南。在缅甸分布于克钦邦、曼德勒、实皆。

【用途】

缅药 1. 汁液:治疗水肿。

2. 种子:用于泻药和祛痰剂。

3. 根:治疗皮肤病。

【成分药理】 有 2 种生物碱——小檗碱(berberine)和原阿片碱(protopine)。

在印度,左旋谷氨酸(L-glutamic acid)(油籽饼脱脂粉的 6%)治疗婴儿和青少年精神防御方面相关疾病。

Aristolochia indica L.

【缅甸名】 ဣဿရမူလိ

eik-thara, eik-tha-ra-muli, thaya-muli。

【分布】 在缅甸广泛分布。

【用途】

缅药 1. 叶汁、果汁:等量混合,可治疗儿童咽喉水泡、口腔水泡和溃烂疮。

2. 叶:恢复严重感冒;刺激失去知觉或血液循环不良的患者;叶汁加盐水服用,治疗水肿和干咳;细碎的叶配伍胡椒子,治疗毒蛇、蝎子和其他毒物叮咬。

3. 叶、根:治疗中毒、咳嗽、心脏病、儿童肠道疾病、消化不良、胃肠胀气、关节肿胀和疼痛、月经不调和头晕。

4. 根:退热;涂抹于局部,可中和蛇、蝎子和其他有毒动物叮咬的毒素;少量涂抹在舌头上,可减轻儿童和婴儿胃部不适引起的发热,并减轻嘴唇、下巴、脸颊和舌头的沉重感;根粉与黑胡椒粉、盐和温水混合,调节月经;与等量小麦灰粉和

盐混合,用热水口服或局部涂抹于肿胀的身体部位,以缓解疼痛和关节发炎;与生姜粉混合,治疗痢疾、消化不良。

其他:在印度,整棵植物治疗蛇咬伤;叶汁治疗蛇咬伤、乳房疼痛和化脓,也可用作流产剂;种子治疗炎症、关节疼痛;根用作兴奋剂、催吐剂、止痛药,治疗发热、白皮病(根粉混合蜂蜜)、腹泻(制成糊状)、霍乱,促进消化,调节月经(小剂量)。在中南半岛,根治疗间歇性发热、水肿和食欲不振。

【成分药理】 挥发油中含有少量樟脑和倍半萜、异戊二烯。根中含有生物碱、马兜铃酸碱、苦味素、马兜铃酸和尿囊素。

Aristolochia tagala Cham.
耳叶马兜铃

【异名】 卵叶马兜铃(《中国高等植物图鉴》),卵叶雷公藤、黑面防己(广东),锤果马兜铃(《拉汉种子植物名称》)。

【民族药名】 防己(崩龙药);喊拜南(傣药);防己、黑防己(德昂药);南海欧楼目起、Haqzvai kam byvut(景颇药);牙决鲁妈(拉祜药)。

【分布】 分布于印度、越南、马来西亚、印度尼西亚、菲律宾和日本。在中国分布于台湾、广东、广西、云南。在缅甸广泛种植。

【用途】

缅药 1. 全草:治疗肠道疾病。

2. 果实:用作泻药和补品。

崩龙药 根:治风湿关节痛(《德民志》)。

傣药 根:治风湿关节痛(《德宏药录》)。

德昂药 根:治类风湿性关节痛、泌尿道感染、水肿、胃溃疡、腰痛、周身痛、跌打损伤、刀伤(《德民志》)。

景颇药 治风湿病、跌打损伤、胃痛、腹胀(《滇药录》《德宏药录》)。

拉祜药 根:治胃痛、上吐下泻、药物中毒、

风湿病、跌打损伤、肠炎下痢、高血压、疝气、毒蛇咬伤、痛肿、疔疮、皮肤瘙痒、湿烂、牙痛(《拉祜药》)。

其他:在印度,整株植物治疗肠病;果实和根治疗风湿病(涂抹和按摩)、疟疾、消化不良、蛇咬伤、牙痛(制成牙膏)。

Artabotrys hexapetalus(L. f.)Bhandari
鹰爪花

【异名】 莺爪(《草木典》),鹰爪(《中国植物学杂志》),鹰爪兰(广东),五爪兰(福建)。

【缅甸名】 kadat-ngan, padat-nygan, tadaing-hmwe。

【分布】 广泛种植于热带地区,印度、斯里兰卡、泰国、越南、柬埔寨、马来西亚、印度尼西亚和菲律宾等地有栽培或野生。在中国分布于浙江、台湾、福建、江西、广东、广西和云南等地,多见于栽培,少数为野生。在缅甸广泛分布。

【用途】

缅药 叶:治疗霍乱。

其他:在中国,根和果实作为传统中药,治疗疟疾和瘰疬;花用作兴奋性的茶饮。当地人食用果实,用来保健。

【成分药理】 有抗真菌、霍乱、低血压的作用,可用作心脏降压药、弱雌激素。

Artemisia dracunculus L.
龙蒿

【异名】 狭叶青蒿(《中国高等植物图鉴》),蛇蒿(《兰州植物通志》),椒蒿(新疆),青蒿(新疆、甘肃)。

【缅甸名】 dona-ban。

【民族药名】 库力兰艾曼(维药);椒蒿、布尔哈雪克(锡伯药)。

【分布】 分布于蒙古、阿富汗、印度、缅甸、巴基斯坦、克什米尔地区,以及欧洲东部、中部及西部和北美洲等地。中国大部分地区有分布。

【用途】

缅药 根:用作补品、防腐剂和平喘药。

哈萨克药 全草:治风寒咳嗽、下肢水肿、食欲差、消化不良。

维药 地上部分:治受寒感冒、肠胃寒痛、风湿性关节炎。

锡伯药 嫩茎叶:改善食欲。

藏药 全草:治喉炎、各种肺病。

其他:在印度,叶和嫩枝被认为有助于消化;叶精油可退热,消灭肠道蠕虫,抗菌,利尿,催眠,治疗牙齿疼痛、口腔炎;叶用作输液原料,治疗消化不良、胀气、恶心和打嗝;叶制成保湿膏用来缓解风湿病、痛风、关节炎和牙痛;整株植物可用作温和的镇静剂,用来帮助睡眠;根治疗消化和月经问题。

Artocarpus heterophyllus Lam.
波罗蜜

【异名】 木波罗(通称),树波罗(广东),牛肚子果(云南)。

【缅甸名】 mak-lang, mung-dung, ndung, pa-noh, panwe, peinne。

【民族药名】 麻蜂、麻蜜(傣药);Aoqlyullyulma savqbaoq 奥吕吕玛撒泡、菠萝蜜、牛肚子果(哈尼药);尼七堕神、木波罗(傈僳药)。

【分布】 原产于印度西高止山,尼泊尔、不丹、马来西亚等地有栽培。在中国广东、海南、广西、云南有栽培。在缅甸广泛种植。

【用途】

缅药 1. 种子:治疗消化不良。

2. 根:治疗腹泻;提取物可治疗发热。

3. 树皮、树液:治疗溃疡和脓肿。

傣药 1. 幼果:治产妇无乳汁(《傣医药》)。

2. 树汁、叶:消肿解毒,治骨折(《傣药志》)。

3. 树汁、幼果、叶:治产后乳汁不下、缺乳、视物不清、疔疮、痈疖、脓肿、跌打损伤(《滇省志》

《版纳傣药》)。

哈尼药 果实、皮、叶:治肺热咳嗽、口干舌燥、疮疖红肿、外伤出血、胃和十二指肠溃疡。

傈僳药 果实:治食欲不振、渴饮、饮酒过度(《怒江药》)。

其他: 在印度,叶与余甘子、印度楝的叶一起油炸,与芥末油混合,可涂抹治疗疮、天花、痈,也用作驱虫药。在中国,茎的乳胶治疗脓肿和溃疡;树皮用作漱口剂;叶治疗腹泻;根灰治疗腹泻和蠕虫病;果肉和种子治疗胸肺疾病。在中南半岛,木质部用作镇静剂治疗抽搐;食用煮过的叶可刺激产妇泌乳;树液用作抗梅毒药和驱虫药。在马来半岛和菲律宾,叶灰加油或不加油,均可涂抹治疗溃疡和伤口。

【成分药理】 乳胶中含有天然橡胶、树脂和蜡酸;木质部包含桑色素(morin)、木菠萝鞣质(cyanomaclurin);树皮含鞣质。

Artocarpus lakoocha Wall. ex Roxb.

【异名】 野波萝蜜。

【缅甸名】 မျောက်လုပ်

mai-mak-hat, mayauklok-ni, meik-mabot, myauk-laung, myauk-lok。

【分布】 主要分布于越南、老挝、尼泊尔、不丹、印度。在中国分布于云南。在缅甸分布于钦邦、曼德勒、德林达依和仰光。

【用途】

缅药 1. 汁液、种子:用作泻下药。

2. 树皮:用作收敛剂。

其他: 在印度,树皮和渗液外用治疗脾脏疾病;种子用作泻下药。在中南半岛,根用作滋补药和通便剂;叶治疗水肿。

【成分药理】 茎中含有2种三萜类化合物——香树脂醇乙酸酯(β-amyrin acetate)和羽扇豆醇乙酸酯(lupeol acetate)。

Arundo donax L.
芦竹

【缅甸名】 ဒဝေနလကျူ။အလိုကျူ

alo-kyu, kyu, kyu-ma, mai-aw-awn (Shan), maiaw (Kachin)。

【民族药名】 哥哦(傣药);格罗喋(德昂药);西把扑(傈僳药);Kum ba maknu(景颇药);芦竹笋、芦竹(畲药);芦尾、水竹(苗药);乌劳(基诺药);且铺(怒药)。

【分布】 主要分布于亚洲、非洲、大洋洲的热带地区以及地中海地区。在中国分布于广东、海南、广西、贵州、云南、四川、湖南、江西、福建、台湾、浙江、江苏。在缅甸分布于克钦邦。

【用途】

缅药 1. 全草:促消化,清痰,净化血液,消暑,治疗疱疹,减轻心脏、膀胱和子宫的疼痛,刺激食欲,增强呼吸。

2. 叶:晒干后混合茶叶冲泡,能刺激食欲,止吐,补血通经,缓解肌肉酸痛和僵硬。

3. 根茎:用作利尿剂,治疗淋病、皮肤发痒和痛经;煮沸后配伍虎爪草粉末治疗妇科疾病;与盐、狗尾巴草和槟榔混合,晒干后治疗肾结石、膀胱疾病、痢疾。

傣药 清热利水,除烦止呕(《傣医药》)。

德昂药 功用同景颇药(《德宏药录》)。

傈僳药 根茎、嫩芽:治疗热病烦渴、风火牙痛、小便不利(《怒江药》)。

景颇药 治热病风火牙痛、小便不利(《德宏药录》)。

畲药 根茎、嫩笋:治热病烦渴、风火牙痛、小便不利(《畲医药》)。

苗药 全草:清热止渴(《湘蓝考》)。

彝药 全草:治肺痨骨蒸、阴虚火旺(《哀牢》)。

基诺药 嫩苗:治肝炎(《基诺药》)。

怒药 效用同傈僳药。

土家药 根茎:治热病烦渴、骨蒸劳热、淋病、小便不利、风火牙痛、风湿麻木。

其他：在中南半岛，根茎用作回乳剂。

【成分药理】 据报道含有芦竹碱，有引起微弱的副交感神经拟态作用。

Asclepias curassavica L.
马利筋

【异名】 莲生桂子花（《植物名实图考》），芳草花（《中国植物图鉴》），金凤花、羊角丽、黄花仔、唐绵（广东），山桃花、野鹤嘴、水羊角（广西），金盏银台、土常山、竹林标、见肿消、野辣子、辣子七、对叶莲、老鸦嘴、红花矮陀陀（云南），草木棉（贵州）。

【缅甸名】 ရွှေတောင်းၤကာကတုလ္ဃဃ Shwedagon。

【民族药名】 芽金补爹（傣药）；牙贺巴南（德昂药）；雅给通龙、莲生桂子（黎药）；caxmakbed 茶芒编（壮药）。

【分布】 原产于拉丁美洲的西印度群岛，现广泛种植于热带及亚热带地区。在中国广东、广西、云南、贵州、四川、湖南、江西、福建、台湾等地有栽培。在缅甸广泛种植。

【用途】

缅药 1. 叶：叶汁用作驱肠虫药、发汗剂和抗痢疾药。

2. 花：入汤剂，止血。

3. 根：用作通便剂、催吐剂、驱虫药和收敛剂。

4. 叶、花：捣碎外敷，治疗伤口。

傣药 全草：治痛经、月经不调、崩漏带下、咳嗽、扁桃腺炎、肺炎、支气管炎、咯血、胸闷腹痛、骨折、跌打损伤、小便热涩疼痛、尿路结石、膀胱炎、尿道炎、蛔虫病、恶疮。

德昂药 全草：治乳腺炎、痈疖、痛经、骨折、刀伤、湿疹、顽癣、小儿疳积、小儿肝炎（《滇省志》）。

拉祜药 全草：治月经不调、扁桃腺炎、肺炎、肺结核（《拉祜医药》）。

黎药 1. 根、茎：水煎服治皮肤无名肿毒。

2. 叶：捣烂敷患处，治皮肤无名肿毒。

壮药 全草：治咽痛、淋证、月经不调、崩漏、乳腺炎、湿疹、外伤出血、小儿疳积。

其他：在中国、中南半岛、菲律宾和关岛，功效与缅甸一样。在马来半岛，花碾碎后治疗头痛。

【成分药理】 叶中含有三萜类化合物、生物碱。

Asparagus filicinus Buch. -Ham. ex D. Don.
羊齿天门冬

【异名】 滇百部、月牙一支蒿（云南），土百部、千锤打（四川）。

【缅甸名】 ကညွတ်မျိုးၤကံကြွတ်မျိုးၤ ka-nyut。

【民族药名】 几龙累、hesanxi 喝三夕、几龙乃（傣药）；病烈打（侗药）；羊齿天门冬（纳西药）；Cina 刺纳（普米药）；Xiaobaibu 小百部、儿多母苦、一窝蛆（土家药）；mopbu 莫补、xienbuva 小本娃、莫补、本娃、赊罗姐、夺娃（彝药）；聂象、测麦德兴（藏药）。

【分布】 分布于印度、中国、缅甸、不丹。在中国分布于山西、河南、陕西、甘肃、湖北、湖南、浙江、四川、贵州和云南。在缅甸分布于钦邦、克钦邦、马圭、曼德勒、实皆、掸邦。

【用途】

缅药 块根：用作利尿剂和驱虫药。

傣药 块根：治咳嗽痰多、咽喉肿痛、小便热涩疼痛、头昏目眩、支气管炎、肺炎、乳水不足（《版纳傣药》《傣医药》《滇省志》）。

侗药 块根：治久咳不止、疥癣。

纳西药 块根：治乳腺炎、风寒咳嗽、百日咳、支气管炎、哮喘、肺结核久咳、肺脓痈、咯痰带血、骨蒸潮热、疥癣。

普米药 块根：治风湿病、跌打损伤。

土家药 块根:治小儿疳积、食积腹胀、胃气痛、捞伤身痛、跌打损伤、肾虚腰痛、毒蛇咬伤、肺痨咳嗽、咯痰带血、支气管哮喘。

彝药 1. 块根:治慢性支气管炎、肺炎(《滇药录》)。

2. 根:治心悸不安、劳累、百日咳、胸痛、无名肿毒、肺痨、腹痛、跌打损伤、风湿(《彝植药续》)。

3. 全草、枝尖:治跌打损伤、蛀牙、痛疮、蛇伤。

藏药 块根:治"黄水"病、"龙"病、隐热病、黏液病、肺痨久咳、骨蒸潮热、疥癣、滋补体力、益寿命,杀虫灭疥(《中国藏药》)。

其他:在印度,根用作收敛剂和补药。在中国,根用于解热、消炎、利尿、祛痰,用作神经药、兴奋剂和补药;在云南,根治疗便秘、咳嗽、咯血、喉干、百日咳,还可用作补品。

Asparagus officinalis L.
石刁柏

【异名】 露笋(广东)。

【缅甸名】 ကညွတ်ကင့်ၟတ်

kannyut, sani kamat (Mon)。

【民族药名】 Helyun uruqi 艾里云欧如合(维药)。

【分布】 主要分布于欧洲、亚洲、北非地区。在中国新疆有野生,其他地区多为栽培。在缅甸多种植于南部潮湿地区。

【用途】

缅药 1. 全草:对产妇有补益作用。

2. 幼芽:消除胃胀气,增强体质。

3. 根:煮成糊状外用,治疗关节炎症、疼痛和肠胃胀气;根汁与蜂蜜混合食用,治疗泌尿系统疾病和各种肝胆疾病。

4. 嫩枝、根:与米饭煮食或与牛奶混合,可补充机体能量。

5. 叶子、茎、芽、根、果实:化痰,预防贫血,治疗外伤出血和吐血。

6. 果实:果汁与牛奶等量混合,治疗长期肾结石、胆结石、中毒。

维药 种子:治小便不利、膀胱结石、肾脏结石、肝阻黄疸、经水不通、精液减少、性欲低下。

Averrhoa carambola L.
阳桃

【异名】 五敛子(《本草纲目》),五棱果(云南),五稔(广东),洋桃(广东、广西)。

【缅甸名】 စောင်းလျား(စောင်းယား)

mak-hpung, zaung-ya。

【民族药名】 rggo-fiengz 壤楪纺、酸五梭(瑶药)。

【分布】 原产于马来西亚、印度尼西亚,热带地区有栽培。中国广东、广西、福建、台湾、云南有栽培。在缅甸广泛种植。

【用途】

缅药 果实:治疗出血痔疮、发热。

瑶药 1. 果实:治消化不良。

2. 根:治睟痄(疳积)、心头痛(胃痛)、贫痧(感冒)、隆白呆(带下)、发旺(风湿骨痛)、遗精(《桂药编》)。

其他:在印度,果实用作抗坏血病剂和解热剂,干燥的果实治疗发热,成熟的果实治疗出血痔疮、消渴以及镇静发热所致的兴奋。

Avicennia officinalis L.

【异名】 虎耳草。

【分布】 分布于南亚、东南亚、澳大利亚北部和东非地区。在缅甸分布于伊洛瓦底、若开邦和德林达依。

【用途】

缅药 1. 根:用作壮阳药。

2. 种子:用于制作药膏。

其他:在中国台湾地区,果实与黄油混合制成糊状,均匀涂抹在天花脓疱上可防止其破裂。

在中南半岛,树皮可治疗皮肤疾病,特别是疥疮。在印度尼西亚,树皮提取物有避孕的作用。在菲律宾,种子治疗溃疡引起的化脓和疤痕。此外,边材中的树脂可治疗局部的蛇咬伤。

【成分药理】 树皮含有单宁和拉帕醇。

Azadirachta indica A. Juss.

【缅甸名】 တမာပင်

tama, tamaga, margosa, neem。

【分布】 亚洲热带地区有分布和栽培。在缅甸分布于较热地区。

【用途】

缅药 1. 树液:用作滋补剂和助消化剂。

2. 树胶:用作止痛剂和滋补剂。

3. 树皮:用作滋补药;制成糊状和盐同服可退热;内树皮制成糊剂,局部涂抹可减轻关节疼痛;树皮煎液漱口可缓解牙痛。

4. 叶:粉碎后制成膏药,治疗疖和疥疮;叶煎液洗浴可缓解皮疹、瘙痒和皮肤上的肿块;叶汁可用来洗眼、止痒和降温;叶烤焦研粉后与盐混合,制成牙膏,可防止牙痛,美白和强健牙齿;叶捣成浆治疗牛皮癣和其他脓疱疹。

5. 光秃的嫩枝:用作牙签以清洁牙齿。

6. 花:用作健胃药;吸入可缓解头晕目眩。

7. 果实:治疗尿路感染。

8. 油:局部涂抹可止痒、祛疹;内服可驱虫。

9. 叶、树皮和油:治疗皮肤病;用作补药、驱蠕虫药和杀虫剂。

10. 油、叶和果实:用作兴奋剂和杀虫剂。

11. 全株:驱邪气,祛痰,治疗胆汁过多。

Bambusa bambos（L.）Voss
印度勒竹

【缅甸名】 ဝါးပုလဲဝါးအမြင်

kyakat-wa, nga-chat-wa.

【分布】 分布于中南半岛。在缅甸广泛分布。

【用途】

缅药 嫩枝:用作膏药。

其他:在印度,叶子治疗发热、喉咙痛和咳嗽;树皮可止血,止吐,止咳;根和芽用作利尿剂、发汗剂和净化剂,还治疗泌尿系统疾病和性病;新鲜的根与烟草和胡椒叶混合,浸在油中制成软膏,可治疗肿瘤、肝硬化;幼枝上的汁液可缓解支气管炎。

Barleria prionitis L.
黄花假杜鹃

【缅甸名】 လိပ်ဆူးရွှေ

leik-su-ywe, leik-hsu shwe, leik tha-shwe war。

【民族药名】 比朵郎(傣药)。

【分布】 分布于亚洲热带地区、非洲、印度和中南半岛。在中国分布于云南。在缅甸分布于克钦邦、曼德勒、马圭、实皆和仰光。

【用途】

缅药 1. 整株:碾碎,用芝麻油煮熟,治疗瘙痒、癣和疮。

2. 整株或叶:用作利尿剂和退热药。

3. 茎、叶:压碎混合,用芝麻油和水炖煮,过滤混合物,得到一种可以涂抹的油,治疗长期的褥疮。

4. 叶:制灰,用发酵后的淘米水服下,治疗水肿和积液导致的肿胀;制灰后与黄油混合并涂抹,可快速愈合陈年的褥疮;煮沸制成浓茶,含在嘴里可让松动的牙齿恢复强健;叶汁可中和蝎子蜇咬后的毒素,也可治疗发炎、脚部真菌感染;与蜂蜜、糖和温水混合,治疗儿童咳嗽、发热、支气管炎以及慢性咳嗽。

5. 根:减轻肿胀、肿块和溃疡的炎症和感染,对皮肤和血液疾病非常有益。

傣药 1. 叶或全株:治跌打瘀肿,拔刺,续筋接骨(《滇药录》《傣医药》《傣药录》《散纳傣药》)。

2. 根：治疗咳嗽、牙痛；外用治疗痔疮（《滇省志》）。

其他：在印度，根治疗疮和腺体肿胀；树皮治疗水肿；叶治疗牙痛、风湿。

Barringtonia acutangula（L.）Gaertn.

【缅甸名】 ရေကျင်းပင်ကျည်းပင်

kyi, kyi-ni, ye-kyi。

【分布】 分布于印度及澳大利亚。在缅甸广泛种植。

【用途】

缅药 1. 叶：治疗痢疾、腹泻。

2. 果实：治疗血液病。

3. 种子：治疗视疲劳。

4. 根：用作轻泻剂。

其他：在印度，树皮煎汤漱口治疗牙痛和牙龈痛；茎干治疗牙痛；叶汁治疗腹泻；果实治疗鼻粘膜炎；种子治疗肝脏疾病；配伍其他草药可治疗霍乱。

Basella alba L.
落葵

【异名】 蔠葵、蘩露（《尔雅》），藤菜（《本草纲目》），胭脂豆、木耳菜（《植物名实图考》），潺菜（广东），豆腐菜（云南），紫葵、胭脂菜、蔬芭菜（福建），染绛子。

【缅甸名】 ကင်းမုံဖူးပင်

kin peint, ginbeik。

【民族药名】 藤七、落葵、藤菜（白药）；帕邦、土三七（傣药）；仁脐期妮（哈尼药）；藤菜（苗药）；藤三七（纳西药）；片象、一品红（瑶药）；藤及珠芽（彝药）；旦锋、勒奔、麻便（壮药）。

【分布】 主要分布于亚洲热带地区和非洲。在中国的各地有种植，南方逸为野生。在缅甸分布于勃固和曼德勒。

【用途】

缅药 1. 全草：制成汤剂，减轻分娩疼痛。

2. 花：解毒。

3. 叶：汁液涂在伤口上可加速愈合。

4. 果汁：缓解腹泻、发热，治疗尿路感染。

5. 根：水煮后食用，减轻呕吐。

白药 全草：治痢疾、阑尾炎、大便秘结、膀胱炎、豆疹、肿毒、乳头破裂；外用治骨折、跌打损伤、外伤出血、烧烫伤（《大理资志》）。

傣药 1. 根：治腹痛腹泻、痢疾、腮腺炎、身体逐渐消瘦、食欲不振、体弱多病（《滇药录》《傣医药》《版纳傣药》《傣药录》）。

2. 果、全草：治跌打损伤、骨折、风湿性关节痛、大便秘结、膀胱炎。

哈尼药 珠芽：治久病体弱、头晕、骨折、跌打痨伤、疖肿（《哈尼药》）。

苗药 全草：治阑尾炎、痢疾、大便秘结、膀胱炎；外用治骨折、跌打损伤、外伤出血、烧烫伤（《湘蓝考》）。

纳西药 叶或全草：治跌打损伤、骨折、大便秘结、久年下血、多发性脓肿、咳嗽、小便短涩、痢疾、便血、斑疹、疔疮、手脚关节风湿、阑尾炎、外伤出血。

瑶药 全草：治血崩（《桂药编》）。

彝药 全草：治食积气滞、胃寒疼痛、腹胀气鼓、便溏腹泻（《哀牢》）。

壮药 1. 茎、叶：治跌打肿痛。

2. 全草：治小儿麻痹后遗症、慢性咽喉炎、慢性肠炎、急性阑尾炎；捣烂敷患处治跌打肿痛、下肢溃疡、烧伤（《药编》）。

Bauhinia acuminata L.
白花羊蹄甲

【缅甸名】 mahahlega-phyu, maha-hlega-byu, palan, swee-daw。

【分布】 分布于印度、缅甸、中国、斯里兰卡、马来半岛、越南、菲律宾。在中国分布于云南、广西和广东。在缅甸广泛分布。

【用途】

缅药 花:用作泻药。

其他:根提取物用作膏药。

【成分药理】 有报道的化学成分被证明对感冒、咳嗽、咽喉痛均有疗效,也适用于溃疡。根状茎和根具有良好的杀虫特性,也显示出抗真菌活性。

Bauhinia purpurea L.
羊蹄甲

【异名】 玲甲花(《植物名实图考》)。

【缅甸名】 maha-hlega-ni, maha-hlega-byu, swe-daw, swedaw-ni。

【分布】 分布于印度、中国南部、马来西亚、中南半岛、斯里兰卡。在中国分布于南部地区,在缅甸广泛种植。

【用途】

缅药 花:用作泻药。

其他:在印度,树皮治疗水肿、毒蝎蜇伤、昆虫叮咬、风湿病、抽搐、胃部肿瘤;花治疗消化不良。

Benincasa hispida (Thunb.) Cogn.
冬瓜

【缅甸名】 ကျောက်ဖရုံ

kyauk-pha-yon, lun-tha, pora-mat。

【民族药名】 麻巴们、麻耙闷空、麻巴闷烘、骂疤扪烘、苦冬瓜、滇板(傣药);毕娘、必酿(佤药);缅瓜啊铺(啊昌药);巴闷(德昂药);Humzhang gvuq(景颇药);冬瓜(白药);冬瓜茵-乌日、冬瓜茵-哈力素(蒙药);则糟(哈尼药)。

【分布】 分布于亚洲热带地区。主要分布于亚洲热带地区、澳大利亚东部及马达加斯加。在中国分布于云南。在缅甸种植于海拔1 220 m以下的地区。

【用途】

缅药 1. 花、种子、根、果实:增强体力,调节胆汁。

2. 花:压碎后食用,治疗霍乱。

3. 果实:对治疗因肺病导致的虚弱有重要的恢复功能;成熟果实可促进排便,清洁膀胱,缓解血液疾病;果汁可止血,治疗呕血和其他出血、癫痫、中风和精神错乱;果汁与少量的栀子花和小麦灰一起服用,以减轻膀胱炎症和溶解肾结石。

4. 种子:除虫。

5. 根:将根粉与热水混合,治疗咳嗽、支气管炎和哮喘。

傣药 1. 果实:祛湿利水,清热调经,止血,治疗死胎、心腹烦闷、中毒、疣子、感冒发热、喉炎、咳嗽咯血、胸腹胀痛、虚劳心悸、月经不调、产后流血(《傣药志》《傣医药》《滇省志》《版纳傣药》)。

2. 根:补气补血,治刀枪伤(《德宏药录》《滇药录》)。

佤药 1. 种子:治水肿胀满、痰吼咳喘、暑热烦闷、消渴、泻痢痈肿、痔漏,解鱼、酒毒。

2. 果皮:治痰热咳嗽、消渴、烦满、肺痈、肠疡(《滇省志》)。

阿昌药 根:治刀枪伤(《德宏药录》)。

德昂药 根:治刀枪伤(《德宏药录》)。

景颇药 根:治刀枪伤(《德宏药录》)。

白药 1. 果实:治水肿胀满、脚气、淋病、痰吼、泻痢。

2. 种仁:治痰热咳嗽、肺痈、淋病、水肿、脚气(《大理资志》)。

蒙药 种子:治痰热咳嗽、肺脓疡、阑尾炎、白带过多(《蒙药》)。

苗药 果皮:治水肿、尿少(《湘蓝考》)。

哈尼药 1. 全草:治上呼吸道感染、咽喉肿痛、急性阑尾炎、胃肠炎、跌打损伤。

2. 瓤:消炎,消肿治无名肿痛(《哈尼药》)。

【成分药理】 成分包括南瓜子氨酸(alkaloid cucurbitine)、酸树脂(acid resin)、蛋白质。

Berberis nepalensis Spreng.

【缅甸名】 khaing-shwe-wa, khine-shwe-war。

【分布】 主要分布于东亚地区。在缅甸广泛分布。

【用途】

缅药 果实:用作利尿剂。

其他:在印度,全株用作利尿剂和破乳剂;树皮制成的汤剂用作滴眼液,治疗眼睛的炎症;果实治疗痢疾;根治疗各种肠道感染,特别是细菌性痢疾。

【成分药理】 根状茎中含小檗碱,具有明显的抗菌、抗肿瘤作用。

Bischofia javanica Blume
秋枫

【异名】 万年青树(云南),赤木(山东、安徽),茄冬、加冬(福建、台湾),秋风子、加当(江苏),木梁木(广西)。

【缅甸名】 padauk, yepadon, aukkyu, aukkywe, yepadon, hka-shatawi, kywe-tho, po-gaungsa, tayok-the, yepadauk。

【民族药名】 秋桐、茄冬、秋风子(白药);埋堡、埋法、埋爬、细(傣药);我洒喇吗哟和节(哈尼药);生破、基思波(基诺药);重阳木、井秋枫(佤药);Abahuuehen、Tuou(台少药)。

【分布】 分布于印度、缅甸、泰国、老挝、柬埔寨、越南、马来西亚、印度尼西亚、菲律宾、日本、澳大利亚和波利尼西亚等亚洲热带地区。在中国分布于陕西、江苏、安徽、浙江、江西、福建、台湾、河南、湖北、湖南、广东、海南、广西、四川、贵州、云南等地区。在缅甸分布于克钦邦、曼德勒和掸邦。

【用途】

缅药 叶、汁:用作防腐剂。

白药 1. 根、树皮、叶:行气活血,消肿解毒。

2. 根及树皮:治风湿骨痛。

3. 叶:治食道癌、胃癌、传染性肝炎。

4. 果肉:醒酒(《大理资志》)。

傣药 1. 叶:治疮痒肿疖、斑疹、无名肿痛、皮肤瘙痒、疥癣、湿疹。

2. 鲜叶:治疮疡疖疔(《傣药志》《傣医药》《滇省志》)。

哈尼药 全草:治痛经、跌打扭伤、感冒、皮肤瘙痒、胃病(《哈尼药》)。

基诺药 1. 根:治吐血;外敷治跌打损伤、骨折、瘀血肿痛。

2. 叶:治传染性肝炎、肺炎、咽喉炎;外敷治疮疡脓肿(《基诺药》)。

佤药 1. 根、树皮:治风湿骨痛。

2. 叶:治肝炎、小儿疳积、肺炎、咽喉炎(《中佤药》)。

台少药 1. 叶:治腹痛、漆过敏、外伤。

2. 树皮:治腹痛。

其他:在印度,叶汁治疗溃疡。在中国,叶治疗溃疡和疮;茎液治疗溃疡;果实制成的滋补品可适用于婴儿;根用作利尿药,还治疗夜间遗精。

Bixa orellana L.
红木

【异名】 胭脂木(云南)。

【缅甸名】 သင်္ဘောတင်း

thinbaw-tidin。

【民族药名】 哥麻线、哥麻泻(傣药)。

【分布】 主要分布于美洲热带地区。在中国分布于云南、广东和台湾等地。在缅甸广泛种植。

【用途】

缅药 种子:用作收敛剂、退热剂。

傣药 根:治疗肝炎、尿血、胆囊炎、贫血(《傣药志》《滇省志》《傣药录》)。

【成分药理】 从种子中提取的红色染料含有红木素（bixin）立体异构体的混合物，是一种C－24双罗布麻烯类物质，具有净化作用；叶油富含萜烯。

Blumea balsamifera（L.）DC.
艾纳香

【异名】 大风艾（广西）。

【缅甸名】 ဘွမ်မသိန်ပရောက်

bonmathane-payoke, hpon-mathein, phon-ma-thein.

【民族药名】 来追（阿昌药）；槐艾（布依药）；liaong nue su 聊斡疟酥（朝药）；艾纳香、娜聋、大金美丹、歪哪、埋科默朗、哪聋（傣药）；冰片（德昂药）；牙吗拿把（哈尼药）；补死（基诺药）；jolong（景颇药）；大风艾、冰片艾、松艾佬（毛南药）；Diangx vob Hvid 档窝凯、Bindplanb 冰片、艾片（苗药）；冰片（水药）；冰片草、艾纳香、西打堵（佤药）；赊者诗、冰片叶（彝药）；（嘎布尔）、当思嘎菩、嘎菩（藏药）；大风艾、dagseh 歹风（壮药）；Sirowakuako、Tanakowazu、agaro（台少药）。

【分布】 主要分布于南亚和东南亚地区。在中国分布于云南、贵州、广西、广东、福建和台湾。在缅甸广泛种植。

【用途】

缅药 1. 叶：用作祛痰剂、胃痛剂、止痛剂和防腐剂，治疗婴儿疾病；用叶子浸泡的水浸湿身体，可消除水肿；将叶子与酒精、玫瑰水和柠檬汁混合制成软膏，可缓解和治疗肌肉痉挛、肢体瘫痪、血液循环不良导致的四肢沉重，以及身体酸痛。

2. 汁液：治疗牙痛。

3. 根：治疗感冒。

阿昌药 效用同德昂药（《德宏药录》）。

布依药 鲜叶：经蒸馏、冷却所得的结晶，治风火牙痛。

朝药 叶：叶的升化物经劈削制成艾片，治卒中风、不省人事、痰涎壅塞、精神昏愦、言语干涩、手足不遂、胸腹痛。

傣药 1. 根、叶：散瘀消肿，调经活血，治消化不良、腹胀、全身皮疹（《滇药录》《滇省志》《版纳傣药》《傣药录》《傣医药》）。

2. 叶、嫩枝、根：治皮肤瘙痒、疔疮斑疹、感冒、脘腹胀痛、热痱子、奶疹、疥癣、湿疹、痈疖脓肿。

3. 干根：散瘀消肿、调经活血，治风湿痛、跌打瘀肿、产后风痛、痛经、腹泻。

4. 全草：治感冒、风湿痛、跌打瘀肿、产后风痛、痛经、腹痛、腹泻、痈肿、皮肤瘙痒。

德昂药 全草：治热病神昏、急性扁桃体炎、烧伤（《德宏药录》）。

哈尼药 全草：治腹泻、跌打损伤、皮肤瘙痒、湿疹（《哈尼药》）。

基诺药 根、叶：治火牙疼痛、肝炎（《基诺药》）。

景颇药 效用同德昂药。

拉祜药 全草：治感冒、风湿痛、痛经、产后腹痛、皮肤瘙痒（《拉祜医药》）。

毛南药 全草：治感冒、风湿性关节炎、产后风痛、痛经、跌打瘀肿；外用治跌打损伤、疮疖肿痛、湿疹、皮炎。

苗药 地上部分：治风寒感冒、头风痛、风湿痹痛、寒湿泻痢、跌打伤痛、通窍、消肿止痛、杀虫（《苗医药》）。

水药 鲜叶：蒸馏冷却得结晶，治口舌生疮；外擦治神经性皮炎、（《水医药》）。

佤药 全草：治感冒、风湿痛、跌打瘀肿、产后风痛、痛经、腹痛、腹泻（《中佤药》《滇药录》）。

彝药 全草、叶：治风湿性腰痛、梅毒、肝硬化水肿、感冒。

藏药 1. 植物的分泌物：治高烧、热盛、血赤、风热。

2. 新鲜叶：经提取加工制成的结晶（艾片）治热病、增盛热、陈旧热病侵入骨病，止热性疼痛（《滇省志》）。

壮药 1. 全草：治感冒发热、风湿痛、经期腹痛、月经不调、湿疹、皮肤瘙痒（《桂药编》）。

2. 叶、嫩枝、根：治寒湿泻痢、腹痛肠鸣、跌打损伤、刀伤、高血压。

台少药 1. 叶：治头痛、腹痛、感冒、热病、疟疾、梅毒、外伤。

2. 根：治头痛、感冒。

其他 在印度，整株植物的汤剂用作祛痰剂；叶用作发汗剂。在中国，整株植物用作胃药、发汗药、补药、祛痰药、清热药、抗鼻炎药，同时也被认为具有潜在的抗生育作用；鲜叶或煎干叶的汁治疗瘙痒、疼痛和伤口。

【成分药理】 有报道的化学成分包括桉树酚、柠檬烯、棕榈酸、肉豆蔻酸、倍半萜醇（sesquiterpemne alcohol）、二甲醚和 pyrocaechic tannin。提取物对酿酒酵母具有光毒作用。水提物据记载有扩张血管、镇静和升压功效。此外具有抑制交感神经系统、缓解兴奋和治疗失眠的作用。据研究，其精油可能是近纯冰片或 75% 樟脑和 25% 冰片。

Boehmeria nivea (L.) Gaudich.
苎麻

【异名】 野麻（广东、贵州、湖南、湖北、安徽），野苎麻（贵州、浙江、江苏、湖北、河南、陕西、甘肃），家麻（江西），苎仔（台湾），青麻（广西、湖北），白麻（广西）。

【缅甸名】 ban, gon, kya-sha, lashen。

【民族药名】 白麻（阿昌药）；白麻、圆麻（白药）；来（布依药）；卫晋、maoxi pur 毛西脯儿（朝药）；磅满、野麻（傣药）；荟（德昂药）；谙、青麻根、白麻根（侗药）；la 拉、kuos nie 果捏（仡佬药）；Loqhei heiqma 罗黑黑玛、元麻、白麻（哈尼药）；Lachyit（景颇药）；鸡妈白（拉祜药）；阿皮赛（傈僳药）；安（毛南药）；麻、家麻（苗药）；白麻、元麻（纳西药）；几（怒药）；青麻、纸麻（畲药）；野麻、线麻（土家药）；白麻、圆麻（佤药）；nduc 六、苎麻根（瑶

药）；鸡妈白（彝药）；gobanh 棵斑、苎麻根（壮药）。

【分布】 分布于亚洲热带地区。在中国分布于广东、贵州、湖南、湖北、安徽、贵州、浙江、江苏、河南、陕西、甘肃、江西、台湾、广西。在缅甸广泛种植。

【用途】

缅药 根：用作泻药。

阿昌药 效用同德昂药（《德宏药录》）。

白药 1. 根：治发热、麻疹高烧、尿路感染、肾炎水肿、孕妇腹痛、胎动不安、先兆性流产；外用治跌打损伤、骨折、疮疡肿毒。

2. 叶：止血，解毒；外用治创伤出血、蛇毒咬伤（《大理资志》）。

布依药 根：治月家病。

朝药 根：治小儿赤丹、疗渴。

傣药 1. 根、叶：治阿米巴痢疾、全身酸疼、口舌生疮、腰痛、尿血、便血、脾肿大、蛇咬伤、产后气血虚、肢体风湿麻木、僵硬（《德宏药志》《傣医药》）。

2. 全草：治脾脏肿大、蛇虫咬伤。

3. 根：治高血压、头晕、头痛、小便混浊，止吐；外用治蛇虫咬伤（《版纳傣药》《滇药录》《傣药录》）。

4. 嫩尖：用于小儿驱虫。

5. 鲜叶：外用治脾脏肿大。

6. 鲜根、叶：治阿米巴痢疾；外用于拔刺（《德傣药》）。

德昂药 根：治感冒发热、麻疹高热、尿路感染、肾炎水肿、胎动不安、先兆性流产（《德宏药录》）。

侗药 1. 叶、根：治跌打损伤、外伤出血。

2. 根：治跌打损伤、陈旧性骨折、胎动不安。

仡佬药 1. 根：治习惯性流产、小产、早产、胎动不安、痈疮。

2. 叶：治腹泻、痢疾。

3. 花：治小儿麻疹。

4. 全草：治腹泻、痢疾、伤口溃疡（《桂药编》）。

哈尼药 根、叶：治骨折、急性关节扭伤、风

湿性关节炎、子宫脱垂、脱肛、胎动不安、尿路结石、血尿、疖肿、丹毒。

景颇药　效用同德昂药（《德宏药录》）。

拉祜药　根：治眼疾（《拉祜药》）。

傈僳药　根：治热病大渴、大狂、血淋、癃闭、吐血、下血、赤白带下、丹毒痈肿、跌打损伤、蛇虫咬伤（《怒江药》）。

毛南药　根皮、叶：安胎。

苗药　全草：治各种出血、湿疹、月经过多（《湘蓝考》）。

纳西药　1. 根：治感冒发热、麻疹高烧、痰哮咳嗽、习惯性流产、妇女子宫脱垂、久泻不止或赤白痢、肛脱不收；外用治骨折、痈肿初起。

2. 叶：治月经过多症、鼻衄、痔疮；外用治外伤出血、虫蛇咬伤。

怒药　根：治热病大渴、大狂、血淋、癃闭、吐血、下血、赤白带下、丹毒、痈肿、跌打损伤、蛇虫咬伤。

畲药　1. 根、叶：治小便出血、蜈蚣咬伤、小儿丹毒、火丹疖毒、蛊胀、哮喘、疝气、白浊滑精、痢疾、血淋、疔疮肿毒、胎动不安、蜂蛇咬伤（《畲医药》）。

2. 根皮：治鱼骨鲠喉、无名肿毒、疔疮疖肿。

3. 茎皮：治跌打损伤。

4. 叶：捣烂外敷治癣。

土家药　根：治尿路感染、肾炎水肿、赤白带下、习惯性流产、胎动不安、跌打损伤。

佤药　根：治胎动不安、子宫脱出、疖肿、骨折、风湿性骨痛（《中佤药》）。

瑶药　1. 根、茎叶：治感冒发热、燥热烦渴、尿路感染、急性膀胱炎、肾炎水肿、月经不调、胎动不安、肠炎腹泻、骨鲠喉、痈疮肿毒。

2. 叶：治小儿消化不良腹泻（《桂药编》）。

彝药　1. 根：续筋接骨，补虚安胎，治先兆流产、感冒发热、麻疹高热、尿路感染、肾炎水肿、孕妇腹痛、久病体虚、胎动不安、目翳、视力减退；外用治跌打损伤、骨折、疮疡肿毒、眼结膜炎、外伤性眼炎（《楚彝本草》）。

2. 枝叶：治风湿初犯、排尿困难、经血过多、胎动不安、习惯性流产、鼻衄血尿、痔瘘出血（《彝药志》《哀牢》）。

壮药　1. 根：治呔偻（胎漏）、鹿勒（吐血）、肉裂（尿血）、�4寸（子宫脱垂）、笃麻（小儿麻疹）、狠尹（疮疖）、夺扼（骨折）、隆白呆（带下）、胎动不安、咽喉痛、产后流血、痈疮。

2. 茎皮：治四肢无力。

3. 叶：治腹泻、痢疾、外伤出血（《桂药编》）。

其他：在印度，叶用作溶解剂；根用作开胃酒。在中国，叶用作止血剂；根用作种保胎剂、缓和剂、利尿剂、溶解剂、子宫收缩剂，可止血，利尿，降温，治疗昆虫和蛇咬伤、毒箭伤、直肠脱垂、白带、泌尿生殖炎症、产褥热、丹毒和风湿病。

Boerhavia diffusa L.
黄细心

【**异名**】　沙参（海南）。

【**缅甸名**】　pa-yan-na-war。

【**民族药名**】　黄细心（纳西药）。

【**分布**】　主要分布于日本、菲律宾、印度尼西亚、马来西亚、越南、柬埔寨、印度、澳大利亚、太平洋岛屿及美洲、非洲。在中国分布于福建、台湾、广东、海南、广西、四川、贵州、云南。在缅甸广泛分布于平原地区。

【**用途**】

缅药　1. 全草：和鳢肠叶汁一起服用可治男性病；和决明的种子混合，口服或做软膏剂使用，可治癣。

2. 叶：和牛奶混合可治小便疼痛、淋病、哮喘和发热，可增强体质；和 naga-gyin 鱼（麦瑞加拉鲮鱼）一起烹饪，食用可治局部瘫痪；叶的汤剂可促进产妇泌乳；治疗乳房疼痛、全身虚弱和疲劳；和 nga-panaw 鱼（翠鳢）混合烹饪或做成汤，治愈心脏病、胸膜炎、伤寒、饱胀、水肿、痔疮、下气、痰和消化不良；捣碎，制成药膏治疗外部炎症。

3. 根：根粉和糖一起服用，治疗百日咳；和蜂蜜混合服用,治疗哮喘。

纳西药　根:治腰扭伤痛、外伤出血、跌打损伤、筋骨疼痛、腰腿痛、月经不调、白带过多、胃纳不佳、脾肾虚浮肿、虚咳。

其他　在印度,全株用作泻药和利尿药;叶用作开胃剂和控制产后出血;种子用作滋补药和驱风药,治疗腰痛、疥疮,净化血液和催生;根用作利尿药、泻药、祛痰药、健胃药,治疗哮喘、水肿、贫血、黄疸、内部炎症、淋病、溃疡、麦地那龙线虫、腹部肿瘤、发热,还用作蛇毒的解毒剂,用作解痉药治疗心脏和肾脏疾病。

【成分药理】　含有一种活性生物碱——黄细心碱(punarnavine),具有强大的利尿作用。

Bombax ceiba L.
木棉

【缅甸名】　kadung, kawl-tung-peng, kroik, letpan, let-pau, mai-nio。

【民族药名】　得乌金、腊办(阿昌药);木棉花、英雄树、木棉(白药);略纽(布朗药);沟歪燎、沟歪有、沟歪柔(布依药);哥牛、格相当、迈溜(傣药);嫩(德昂药);攀枝花、Lalbol alol 接波阿波、木棉(哈尼药);肋怀、英雄树(基诺药);Nungam Myinoq bvun(景颇药);妞次(拉祜药);阿乃三腊、红棉(傈僳药);蔡蒿、木棉花、千意好(黎药);红棉、wai mei 怀妹(毛南药);Moden hubeng qiqig 毛敦-胡泵-其其格、敦日本-格斯日(蒙药);木棉花、攀枝花、考待告(佤药);楪老(部安语)、ndiang buh iorngh 亮培荣、木棉花(瑶药);兰锡起(彝药);纳嘎格萨、那卡布洒、那噶给赛(藏药);Vagominz 华楪民、木棉皮、木棉花(壮药);Girotan(台少药)。

【分布】　分布于印度、斯里兰卡、中南半岛、马来西亚、澳大利亚北部、印度尼西亚至菲律宾及亚热带地区。在中国分布于云南、四川、贵州、广西、江西、广东、福建、台湾等地区。在缅甸广泛分布。

【用途】

缅药　1. 树皮、根:收敛,止血,利尿。

2. 叶、花:治疗糖尿病。

3. 根:滋养补虚。

阿昌药　1. 根:治体弱、面黄肌瘦(《民族药志(一)》)。

2. 根、皮、花:治动物咬伤、便秘、吐血。

3. 树皮:治风湿、食欲不振、堕胎。

4. 种子:治脱肛(《滇药录》)。

白药　1. 花:治泄泻、痢疾、血崩、疮毒、创伤出血。

2. 根:治慢性胃炎、胃溃疡、产后浮肿、赤痢、跌打损伤。

3. 树皮:治胃炎、泄泻、腰腿不遂、跌打损伤(《大理资志》)。

布朗药　1. 根、皮、花:治动物咬伤、便秘、吐血。

2. 树皮:治风湿、食欲不振,堕胎。

3. 种子:治脱肛(《滇药录》)。

4. 根:治风湿(《民族药志(一)》)。

5. 嫩叶、树皮:治骨折(《滇省志》)。

布依药　根:治跌打损伤、疮疖(《民族药志(一)》)。

傣药　1. 根、皮、花:治动物咬伤、便秘、吐血、产后流血不止、各型肝炎(《傣医药》)。

2. 树皮:堕胎、治风湿、食欲不振、风湿性关节痛、感冒咳嗽、痰多喘息、呕血吐血、产后流血不止、疔疮脓肿(《滇药录》)。

3. 种子:治脱肛、疝气(《滇药录》)。

4. 花:治便秘、泄泻、痢疾、血崩、疮毒、金疮出血。

5. 根:治体弱、不思饮食、虚脱、汗出、四肢厥冷、胃寒冷痛。

6. 花、树皮、根、树浆:治各型肝炎、便秘、吐血、产后流血不止、黄疸、动物咬伤、便秘、吐血、产后恶露不尽。

德昂药　1. 树皮:祛风除湿,活血消肿。

2. 根:止痛。

3. 花:治肠炎(《德宏药录》)。

哈尼药 1. 花:治肠炎、痢疾、中暑。

2. 根:治风湿疼痛。

3. 根皮:治胃痛、腹痛、痛疮、外伤出血。

基诺药 1. 茎皮:治骨折、跌打损伤、疮疖(《滇省志》)。

2. 花、树皮、根:外敷治疮疖、骨折、跌打损伤(《基诺药》)。

3. 根皮、茎皮:外敷治疮疖、溃疡脓肿(《民族药志(一)》)。

4. 根:治胃痛、颈淋巴结结核。

景颇药 茎皮:治骨折、跌打损伤、虚脱、汗出、四肢厥冷、胃寒冷痛(《滇省志》《版纳傣药》)。

拉祜药 根皮、茎皮:治刀伤出血。

傈僳药 1. 花:治肠炎痢疾。

2. 皮:治风湿痹痛、跌打肿痛。

3. 根:治胃痛(《怒江药》)。

黎药 1. 根、树皮:治闭合性、开放性骨折(《民族药志(一)》)。

2. 根:治风湿性关节炎。

毛南药 1. 花:治肠炎、胃溃疡、颈淋巴结结核。

2. 根皮:治风湿疼痛、跌打损伤。

3. 根:治慢性胃炎、胃溃疡、颈淋巴结结核。

蒙药 1. 花瓣:治心热、心刺痛、气喘等心血热证,脏、腑、肉、皮、脉、骨等热症,酸热、热毒、伤热、骚热、痛风、丹毒、风湿热等热症。

2. 花萼:治肺热、陈旧性疮疡出血、鼻衄、经血淋漓。

3. 花蕊:治肝热、胸肋作痛、黄疸、食欲不振、全身浮肿、心肌劳损,脾肿大、左肋刺痛等脾热症。

4. 花:治心、肺、肝、脾热,胸部和肝区疼痛病。

佤药 1. 树皮、根皮:治疮毒肿痛、疔疮、跌打损伤、痢疾、风湿性关节炎(《中佤药》)。

2. 嫩叶、树皮:治骨折(《滇省志》《民族药志(一)》)。

瑶药 1. 根、树皮、花:治慢性胃炎、胃溃疡、产后浮肿、痢疾、泄泻、腰腿痛、跌打损伤、恶疮、阴囊湿疹。

2. 根、根皮:治尿路感染(《桂药编》《民族药志(一)》)。

彝药 1. 茎皮:治湿热鼻衄、胃肠痈疡、腰膝酸痛、跌扑损伤(《哀牢》)。

2. 花:治老年咳喘、慢性支气管炎。

3. 树皮:治流鼻血、胃痛、腹泻、痢疾。

藏药 1. 花:治心、肺、肝、胆热病,消化不良、血热引起的背痛、心痛、虫病、便秘、泄泻、痢疾。

2. 花萼(白玛格刹):治肺病。

3. 花瓣(斑玛格刹):治心热病。

4. 花丝(那嘎格刹):治肝热病(《部藏标》《藏标》《民族药志(一)》《滇省志》《藏本草》《中国藏药》)。

5. 种子(锐赛):治鼻病。

壮药 1. 树皮:除湿毒,祛风毒,治发旺(风湿骨痛)、林得叮相(跌打损伤)、痢疾、肠炎、热咳多痰;外用治痈疮肿痛(《滇省志》)。

2. 花:治白冻(泄泻)、阿意咪(痢疾)、仲嘿喑尹(痔疮)、约京乱(月经不调)(《民族药志(一)》)。

台少药 1. 叶:治疮疡。

2. 嫩芽:治皮肤病。

Bougainvillea spectabilis Willd.
叶子花

【异名】 毛宝巾(广东),九重葛(《台湾植物志》),三角花(上海)。

【缅甸名】 sekku-pan。

【分布】 原产于巴西和美洲热带地区。在中国南方栽培供观赏。在缅甸广泛种植。

【用途】

在 Mandsaur,传统医生用叶治疗各种疾病,包括腹泻和胃酸过多。在其他地方,植株可治咳嗽和咽喉痛;干花水煎剂治疗白带过多和血管疾病;干茎水煎剂治疗肝炎。

Brassica oleracea L.
甘蓝

【异名】 卷心菜(《种子植物名称补编》),包菜(江苏),洋白菜(北京),圆白菜(内蒙古),疙瘩白、大头菜(东北),包心菜、包包菜(陕西),莲花白(四川、云南),椰菜(广东,广西)。

【缅甸名】 မုန်လာတုပ်ဂေါ်ဘီထုပ်
kobi-dok。

【分布】 原产于西欧,全球广泛栽培。中国各地均有栽培。缅甸广泛种植。

【用途】

缅药 1. 叶:治疗皮肤病,也用作利尿药和泻药。

2. 种子:促进食欲,助消化,也用作利尿药和泻药。

Bridelia retusa (L.) A. Juss.

【异名】 微凹土密木。

【缅甸名】 hle-kanan, mak-kawng-tawn, seik-chi, seikchi-bo。

【分布】 分布于中国、不丹、柬埔寨、印度、印度尼西亚、老挝、缅甸、尼泊尔、斯里兰卡、泰国和越南。在中国分布于湖南、广东、海南、广西、贵州、云南等地。

【用途】

缅药 树皮、根:清除尿路结石,止血。

其他:在印度,树皮加芝麻油作为搽剂,还用作避孕药。

Brugmansia arborea (L.) Steud.
木曼陀罗

【民族药名】 麻黑罢(傣药);大独惹(藏药)。

【分布】 原产于缅甸。主要分布于安第斯山脉(3 050～3 655 m)、厄瓜多尔中部至智利北部,在其自然范围内不会在低海拔生长。

【用途】

缅药 叶:用作镇静剂和平喘药。

傣药 1. 鲜叶:治乳腺炎。

2. 果:治顽癣、烂脚、香港脚(《滇省志》)。

藏药 种子:治牙痛、喘咳(《滇省志》)。

其他:在印度,植株治疗哮喘、疼痛和肿瘤,还用作化脓剂、麻醉剂和迷幻剂。

Brugmansia suaveolens (Humb. & Bonpl. ex Willd.) Bercht. & J. Presl.

【异名】 大花曼陀罗,木本曼陀罗。

【缅甸名】 padaing。

【分布】 原产于南美洲、巴西东南部。在中国华南地区有少量栽培。在缅甸广泛栽培。

【用途】

缅药 叶:用作镇静剂和平喘剂。

其他:在多米尼克,干花被观察到具有致幻作用。草汁是厄瓜多尔亚马孙河流域和秘鲁的Shuar Jivaroan当地人使用的最强的致幻剂,也可治疗月经痛,并有抗感染功效。

【成分药理】 叶片和果实含有高毒性、抗胆碱能的低聚氰胺,可用于诱导麻醉;还含有阿托品,可引起精神错乱、视力模糊、血管扩张和抑制唾液。

Bryophyllum pinnatum (Lam.) Oken
落地生根

【缅甸名】 ywet-kya-pin-bauk。

【民族药名】 打不死、接骨草(白药);亮胡埃、腕菲(傣药);打不死、南多(德昂药);打不死、Pavqcul巴粗、齐得(哈尼药);侧革拉剥夺(基诺药);Mi nye chi(景颇药);pa die na die(拉祜药);登麻喜(傈僳药);克壳、雅娥(黎药);叶生根、松腊埔(毛南药);打不死、生根草(佤药);Arunobu、

Tepopo、Karunubu（台少药）。

【分布】 原产于非洲。在中国分布于云南、广西、广东、福建、台湾。在缅甸广泛分布。

【用途】

缅药 叶：治疗脱发；将叶汁涂在脓疱、丹毒和疖子患处，以治疗溃疡；烘烤后贴在伤口上，可以止血，促进伤口愈合；烘烤后粘在挫伤处，可减轻和治愈炎症；与胡椒粉混合口服，可治疗痔疮和性病引起的尿潴留等症状；碾碎树叶，服用叶汁将有助于治疗霍乱；涂上汁液可以治愈脱白、肌肉痉挛和烧伤；碾碎并置于眼睛上方以治疗眼疾；叶汁加冰糖，服用可治疗尿血和痢疾；叶的汁液可以和盐一起磨碎，然后压入蝎子咬的伤口中，以中和毒素。

白药 全草、根：治吐血、刀伤出血、胃痛、关节痛、咽喉肿痛、乳痈、疔疮、溃疡、烫伤（《大理资志》）。

傣药 1. 叶、根：治痢疾、腹泻、腰扭痛、便血、烧烫伤（《滇药录》）。

2. 全草：治腹痛腹泻、赤白下痢、跌打损伤、关节红肿热痛、乳痈、中耳炎、疔疮、外伤出血、水火烫伤、骨折、风湿热痹证、肢体屈伸不利、疔疮痈疖脓肿、疮疡肿毒。

3. 根：治腹泻、痢疾（《滇省志》）。

德昂药 全草：治水火烫伤、跌打损伤、疮疡肿毒（《德宏药录》）。

哈尼药 全草：治疮毒红肿、乳腺炎、跌打损伤吐血、烧烫伤、外伤筋断。

基诺药 全草：外用治腮腺炎、乳腺炎、烧烫伤、骨折。

景颇药 全草、根：治痈、疮、乳腺炎、跌打损伤、骨折、烧烫伤（《德宏药录》）。

拉祜药 新鲜全草：外敷治虫蛇咬伤。

傈僳药 鲜叶、根：治吐血、刀伤出血、胃痛、关节痛、咽喉肿痛、乳痈、疔疮、溃疡、烫伤。

黎药 全草：治骨折、跌打损伤；水煎服或外用治刀伤、火烫伤、各种痈疮、肿毒。

毛南药 鲜叶：治跌打损伤、外伤出血、痈疮肿毒、水火烫伤。

佤药 全草：治腮腺炎、乳腺炎、痈肿疮疖、骨折（《中佤药》）。

台少药 叶：治头痛、肿疡、外伤。

其他：碾碎的叶具有清凉作用，在当地用作消毒剂。从中国南方到关岛，叶治疗化脓疖子、伤口、皮肤疾病、烧伤、烫伤、鸡眼、风湿病、神经痛；把叶放在前额，治疗头痛；放在胸部，治疗咳嗽和疼痛；叶与其他植物的叶混合，制成药膏，治疗腹部碗状疾病。在菲律宾，把加热的叶和茎中榨出的汁液，涂抹在感染疥疮的部位。在印度，叶治疗胃酸和其他胃病，也治疗创伤和昆虫叮咬。

【成分药理】 含有活性成分 bryophylline，可治疗由细菌引起的肠道疾病。

Buchanania lancifolia Roxb.

【异名】 马蹄莲。

【缅甸名】 taung-thayet，thayet-thin-baung，thingbaung。

【分布】 分布于中国、印度、老挝、马来西亚、缅甸、尼泊尔、新加坡、泰国和越南。在中国北京、江苏、福建、台湾、四川、云南及秦岭地区有栽培。在缅甸分布于若开邦和仰光。

【用途】

缅药 1. 叶、种子、根：用作轻泻药。

2. 种子油：代替杏仁油。

其他：根据"马提亚医学"，这种植物与其他植物（*Shorea robusta*，*Terminalia tomentosa* 和 *Acacia catechu*）联合使用来浸泡提取出 silajátu，一种黑色黏稠物质，在阳光下晒干，纯化提取液，用作补品来治疗尿路疾病、糖尿病、贫血、肺结核、咳嗽和皮肤病。

Buddleja asiatica Lour.
白背枫

【异名】 驳骨丹（海南），狭叶醉鱼草（《广西木本选编》),山埔姜(《台湾植物志》),七里香(云南),驳骨丹、醉鱼草(《云南植物研究》),王记叶(湖南),水黄花(广西),黄合叶(湖北)。

【缅甸名】 kyaung-migo。

【民族药名】 白背枫、醉鱼草、狭叶醉鱼草(白药);梦换夯妈(傣药);血脯(侗药);喝咪(基诺药);白背枫、戛烂此(傈僳药);白背枫、白鱼尾、白鱼鱼可(畲药);里娄、七里香、次莫主鲁薄日(彝药);可茶买(壮药);Tatupasunobai、Pagaro(台少药)。

【分布】 分布于巴基斯坦、印度至中国、不丹、尼泊尔、缅甸、泰国、越南、老挝、柬埔寨、马来西亚、巴布亚新几内亚、印度尼西亚和菲律宾等。在中国分布于陕西、江西、福建、台湾、湖北、湖南、广东、海南、广西、四川、贵州、云南和西藏等地。在缅甸广泛种植。

【用途】

缅药 叶:用作堕胎剂和治疗皮肤病。

白药 根、叶:治关节炎、跌打损伤、无名肿毒(《大理资志》)。

傣药 1. 全株:治感冒、牙痛、膀胱炎、尿道炎、尿闭、风湿。

2. 叶:治跌打瘀血、外伤出血。

3. 花:治百日咳、肺结核、肝炎。

4. 果实:治小儿蛔疳、咳嗽(《滇省志》)。

侗药 根:治咳嗽(《桂药编》)。

基诺药 根:治小儿脐风、惊风(《基诺药》)。

傈僳药 全株:治产后头风痛、胃寒作痛、风湿性关节痛(《怒江药》)。

畲药 根、茎、叶、果:治风寒发热、头身疼痛、胃腹虫痛、头晕眩呕、蛔虫疳积(《畲医药》)。

彝药 1. 全株:治外伤肿痛、出血。

2. 根:治胎位不正、胎动不安(《滇药录》)。

壮药 全株:治湿疹、疮疥(《桂药编》)。

台少药 1. 芽:打碎后敷于患部,用布包扎治外伤。

2. 叶:煮热后贴于腹部,有助于妇女生产,产后取叶一把,用煎汁洗涤患部。

其他: 用于堕胎,治疗皮肤病、炎症、疟疾、肿瘤。

Butea monosperma（Lamk.）Kuntze.
紫矿

【缅甸名】 paukpin, shagan changgan (Kachin), pawpan (Kayin), tanom khapore (Mon), kao mai, kikao, maikao (Shan)。

【分布】 分布于亚洲热带地区。在中国分布于云南,广西有栽培。在缅甸分布于伊洛瓦底、勃固、曼德勒、孟邦、仰光、实皆、掸邦。

【用途】

缅药 1. 全株:治疗消化不良,促进精子产生,促进骨折后骨的修复,改善尿流量。

2. 树皮:磨成粉末,卷在蜂蜜里,形成的球状物用于增强体质。

3. 树液:新鲜的树液作为药膏涂于局部能治疗皮疹和肿块,并缓解疼痛;制成口服药物,治疗腹泻。

4. 树胶和树叶:用作收敛剂。

5. 叶:用作滋补品。

6. 花:治疗尿路感染和麻风病;将花浸泡在冷水中过夜,然后与糖混合,口服可减轻肛门疼痛、尿中出血和流鼻血;鲜花炖水可以减轻膀胱炎症,促进排尿;干花冲泡成茶可缓解疲劳和净化血液循环系统。

7. 种子:碾碎制成药膏,与酸橙汁混合治疗癣;剥去种皮,待籽粒干燥,撒上药粉服用,用来排出肠道蠕虫。

8. 种子、树皮:中和蛇毒。

Butea superba Roxb.

【缅甸名】 ပေါက်နွယ်ပင်

kao-hko, kosot-lot, pauk-new, paw-tohkaw。

【分布】 分布于东印度群岛、中国。在缅甸分布于勃固、曼德勒和仰光。

【用途】

缅药 树皮:治疗蛇咬伤。

其他:在中南半岛,茎和叶熬制的汤剂局部沐浴,治疗痔疮,也用作镇静剂,可治疗身体抽搐、勃起功能障碍。此外,据报道该植物可治疗腹泻和排尿困难。

Caesalpinia pulcherrima (L.) Sw.
金凤花

【异名】 洋金凤(广东)、黄蝴蝶、蛱蝶花。

【缅甸名】 daung-sok, sein-pan-gale。

【分布】 原产于西印度群岛,分布于美洲、亚洲的热带地区。在中国云南、广西、广东和台湾有栽培。

【用途】

缅药 1. 树皮:用作收敛剂。

2. 叶:用作泻药和催吐剂。

Callicarpa macrophylla Vahl.
大叶紫珠

【异名】 羊耳朵、止血草(云南),赶风紫、贼子叶(广东、广西)。

【缅甸名】 daung-satpya, kyun-nalin, lahkylk, mai-hpa, mai-put, nakeching, pebok, sigyi, tawngto-nao。

【民族药名】 哦比阿帕、俄必阿怕(哈尼药);大叶白花草(壮药);孔洗、协美浆、穿骨风(瑶药);埋爬波(傣药);白毛柴、紫珠花、止血草(畲药);闹秀、Naos soup(侗药);罗补标(基诺药)。

【分布】 主要分布于尼泊尔、不丹、马斯克林群岛、印度、孟加拉国、缅甸、泰国、越南、马来西亚和印度尼西亚。在中国分布于广东、广西、贵州、云南。在缅甸分布于钦邦、克钦邦、曼德勒、实皆、掸邦。

【用途】

缅药 1. 树皮:治疗皮肤病。

2. 根:用作胃药。

哈尼药 1. 根:治各种炎症、跌打损伤、外伤出血(《滇药录》)。

2. 根、叶:治胃肠出血、咯血、衄血、偏头痛、风湿骨痛、跌打损伤、外伤出血、黄水疮、皮肤瘙痒(《滇省志》)。

壮药 1. 根:治白带过多、月经不调、内出血、跌打损伤。

2. 叶:治乳疮、刀伤出血。

3. 全草:治白带过多、砂淋(《桂药编》)。

瑶药 根:治斑痧、内外伤出血、小儿疳积(《桂药编》)。

傣药 根:治外伤出血、蚂蝗咬、止血、散瘀消肿、跌打损伤、风湿(《傣医药》)。

畲药 枝叶:治吐血、衄血、便血、恶寒发热(《畲医药》)。

彝药 根:治衄血、吐血、便血、牙龈出血、外伤出血、跌扑肿痛、风湿骨痛、经血淋漓不尽、经期腹痛(《彝医药》)。

侗药 叶、根:治宾奇卯(结核)、奇酉任(紫癜)(《侗医学》)。

基诺药 树皮、根:治月经不调、闭经、痛经(《基诺药》)。

其他:在马来半岛,捣碎的叶子用来敷疮,汤剂可减轻胃痛。在中国,该植物用来治疗婴儿的流感。

Calophyllum inophyllum L.
红厚壳

【异名】 胡桐(《中国高等植物图鉴》),琼崖海棠树(《中国树木分类学》),海棠木、海棠果(广东),君子树(海南),呀拉菩(台湾)。

【缅甸名】 ponenyet。

【分布】 分布于印度、斯里兰卡、中南半岛、马来西亚、印度尼西亚、安达曼群岛、菲律宾群岛、波利尼西亚、马达加斯加和澳大利亚等地。在中国分布于海南、台湾。在缅甸分布于孟邦、德林达依。

【用途】

缅药 1. 全草:调节胆汁,化痰和止血。

2. 叶子:水浸液用来制成眼药水,以减轻灼伤。

3. 树皮:煮水以缓解便秘和治疗大出血;汁液用来合成治疗伤口和溃疡的药物。

4. 种子油:缓解疼痛,治疗淋病、麻风病和其他皮肤病。

Calotropis gigantea（L.）W. T. Aiton.
牛角瓜

【异名】 羊浸树(云南、广东),断肠草、五狗卧花心(广东)。

【缅甸名】 မယို၀ၢ်

mayo。

【民族药名】 郭呼拉、埋榛敏(傣药);goniuzozgvah、牛角爪叶(壮药)。

【分布】 分布于印度、斯里兰卡、缅甸、越南和马来西亚等地。在中国分布于云南、四川、广西和广东等地。

【用途】

缅药 1. 汁液:治疗麻风病,并用作泻药。

2. 树皮:用作驱虫药。

3. 树皮和乳胶:治疗皮肤病和蠕虫病。

4. 花:用作平喘药。

5. 根皮:可做催吐剂,治疗痢疾、皮肤病。

傣药 叶:治哮喘、皮癣、梅毒(《傣医药》《滇省志》)。

壮药 叶:治咳喘、痰多、百日咳。

其他:在中国,树皮治疗神经性皮炎和梅毒;叶子用作保鲜剂。

【成分药理】 乳胶中含类洋地黄成分(uscharin)、牛角瓜苷(calotropin)和牛角瓜毒素(calotoxin),以及一种含氮和含硫的化合物——

糖巨肽,能使心脏收缩;在该植物中还发现了草酸钙、谷胱甘肽和一种类似于木瓜蛋白酶的蛋白水解酶。

Calotropis procera（Aiton）Dryand.
白花牛角瓜

【缅甸名】 mayoe。

【民族药名】 郭呼拉、埋榛敏、Arka(傣药)。

【分布】 分布于热带地区。在缅甸分布于马圭、曼德勒、实皆、掸邦。

【用途】

缅药 1. 根:压碎,放入疼痛的牙齿内可治疗牙痛;外敷可解蛇毒。

2. 种子、根:制成糊状物可中和蝎毒。

3. 根:磨成粉混合蜂蜜,治疗皮肤病和麻风病;还可治疗癫痫病。

4. 花:粉碎混合牛奶服用,治疗肾结石;混合芝麻油起调经作用;另外花可治疗霍乱。

5. 乳胶:用来按摩膝盖以减轻疼痛;用 *hsu-byu*(黄花夹竹桃)将树皮碾碎,并将其涂在肚脐和膀胱上,以治疗尿潴留;混合姜黄制成的糊状物,用于面部色斑;乳胶和甘露聚糖混合制成糊状物,可减轻皮疹及肿胀;加入 *shein-kho*(栀子花 *Gardenia Resinifera*)制成的膏体可以减轻疼痛。

6. 茎:用作治疗内痔的药物;干燥的树枝可以点燃,产生的烟雾可以治疗头痛、颈背疼痛。

7. 叶:汁液可以滴在耳朵里治疗耳痛;祛痰,治疗哮喘、胃病和胃胀;制成软膏可治疗麻痹、中风及关节炎症。

傣药 叶:治哮喘、皮癣、梅毒(《傣医药》《滇省志》)。

Cananga odorata（Lam.）Hook. f. & Thomson
依兰

【异名】 加拿楷(《中国植物学杂志》),依兰香(热带植物研究),香水树(台湾)。

【缅甸名】 စံကားစိမ်းကဒတ်ငန်

kadat-ngan, saga-sein, ylang-ylang。

【分布】 原产于缅甸、印度尼西亚、菲律宾和马来西亚,现热带地区广泛栽培。在中国台湾、福建、广东、广西、云南和四川等地又栽培。在缅甸广泛栽培。

【用途】

缅药 花:治疗眼病、疟疾、痛风和头痛。

其他:在马来半岛,花制成膏剂治疗哮喘;叶子擦在皮肤上治疗瘙痒。在印度尼西亚,树皮治疗疥疮;干花治疗疟疾;种子与其他成分细磨,治疗间歇性发热时的胃部不适。在所罗门群岛,压碎叶子治疗疮。在亚洲、马达加斯和马斯克林群岛,花瓣蒸馏是芳香油的来源,被称为"ylang ylang"。

【成分药理】 含有抗菌、抗真菌和细胞毒性化合物。依兰油可导致敏感个体产生过敏性接触性皮炎。

Canavalia ensiformis（L.）DC.
直生刀豆

【异名】 直立刀豆,洋刀豆。

【缅甸名】 pe-dalet, pe-dama。

【民族药名】 卡拉玛芍沙(蒙药)。

【分布】 原产于中美洲及西印度群岛,现广泛种植于热带、亚热带地区。在中国广东、海南有栽培。在缅甸广泛种植。

【用途】

缅药 果实:滋补,助消化。

蒙药 种子:治肾伤、肾寒、肾"赫依"病、肾热病、腰腿酸痛、腰胯部酸软疼痛或强直。

藏药 种子:治心热、心脏病、肾热、肾寒病、肾气虚损、肠胃不和、呕逆、腹痛吐泻。

其他:在中国,整株植物捣碎,煮沸后服用可治疗心热;种子用作止咳药和补药,也用于加强肾脏功能。

Canna indica L.
美人蕉

【缅甸名】 ဗုဒ္ဓသရဏာပင်

budatharana, ar-do, adalut。

【民族药名】 那弄问(布依药);骂短夏、戈洛短马(傣药);榜胜付、虎头蕉(苗药);美人蕉根(畲药);小芭蕉(土家药);聋焕、心欢(壮药);西嘎固(佤药);春出也、瓦淀(仡佬药);巴蕉花(瑶药);Regemu(台少药)。

【分布】 原产于印度。在中国各地有栽培。在缅甸广泛种植。

【用途】

缅药 1. 树液:调节肠道,治疗溃疡。

2. 根茎:用作发汗剂、破乳剂,治疗发热、水肿;切成薄片,晾干,用糖(由棕榈汁、凤梨汁、花序制成的糖)制成蜜饯,加入五种香料粉后食用,具有清热利湿、舒筋活络之效;也可治黄疸肝炎、风湿麻木、外伤出血、跌打损伤、子宫下垂、心气痛等;根茎与原糖一起煮沸治疗月经失调、韧带和肌腱僵硬、胃胀和尿道疾病。

3. 幼花、果实:在水中微煮,蘸着吃或放在沙拉里吃,治疗排尿困难及发热。

4. 花:把煮熟的花的汁液加到咖喱里,可以治疗脖子僵硬、手指和脚趾僵硬、背痛、大便黏液、腹泻和食欲不振。

5. 根:水煮液加入烤盐,治疗发热、喉咙痛和呼吸道黏液;与粗糖一起煮沸,治疗水肿、身体疼痛和剧烈的痉挛性腹痛。

布依药 根:治肝炎;外用治跌打损伤、骨折。

傣药 1. 根茎:治黄疸型急性传染性肝炎、神经症、跌打损伤。

2. 花:治金疮、外伤出血、黄疸型肝炎、风湿、麻木;用鲜品捣碎包患部,治疗竹木刺入肉(《滇药录》《傣医药》《傣药录》《滇省志》)。

苗药 根茎:治带下、月经不调、黄疸。

畲药　根茎:清热解毒,调经,利水,治急慢性咽喉炎、咽喉肿痛、扁桃体炎。

土家药　根茎:治急性黄疸型肝炎、久痢、红崩、白带过多、月经不调、外伤出血、痈疽、吐血。

壮药　1.根茎:治黄疸型肝炎、热咳。

2.种子:治产后虚弱(《桂药编》)。

佤药　效用同壮药(《桂药编》)。

仫佬药　效用同壮药(《桂药编》)。

瑶药　根茎:治黄疸型肝炎、人痢、咯血、血崩、月经不调、痈毒初起的红肿疼痛。

台少药　根:切成薄片煎服,治疗腹痛。

Cannabis sativa L.
大麻

【异名】　山丝苗(《救荒本草》),线麻(东北),胡麻、野麻(江苏),火麻(湖北、云南、四川、贵州)。

【缅甸名】　ဆေးခြောက်၊ဘင်း

bhang, se-gyauk.

【民族药名】　密折岩及(阿昌药);昂给当(德昂药);Kuaik 快(侗药);Tachyit(景颇药);质、火麻(傈僳药);奥鲁松-乌日、Ols-en wur 奥鲁森-乌热(蒙药);Zand vob gaf 真窝嘎、Reib gil 锐鸡、姜窝嘎(苗药);火麻仁(土家药);Kander uruqi 坎地尔欧如合、Kender Yopurmiqi 坎地尔优普日密克、堪德尔乌拉盖(维药);母(彝药);索玛那布、索玛拉扎(藏药);Lwglazmaij 冷啦卖、火麻仁(壮药)。

【分布】　原产于不丹、印度和中亚地区,现各国均有野生或栽培。在中国各地有野生或栽培,新疆常见野生。在缅甸广泛种植。

【用途】

缅药　全草:用作麻醉剂、镇痛剂、镇静剂、止痛药。

阿昌药　全草:治体弱、津亏、便秘(《德宏药录》)。

朝药　雄花:治产后诸病、麻痹疼痛,生发,久服能健身,防衰老,延年益寿(《朝药志》)。

德昂药　效用同阿昌药(《德宏药录》)。

侗药　种仁:治给括脉骂(便秘)(《侗医学》)。

哈尼药　籽、果实、种仁、根:治体弱、津亏、便秘(《哈尼药》)。

哈萨克药　果实、种仁:治肠燥便秘、热淋、血虚津亏、痢疾、月经不调、疥疮。

景颇药　效用同阿昌药(《德宏药录》)。

傈僳药　种子:治肠燥便秘、消渴、热淋、风痹、痢疾、月经不调、疥疮、癣癫(《怒江药》)。

蒙药　果实:治体弱、津亏便秘、产后便秘、习惯性便秘、湿疹、风湿性关节炎、"协日沃素"病、痛风、游痛症、"吾亚曼"病、疥癣、黄水疮(《蒙药》)。

苗药　种仁:治下肢溃烂、老年性便秘、痔疮出血、肠燥便秘、风痹、消渴、风水、热淋、水肿、脚气、赤白痢疾、月经不调、疥疮、癣癫(《苗医药》《苗药集》)。

土家药　果实:治老人体虚、热病、肠燥便秘、习惯性便秘、烫伤、疮疡。

维药　1.叶、种子:治偏头痛、习惯性头痛、痔疮胀痛、心烦、失眠早泄、湿性创伤、热性炎肿、百日咳、肠梗阻。

2.果实:治大便秘结、跌打损伤、精神不安、血虚津亏、肠燥便秘。

彝药　根:治风湿痛。

藏药　1.种子:治"黄水"病、眼疾、体虚乏力、皮肤病、麻风病(《青藏药鉴》)。

2.雌花序、果序、枝叶:治癔病、神经病、胃痉挛、偏头痛、神经性头痛、失眠(《藏本草》)。

3.果实:治体弱、津亏便秘、产后便秘、习惯性便秘、湿疹、风湿性关节炎、"龙"病、便秘。

壮药　种子:治勒内(血虚)、阿意囊(便秘)。

其他:在中国和中南半岛,种子用作滋补剂、泻药、催乳剂、利尿剂、麻醉剂和止痛药等,还可用于缓解产后问题、顽固性呕吐;外用治疗皮疹、溃疡、创伤、胃溃疡;经过特殊的加工,种子可帮助分娩,治疗子宫脱垂,也作为一种退热药。

该植物还可作为镇定剂,治疗消化不良、疼痛、肿瘤、溃疡、偏头痛、神经痛、风湿病、破伤风。

【成分药理】 花含有倍半萜、大麻素和大麻素水合物;种子含有胆碱、甘氨酸、木糖、肌酸盐、多种酸和酶、磷酸盐和植物甾醇;在树脂中发现的 2 种活性物质为大麻酚和大麻二酚。

Capparis flavicans Kurz

【缅甸名】 saungkyan, saung-chan。

【分布】 主要分布于越南、柬埔寨、老挝、泰国和中国。在缅甸分布于马圭、曼德勒和实皆。

【用途】

缅药 叶:用作催乳剂。

Capparis zeylanica L.
牛眼睛

【异名】 槌果藤(《植物分类学报》)。

【缅甸名】 mai-nam-lawt, mani-thanl-yet, nwamni-than-lyet。

【分布】 分布于斯里兰卡、印度,经中南半岛至印度尼西亚及菲律宾。在中国分布于广东、广西、海南。在缅甸分布于马圭、曼德勒和掸邦。

【用途】

缅药 1. 树皮:治疗霍乱。

2. 叶:用作抗刺激剂。

3. 根:治疗溃疡。

4. 根皮:用作胃药。

其他:在菲律宾,树叶用作抗刺激药;叶用盐摩擦或捣碎涂于额头或太阳穴,治疗头痛。在中南半岛,植物可消炎和治疗胃炎。

【成分药理】 含有生物碱(alkaloid)、植物甾醇(phytosterol)、黏液物质(mucilaginous substance)和水溶性酸(water-soluble acid)。

Capsicum annuum L.
辣椒

【异名】 牛角椒,长辣椒。

【缅甸名】 ငရုတ်ပင်

ngayok。

【民族药名】 勒蛮(布依药);gao Cu 高粗(朝药);嘛披累、苤其奴、匹(傣药);普瑞(德昂药);火思辣皮、Laqpil 拉批、碎米辣(哈尼药);Shipxik(景颇药);Zidraga 资德日嘎、Lazhu 辣株、哲得拉嘎(蒙药);嘴乃、Wufsob 乌索、辣茄(苗药);辣椒(畲药);(怕书古)、七姊妹、七星辣椒(土家药);麻嘎(佤药);胡别(瑶药);沙则、念拍、辣子(彝药);(小辣椒)、(子扎嘎)孜札嘎(藏药);满(壮药)。

【分布】 分布于热带地区,原产于墨西哥至哥伦比亚地区,现世界各国普遍栽培。在中国、缅甸均大量栽培。

【用途】

阿昌药 1. 根:治冻疮。

2. 果:治胃寒疼痛、消化不良;外用治风寒疼痛。

布依药 果实:治色痨病。

朝药 果实:治神经痛、肌肉痛。

傣药 1. 果实:治寒滞腹痛、呕吐、泻痢、疥癣、寒性急病、胃寒疼痛、胃肠胀气、消化不良、冻疮、风湿痛、腰肌痛、高热惊厥、咳嗽、哮喘、疲乏无力、不思饮食、贫血(《滇省志》)。

2. 果实、根:治眼睛红肿热痛、风寒感冒发热、高热惊厥、咳喘、软弱无力、腰痛、贫血。

3. 茎:治风湿冷痛、冻疮、产后腹痛、高血压。

德昂药 效用同阿昌药。

哈尼药 1. 果:治寒滞腹痛、呕吐、泻痢、疥癣、胃肠胀气、口苦、消化不良、冻疮、风湿痛、腰肌痛。

2. 茎:治风湿冷痛、冻疮、产后腹痛、高血压。

3. 根、果:治风寒感冒、胃寒疼痛、产后腹痛、高血压、冻疮。

景颇药 效用同阿昌药。

蒙药 果实:治胃寒、消化不良、痔疮、寒性胃"痞"、呃逆、全身浮肿、痔疮、脘痞、嗳气、浮水、"奇哈"和"吾亚曼"病、冻伤、胃肠胀气、瘰疬、肛门虫病;外用治冻疮、风湿痛、腰肌痛《民族药志(三)》。

苗药 果实:治胃寒气滞、脘腹胀痛、呕吐、泻痢、风湿痛、冻疮。

畲药 1. 果实:治牙痛、蛀牙痛、牙龈肿痛、狗咬伤。

2. 茎梗:治冻疮。

土家药 果实:治冻疮、蜂窝疮、寒伤风症。

佤药 果实:治寒性急病。

瑶药 效用同壮药《桂药编》。

彝药 1. 果:治食欲不振、肢寒体冷、风湿疼痛、腰腿酸痛、腹泻、打摆子、风寒头痛、酒醉、伤风、恶寒发抖。

2. 根、果实:治陷边疮、疟疾、腹泻、风湿"海拉"、胃痛、牙痛、咳喘诸症。

3. 根:治手足无力、肾囊肿胀、"海拉"病、风湿痛、牙痛、咳喘;外敷治陷边疮。

4. 全草:治风寒头痛、风湿疼痛、牙痛、酒醉、伤风、咳嗽、陷边疮、打摆子。

藏药 果实:治痔疮、胃寒、肿瘤、水肿、麻风病、虫病、寒性病、下肢水肿(黄水充盈于皮肤肌肉之间)《藏本草》。

壮药 1. 果实:治蜈蚣咬伤、黄蜂咬伤、冻疮。
2. 种子:治风湿病《桂药编》。

【成分药理】 辣椒素乳膏可用来替代麻醉性镇痛药,缓解带状疱疹后遗症神经痛。辣椒素阻断来自皮肤下方神经的疼痛信号,皮肤附近组织的疼痛信号随着辣椒素的应用而大大减弱或完全消除。

Carallia brachiata(Lour.)Merr.
竹节树

【异名】 鹅肾木、鹅唇木(广东),竹球、气管木、山竹公、山竹犁(广东、海南)。

【缅甸名】 maniawga, hpun, yat。

【民族药名】 麻杆李贺(傣药)。

【分布】 主要分布于不丹、柬埔寨、印度、老挝、马来西亚、菲律宾、斯里兰卡、泰国、越南、澳大利亚、马达加斯加、尼泊尔东部、新几内亚和太平洋岛屿。在中国分布于广东、广西及沿海岛屿。在缅甸广泛分布。

【用途】

缅药 1. 树皮:口服以清除眼部感染,可预防痘病和其他感染;用作补血药和退热药;做成膏状,局部敷以止痒。

2. 果实:治疗伤口感染。

傣药 树皮:治疟疾。

Cardiospermum halicacabum L.
倒地铃

【异名】 风船葛,金丝苦楝藤,野苦瓜,包袱草。

【缅甸名】 ကုလားမျက်စိ
kala-myetsi, malame, moot maiboa (Mon)。

【民族药名】 莫爪他(傈僳药);天灯笼(黎族);哥略家答(苗药);艾败卡勒卡勒(维药);灯笼花(土家族);Godaengloengz 棵灯笼、三角泡、gaeusamdok、rumsa mgakbauq(壮药)。

【分布】 主要分布于美洲热带地区。在中国的东部、南部和西南部有分布。在缅甸大量种植。

【用途】

缅药 1. 整株植物:治疗风湿、发热以及肿瘤;水煮液浓缩,加糖后服用,治疗泌尿系统疾病以及喉炎、发热和疼痛;将植株和果糖蔗汁煮沸后的液体冷却,将五种茴香浸在液体中,并加入烤盐,服用治疗泌尿疾病、消化不良和产气、眼疾、心脏病、子宫疾病、水肿、肌肉疲劳和疼痛、咽喉问题(可能癌变)和肢体无力。

2. 茎、叶子:煮熟后作为利尿剂食用。

3. 叶:煎煮后可治疗风湿病;用油泡后作为擦剂;把压碎的叶榨汁涂在眼睛周围或与母乳混合后用作眼药水,治疗因贫血、眼睛发炎和白内障引起的眼部不适;叶榨汁后制造塔纳卡(一种涂在面部和身体上的膏剂),可缓解如癣、变色、痤疮,以及与月经不规则有关的皮疹造成的皮肤疾病;干燥粉末和蒜瓣粉末等量混合制成糊状,干燥后用作吸入剂,以清洁鼻腔,还能擦在舌头和口腔里治疗口疮,也可用于缓解由于误食或吸入烹调烟雾而引起的不适,并治疗支气管炎。此外,同样的制剂用芝麻油溶解后可治疗皮肤病,治疗疥疮、湿疹、水肿、静脉曲张、贫血、寒颤和发热,以及婴儿鹅口疮、消化不良和腹胀。

4. 根:用作轻泄剂、利尿剂、止吐药、催泄剂和发汗剂,治疗膀胱和尿路的粘膜炎。

傈僳药 全草:治黄疸、淋病、疔疮、水泡疮、毒蛇咬伤(《怒江药》)。

黎药 全草:治跌打损伤。

苗药 全草:治黄疸、湿疹、疔疮肿毒。

土家药 全草:治跌打损伤、疮疖痈肿、黄疸、淋病、疔疮、水泡疮、疥癞、蛇咬伤、湿疹。

维药 种子:镇静安神,生津,涩精。

壮药 根、全草:治货烟妈(咽炎)、埃百银(百日咳)、呗叮(疔疮)、能啥能累(湿疹)脓疱疮、能蚌(黄疸)、淋证、口疮、痈疮、毒蛇咬伤、跌打损伤。

Careya arborea Roxb.

【异名】 红杉。

【缅甸名】 ပန်ဗွေး(ပန်ဗွေးပင်)

bambwe, houo-no, mai-pinngo, sangaw-gmawt, thelaw.

【分布】 分布于缅甸到马来半岛。在缅甸广泛分布。

【用途】

缅药 1. 树皮:治疗蛇咬伤。

2. 叶:治疗溃疡。

其他: 在印度,树皮治疗蛇咬伤,也可在天花和水痘爆发期间用作解热和止痒剂;花治疗肛门下垂、瘘管、感冒和咳嗽。

Carica papaya L.
番木瓜

【异名】 木瓜(通称),万寿果(《松村植物名录》),番瓜(《植物名实图考》),满山抛、树冬瓜(云南)。

【缅甸名】 သင်္ဘောပင်

thinbaw, sang-hpaw, shanghpaw, shang hapwsi (Kachin), mansi (Chin), crot-kyeei, hla-crote kyee (Mon), mak-sang-hpaw (Shan).

【民族药名】 maguishabao 麻贵沙宝、machangpo 马昌坡、麻石菖蒲(傣药);Albolmaldei 阿波玛得、木瓜、万寿果(哈尼药);Sangposhi 山坡斯(景颇药);石甘(阿昌药);桂桑坡(德昂药);Pengmuxi 彭母吸、家树芭焦(拉祜药);爬运、乳瓜、万寿果(黎药);木瓜、缅瓜(纳西药);瓜单(瑶药);木瓜(壮药)。

【分布】 原产于美洲热带地区,广泛种植于热带和较温暖的亚热带地区。在中国福建南部、台湾、广东、广西、云南南部等地区有栽培。在缅甸广泛种植。

【用途】

缅药 1. 叶:叶汁与少量鸦片混合,可缓解肌肉僵硬;叶在热水中变白或在高温下萎蔫,用于相应身体部位,可缓解经期疼痛;将烤树叶蘸鱼酱或鱼露加入沙拉[茶叶蒸、压、发酵、加油(通常是花生油)]里食用,可缓解耳鸣和其他耳部疾病。

2. 果实:成熟的果实有促进消化和泌尿功能,有益心脏,清洁血液,镇静胆汁,预防泌尿系统疾病和胆结石;果实泡水饮用,可缓解脾脏肿大;食用成熟的果实,可减轻脾脏、肝脏和痔疮肿大;接近成熟但未变软的果实可煮熟或放在沙拉里吃,有益于肠道和泌尿系统健康;少量干燥幼果制成的粉末,可缓解慢性腹泻;将切好的绿色果实榨汁,涂抹于蝎子蜇伤处,以中和毒素;用盐浸过的果实是治疗白喉的良药;少量乳白色的果实汁液与牛奶共用,治疗儿童消化不良;乳白色的果实汁液,可用来缓解瘙痒、皮疹、癣和其他皮肤问题,包括性病引起的溃疡。

3. 树液:治疗胃溃疡和胃肠疼痛。

4. 种子:除虫。

5. 根:调节月经。

傣药 1. 果实:治头晕、头痛、腰痛、关节痛、二便不畅、风痹、烂脚、脾胃虚弱、乳汁缺少、痢疾、肠炎(《滇省志》《版纳傣药》《滇药录》《傣医药》)。

2. 根、叶:外用配伍松香捣烂搽头部,治头晕头痛。

3. 果实及根、叶:治腹部胀痛、消化不良、不思饮食、头昏头痛、顽固性头痛、风寒湿痹证、屈伸不利。

4. 种子:治慢性消化不良和胃炎。

哈尼药 1. 果:治急性中暑、产后缺乳、烦渴、消化不良、痢疾、小便不利、便秘。

2. 叶:治疮疡。

景颇药 果实:治乳汁少、风湿关节痛(《德宏药录》)。

阿昌药 效用同景颇药(《德宏药录》)。

德昂药 效用同景颇药(《德宏药录》)。

拉祜药 果:治肚腹胀痛、头痛、肠胃虚弱、消化不良、乳汁缺少、痢疾、肠炎、便秘、肝炎(《拉祜药》)。

黎药 1. 果实:治消化不良、产后乳少、白带过多。

2. 根治:肾炎、子宫炎、白带过多、肾结石。

纳西药 果实:治乳汁缺少、胃和十二指肠溃疡疼痛、烂脚、脾胃虚弱、食欲不振、绦虫、蛔虫、风湿性关节痛、胃痛、痢疾、二便不通、肢体麻木、湿疹、高血压。

瑶药 鲜果实:治产后缺乳(《桂药编》)。

壮药 果实:治产后缺乳(《桂药编》)。

其他:在亚马孙上游地区,将其未成熟的果实磨碎与阿司匹林同食,用于引产。

【成分药理】 番木瓜的胶乳含有木瓜凝乳酶,该酶能溶解蛋白质。在现代医学中,药物"凝乳肌动蛋白"是从含有凝乳蛋白链的植物胶乳中提取的,作为注射剂注入脊柱突出椎间盘的中心,以缓解"腰椎间盘突出症"的症状,即减轻下背部神经末梢受压的症状。番木瓜的乳胶还含有另一种蛋白水解酶,称为木瓜蛋白酶。它作为"panafil"软膏的主要成分,是一种药物制剂,有助于伤口清创,保持伤口底部干净,并促进愈合。在制备过程中,木瓜蛋白酶与尿素结合,激活其消化功能。叶子中含有一种生物碱,称作番木瓜碱,小剂量使用可以减缓心脏跳动,降低血压,而大剂量使用会产生血管收缩;番木瓜碱对平滑肌有解痉作用,同时也是一种强效阿米巴霉素。番木瓜的种子和叶子也含有一种结合毒素,称为葡萄糖苷。

Carissa spinarum L.
假虎刺

【异名】 刺郎果、黑奶奶果(云南)。

【缅甸名】 ခပင်းခြစပင်

khan, khanzat, taw-khan-pin。

【民族药名】 四义普兰(傈僳药);撒莎(彝药)。

【分布】 主要分布于印度、斯里兰卡、缅甸。在中国分布于云南、贵州等地。在缅甸广泛种植。

【用途】

缅药 根:用作防腐剂和泻药。

傈僳药 根:治黄疸型肝炎、胃痛、风湿性关节炎(《怒江药》)。

彝药 根:治痹疟、脘腹胀痛(《滇药录》)。

其他:在印度,根用作泻药,配伍其他药物治疗风湿病。

Carthamus tinctorius L.
红花

【异名】 红蓝花、刺红花。

【缅甸名】 ဆူးပန်းပင်

hsu pan。

【民族药名】 凹槐应(布依药);yi gaot 邑高气(朝药);糯罕、矣咳、豆撼、牟矣歇(傣药);波布热(德昂药);bone-bof 杷科(景颇药);Gur-gum 古日古木、固日固木(蒙药);榜学、川红花、血里红(苗药);草红花、红兰花(纳西药);xivvuavlangba 西瓦郎巴、须博郎帕、草红花(羌药);扎浪扎、Zarngza chichiki 扎让杂切且克、Zarngza uruqi 扎让扎欧如合、扎朗子古力、红花子(维药);维能高(彝药);苦贡、杂各尔更、扎鸽尔贡、杂吉尔吉姆、扎苦贡、登乌尔格更(藏药);腊腻、摩练(壮药)。

【分布】 原产于中亚地区,原苏联地区有野生和栽培,日本、朝鲜广泛栽培。在中国黑龙江、辽宁、吉林、河北、山西、内蒙古、陕西、甘肃、青海、山东、浙江、贵州、四川、西藏、新疆有栽培,山西、甘肃、四川亦有逸生。在缅甸广泛种植。

【用途】

缅药 1. 叶:引起腹泻,改善视力,促消化,促进胆囊功能和痰泻;与酸汤(鱼或虾类原料,混合蔬菜)一起食用,以促进排尿。

2. 花:汁液可中和蛇和蝎子的毒液;粉碎的干花治疗黄疸;碎花和糖混合可治疗痔疮和肾结石;鲜花提取物治疗鼻炎,以及关节和肌肉疼痛;将粉碎的花与 *Tanacetum cinerariifolium* 混合涂在足底和手掌上,治疗肾结石。

3. 种子:补充能量;粉末与牛奶一起服用,治疗癫痫、瘙痒和皮疹。

4. 根:用作利尿剂。

阿昌药 花:治痛经闭经、冠心病、心绞痛、跌打损伤(《德宏药录》)。

布依药 花:治女性风湿性关节炎。

朝药 1. 花:治月经不调、闭经腹痛、跌打损伤、血瘀肿痛、产后血晕、口噤、腹内恶血不尽绞痛、胎死腹中、蛊毒。

2. 种子:治疮子不出、小儿聤耳。

傣药 1. 花:排石,祛瘀,止痛,治气管炎、跌打损伤、痛经、闭经、不孕症、风湿、胆石症、尿道结石、骨折、胸部闷痛、心慌心跳、腹痛、泌尿系统结石、咳喘、小便热涩疼痛、尿路结石(《滇省志》《版纳傣药》《傣医药》《滇药录》)。

2. 茎叶:治黄疸型肝炎(《民族药志(二)》)。

德昂药 花:治痛经闭经、冠心病、心绞痛、跌打损伤(《德宏药录》)。

景颇药 花:治痛经闭经、月经不调冠心病、心绞痛、跌打损伤(《德宏药录》《民族药志(二)》)。

蒙药 花:治月经不调、吐血、鼻出血、便血、创伤出血、黄疸、难产、血热头痛、肝肿大、肝损伤、肝血热盛、腰腿酸痛、妇女血热炽盛(《蒙植要志》《民族药志(二)》)。

苗药 花:治血瘀经闭、痛经、跌打损伤、冠心病(《湘蓝考》)。

纳西药 花:治痛经、闭经、瘀血肿痛、冠心病绞痛、恶露不行、癥瘕痞块、跌扑损伤、疮疡肿痛。

羌药 花:治闭经、癥瘕、难产、死胎、产后恶露不行、瘀血作痛。

土家药 花:治血瘀经闭、痛经、产后瘀血疼痛、跌打损伤、血瘀胁肋疼痛、痈疮肿痛。

维药 1. 花:催产,治产后恶露不净、腹痛、跌打损伤、麻疹不透、白带过多、年迈体衰、神经衰弱、慢性子宫炎、心脏病(《民族药志(二)》)。

2. 花、种子:治月经不调、小便不利、肠道绞痛、抑郁症、心悸、麻风病、皮肤瘙痒、精少阳痿、咳嗽痰多、气急哮喘、白癜风、白斑症、湿疹、心脏病、高血压、视物昏花(《维药志》)。

3. 脂肪油:治关节疼痛、小便不利、月经不调。

4. 果实:治咳嗽、异常黏液质和黑胆质性疾病、咳痰不爽、心悸咳喘、腹痛便秘、形瘦瘦痒、虫蝎叮咬、体内结石、阳事不举、月经不调。

5. 果实油:治异常黏液质性疾病、关节疼痛、小便不利、月经不调。

彝药 花:治跌打损伤、瘀血肿痛、气管炎、结石、痛经、闭经、不孕症(《滇省志》《哀牢》)。

藏药 1. 花:治闭经、痛经、难产、产后恶露不止、瘢痕、跌打损伤、瘀血作痛、各种肝脏病、肺炎、月经过多、血病、胆溢病,有收缩血管、补益身体,改善贫血作用(《藏标》《青藏药鉴》《藏本草》《民族药志(二)》《中国藏药》)。

2. 种子:治痘疮。

壮药 花:治月经不调、闭经腹痛(《民族药志(二)》)。

Caryota mitis Lour.
短穗鱼尾葵

【异名】 酒椰子(《拉汉种子植物名称》)。

【缅甸名】 minbaw, tamibaw。

【民族药名】 阿莱皮(独龙药);阿里子、董棕(怒药);阿莱皮(佤药);玛(藏药)。

【分布】 主要分布于越南、缅甸、印度、马来西亚、菲律宾、印度尼西亚。在中国分布于海南、广西等地。在缅甸分布于伊洛瓦底、勃固、克耶邦、孟邦、若开邦、掸邦、德林达依、仰光。

【用途】

独龙药 茎髓的粗制淀粉:治小儿消化不良、腹痛泻下、赤白痢疾(《滇省志》)。

怒药 树杆淀粉:治消化不良、腹痛腹泻、赤白痢疾。

佤药 髓:治小儿消化不良、腹痛泻下、痢疾(《滇药录》)。

藏药 树干髓部:治寒热诸痢、止泻。

其他: 在中南半岛,植物纤维以艾条的形式烧灼,治疗有毒动物或昆虫的叮咬。在马来半岛,果实制成果汁与竹毛和蟾蜍提取物混合,治疗食物中毒。

Cascabela thevetia(L.)Lippold
黄花夹竹桃

【异名】 黄花状元竹、酒杯花(广东),柳木子(广西)。

【缅甸名】 hset-hnayarthi, mawk-hkam-long

(Shan), payaung-pan, sethnayathi, set-hnit-ya-thi。

【民族药名】 都拉、马克沙、树都拉(傣药);四曲簸痛兰(傈僳药);么娘棍(佤药)。

【分布】 原产于美洲热带地区,现世界热带和亚热带地区均有栽培。在中国台湾、福建、广东、广西和云南等地有栽培,有时野生。在缅甸广泛种植。

【用途】

缅药 1. 叶:治疗眼部感染、发热、麻风病、痔疮。

2. 树皮:制剂治疗发热、烧伤、癣和皮疹。

3. 树皮、种子:用作泻药。

4. 叶、花:提取物与水混合,用橄榄油煮熟至所有的水都蒸发,提取的油可减轻关节疼痛,治疗皮疹和皮肤病。

5. 根部:使用芥子油将根部煮成膏状可治疗皮肤病,有抗菌的作用。

傣药 1. 果仁:治各种心脏病引起的心力衰竭、阵发性室上性心动过速、阵发性心纤颤(心慌心悸心痛)(《滇省志》)。

2. 根皮:治支气管炎(《滇省志》)。

傈僳药 叶、种子:治各种心脏病引起的心力衰竭(《怒江药》)。

佤药 根皮:治支气管炎《滇药录》)。

【成分药理】 含有能引起心脏骤停的黄花夹竹桃苷和黄夹次苷(thevetin and peruvoside),其中黄夹次苷是治疗心脏功能不全的药物。

Cassia fistula L.
腊肠树

【异名】 阿勃勒、牛角树、波斯皂荚。

【缅甸名】 mai-lum, ngu, ngu-shwe, ngushwe-ama, ngu pin, gawhgu(Kachin), ka-zo(Kayin)。

【民族药名】 苗铺威舍(阿昌药);哥龙娘、摆拢良、网、庸冷(傣药);软冷、拉迈愣(德昂药);Langzhang sik 瓦烧般(景颇药);母鼻句姐、陌巴阶(拉祜药);乌日图-东嘎(蒙药);喜搭蒿、考喜搭梭(佤药);可(东卡)、通嘎(藏药)。

【分布】 原产于印度、缅甸和斯里兰卡。在中国南部和西南部有栽培。在缅甸广泛分布。

【用途】

缅药 1. 全草:加水制成膏状,涂于癣、疥疮,治疗皮肤病。

2. 茎:清除血液中的杂质。

3. 叶:用作泻药;嫩叶制成汤剂,治疗便秘;加热叶并制成膏药可治疗关节肿胀;磨碎叶流出的液体,与醋混合治疗麻风病和其他皮肤病;压碎的叶榨汁,可广泛用于面部疱疹的治疗。

4. 果实:用作泻药;刺激味蕾,减轻麻风,控制痰量;果肉可以单独服用,也可以与等量的罗望子(罗望子野果)果肉混合,以促进排便;制成浆糊涂在婴儿肚脐周围治疗绞痛和胃胀,抹在肚脐上治疗排尿时尿道疼痛;煮沸果肉的液体可用作滴耳液来清除感染。

5. 根:用作泻药;煮过根的牛奶可治疗肠胃胀气。

阿昌药 1. 果实:治耳鼻炎起硬结、小儿便秘。

2. 树皮:治黄疸型肝炎(《德宏药录》)。

傣药 1. 果实:治消化不良、便秘、腹胀、食物中毒、鼻耳发炎起硬结、小儿便秘呕吐,抗菌,润肠,通便。

2. 茎内皮:治小儿肝炎。

3. 心材:治咽喉肿痛、口舌生疮、疮疡肿毒、风塔偏盛头昏头痛、眩晕、便秘、尿频、尿急、尿痛、砂石尿、风湿病、肢体关节肿胀疼痛。

4. 叶:治风湿痹痛、中风偏瘫、风火头痛、头目昏眩、口舌生疮、小便热痛、无名肿毒。

5. 果实、根、叶、树皮:治"拢胖腊里"(腹胀便秘)、"拔牛亨"(尿痛、尿中有砂石)、"尤赶"(小便热涩疼痛)、"拢沙龙接火"(热风所致咽喉肿痛)、"说风令兰"(口舌生疮)、"哦洞冰飞"(无名肿毒)、"贺接贺办答来"(头昏头痛、目眩),清火解毒,利水化石,消肿止痛,除风止痛。

6. 果实:治食物中毒、便秘、腹胀、发热、小儿

惊风、鼻衄、黄疸型肝炎、胃痛、腹痛(《版纳傣药》《傣药录》《傣医药》《民族药志(一)》)。

德昂药 1. 果实:治耳鼻炎起硬结、小儿便秘、腹胀。

2. 树皮:治黄疸型肝炎。

3. 种仁:治胃和十二指肠溃疡、急慢性胃炎、胃酸过多、胃肠神经症、便秘、食欲不振、胃痛、腹痛、摆子黄、狗蛇咬伤。

4. 根:治呕吐、腹胀(《德宏药录》《滇省志》)。

景颇药 1. 果实:治耳鼻炎起硬结、小儿便秘、食物中毒、便秘、腹胀、发热、小儿惊风、鼻衄、黄疸型肝炎、胃痛、腹痛。

2. 树皮:治黄疸型肝炎、牙痛(《德宏药录》《滇省志》)。

拉祜药 果实:治鼻衄、红崩、小儿惊风(《民族药志(一)》《滇省志》)。

蒙药 果实:治肝病、水肿、关节肿痛、不消化症。

佤药 果实:治腹胀、发热及便秘。

维药 果实:治热症引起的肿胀、咽喉肿痛、胃及十二指肠溃疡、慢性胃炎、食欲不振、消化不良、胃痛、胃酸过多、便秘、感冒发热、高血压、脱肛、胸闷、炎症,健胃,止泻,止血,除黄疸,镇牙痛和固牙,固发和乌发,消除疲劳,健身体;研制成糊,外敷治疗关节痛和热性炎症、小儿便秘、干性炎肿、目赤眼痛、肠阻气痛、喉干便秘、关节灼痛、闭经腹痛、干咳气喘(《维药志》《维医药》)。

藏药 果实:治肝炎、便秘、四肢肿胀、肝中毒、"培根木布"病,杀虫,解毒(《藏标》《部藏标》《中国藏药》《藏本草》《民族药志(一)》)。

其他:树皮、叶和种子含有黄嘌呤。

Casuarina equisetifolia L.
木麻黄

【异名】 短枝木麻黄、驳骨树(广东),马尾树(《中国种子植物分类学》)。

【缅甸名】 kabwi, pinle-kabwe, pinle-tinyu.

【分布】 原产于澳大利亚和太平洋岛屿,现美洲热带地区和亚洲东南部沿海地区广泛种植。在中国广西、广东、福建、台湾沿海地区有栽培。在缅甸广泛栽培。

【用途】

缅药 树皮:治疗慢性腹泻和痢疾。

Catharanthus roseus(L.)G. Don
长春花

【异名】 雁来红(广东),日日草、日日新、三万花(广西、广东)。

【缅甸名】 thinbaw-ma-hnyoe, thinbaw-ma-hnyo-pan, thinbaw-ma-hnyo-pan-aphyu。

【民族药名】 阿年年升(阿昌药);咯享、帕波钝(傣药);菠莫克(德昂药);nyinyi zhvoi(景颇药);恒裸尾(傈僳药)。

【分布】 原产于非洲东部,现栽培于各热带和亚热带地区。在中国西南、中南及华东等地区有栽培。在缅甸广泛分布。

【用途】

缅药 1. 全草:中和毒素,促进消化,增强体质,治疗糖尿病。

2. 叶:水提物可减轻月经期间的出血(该植物有两种,一种开白色花,一种开红褐色花,但在缅甸只使用开红褐色花的植物)。

阿昌药 全草:治急性淋巴细胞性白血病、高血压(《德宏药录》)。

傣药 茎叶:镇静安神,平肝降压,治疮、刀伤(《傣医药》《滇药录》)。

德昂药 效用同阿昌药(《德宏药录》)。

景颇药 效用同阿昌药(《德宏药录》)。

傈僳药 全草:治急性淋巴细胞白血病、高血压(《怒江药》)。

其他:有报道全株植物制成的茶可治疗支气管炎;叶治疗月经过多;果汁治疗糖尿病;根用作泻药,也治疗高血压、白血病、肿瘤。在中国,该植物用作收敛剂、消毒剂、净化剂、利尿剂、止痛剂、抗癌药。

【成分药理】 含有生物碱 serpentine,具有降压、镇静作用。该植物中的化合物已被用于开发抗癌药物,包括长春新碱。

Catunaregam spinosa(Thunb.)Tirveng.
山石榴

【异名】 牛头簕、刺子、刺榴(广东),簕牯树,簕泡木。

【缅甸名】 tha-min-sa-hpru-thi。

【分布】 主要分布于印度尼西亚、马来西亚、越南、老挝、柬埔寨、泰国、缅甸、孟加拉国、尼泊尔、印度、巴基斯坦、斯里兰卡、非洲东部热带地区。在中国分布于台湾、广东、香港、澳门、广西、海南、云南。

【用途】

缅药 1. 果实:用作催吐剂。

2. 树皮:治疗发热。

其他:在中国,根和果实用作催吐剂。在马来半岛,叶混合糖或糖蜜捣碎后能有效地治疗肿胀;果实内部可驱除水蛭,治疗蚊虫叮咬。在中南半岛,树皮泡茶后的浸渍物,用来调节月经。

【成分药理】 醇提物中含有未鉴定的水溶性脂肪酸、精油、酸性皂苷、酸性树脂。其药理活性成分为中性皂苷。

Ceiba pentandra(L.)Gaertn.
吉贝

【异名】 美洲木棉,爪哇木棉。

【缅甸名】 le-moh-pin, lewah, thinbaw-letpan。

【分布】 原产于美洲热带地区,现广泛引种于亚洲、非洲热带地区。在中国云南、广西、广东热带地有栽培。在缅甸广泛种植。

【用途】

缅药 1. 叶:治疗淋病。

2. 根:用作补药、利尿药;汁液治疗糖尿病。

3. 树胶：用作补药、收敛药、泻药、滋补品。

Celastrus paniculatus Willd.
灯油藤

【异名】 灯油藤（《中国高等植物图鉴》），滇南蛇藤（《中国树木分类学》），打油果、红果藤、小黄果（云南），圆锥南蛇藤（《拉汉种子植物名称》）。

【缅甸名】 မျက်စိပင်

hpak-ko-suk， myin-gaung-nayaung， myin-gondaing， myin-laukyaung， new-ni。

【民族药名】 嘿麻电、黑麻电（傣药）；懒金垒、纳贝垒（景颇药）；小红果（佤药）。

【分布】 主要分布于印度南部、中国、澳大利亚、新喀里多尼亚。在中国分布于台湾、广东、海南、广西、贵州、云南。在缅甸分布于钦邦、克钦邦、曼德勒和仰光。

【用途】

缅药 1. 叶：用作鸦片解毒剂。

2. 种子：用作兴奋剂。

傣药 1. 根、嫩尖：治腹泻、痢疾（《滇省志》）。

2. 藤茎：治咳嗽痰多、咽喉肿痛、腹痛腹泻、下痢红白、小便热涩疼痛、风湿病、跌打损伤、瘀肿疼痛、手足皲裂、顽癣。

3. 根：治痢疾、腹泻、腹痛（《版纳傣药》）。

4. 叶、嫩尖：治痢疾、腹泻、腹痛（《滇药录》）。

5. 叶、果实：治腹痛腹泻、下痢红白、咳嗽、咽喉肿痛、小便热涩疼痛、风湿关节肿痛、跌打损伤、手足干裂、顽癣。

景颇药 根：治风湿（《滇药录》）。

佤药 果实：治神经性皮炎、癞子、皮癣（《中佤药》）。

其他：在印度，树皮治疗创伤、咳嗽、感冒和发热；叶和根治疗头痛；种子治疗痔疮、消化不良、风湿性疼痛，以及用作兴奋剂。在中南半岛，种子油治疗脚气病。在菲律宾，磨碎的种子用作神经兴奋剂，治疗风湿病和瘫痪。

【成分药理】 成分包括植物甾醇（phytosterol）、南蛇藤醇（celastrol）等。从种子油饼中分离到 2 种生物碱——南蛇藤素（celastrine）和九里（paniculatin），但在种子油中没有发现。

Celosia argentea L.
青葙

【异名】 野鸡冠花，鸡冠花，百日红，狗尾草。

【缅甸名】 kyet-mauk。

【民族药名】 糯赖夯吗、糯莱康鸣（傣药）；骂瓮灵、野鸡冠花（水药）；门实俄（傈僳药）；羊尾奶、野苋菜（畲药）；敖伦楚菌-乌日（蒙药）；佳公翁背（苗药）；野鸡冠花（土家药）；佳公翁背、青箱子（瑶药）。

【分布】 分布于中国、不丹、柬埔寨、日本、韩国、印度、老挝、马来西亚、缅甸、尼泊尔、菲律宾、俄罗斯、泰国、越南、非洲热带地区。在中国各地及缅甸广泛分布。

【用途】

缅药 叶、花和种子：用作解热剂、催情剂和治伤药。

傣药 根：治黄疸性肝炎，清热燥湿，止血，杀虫（《滇省志》《版纳傣药》《滇药录》《傣药录》《傣医药》）。

水药 种子：治目赤肿痛（《水族药》）。

傈僳药 种子：治眼结膜炎、角膜炎、高血压（《怒江药》）。

畲药 全草、种子：治风热目赤肿痛、翳障、身痒（《畲医药》）。

蒙药 种子：治目赤肿痛、角膜炎、角膜云翳、虹膜睫状体炎、眩晕、高血压（《蒙药》）。

苗药 成熟种子：治目赤肿痛、角膜炎、角膜云翳虹膜睫状体炎、眩晕（《湘蓝考》）。

土家药 种子：治目赤肿痛、膜翳遮睛、畏日光、高血压。

瑶药 1. 根：治风疹、疮疥、痔疮、金疮出血。

2. 花:治血崩。

3. 种子:治目赤肿痛、翳障、高血压、鼻衄、皮肤风热瘙痒、疥癞。

其他:在印度,种子治疗眼疾、口疮、血液病、腹泻,用作壮阳药。在中国,花治疗咯血、甲亢、痢疾、痔疮、白带过多、月经过多;茎制成膏药治疗疮、皮疹、肿胀、疖;种子治疗腹泻、尿痛、咳嗽、痢疾、眼炎;种子制成膏药敷在断骨上;用种子和药草做驱虫药。整个植物都可以治疗眼疾和肝病。

Centella asiatica（L.）Urb.
积雪草

【异名】 崩大碗、马蹄草(广东),老鸦碗(浙江),铜钱草(江苏、安徽),大金钱草、钱齿草、铁灯盏(江西)。

【缅甸名】 myin-hkwa, myin-khwar pin, ranjneh hnah (Chin), hlahnip chai (Mon)。

【民族药名】 旁科尔切(阿昌药);那罗寻(布依药);帕朗乎乐、帕朗、崩大碗(傣药);捣不烂(德昂药);Mal dongc sincbavlaox 骂同辰巴老、mal dongc sirc、铜神、落得打(侗药);积雪草(独龙药);Keeqseiq laqpul 克色拉普、崩大碗、破铜钱(哈尼药);迷纠帕懋、崩大碗(基诺药);Pilvang(景颇药);马蹄草(拉祜药);莫爪腊(傈僳药);崩大碗、雷公根(黎药);莴连(毛南药);Reib minl zheit 锐咪等、莴败养、Vob bix seix hlieb 窝比赊溜、Vob bix seix nieb 窝比赊幼、连钱草、满天星(苗药);马奴(仡佬药);崩大碗、落得打(纳西药);老鸦碗(畲药);骂魁劳、大马蹄草、崩大碗(水药);ben bian qian 半连钱、落得打(土家药);积雪草、崩大碗、日耀西永、得别、得荣(佤药);dangh zaanv miev 唐产咪、雷公根、满天星(瑶药);斜维斯(彝药);北铎、撒诺、byaeknok 碰喏、byaeknek 北挪(壮药);Ranbudehu(台少药)。

【分布】 主要分布于印度、斯里兰卡、马来西亚、印度尼西亚、大洋洲各群岛、日本、澳大利亚及中非、南非共和国。在中国分布于陕西、江苏、安徽、浙江、江西、湖南、湖北、福建、台湾、广东、广西、四川、云南等地。在缅甸广泛种植。

【用途】

缅药 1. 全草:治疗糖尿病,用作泻药和利尿剂。

2. 叶:治疗皮肤瘙痒、皮疹、痔疮、麻风病、肠道传染病、尿潴留、血尿症;叶也用作补药,混合蜂蜜食用有助睡眠;叶可用于解毒,制成眼药水可治疗严重的眼睛疼痛和对强光过敏;将叶磨成粉与热水混合涂于儿童胸部可治疗儿童感冒、发热、肺结核。

3. 果实:和等量的煤油混合用于关节囊肿,可减少炎症。

阿昌药 全草:治感冒、泌尿系统感染、肝火旺、胆石症。

布依药 全草:治跌打损伤。

傣药 全草:治小儿惊风、治疗痧气腹痛、痢疾、湿热黄疸、砂淋、血淋、吐血、咯血、目赤、喉肿、风疹、无名肿毒、跌打损伤、传染性肝炎,止痛(《滇药录》)。

德昂药 治感冒、泌尿系统感染、传染性肝火、胆石症(《德宏药录》)。

侗药 全草:治宾蛾丑(蜘蛛丹)、朗丽洼悟(小儿口疮)、喉老(哮喘)、扁桃体炎、湿热黄疸、高烧所致高热不退、咽喉肿痛、麻风、跌打损伤、小儿疔疮、小便刺痛、胃炎、小儿发热、感冒发热、肾炎、湿热痢疾、肠胃炎、毒疮、木薯中毒、食物中毒、农药中毒、尿路感染、无名肿毒、骨折、带状疱疹(《侗医学》)。

独龙药 1. 茎、叶:治上呼吸道炎、肝炎、胸膜炎。

2. 全草:治湿热黄疸、痈疮肿毒、跌打损伤、经闭、产后瘀血腹痛、下肢静脉功能不全所致的长期不愈的溃病以及外伤病、手术或创伤引起的肌腱粘连、灼伤所致的创面恢复后的瘢痕疙瘩。

哈尼药 全草:治湿热黄疸、砒霜中毒、目赤喉肿、砂淋。

基诺药 全草:治感冒、扁桃体炎、肝炎、肠炎、结石,解菌类中毒;外用治毒蛇咬伤、疔疮(《基诺药》)。

景颇药 效用同德昂药(《德宏药录》)。

拉祜药 全草:治感冒、中暑、扁桃体炎、胸膜炎、泌尿系统感染、结石、传染性肝炎、肠炎、痢疾、跌打损伤以及断肠草、砒霜、蕈中毒;外用治毒蛇咬伤、疔疮肿毒、带状疱疹、外伤出血;鲜品治牛皮癣;汁液治白内障。

傈僳药 全草:治感冒、中暑、扁桃体炎、咽喉疼痛、胸膜炎、泌尿系统感染、结石、传染性肝炎、痢疾、跌打损伤、毒蛇咬伤、疔疮肿毒、带状疱疹(《怒江药》)。

黎药 全草:治肝炎、肋膜炎、麻疹、骨鲠以及误食砒霜、大茶药及其他食物中毒,用于活血消肿、清热解毒;鲜全草治腹胀、小便不利;全草配瘦猪肉、治小儿百日咳;全草煎水冲蜜糖服、治肠胃炎。

毛南药 效用同侗药(《桂药编》)。

苗药 全草:退热、排毒、利湿、退黄,治发热、咳喘、咽喉肿痛、尿结石、马牙筋、走游癀、黄疸、月经不调、小儿口疮、尿结石、腹痛吐泻、肛腹胀痛、手足厥冷、吐血、小儿咳嗽、感冒、肝炎、小便刺痛、胃炎、湿热黄疸、肠炎、痢疾、水肿、淋证、尿血、痛经、崩漏、丹毒、瘰疬、疔疮肿毒、带状疱疹、跌打肿痛、外伤出血、蛇虫咬伤(《湘蓝考》《苗医药》《苗药集》)。

仫佬药 全草:治小儿疔疮、小便刺痛、胃炎、小儿发热、感冒发热、肾炎、湿热痢疾、肠胃炎、毒疮、食物中毒、农药中毒、尿路感染、无名肿毒、骨折、带状疱疹(《桂药编》)。

纳西药 全草:治感冒疼痛、扁桃体炎、新旧外伤疼痛、小便不利、痢疾、胃肠炎、中暑腹泻、跌打损伤、皮肤湿疹瘙痒、牙痛、黄疸。

畲药 全草:治腹痛腹胀、小便不利、跌打损伤、中暑、小儿惊风、感冒咳嗽、小儿热咳、扭伤、手足皮肤感染溃疡(《畲医药》)。

水药 全草:治胃溃疡、肝炎(《水族药》)。

土家药 全草:治感冒、咽喉肿痛、跌打损伤、水泻、食积、发热咳喘、痈肿疱疖、痢疾、尿路感染、肾炎水肿、风火眼、湿疹、疔痈肿毒、火热症、尿石症、毒蛇咬伤、结石、小便不利、便血、黄疸型肝炎、痈疽、骨折(《土家药》)。

佤药 全草:治急性肝炎、扁桃体炎、咽喉炎、腹部热痛、尿黄、尿路感染、跌打损伤,预防尿路结石、传染性肝炎(《中佤药》《滇药录》)。

瑶药 全草:治风热、感冒、流感、肺炎、肝炎、感冒发热、咽喉炎、扁桃体炎、胸膜炎、肠炎腹泻、痢疾、小儿发热惊风、尿路感染、无名肿毒、带状疱疹、湿疹及虫蛇咬伤、目赤、吐血、衄血、胸膜炎、结石、外伤出血、草药中毒及蕈中毒、湿热黄疸、痈疮肿毒、跌打损伤、经闭、产后瘀血腹痛。

彝药 全草:治肝炎(《滇药录》)。

壮药 全草:治能蚌(湿热黄疸)、中暑、贫痧(感冒)、阿意咪(痢疾)、阿意囊(便秘)、肉扭(淋病)、陆裂(咳血)、目赤、货烟妈(咽喉肿痛)、呗农(痈疮肿毒)、黄疸型肝炎、痧气腹痛、暑泻、跌打损伤。

台少药 叶:捣碎,服用其汁治腹痛。

Chamaecrista pumila (Lam.) K. Larsen
柄腺山扁豆

【分布】 分布于亚洲、非洲热带地区和澳大利亚。在中国分布于广东、云南等地。在缅甸分布于仰光。

【用途】

缅药 种子:用作泻药。

Cheilocostus speciosus (J. Koenig) C. D. Specht
闭鞘姜

【异名】 广商陆(广东),水蕉花(海南),老妈妈拐棍(云南)。

【缅甸名】 ဖလန်တောင်ဝေး၊ကလန်တောင်ဝေး
palan-taunghmwe。

【民族药名】 水蕉花(佤药);串盘姜、歪根、串盆姜、盆转姜、什病态、歪根(壮药);棵朱(瑶药);硬倒、热摆、干恩、恩岛、闭鞘姜、硬倒、垫摆(傣药);贝起千(景颇药);大石笋(阿昌药);嘎喇丫莫(哈尼药);摆且柯坡(基诺药)。

【分布】 分布于东南亚地区。在中国分布于台湾、广东、广西、云南等地。在缅甸分布于勃固、克钦邦、曼德勒、实皆、掸邦、德林达依和仰光。

【用途】

缅药 根茎:消炎利尿,散瘀消肿。

拉祜药 块根:治肾炎水肿、膀胱热淋、肝硬化腹水、眼睛红肿热痛(《拉祜医药》)。

佤药 根茎:治急肠胃炎、肾炎水肿、膀胱炎(《中佤药》)。

壮药 根茎:治胃痛、阳痿、噤口痢、骨折、百日咳、肾炎水肿、尿路感染、荨麻疹、无名肿毒(《桂药编》《民族药志(二)》)。

瑶药 根茎:治胃痛、阳痿、噤口痢、骨折(《桂药编》《民族药志(二)》)。

傣药 根茎:清热解毒,散瘀消肿,利尿,治咽炎、喉炎、脾肿大、腹胀(《版纳傣药》《滇药录》《傣药录》《民族药志(二)》《德宏药录》《傣医药》)。

景颇药 全株:治小便不通;配伍治高热惊厥(《德傣药》《滇药录》《滇省志》《德民志》《德宏药录》《民族药志(二)》)。

阿昌药 利尿(《德宏药录》)。

哈尼药 根:治小儿肺炎、咽喉炎、黄疸肝炎(《哈尼药》)。

基诺药 1. 根茎或全草:治结石、泌尿系统感染、水肿;外用治荨麻疹、疮疖、肿毒。

2. 根茎:汁液滴耳治中耳炎(《基诺药》)。

Chenopodium album L.
藜

【异名】 灰藋(《本草纲目》)、灰菜(《救荒本草》)。

【缅甸名】 မ

My。

【民族药名】 糯赖夯吗、糯菜康呜(傣药);骂瓮灵,野鸡冠花(水药);门实俄(傈僳药);羊尾奶、野苋菜(畲药);敖伦楚菌-乌日(蒙药);佳公翁背(苗药)。

【分布】 分布于全球温带及热带地区。中国各地均有分布。在缅甸广泛种植。

【用途】

缅药 根:制成糊剂治疗儿童腹泻。

傣药 根:治黄疸性肝炎,清热燥湿,止血,杀虫(《滇省志》《版纳傣药》《滇药录》《傣药录》《傣医药》)。

水药 种子:治目赤肿痛(《水族药》)。

傈僳药 种子:治眼结膜炎、角膜炎、高血压(《怒江药》)。

畲药 全草、种子:治风热目赤肿痛、翳障、身痒(《畲医药》)。

蒙药 种子:治目赤肿痛、角膜炎、角膜云翳、虹膜睫状体炎、眩晕、高血压(《蒙药》)。

苗药 成熟种子:治目赤肿痛、角膜炎、角膜云翳、虹膜睫状体炎、眩晕(《湘蓝考》)。

其他 在印度,种子治疗皮肤病。在中国,茎汁治疗雀斑和晒伤;叶治疗蚊虫咬伤、中暑,清洗浮肿的足部;汤剂可冲洗龋齿;种子用作驱虫剂。在中南半岛,该植物治疗女性的淋病。

【成分药理】 成分包括甜菜碱、亮氨酸和精油等。

Chloranthus elatior Link
鱼子兰

【异名】 石风节、节节茶、九节风(云南)。

【缅甸名】 thanat-kha, yuzara。

【民族药名】 夹滇(傣药);欺果、阿焉拿别、鱼子兰(哈尼药);米帕侧噜、米帕层冷(基诺药);珍珠兰、鱼子兰(佤药)。

【分布】 主要分布于马来西亚、印度尼西亚、菲律宾、印度。在中国分布于云南、贵州、四川、广西。在缅甸广泛种植。

【用途】

缅药　叶:用作兴奋剂。

傣药　根、茎:治风湿腰痛、月经不调。

哈尼药　1. 全草:治肾结石、子宫脱垂、产后流血、癫痫。

2. 根:治跌打损伤、感冒、风湿麻木、关节炎、偏头痛(《滇省志》)。

3. 根、茎皮:治腰痛、关节痛(《滇药录》)。

4. 花序、根茎:治月经不调、功能性子宫出血(《哈尼药》)。

5. 叶:治刀枪伤。

基诺药　根、全草:治牙痛、骨折、跌打损伤、关节炎(《基诺药》)。

佤药　全草:治骨折、跌打损伤、肺炎、急性胃肠炎、风湿疼痛、感冒、月经不调、阑尾炎(《中佤药》)。

藏药　全草:治外感风寒、癫痫、风湿痹痛、跌打损伤。

其他:在马来半岛,用压碎的干叶或根泡茶作发汗剂和退热剂;把煮过的根磨成粉末涂抹在身体上,以治疗发热。在印度尼西亚,小包药(带根和叶子的茎)是治疗发热的重要药物,在性病的某些阶段作为一种恢复剂。该植物也是一种兴奋剂。此外,与肉桂皮混合使用,在分娩时可作为抗痉挛的药物(大多数情况下使用的是压碎的根煎剂,但也会用到叶子的浸液)。

Chrozophora plicata（Vahl）A. Juss. ex Spreng

【缅甸名】　gyo-sagauk。

【分布】　主要分布于非洲热带地区到南非北部、埃及、叙利亚、巴勒斯坦的西部、中东地区。在缅甸分布于勃固和曼德勒。

【用途】

缅药　全株:治疗淋病。

Chukrasia tabularis A. Juss.
麻楝

【异名】　白椿(云南)。

【缅甸名】　ရင်းသဗ

kin-thabut-gyi, taw-yinma, yinma。

【分布】　分布于安达曼群岛、中国、不丹、印度、印度尼西亚、老挝、马来西亚、尼泊尔、斯里兰卡、泰国、越南和巴基斯坦。在中国分布于广东、广西、云南和西藏,在缅甸分布于曼德勒、掸邦和仰光。

【用途】

缅药　树皮:用作收敛剂和止泻剂。

其他:在印度,树皮用作收敛剂。

【成分药理】　树皮含单宁。

Cinnamomum bejolghota（Buch.-Ham.）Sweet
钝叶桂

【缅甸名】　na-lin-gyaw, maza (Kachin), nakzik (Chin), hman-thein, lulingyaw, tauku-ywe, thit-kyabo。

【民族药名】　梅宗英龙、梅宗因、棕应(傣药);Siqqovq 席却、柴桂、大叶山桂(哈尼药);阿波帕剋(基诺药);开桥窍、樟木子(怒药);三条筋、圭肉桂(佤药)。

【分布】　分布于印度、孟加拉国、缅甸、老挝、越南等亚洲热带和温带地区。在中国分布于云南、广东。在缅甸分布于勃固、曼德勒和实皆。

【用途】

缅药　树皮:树和根的皮可中和毒素;将树皮与水和少量盐混合,制成局部涂抹的糊状物,可治蝎子叮咬、蜘蛛咬伤所致身体局部疼痛、皮肤发炎和瘙痒,该糊状物也可外敷或内服用于其他疾病,包括接触有害的烟雾、持续性溃疡引起的炎症和高烧;加入盐的糊状物还用治便秘;将树皮浸泡后制成糊状物,用治胃胀和腹泻;水煎煮树皮浓缩收膏用治白喉、严重腹泻、妇科疾病、虚弱和疲劳;用市售的薄荷醇香膏制成的树皮膏局部外用或口服,用治中老年常见疾病,包括四肢沉重、疼痛、过度劳动引起的膝盖刺痛、久坐引起的疲劳等;树皮煎汤外洗,可促进伤口愈合;其糊剂可局部涂抹眼睛周围,治眼睛疼痛和视力模糊;粉末和柠檬草粉的混合物外用以缓解乳房疼痛,口服以治疗肝脏、肺部和肠道炎症;树皮粉也可吸入,治鼻塞和鼻窦感染;树皮粉和水混合,用治淋病、肠道和泌尿系统感染、心律失常、嘴唇和喉咙干燥等疾病。

傣药 1. 树皮:止血,接骨,通经活络,治脾虚泄泻、溃疡出血、痛经、风湿骨痛、跌打瘀肿、外伤出血、骨折、腹胀痛、骨炎、跌打损伤、胃寒痛、虚寒泄泻(《滇省志》《滇药录》《傣医药》《傣药录》)。

2. 根皮:治流感、支气管炎、食滞气胀、胃痛、风湿性关节炎痛。

哈尼药 茎皮:治胃寒痛、腹痛、风湿骨痛、外伤出血、骨折、虚寒泄泻、痛经、闭经。

基诺药 茎皮:治胃寒痛、风湿骨痛、腰肌劳损;鲜品捣烂敷用于接骨和瘀血(《基诺药》)。

拉祜药 树皮、枝、果:治腰膝痹痛、虚寒胃痛、风寒感冒、闭经腹痛(《拉祜医药》)。

怒药 根:治风湿麻木、关节炎。

佤药 树皮:治跌打损伤、骨折、胃寒疼痛、虚寒泄泻、风湿骨痛、外伤出血(《中佤药》)。

Cinnamomum camphora(L.)J. Presl.
樟

【缅甸名】 ပရုတ်

payuk payoke-pin。

【分布】 分布于越南、朝鲜、日本,其他各国常有引种栽培。在中国分布于南方及西南各地区。在缅甸分布于北部温带地区,各地广泛种植。

【用途】

缅药 1. 木材、树叶:用作解痉剂、发汗剂和兴奋剂。

2. 叶:提取油与栀子混合,制成哮喘发作时服用的药物颗粒,还用作治疗头晕、疼痛和各种相关疾病的药物;樟脑放在牙齿上可减轻牙痛;叶用水浸泡,治疗蝎子刺伤;也可用玫瑰水浸泡,口服治疗砷中毒。

Cinnamomum tamala(Buch.-Ham.)T. Nees & Eberm.
柴桂

【缅甸名】 ကရေးရွက်သစ်ကပြီး(အိနိဒယ)

thit-jaboe。

【民族药名】 唱皮、喝痞(景颇药);兴察、相察(藏药)。

【分布】 主要分布于喜马拉雅山、不丹、印度、尼泊尔和巴基斯坦西部。在中国分布于云南。在缅甸广泛种植。

【用途】

缅药 1. 树皮:治腹泻、出血、出汗、呕吐、恶心和运动病;树皮的糊状物与其他药物混合,治疗流感、咳嗽和痢疾;水煎煮取汁,能治痢疾。

2. 油:注射入牙齿可缓解牙痛;也可用作耳药水来治疗耳痛或治疗胃胀、伤寒。

景颇药 树皮:治胃腹痛、胃病、食欲不振、遗尿、尿多(《滇省志》《滇药录》)。

藏药 1. 枝、茎皮:治胃寒消化不良、寒性胃腹疼痛、肺脓疡、泻痢(《藏本草》)。

2. 树皮:治疗胃寒、腹泻、"培根"病(《中国藏药》)。

Cinnamomum verum J. Presl
锡兰肉桂

【缅甸名】 သစ်ကပြီး-သီဟိုဠ်

hmanthin thit-kyabo。

【分布】 主要分布于斯里兰卡和印度,热带亚洲各国也多有栽培。中国广东及台湾有栽培。在缅甸分布于勃固、曼德勒、实皆、德林达依。

【用途】

缅药　1. 树皮：用作助消化药和催情剂。

2. 种子：制成糊状物，治疗眼部疾病；与酸奶同服治疗慢性腹泻；与牛奶同服治疗淋病；用蒸馏水制成的糊状物可以用治排尿过量；少量的种子炒炭用治痔疮。

【成分药理】　其挥发油的成分包括肉桂醛、海因醛、苯甲醛、异丙醛、壬醛、丁香酚、石竹烯、黄柏素、对甲苯、松烯、甲基正戊基酮和 L-芳樟醇。

Cissampelos pareira L.
锡生藤

【缅甸名】　kywet-nabaung。

【民族药名】　亚呼鲁、芽呼噜、牙昏噜（傣药）。

【分布】　分布于热带地区，特别是印度、巴基斯坦和澳大利亚。在中国分布于广西、贵州、云南。在缅甸分布于钦邦、克钦邦、实皆和德林达依。

【用途】

缅药　1. 全株：制成糊剂，局部使用治疗眼部发炎。

2. 根：用作退热药、利尿药、补药、健胃药，也用于子宫脱垂。

傣药　1. 全草：止痛，生肌，治跌打损伤、挤压伤、外伤出血、肿痛、疮疖（《滇省志》《版纳傣药》《傣药录》《傣医药》）。

2. 全株、茎、叶：治疗疮痈疖脓肿、丹毒、跌打损伤、风寒湿痹症、肢体关节酸痛、屈伸不利。

其他：在中南半岛，根的煎剂治疗腹部绞痛和黏液溢出。在菲律宾，叶可抗疥，涂抹可用于蛇咬伤；根的煎剂用作利尿药、碎石药、祛痰药、退热药、发汗药、调经药、滋补药和镇静剂；咀嚼根，吞下汁液可治疗腹部疼痛和痢疾。

【成分药理】　成分包括生物碱（alkaloids）、锡生藤碱（hayatine）、海牙亭宁碱（hayatinine）、quecitol、甾醇（sterol）。

Citrus aurantiifolia（Christm.）Swingle
来檬

【异名】　绿檬。

【缅甸名】　thanbayar, lawihkri-shalwai (Kachin), sot-parite-sanut (Mon), maksun-ting (Shan)。

【分布】　分布于中国、印度和东南亚。在缅甸广泛种植。

【用途】

缅药　1. 树皮：水煮液浓缩可退热。

2. 果实：酸果可刺激食欲和帮助消化，以及控制呕吐、咳嗽、喉咙痛、哮喘和肿胀；用新鲜的酸橙汁来减轻疲劳；它也被挤进鼻孔来止鼻血，服用后用来预防疾病，尤其是那些影响胃的疾病；加糖的酸橙汁治疗脂肪过多、胆汁虚弱、关节疼痛和疼痛而咳嗽；加少量糖的酸橙汁以治疗牙龈痛；丁香和果实一起碾碎成糊状物，然后在热煤上烤焦，涂在牙痛的牙齿底部；混合少量糖的果汁被认为是治疗鸦片过量、酒精中毒和食物中毒的良药；青柠汁与烤牛皮灰分混合而成的酸橙汁治疗尿路困难和疼痛；热柠檬汁混合蜂蜜以减轻喉咙痛；每天喝柠檬汁被认为是治疗当坐着或站立时发生眩晕时的良药；作为一种非常浓的茶，柠檬汁被用作治疗头痛的良药；摄入果皮可减轻胸痛和胃痛；果实可以切成两半，涂在皮肤上治疗癣、变色、脱发、瘙痒和皮疹；酸橙腌菜：稍干后，用油和香料（如孜然、苦瓜）腌制而成，饭后定期进食，被认为是治疗脾脏炎症的良方。

3. 种子：压碎并擦在太阳穴上，以治疗偏头痛。

其他：在埃及，佛手柑油治疗白癜风。目前佛手柑油正以其治疗严重银屑病的效果为研究对象。

【成分药理】　柠檬皮中的油，即佛手柑油，含有补骨脂素，当暴露在阳光下时，会引起光毒性反应，如皮肤起泡和灼伤。吃完酸橙后，会影响到人的下巴、脸颊、胸部和脸颊周围的区域。

Citrus aurantium L.

酸橙

【缅甸名】 လိမ်မော်၊ခရမ်းပိမ်း
lein-maw。

【民族药名】 枳实（朝药）；麻芸降（傣药）；Yasligzhurj 亚苏力格-桔日吉（蒙药）；姜给芭（苗药）；积实（土家药）；Narenji，那然吉（维药）。

【分布】 分布于中国、越南南部。在缅甸广泛种植。

【用途】

缅药 果实：用作助消化药。

朝药 幼果：治少腹硬满、呕吐腹泻、胃气虚弱、食滞和痰喘证。

傣药 1. 近成熟果实：治食积痰滞、胸腹胀满、胃下垂、脱肛、子宫脱垂。

2. 幼果：治食积痰滞、胸腹胀满、胃下垂、脱肛、子宫脱垂（《滇省志》）。

蒙药 未成熟果实：治胸腹痞满胀痛、食积不化、痰饮、胃下垂、脱肛、子宫脱垂仰、心、肝热（《蒙药》）。

苗药 幼果、未成熟的果实：治消化不良、脱肛（《湘蓝考》）。

纳西药 幼果：治脾胃湿热、胸闷腹痛、积滞泄泻、产后腹痛胀满、食积痰滞、支气管炎、哮喘。

土家药 1. 幼果：治肠胃积滞、脘腹胀满、腹痛便秘、湿痰内阻、寒凝气滞、胃下垂、脱肛和子宫脱垂。

2. 近成熟果实：治胸肋胀痛、脘腹痞闷胀痛。

维药 果实：治湿热性脑虚、心虚、胃虚、作呕、传染性腹泻。

Citrus limon （L.）Osbeck

柠檬

【异名】 洋柠檬，西柠檬。

【缅甸名】 ရှောက်၊ရှောက်ချဉ်

than-bayo，shauk，shauk-waing，hla-parite-baikayah（Mon）。

【民族药名】 麻脑、麻格因、麻爬（傣药）；Limon 力蒙（维药）。

【分布】 分布于东南亚。在中国分布于长江以南地区。在缅甸广泛种植。

【用途】

缅药 果实：清心清血，有助于消化，缓解疲劳，抑制肿块的形成和肿瘤，控制咳嗽，刺激食欲，减轻恶心，治疗喉炎；等量的果汁和蔓荆叶混合可治疗癫痫；果片与酸石榴汁混合食用，以治疗头晕和沉重或迟钝的感觉；果实沾岩盐食用，可减轻肾结石；果汁混合蜂蜜和五桠果服用治疗咳嗽、哮喘和支气管炎；果实和糖蔗汁混合治疗月经期间的头晕和虚弱；制解毒气药：果实用淘米水煮沸，直到液体蒸发果实变软，用筛子过滤后，滤浆与少量盐混合，阳光下晒干，制成粉末，然后摄入。

傣药 1. 果汁：治乳腺炎、关节炎。

2. 果、叶：治乳腺炎。

3. 叶：治龟皮裂。

4. 果实、根：治各种热风症咳嗽、咽痛、牙痛、腮腺炎、乳腺炎、中暑。

维药 果实：治热性头痛、咽喉疼痛、干性心悸、胆液质性呕吐、恶心、乃孜乐性感冒、胃热纳差、喉干口渴。

Claoxylon indicum（Reinw. ex Bl.）Hassk.

白桐树

【异名】 咸鱼头（海南），丢了棒（《生草药性备要》）。

【分布】 主要分布于印度、印度尼西亚、马来西亚、新几内亚、泰国和越南。在中国分布于广东、海南、广西、云南。在缅甸分布于勃固、若开邦和德林达依。

【用途】

缅药 1. 树皮、叶：磨细，涂抹在胸部，可缓解胸闷气短。

2. 叶:用作泻药。

壮药 1. 根:治发旺(痹病)、核尹(腰痛)、扭像(扭挫伤)、笨浮(水肿)、白冻(泄泻)。

2. 带叶嫩枝:治发旺(风湿骨痛)、林得叮相(跌打损伤)。

其他:在中国,叶的汤剂治疗各种疾病;磨细的树皮和浸软的叶混合在胸前摩擦以作泻药。

Clausena excavata Burm. f.
假黄皮

【异名】 过山香(台湾),山黄皮、鸡母黄、大棵(海南),臭皮树、野黄皮(云南)。

【缅甸名】 daw-hke, pyin-daw-thein, seik-nan。

【民族药名】 来艾阿儿(阿昌药);摆撇反囡、撇反、迫汉囡(傣药);撇反(德昂药);臭黄皮(哈尼药);亚窝善奶、亚窝三奈(基诺药);大果、鸡姆黄(黎药);小黄皮、臭麻木(佤药);小黄皮、臭麻木(彝药);Tarimatan(台少药)。

【分布】 分布于亚洲、澳大利亚和南非热带地区。在中国分布于台湾、福建、广东、海南、广西、云南。在缅甸广泛种植。

【用途】

缅药 1. 植株:治疗胃病。

2. 叶:用作收敛剂,促进消化,驱风,控制麻风病,治疗由血象异常引起的疾病;用牛奶炖叶后饮用可解毒。

3. 根:作为解痉药。

阿昌药 效用同德昂药(《德宏药录》)。

傣药 1. 根、叶:治感冒发热、咳嗽气喘、疟疾、痢疾、急性肠胃炎、腹泻、尿路感染、风湿水肿、湿疹、疥癣、溃疡、皮癣、疮疡(《傣药录》)。

2. 叶、嫩枝:治虚汗、疲乏、消化不良(《滇药录》)。

3. 叶:治皮肤过敏、湿疹瘙痒、风热感冒、疟疾、脘腹胀痛、疔疮、斑疹、湿疹、风疹、痱子、疥疮(《傣药志》《傣医药》)。

4. 根:治流行性感冒、急性胃肠炎、湿疹(《德宏药录》)。

德昂药 根、叶:治上呼吸道感染、流行性感冒、急性胃肠炎、湿疹、痢疾、疟疾、尿路感染、风湿水肿、无名病因引起的脚瘫软、四肢无力(《德宏药录》)。

哈尼药 根、叶:治感冒。

基诺药 根及叶:治感冒、疟疾、急性胃肠炎;外用治湿疹(《基诺药》)。

景颇药 效用同德昂药(《德宏药录》)。

拉祜药 根、叶:治感冒发热、疟疾(《拉祜医药》)。

黎药 1. 叶:治产后中风、感冒发热头痛、肠炎、上呼吸道感染、流行性感冒、疟疾、腹痛。

2. 枝、叶:抗蛇毒。

佤药 根、叶:治感冒发热、咳嗽气喘、疟疾、痢疾、急性肠胃炎、腹泻、尿路感染、风湿水肿、疥癣、湿疹、疮疡(《中佤药》)。

彝药 根、叶:治感冒、发热、咳嗽、气喘、疟疾、痢疾、急性胃肠炎、腹泻、尿路感染、风湿水肿、疥癣、湿疹、溃疡(《滇药录》)。

台少药 根:治腹痛。

其他:在印度,茎用作利尿剂和消化药。在中国台湾,根煎煮后是发汗药;叶子是杀虫的。在中南半岛,用作补品、收敛剂和通经药;叶制成的膏药治疗麻痹;茎根或花和叶灌注治疗绞痛。在马来半岛,捣碎的根治疗溃疡的药膏;叶治疗头痛和鼻溃疡对于鼻溃疡,煎煮叶用于产后调理。在印度尼西亚,叶榨汁或捣碎后,既治疗发热和驱虫,又可用于产后妇女调理。

Clematis smilacifolia Wall.

【缅甸名】 khwar-nyo-gyi。

【分布】 分布于中国、孟加拉国、不丹、柬埔寨、印度、印度尼西亚、马来西亚、尼泊尔西部、新几内亚、菲律宾、斯里兰卡、泰国和越南等。在缅甸广泛种植。

【用途】

缅药　根：用作抗风湿药。

其他：在中国，植株用来止痒；根的汤剂治疗腰痛。

Cleome gynandra L.
白花菜

【异名】　羊角菜（《植物学大词典》），白花草（山东）。

【缅甸名】　caravalla, gangala, hingala, taw-hingala。

【民族药名】　海布瑞夏特、扎翁、哈罗、霍茹甫（维药）；刀艾热（德昂药）；Ang chunnam（景颇药）；白花菜子（阿昌药）。

【分布】　在全球热带与亚热带均有栽培。在中国自海南至北京，自云南至台湾均有种植。在缅甸广泛分布。

【用途】

缅药　1. 叶子：用作发红剂和发泡剂。

2. 种子：用作退热剂。

维药　全草、种子：杀胃肠寄生虫（《维医药》）。

德昂药　治风湿疼痛、跌打损伤、痔疮（《德宏药录》）。

景颇药　功用同德昂族（《德宏药录》）。

阿昌药　功用同德昂族（《德宏药录》）。

其他：在印度，全株可治疗蝎子蜇伤、风湿、神经痛、颈僵直、耳疾、流脓、皮肤病，也有杀虫作用；种子治咳嗽。

Clerodendrum indicum（L.）Kuntze
长管大青

【异名】　长管假茉莉（《云南植物志》）。

【缅甸名】　ngayant patu, nygayan-padu。

【民族药名】　牙英转、芽引庄（傣药）。

【分布】　分布于尼泊尔、孟加拉国、中南半

岛、马来西亚、印度尼西亚等地。在中国分布于广东、云南。在缅甸广泛分布。

【用途】

缅药　1. 树脂：治疗梅毒风湿病。

2. 叶：治疗发热、呼吸系统疾病、月经不调，也用作除虫药。

3. 叶、根：促进血液循环，治疗麻风病、妇科疾病、哮喘和发热。

4. 种子：治疗性传播疾病。

5. 根：糊状物混合生姜粉用来治疗肺部感染，还用作治疗男科疾病、淋病、哮喘、支气管炎和疼痛。

傣药　全草：治尿路感染、膀胱炎、跌打扭伤、风湿骨痛、疟疾、腹痛腹泻、赤白下痢、小便热涩疼痛、尿路结石、全身水肿、尿少、咽喉肿痛、腮腺炎、颌下淋巴结肿痛、疔疮痈疖脓肿、乳痈、风湿热痹证、肢体关节红肿热痛、屈伸不利、食物中毒。

Clerodendrum infortunatum L.

【分布】　分布于南亚和东南亚地区。在缅甸广泛分布。

【用途】

缅药　叶、根：用作解热剂。

其他：在印度，叶治疗头痛，也可和孟加拉红鸭跖草的叶一起磨碎治疗头部溃疡；花和木棉的新鲜嫩枝一同碾碎，制成药丸，涂上奶油，治疗腭部溃疡；根治疗风湿，同黑胡椒一起碾碎，治疗抽筋。在印度，治疗白带过多。

【成分药理】　含有亚麻酸、油酸、硬脂酸、木质素酸、甘油酯、甾醇、蛋白酶和肽酶。

Clerodendrum thomsoniae Balf. f.
龙吐珠

【缅甸名】　tike-pan, taik-pan-gyi。

【民族药名】 蛇婆儿、蛇泡草、龙吐珠（土家药）。

【分布】 分布于热带地区。在缅甸广泛种植。

【用途】

土家药 全草：治伤风感冒、风坨（风疹）、痒疹、皮风、癫、癣、蛇扳疮（末梢神经炎）、痢疾、淋证、腰痛、小儿惊风、狗咬伤、无名肿痛、喉咙痛、手指生蛇头、疔疮肿毒、长蛾子（又名喉蛾、即急性扁桃体炎）、黄疸；外敷治蛇咬伤、腮腺炎、带状疱疹、疔疮、无名肿毒等。

【成分药理】 含有酚类、类固醇、二萜类、三萜类、黄酮类和挥发油等活性成分。

Clitoria ternatea L.
蝶豆

【异名】 蓝蝴蝶（广东），蓝花豆（《岭南大学校园名录》）。

【缅甸名】 pe-nauk-ni, aug-mai-hpyu, aung-me-nyo。

【分布】 原产于印度，现各热带地区均有栽培。在中国分布于广东、海南、广西、云南、台湾、浙江、福建。在缅甸分布于克钦邦、曼德勒、实皆、仰光。

【用途】

缅药 1. 全株：与艾卡塔拉-莫里粉及印度马兜铃粉末混合服用以中和蛇毒。

2. 叶：压碎后放在脓肿部位，用绷带包扎治疗感染。

3. 根：与其他药用植物的根混合治疗水肿；制成粉末状，用温水冲服，治疗肝炎、脾脏炎症及全身水肿；根汁用于制作防止流产和治疗咽喉肿块、失血、白癜风和白内障的药物；捣碎根的汁与冷牛奶合用治疗慢性咳嗽。

4. 树皮、根：用作泻药和利尿药。

5. 花朵：与牛奶一起碾碎涂抹于眼睛周围，可治疗与婴儿眼睛疼痛有关的疾病。

6. 水果：果汁可以倒进鼻孔，治疗头痛。

7. 种子：治疗睾丸发炎和打嗝。

其他：在印度，叶子治疗胀气；种子用作泻药；根治疗甲状腺肿、麻风病以及蛇咬伤。

Coccinia grandis（L.）Voigt
红瓜

【缅甸名】 kinmon, kin pone, hla cawi bactine（Mon）, taw-kinmon。

【民族药名】 帕些（傣药）。

【分布】 分布于非洲热带、亚洲和马来西亚地区。在中国分布于广东、广西和云南。在缅甸分布于伊洛瓦底。

【用途】

缅药 1. 全株：从煮熟的整株植物中提取液体，可作为祛痰剂。

2. 果实：清凉通便，对祛痰和胆汁疾病有好处，也用于促进泌乳，缓解气血疾病，治疗哮喘和支气管炎。

3. 叶：刺激神经，促进生长；与等量香菜籽煮熟后用作驱虫剂和泻药，也用在治疗胆汁问题和肺部疾病的药物中。

4. 果汁：治疗感冒。

5. 根：用作解热剂和治疗腹泻。

傣药 地上部分：治咽喉肿痛、口舌生疮、小便热痛、大便秘结、皮肤疔疖疮疡、斑疹。

Coffea arabica L.
小粒咖啡

【缅甸名】 ကော်ဖီကော်ဖီ
ka-phi。

【民族药名】 咖啡（维药）。

【分布】 原产于埃塞俄比亚或阿拉伯半岛，广泛种植于热带地区。在中国福建、台湾、广东、海南、广西、四川、贵州和云南有栽培。在缅甸广泛种植。

【用途】

缅药 未成熟的种子:缓解偏头痛。

维药 种子:去种皮,治精神不振、小便不利、腹泻、痢疾、食欲不佳(《维药志》)。

其他:阿拉比咖啡豆含有 L-天冬氨酸(L-asparticacid),大量摄入会产生神经兴奋症状。

Coix lacryma-jobi L.
薏苡

【异名】 菩提子(《本草纲目》)。

【缅甸名】 ကျိတ်

ka-leik, kalein, kalein-thi, kyeik。

【民族药名】 那儒打(布依药);耶母诅(朝药);麻垒牛、哈累牛、垒中(傣药);薏米、候报罢、美助(侗药);薏苡(独龙药);pe pe so 比比所、ni man tso 尼忙早、ma swo 衲嫂黔(仡佬药);麻波吗果由、Neivqhaq niqgevq 能罕尼求、打碗子根(哈尼药);勒生(基诺药);水足板、水足本(景颇药);生神马丙邱、西那比(傈僳药);意算南、薏米、川谷(黎药);乌拉给、rhou gupn yo 猴刚野(毛南药);图布德-陶布其(蒙药);Zend ded 真豆、尿珠、Zangd det gnd 姜豆嘎(苗药);薏苡(怒药);女白、川谷米、拟白(水药);yi si bu li ka ji na 一丝布利卡儿那、五谷子、尿珠子(土家药);绿谷根、si gaon 西蒿、更亚西考川谷、更亚西考(佤药);六谷、野六谷、黑罗锅(瑶药);迷黑蛆诺赋(彝药);普卓孜哇(藏药);haeuxroeg 吼茸、珍珠米、落累(壮药)。

【分布】 分布于亚洲东南部与太平洋岛屿。中国台湾、华东、华南有栽培。在缅甸分布于克钦邦、仰光地区。

【用途】

缅药 种子:用于减肥和利尿剂。

布依药 根、种子:治小儿蛔虫病。

朝药 1.种仁:治太阴入表寒,如伤寒头痛、身痛、无汗、食滞痞闷、太阴入食后痞滞、中消善饥等证,用于病后调理、泄泻、痢疾、小便不利。

2.根:治肺脓肿、癫痫、肝炎。

傣药 1.根、种子:治膀胱结石、尿路感染、肺热咳嗽、痰多、胆汁病、水肿病、六淋证出现的尿频、尿急、尿痛、尿夹沙石、性病、血尿、脓尿、尿结石症、小便热涩疼痛(《版纳傣药》《傣药录》)。

2.根:消肿、利尿,治肾炎、结石(《滇药录》)。

侗药 种仁、根茎:治朗乌叽苟没馒(小儿膈食)、宾耿涸(水蛊病)、朗乌耿肚省(小儿蛔虫)(《侗医学》)。

独龙药 种子:治脾胃虚弱腹泻、风湿疼痛、黄疸、肠痈、肺脓疡吐血、乳糜烂。

仡佬药 种仁:治浮肿。

哈尼药 1.茎杆:治中耳炎、肾炎水肿。

2.全草:用于排石。

3.根治:肺气肿、风湿性关节炎、尿路感染(《哈尼药》)。

基诺药 1.种子、根:治尿路感染、肾炎、阑尾炎、慢性肺炎、肠炎、腹泻、白带过多。

2.根、全草:治肝炎、疮痈肿毒(《基诺药》)。

景颇药 根:治消水肿、利小便、肾炎、膀胱炎、小便刺痛、结石(《德民志》《滇药录》)。

傈僳药 1.种仁:治泄泻、湿痹、筋脉拘挛、屈伸不利、水肿、脚气、肺痈、肠痈、淋浊、白带(《怒江药》)。

2.根、果:治肾盂肾炎、尿路感染、膀胱炎、肾结石、膀胱结石、小儿腹泻(《滇药录》《滇省志》)。

黎药 种仁:健脾利湿,清热排脓,止泻。

毛南药 效用同壮药(《桂药编》)。

蒙药 种仁、根:治脾虚腹泻、肌肉酸痛、关节疼痛、水肿、肺脓疡、阑尾炎、小便不利、脚气、风湿痹痛、筋脉痉挛、肺痈、肠痈、白带。

苗药 1.成熟种仁:治脾虚腹泻、肌肉酸胀、关节疼痛、水肿、白带、肺脓疡、阑尾炎(《湘蓝考》)。

2.种仁:治肝硬化腹水(《苗药集》)。

怒药 果实:治泄泻、湿痹、筋脉拘挛、屈伸不利、水肿、脚气、肺痈、肠痈、淋浊、白带。

水药 种子、根:治脾胃虚弱(《水族药》)。

土家药 1. 种仁:治水肿、脚气、小便不利、湿痹拘挛、脾虚泻泄、肺痈、全身浮肿、水泄、肠热毒症。

2. 根治:胎产难下、水肿病、尿石症、蛔虫病。

佤药 1. 种仁:治尿路感染、淋浊白带(《中佤药》)。

2. 根、果:治肾盂肾炎、尿路感染、膀胱炎、肾结石、膀胱结石、小儿腹泻(《滇药录》《滇省志》)。

3. 根:治泌尿系统感染、结石、淋浊白带。

瑶药 种仁:治泄泻、湿痹、水肿、脚气、肺痛、肠痈、淋浊、白带。

彝药 1. 根:治肾炎、膀胱炎、尿道炎、胆囊炎、黄疸水肿、湿淋疝气、脱肛便血、子宫脱垂、经闭带浊、虫积腹痛(《滇药录》《哀牢》)。

2. 种仁:治头昏耳鸣、肺痈疮痛、脾虚泄泻、除湿利尿、遗尿滑精、小便短赤、疣斑、脚气(《哀牢》)。

藏药 果实:治难产、胎衣不下、淋病、泻痢。

壮药 1. 种仁:治白冻(腹河)、笨浮(水肿)、阑尾炎、胰腺炎、隆白呆(带下)、湿疹、下肢溃疡、扁平疣、瘴气、癌肿、风湿性肺结核、病后体弱。

2. 根治血尿、白带、尿道结石、小儿肺炎、中暑、高热(《桂药编》)。

其他:在日本、印度和菲律宾,果仁用作利尿剂、健胃剂和补药,还可治疗肺部和胸部的不适、风湿、水肿、淋病。

【成分药理】 含有谷氨酸、组氨酸、精氨酸、亮氨酸、lycin、酪氨酸。据记载,种子的丙酮提取物具有抗肿瘤的作用。

Colebrookea oppositifolia Sm.
羽萼木

【异名】 黑羊巴巴(云南),羽萼(《中国植物科属检索表》)。

【缅甸名】 chying-htawng-la。

【民族药名】 害水顿、摆芽化水、化水顿(傣药);习抡吹(哈尼药)。

【分布】 主要分布于印度、缅甸、尼泊尔和泰国。在中国分布于云南。在缅甸广泛种植。

【用途】

缅药 根:治疗癫痫。

傣药 叶:治骨折、跌打损伤、风湿关节痛(《滇药录》《版纳傣药》《滇省志》《傣药录》)。

哈尼药 果实:治气逆呕吐、咳嗽(《哈尼药》)。

其他:在印度,茎治疗咳嗽;叶治疗创伤和目疾。

Colocasia antiquorum Schott.
野芋

【异名】 野芋头、红芋、野山芋(江西),红广菜。

【缅甸名】 mahuya-pein, pein, pein-u。

【民族药名】 老虎蒙、皮娘(毛南药);水玉、睡猴、野芋头花(苗药);野芋(畲药);山芋头(土家药);睡猴、水玉(瑶药)。

【分布】 在中国分布于江南各地。在缅甸广泛分布。

【用途】

缅药 果汁、球茎:用作皮肤刺激剂。

傣药 根茎:治刀枪伤、创伤出血、蛇虫咬伤、血栓性脉管炎、疮疡疖肿。

毛南药 根茎:治感冒、肺结核、肠伤寒、虫蛇咬伤、疮疡肿毒、跌打损伤、风湿骨痛、火烫伤;外用治外伤出血。

苗药 根茎:治乳痛、肿毒、麻风、疥癣、跌打损伤、蜂蜇伤(《湘蓝考》)。

畲药 块茎、茎:治跌打损伤、蜂蜇伤、蛇伤。

土家药 根茎:治蛇咬伤、无名肿毒、痈疖。

瑶药 块茎:治急性淋巴结炎、指头疔疮、创伤出血、蛇咬伤、蜂蜇伤、痈疮肿毒、大腿深部脓肿。

其他:在印度,块茎治疗伤口、烧伤,用于蜜蜂叮咬后的止血。

Combretum indicum（L.）DeFilipps
使君子

【异名】 留求子（《南方草木状》），史君子、四君子（《新本草纲目》）。

【缅甸名】 ထး:ဝယ်ရှိင်:

dawe-hmaing-nwe, tanah-pacow-kawaing angine（Mon）, mawk nang-nang, nang-mu（Shan）。

【民族药名】 扎满、丙搞罗亮、扎满亮（傣药）；Zan chi（景颇药）；欠咱腊（傈僳药）；腊浪、留求子、勒生心（毛南药）；Tabuljina 塔布勒吉纳、Na-gageser 纳嘎格斯、塔本塔拉图吉木斯（蒙药）；卡哈勒布拉捷刻（维药）；棵面栽、naangh nzung hmei 囊中美、留求（瑶药）。

【分布】 分布于东南亚到菲律宾、巴布亚新几内亚、印度。中国分布于四川、贵州、福建、台湾、江西、湖南、广东、广西、四川、云南、贵州等地。在缅甸生长于湿热地区。

【用途】

缅药 1. 叶：治疗痢疾、糖尿病；水煮后和沙拉一起吃，可迅速缓解带黏液或血的痢疾；水煎剂用于缓解消化不良和刺痛。

2. 种子：捣碎后和蜂蜜一起服用，用作驱蛔药，也用于缓解伴随有腹泻的一些重症。

阿昌药 种子：治蛔虫病。

傣药 1. 根：治痢疾。

2. 果实、根：治尿血、产后体弱多病、不思饮食、泻下脓血、腹痛腹泻、赤白下痢、肠道寄生虫。

3. 种子：治蛔虫病、小儿疳积、小便白浊、痢疾。

德昂药 效用同阿昌药。

哈尼药 全草：治胃病。

景颇药 效用同阿昌药。

傈僳药 果实：治慢性肠炎、支气管炎、哮喘、溃疡病、便血、脱肛、痔疮出血。

毛南药 1. 种子：治小儿疳积、驱蛔虫。

2. 果实：治小儿疳积、蛔虫病。

蒙药 1. 果实：治肝病、虫疾。

2. 种子：治蛔虫病。

纳西药 果实：治蛔虫病、虫积腹痛、小儿疳积、黄疸病、爱食生米、茶叶、炭、泥土、瓦屑之类、虫牙疼痛、头渣面疮、乳食停滞、腹胀、小便白浊、泻痢。

佤药 果实：治蛔虫病。

维药 果实：治肠内寄生虫病、脾胃虚弱、食欲不振。

瑶药 叶：治身痒、小儿蛔虫症、小儿疳积、白浊、腹泻、痢疾。

其他：在中国，果实用作驱虫剂，也治疗腹胀、消化不良、消瘦、白带过多，果实浸在油中治疗因寄生虫引起的皮肤疾病；成熟的种子经过烘烤，治疗腹泻和发热。在印度，种子用作驱虫剂。提取物具有抗肿瘤和通便作用。

Commelina paludosa Blume
大苞鸭跖草

【异名】 大鸭跖草，凤眼灵芝，大竹叶菜。

【分布】 分布于巴基斯坦、印度、斯里兰卡、孟加拉国、马来西亚、印度尼西亚和菲律宾地区。在中国分布于西藏、云南、四川、贵州、广西、湖南南部、江西、广东、福建和台湾。在缅甸广泛种植。

【用途】

缅药 根：治疗眩晕、发热和胆汁性疾病。

Commicarpus chinensis（L.）Heimerl
中华粘腺果

【异名】 华黄细心（《海南植物志》）。

【缅甸名】 pa-yan-na-war。

【分布】 分布于印度、印度尼西亚、马来西亚、巴基斯坦、泰国和越南。在中国分布于海南岛和西沙群岛。在缅甸广泛分布。

【用途】

缅药 根：用作催乳药。

其他：在印度尼西亚，该物种捣碎的叶子涂抹在疥疮上以达到治疗目的。

Convolvulus arvensis L.
田旋花

【异名】 中国旋花、箭叶旋花（《中国高等植物图鉴》），扶田秧、扶秧苗（江苏），白花藤，面根藤（四川），三齿草藤（甘肃），小旋花（四川、甘肃），燕子草（山东），田福花（新疆）。

【缅甸名】 ကဘောက်ရိုးန္ဒယ်

kauk-yoe nwai, kauk-yo-nwe, tike-tot-grine（Mon）。

【民族药名】 塔林-色德日根（蒙药）；Yogumeqot 尤格迈其欧特、莱普莱普、拉拉菀（维药）；波日青、波尔穷（藏药）。

【分布】 分布于温带、亚热带及热带地区。在中国大部分地区有分布。在缅甸分布于马圭和曼德勒。

【用途】

缅药 1. 全株：用于制备维持泌尿功能制剂，有增加性欲，缓解慢性贫血和咳嗽的功效，也可治疗阴茎肿胀；全草捣碎，用布包裹，放在疼痛的部位，用于减轻骨头和关节疼痛；全株煮沸后的液体，含于口腔治疗口腔溃疡，液体也用作老疮的洗涤液。

2. 叶：捣碎后用绷带包扎肿块、囊肿和其他皮肤溃疡。

3. 果汁：治皮疹和瘙痒。

4. 根：用作泻药。

哈萨克药 全草：外用治神经性皮炎、牙痛、风湿性关节炎。

蒙药 1. 全草、花、根：止痒，止痛，祛风。

2. 全草：治风湿关节疼痛、神经性皮炎；外用治牙痛（《蒙植药志》）。

3. 花：治牙痛。

维药 全草、花：养肝护脾，消肿，退热，止血，止痛，治关节疼痛、风湿痹痛、牙痛、神经痛。

藏药 全草：治瘟疫、陈热病、虫病、风湿性关节炎、风湿疼痛、风寒湿痹、消化不良、痛经（《中国藏药》《藏本草》）。

其他：在印度尼西亚，用作通便剂；烤过的种子具有驱虫、利尿和抗胆汁作用。在马来半岛，丛林热症患者的头部会敷上膏药。在菲律宾，根汤用作漱口水治疗牙痛。

Coptis teeta Wall.
云南黄连

【异名】 云连。

【缅甸名】 ဆေးဝါး"သျမ်း"ရွှေကိုပြံစွပ

khan tauk。

【民族药名】 huang lien 黄垒嗯、genggengyipuer 耕耕衣普尔（朝药）；黄连（独龙药）；尸棘、施告（傈僳药）；苗（怒药）；娘孜折、娘孜泽（藏药）。

【分布】 在中国分布于云南及西藏。在缅甸广泛分布于东北部。

【用途】

缅药 1. 树皮和根：缓解便秘，调节肠道蠕动，促进消化，退热，治疗疟疾，增加活力。

2. 根：压碎后和胡椒粉一起磨碎，制成豌豆大小的颗粒服用，可减轻痰多、哮喘、支气管炎及咳嗽；将压碎的根混合胡椒粉和 *Abutilon indica* 叶的汁液，制成胡椒大小的颗粒服用以减少水肿，促进消化，缓解腹泻等肠道问题；根部用酒浸泡之后可以用来治疗疟疾；根须制成的厚糊状物，将其涂抹在眼睛周围，以治疗眼睛疼痛和其他眼部问题；根和一点芦荟叶的或一点白花牛角瓜一起压碎，汁液局部涂抹于蛇咬处；服用碎根和胡椒粉以及一点来自于 ma aye chintaung（缅甸名，一种具有三角形茎的草类）块根的混合物，用以解毒；使用母乳和根、一粒丁香和一粒胡椒研磨成糊状来治疗患儿肺炎；等量的根皮，与 *Shwe tataing* 的树皮，以及 *A. indica* 的树皮磨成粉末，吸入后可缓解哮喘、支气管炎和咳嗽。

朝药 1. 根茎:效用同黄连。

2. 根茎、根:治肠炎、痢疾、发热、眼结膜炎、口疮、扁桃体炎、疖肿、外伤感染。

德昂药 效用同黄连。

独龙药 根茎:治烦热神昏、心烦失眠、湿热痞满、呕吐、腹泻、泻痢、目赤肿毒、口舌生疮、阴疹、烫伤、吐血、衄血。

傈僳药 根茎:治热胜心烦、痞满、消渴、急性细菌性痢疾、急性胃肠炎、急性结膜炎、吐血、衄血、痈疖疮毒(《滇省志》《滇药录》)。

蒙药 效用同黄连(《蒙药》)。

纳西药 效用同黄连。

怒药 根茎:治烫伤感染化脓、牙痛牙根肿痛、百日咳、眼睛红肿发炎、腹泻、痢疾。

土家药 效用同黄连。

维药 效用同黄连。

藏药 根茎:治瘟病时疫、热症、大小肠疾病、炭疽病、痢疾、化脓性感染、痈疖疔毒(《中国藏药》《藏本草》)。

Cordia dichotoma G. Forst.
破布木

【缅甸名】 hpak-mong, kal, kasondeh, thanat, thanut, tun-paw-man。

【民族药名】 Serpistan 赛尔皮斯堂(维药)。

【分布】 分布于越南、印度、澳大利亚及新喀里多尼亚岛。在中国分布于西藏、云南、贵州、广西、广东、福建及台湾地区。在缅甸分布与曼德勒、掸邦和仰光。

【用途】

缅药 1. 果实:祛痰,利尿,驱虫,通便。

2. 树皮:治疗卡他性结膜炎。

维药 果实:治咽干喉燥、乃孜乐性感冒、干咳顽痰、失音口渴、尿灼便秘、热咳感冒、口渴咽干、食欲不振、小便不利、大便不畅、咳嗽不止、胆液质旺盛、咳痰不爽、喉干咽痒。

其他:在印度,叶治疗咳嗽、感冒、发热和溃

疡;果实有祛痰的功效,可治疗胃痛、肺病和泌尿系统疾病。

Cordia myxa L.
毛叶破布木

【缅甸名】 သနပ်ဖက်ပင်
taung-thanut, thanat。

【分布】 原产于印度西南海岸、巴基斯坦、印度、伊朗、澳大利亚。在中国华南植物园有栽培。在缅甸分布于曼德勒、德林达依和仰光。

【用途】 果肉可以用来止咳,治疗胸部不适、喉咙痛,用作破乳剂、驱虫剂以及风湿痛的镇定剂。在坦桑尼亚,果肉治疗癣。在马里和象牙海岸,树叶治疗伤口和溃疡,叶的浸渍剂被用来治疗锥虫病,并作为一种外用洗剂治疗蝇蛆叮咬。在科摩罗,使用石膏之前,先将树皮粉末涂在骨折处的皮肤上,以促进愈合,外用树皮粉治疗皮肤病;树皮汁和椰子油治疗疝气。

【成分药理】 叶和果实中含有吡咯里嗪类生物碱(pyrrolizidine alkaloids)、香豆素(coumarins)以及黄酮类(flavonoids)、皂苷类(saponins)、萜烯类(terpenes)和甾醇类(sterols)化合物。种子中的主要脂肪酸有棕榈酸(palmitic)、硬脂酸(stearic)、花生酸(arachidic)、二十二酸(behenic)、油酸(oleic)和亚油酸(linoleic)。石油醚和酒精提取物具有明显的镇痛、抗炎和抗关节炎作用,分离得到4种黄酮类苷类化合物、1种黄酮类苷元和2种酚类衍生物。由于类胡萝卜素的存在,果实和叶中的乙醇提取物显示出明显的抗氧化活性。

Cordyline fruticosa (L.) A. Chev.
朱蕉

【缅甸名】 zawgyi taung whay pin, zawma, kone-line, kun-linne。

【民族药名】 棵会伞(壮药);红铁旦、红铁

树(瑶药)；芽竹麻(傣药)。

【分布】 分布于东亚、东印度群岛和南太平洋岛屿到夏威夷。在中国广东、广西、福建、台湾等地有种植。在缅甸分布于曼德勒和掸邦。

【用途】

缅药 1. 整株植物：用糖炖煮，用治月经不调；水煎煮后，加糖服用治疗肺部疾病；捣烂成汁，与生姜和糖浆等量混合，制成女性滋补品，可缓解更年期症状，保持活力和身体健康。

2. 叶：用作收敛剂，水煎煮，用于吐血、咯血等出血；将叶用糖炖煮，服用调节肠胃，用于治肠炎和肝炎；嫩叶可用治痢疾或作为肠道调节剂；用母乳煮沸的叶用于肺部、肝脏和肾脏感染；用牛奶煮叶可治疗胸痛。

3. 根：制成糊状吸入，以治疗鼻出血和鼻窦炎；根膏也用来治疗干湿的疥疮，以及腹股沟的溃疡和裂口；根膏中掺入一点盐，来治疗舌痛。

4. 茎：治疗腹泻和痢疾。

壮药 1. 根：治腰损伤、椎间盘脱出、产后流血过多、倒经。

2. 叶：治咯血、吐血。

3. 全草：治月经不调、脚痛(《桂药编》)。

瑶药 功用同壮药(《桂药编》)。

傣药 叶：治跌打瘀肿、各种出血性疾病(《滇药录》《滇省志》《版纳傣药》《傣药录》)。

其他：在印度，根茎和槟榔一起食用可治疗腹泻。

Coriandrum sativum L.
芫荽

【异名】 香荽(《本草拾遗》)，胡荽(《食疗本草》)。

【缅甸名】 နံနံ

nannan, phat-kyi, ta-ner-hgaw.

【民族药名】 银西、元西(阿昌药)；元西(白药)；科苏(朝药)；帕棒、帕布、帕告皇、帕板、帕几星、香菜、帕苞(傣药)；帕几皇(德昂药)；烟西(哈尼药)；oijvi 盘起、杷杷(景颇药)；盐生、元虽(傈僳药)；Wunurt nogon Wur 乌奴日图-淖高乜-乌热、乌奴日图-淖高、乌素、乌努日图熬干乌热(蒙药)；Ghab hlab ngangs caot 嘎土浪趄、Ghab hlub ngans caot 嘎吐浪超、元西(苗药)；元随、香菜、胡荽(纳西药)；Yanxu 燕须、xannla 香拉(羌药)；香菜(畲药)；骂瑞(水药)；哈车索、香菜、盐须菜(土家药)；待戟、待戟弘(佤药)；Yunghqsut 优米哈克苏提、Yunghqsut uruqi 优米哈克苏提欧如合、玉齐嘎力苏提乌拉盖(维药)；香菜(锡伯药)；吾苏、乌苏、乌索(藏药)；壁因晒、耙舒(壮药)。

【分布】 原产于欧洲地中海地区。在中国大部分地区有栽培。在缅甸广泛种植。

【用途】

缅药 种子：直接咀嚼种子可治疗咽喉痛；将种子与余甘子浸泡后混合冰糖使用可治疗头痛，儿童食用可治疗支气管炎和哮喘；混合淘米水服用可治疗恶心呕吐；与生姜混合煮沸可促进消化。

阿昌药 1. 全草：治食物消积、疮疖初起、脓肿未溃、发汗透疹。

2. 根：治消化不良(《滇省志》《德宏药录》)。

3. 全株：治食物积滞(《滇省志》)。

白药 全草：治小儿麻疹不透(《民族药志(一)》)。

朝药 果实：治痘疹透发不畅、饮食乏味、痢疾、痔疮(《民族药志(一)》)。

傣药 1. 全草：治疮疖初起、脓肿未溃、发表透疹、健胃、发汗透疹、食物积滞(《傣医药》《傣药录》《版纳傣药》《德宏药》《滇省志》)。

2. 果实：治荨麻疹、治痘疹透发不畅、饮食乏味、痢疾(《滇药录》《滇省志》)。

3. 全草、果实：治肺热咳嗽、消化不良、口舌黏膜炎、小儿麻疹不透、夜间视物不清(《民族药志(一)》)。

德昂药 全草：治疮疖初起、脓肿未溃、食物消积(《德宏药录》)。

哈尼药 全草：治麻疹(《民族药志(一)》)。

景颇药　果实、茎叶：治头痛、过敏性皮炎、荨麻疹（《民族药志（一）》）。

傈僳药　1. 全草：治麻疹不透、感冒发汗、小儿麻疹。

2. 果实：治消化不良、食物积滞（《怒江药》《滇药录》《滇省志》《民族药志（一）》）。

蒙药　1. 果实：治烧心、胃痛、不思饮食、"宝日"病、口干、麻疹不透、寒火不调、疲劳、伤津、积热、烦渴、消化不良、食欲不振（《蒙志药志》）。

2. 全草：治感冒无汗、麻疹不透、胃溃疡、胃肠痉挛、"巴达干包如"病、泛酸、不消化症、胃肠鸣胀（《民族药志（一）》《蒙药》）。

苗药　1. 全草：治麻疹不出、半边经引起的肢体麻木；带根全草治风寒感冒、麻疹、痘疹透发不畅、四肢寒凉、食积、脘腹胀痛、呕恶、头痛、牙痛、脱肛、丹毒、疮肿初起、蛇咬伤、胸膈满闷（《苗医药》《苗药集》）。

2. 果实：治口腔炎（《民族药志（一）》）。

纳西药　全株：治小儿麻疹不透、草乌中毒、消化不良、食欲不振、小肠积热、小便不通、胸膈满闷、中蛇毒（《滇省志》《民族药志（一）》）。

羌药　连根全草：治麻疹透发不畅、饮食积滞。

畲药　全草、果实：治麻疹不透、感冒、胃痛、腹痛（《畲医药》）。

水药　全草：治麻疹（《水族药》）。

土家药　全草：治感冒无汗、麻疹不透、食物积滞、产后缺乳、小儿走胎、灌蚕耳（化脓性中耳炎）、寒伤风症、疳积症、肛门瘙痒。

佤药　1. 全草：治小儿夜啼。

2. 果实：治月经过多（《民族药志（一）》）。

维药　1. 果实：治心悸气短、胸腹胀闷、食欲不振、咳嗽气喘、小儿麻疹不出、头部及胃脘部疼痛、咽喉疼痛。

2. 全草、果实：治目赤失眠、眼疮红肿、口腔溃疡、油食不化、纳差腹胀、小便不利、血痢不止、月经过多、心烦心悸、湿疮炎肿、热性疾病（《民族药志（一）》）。

锡伯药　鲜茎叶：多作于肉粉汤、汤饭和面食的调味料，以增香味，加强食欲。

彝药　根：治小儿高热、抽风惊厥、食积饱满、疹发不透（《哀牢》）。

藏药　1. 果实：治"培根""木布"病、消化不良、食欲不振、口渴等（《部藏标》）。

2. 全草：治风寒感冒、麻疹不透、胃腹胀痛、消化不良、水肿、痢疾、胃部"培根"病、"木布"病、发疹胃溃疡、热性水肿、培根热病、紫津病（《藏标》《青藏药鉴》《中国藏药》）。

壮药　全草：治小儿麻疹不出、胸膈满闷（《民族药志（一）》）。

Coriaria nepalensis Wall.
马桑

【异名】　千年红、马鞍子、水马桑、野马桑、黑龙须、黑虎大王、紫桑（云南）；马桑柴（贵州）；乌龙须、醉鱼儿、闹鱼儿（四川）。

【民族药名】　莽槐芒（布依药）；Meix demh soah 美登超、Meix deil aliv 美兑介（侗药）；知席掰、几子（傈僳药）；Det wik 豆雨、醉鱼儿（苗药）；格阿、水马桑（怒药）；wugeihang 吾给杭、马森紫（羌药）；梅晒（水药）；mashang ka meng 马桑卡蒙、马桑月他、马桑树（土家药）；马桑（瑶药）；枝锡、蛤蟆树（彝药）；马桑根（壮药）。

【分布】　在不丹、印度、克什米尔地区、尼泊尔、巴基斯坦等地有分布。中国云南、贵州、四川、湖北、陕西、甘肃、西藏有种植。在缅甸分布于克钦邦和掸邦。

【用途】

缅药　叶：用作通便剂。

布依药　根、叶：外洗治干疮。

侗药　根及其寄生：治宁癫（精神分裂症）（《侗医学》）。

傈僳药　1. 绿色茎皮：治骨折。

2. 根、叶：治淋巴结结核、牙痛、跌打损伤、风湿关节痛；外用治头癣、湿疹（《怒江药》）。

苗药 1. 根、叶：止痒，收黄水，治头癣、疥癞、癫痫、骨裂、脚癣、外伤出血、烫火伤、骨折、蚂蚱症（《苗医药》）。

2. 叶：治痈疽、肿毒、湿疹、疥癣、烧烫伤、黄水疮。

3. 根：治风湿痹痛、牙痛、痰饮、瘰疬、急性结膜炎、淋巴结结核、狂犬咬伤、跌打损伤、烧烫伤。

怒药 根、叶：治淋巴结结核、牙痛、跌打损伤、风湿性关节痛、头癣、湿疮。

羌药 1. 叶：炒炭治各种烧、烫伤。

2. 根：治牙痛。

水药 根、叶：治黄水疮（《水族药》）。

土家药 1. 茎叶：治头癣、体癣、皮肤痒疹、烧烫伤、精神分裂症、（《土家药》）。

2. 叶：治跌坠昏迷、水火烫伤、火眼病、刀伤。

3. 根皮：治风湿麻木、癥瘕、瘰疬、牙痛、跌打损伤。

4. 根、叶：治火烫伤、创伤、跌坠昏迷。

瑶药 全株：治目赤肿痛、钩虫病、跌坠昏迷、创伤、烫伤、肿疡、淋巴结结核、急性结膜炎。

彝药 1. 叶、根：治头癣、刀伤、跌打损伤、风湿疼痛、湿疹。

2. 全草：治跌打损伤、骨折肿痛、风湿麻木、手足拘挛、水火烫伤、皮肤瘙痒（《哀牢》）。

壮药 根：根治发旺（风湿骨痛）、牙痛、比耐来（咳痰）、痞块、呗奴（瘰疬）、林得叮相（跌打损伤）、火眼、渗裆相（烧烫伤）、狂犬咬伤、发北（癫狂）。

【成分药理】 据报道，种子的化学成分包括马桑苷（tutin）、伪马桑苷（pseudotutin）和马桑内酯（coriamyrtin）。

Crateva religiosa G. Forst.

【异名】 鱼木。

【缅甸名】 lè-seik-shin。

【分布】 中国多见于西南、华南至台湾。在缅甸广泛种植。

【用途】

缅药 1. 树皮：和白花蛇舌草的根一起磨成糊状，治疗慢性溃疡和疖子。

2. 叶：压碎，加水并加热，用于疼痛部位；从压碎的叶中提取的汁液可以与压碎的槟榔叶和黄油等量混合，用来治疗关节炎症；叶腌制后服用，治疗肠胃气胀和消化问题。

3. 花：腌制后作为开胃菜食用。

4. 根：加水煮至1/4，治疗糖尿病和肾结石；若加入蔗糖后饮用，可以治疗膀胱炎症、肾结石和高烧。

傣药 叶、根：治肝炎、痢疾、腹泻、疟疾、风湿性关节炎；取叶捣烂包敷治蛇虫咬伤。

彝药 嫩枝：治皮疹不透、奇痒难忍。

其他：在中国，叶用作补药、健胃药、解痉药；也治疗痢疾、头痛和胃痛。在中国台湾地区用茎叶汤治疗痢疾、头痛、胃痛；在中南半岛，树叶用作补药和壮阳药；在所罗门群岛，树皮经水浸渍而成的液体治疗便秘，加热的树叶治疗耳痛。

【成分药理】 树皮含有羽扇豆醇（三萜烯）和 β-谷甾醇（β-sitosterol）。叶含有 β-胡萝卜素、硫胺素、核黄素、烟酸和抗坏血酸等。

Cratoxylum formosum（Jacq.）Benth. & Hook. f. ex Dyer
越南黄牛木

【异名】 红芽木、土茶（广西），牛丁角、黄浆果、苦沉茶、红眼树、酸浆树、苦丁茶（云南）。

【缅甸名】 bamachet, ma-chyangai, mye-mu-se, sa-thange-ohnauk。

【民族药名】 苦丁茶（哈尼药）。

【分布】 分布于泰国、老挝、柬埔寨、越南、马来西亚、印度尼西亚、菲律宾。在中国分布于海南。在缅甸分布于勃固和曼德勒。

【用途】

缅药　树皮、叶子、根：产后恢复药物。

哈尼药　全株：明目。

其他：在印度，与蒿叶同用，用于产后恢复。

Crinum asiaticum L.
文珠兰

【异名】　文殊兰（《越南笔记》）。

【缅甸名】　ကိုယန်ရကြီ

koyan-gyi。

【民族药名】　里噜、里罗聋（傣药）；大蕉（壮药）；发马（毛南药）；仰列孟（苗药）；洞欢、姐巩棍、公管（瑶药）；我缅（哈尼药）；骂龙、Malliongc（侗药）；削悄鼓懋（基诺药）。

【分布】　在中国分布于福建、台湾、广东、广西等地。在缅甸分布于若开邦和仰光。

【用途】

缅药　1. 叶：煮熟后进行沐浴或用稠的汁液治疗水肿；叶子在热木炭上烤萎，裹在膝盖上消除膝盖肿胀或敷在背上治疗背痛。

2. 叶和鳞茎：解毒，调节肠胃胀气、痰、尿。

3. 鳞茎：制成糊状物用来减少肿痛或化脓的疮产生的灼热感（但膏体会引起一些瘙痒）。

傣药　全草：治咽喉炎、跌打损伤、痈疮肿痛、蛇咬伤、疮疡疖肿（《版纳傣药》《滇药录》《傣医药》《滇省志》《傣医药》）。

壮药　鳞茎、叶：治疮疥、无名肿毒、尿潴留、跌打肿痛、骨折、关节扭伤、脱臼、鹤膝风、甲状腺机能亢进（《桂药编》）。

毛南药　效用同壮药（《桂药编》）。

苗药　效用同壮药（《桂药编》）。

瑶药　效用同壮药（《桂药编》）。

哈尼药　叶、树皮、根：治肝炎、风湿性关节炎、胃痛（《哈尼药》）。

侗药　全草：治北刀（跌伤）（《侗医学》）。

基诺药　叶、鳞茎：治咽喉炎、跌打损伤、骨折、疮疖肿痛、蛇虫咬伤（《基诺药》）。

Croton persimilis Mull. Arg.

【缅甸名】　သက်ရင်းကြီ

thetyin-gyi, casauboh, ha-yung, mai-satl-lang, umawng。

【分布】　主要分布于尼泊尔、印度、斯里兰卡、缅甸、中国。在缅甸广泛分布。

【用途】

缅药　1. 树皮：治疗水肿伴发热、肝肿大、肝炎、脓毒症；制成膏状以治疗蛇咬伤。

2. 树皮、种子、根：用作泻药，治疗肝病和高血压。

3. 叶：热敷用于消炎；压碎制成膏药，涂在长满脓疮的老疮上，也用于疥疮。

4. 水果、种子：用作泻药。

5. 种子：治疗腹泻和水肿。

6. 根：用于制作肠胃胀气药，治痰瘀失调；与银杏一起浸泡，然后取液服用，调节肠胃；用来治疗酒精中毒和预防疾病；内服或外用根和树皮，治疗炎症或肝脏的增大以及炎症、水肿和关节疼痛；由根和酸橙汁制成治疗男科病和痔疮。

7. 根皮：治疗肺炎、肝炎、肝肿大和关节炎；外敷，治疗炎症。

Croton tiglium L.
巴豆

【异名】　巴菽（《神农本草经》），刚子（《雷公炮炙论》），老阳子（《本草纲目》），巴霜刚子（《新本草纲目》），巴仁，猛子仁，双眼龙。

【缅甸名】　ကနနိ

kanakho mai-hkang。

【民族药名】　巴豆（阿昌药）；麻华、麻黄、麻项（傣药）；格拉许（德昂药）；saote 哨待、tieton 点冬、wultea 巫点二（仡佬药）；娜虎中哥（哈尼药）；Natzo myopzhi（景颇药）；双龙眼（松妹严）（毛南药）；Badou 巴豆、Danrog 丹如克（蒙药）；Dend 旦德（维药）；八百力、逼倍卡荡（瑶药）；田查叉吾、塔若、丹饶合（藏药）；九龙川（壮药）。

【分布】　分布于亚洲南部和东南部各国、菲律宾和日本南部。在中国分布于浙江南部、福建、江西、湖南、广东、海南、广西、贵州、四川和云南等地。在缅甸广泛种植。

【用途】

缅药　种子：刺激食欲，纠正痰液及不平衡气体，预防黄疸、昏厥和面瘫，也用作泻药，以清除身体的杂质；用磨碎的种子膏涂在蝎子的刺上，以中和毒液；从种子中提取的油和姜汁的混合物被用作治疗呼噜声；种子油还可以治疗胃病、紧张、发热、炎症、感染以及咽喉和耳朵的疾病。

阿昌药　种子、根：治跌打肿痛。

傣药　1. 种子：治胸腹痞积、便秘。

2. 果实：治劳伤、胸腹痞积、便秘。

3. 种仁、叶：治胸腹胀痛不适、便秘硬结难下、风寒湿痹证、肢体关节酸痛、屈伸不利（《傣药志》《滇医录》《傣药录》）。

德昂药　1. 种子：治寒积停滞、胸腹胀满、白喉、疟疾、肠梗阻，通便。

2. 根：治风湿性关节炎、跌打肿痛、毒蛇咬伤。

3. 叶：治冻疮（《德宏药录》）。

仡佬药　种子：治牙痛（《桂药编》）。

哈尼药　1. 全株：治寒积停滞、胸腹胀满、水肿。

2. 种子：治神经性皮炎；叶治跌打损伤、腰肌劳损。

3. 树皮：治神经性皮炎、各种顽癣。

景颇药　效用同阿昌药。

毛南药　1. 根皮或种仁：根皮浸酒外擦或种仁捣烂外敷治跌打损伤、风湿骨痛、关节肿痛。

2. 根：捣烂外敷治毒蛇咬伤。

3. 叶：治外伤出血；鲜叶捣烂外敷治带状疱疹。

蒙药　1. 种子：治寒积停滞、胸腹胀痛、喉风、喉痹、黏性肠痧、黏性刺痛、颈项强直；外用治疮癣、疣、痣。

2. 果实：压榨去油用治"巴达干包如"病、不消化症、肿痛、水肿、发症、黏症、毒症、癫狂、狂犬病。

维药　种子：治寒性炎肿、小关节疼痛、神经性斑秃（《维药志》）。

瑶药　效用同壮药。

藏药　果实：治不消化症、"培根"病、虫病，用于峻泻排除未消化食积及综合征、便秘。

壮药　1. 根：治跌打损伤、风湿疼痛。

2. 树皮：治跌打损伤、湿疹、疮疥，可下胎。

3. 根、茎：治发旺（风湿骨痛）、林得叮相（跌打损伤）、心头痛（胃痛）、呗农（痈疮）、呗叮（疔疮）、额哈（毒蛇咬伤）。

4. 种子：治呗农（痈疮）、疣痣。

其他：种子生产巴豆油，为一种强大的泻药。

【成分药理】　内核包含 2 种毒性蛋白（croton - 球蛋白和 carton-white），还含有蔗糖，糖苷。叶子含有氰化氢和三萜。

Cucumis sativus L.

黄瓜

【异名】　胡瓜（《嘉祐本草》）。

【缅甸名】　သခွါးသီး

tha-khwar-thi。

【民族药名】　奥邑（朝药）；内滇常、滇扇、滇尚（傣药）；迈指迈西（哈尼药）；乌茹格素图-合木合（蒙药）；Terxemek 台尔海买克、Terxemek Uruqi 台尔海买克欧如合（维药）。

【分布】　分布于印度东北部、尼泊尔、缅甸、泰国等地。在中国分布于云南、贵州和广西。在缅甸广泛种植。

【用途】

缅药　1. 果实：用作驱虫剂。

2. 种子：用作利尿剂。

朝药　果实、叶、根：治小儿闪癖。

傣药　种子:治高热惊狂、腿部红肿疼痛（《滇省志》《傣药志》）。

哈尼药　根茎、块根:治胸腹胀痛、月经不调、跌打损伤（《哈尼药》）。

蒙药　果实、瓜秧、瓜皮、根:治惊风抽搐、高血压、水肿、热痢、咽喉肿痛、筋伤骨折（《蒙药》）。

维药　1.种子:治小便淋烧、中暑口渴、发热身痛、经水不下、小便短赤、尿路结石、发热不退、小便灼痛、点滴不畅、月经不调。

2.果实:治舌燥口干、发热、咽喉炎肿、小便不利、膀胱结石、面颜少泽。

彝药　果实:治火眼、目赤肿痛、喉蛾（急性扁桃体炎）喉肿、口舌糜烂、心热烦渴、皮肤过敏（《哀牢》）。

其他:在印度,果实用作镇定剂;种子用作利尿剂、滋补药和冷却剂。在韩国,未成熟果实的茎治疗水肿、鼻腔疾病、癫痫和咳嗽,也用作催吐剂;果实用作清凉剂和利尿剂;黄瓜汤可用来缓解尿潴留;药膏治疗皮肤病、烫伤和烧伤;干根煎剂用作利尿剂和治疗脚气病;从压碎的叶中提取的汁液,可用作催吐剂治疗儿童急性消化不良。在中南半岛,用糖煮熟的幼果可治疗儿童痢疾。在印度尼西亚,果实和果汁治疗热带性口疮和胆结石;果实和种子有清凉之效,可作内服和外用。

【成分药理】　包括少量的皂素,蛋白水解酶和谷胱甘肽。

Cullen corylifolium（L.）Medik.
补骨脂

【异名】　破故纸。

【缅甸名】　နေလည်

babchi, nehle。

【分布】　分布于印度、缅甸、斯里兰卡等地。在中国分布于云南、四川,河北、山西、甘肃、安徽、江西、河南、广东、广西、贵州等地区有栽培。在缅甸分布于马圭和曼德勒。

【用途】

缅药　果实、种子、根:用作利尿剂、平喘剂和泻药。

其他:在印度,叶治疗腹泻;种子作为驱虫剂、利尿剂、通便剂,治疗胃病、皮肤病、白皮病、麻风病、蝎子蜇伤和蛇咬伤。在中国,果实用作催情剂,滋补生殖器官;种子用作催情剂、兴奋剂和补药,治疗关节炎、痛经、遗尿、发热、阳痿、麻风、白皮病、白带、肺水肿,便秘,早泄,遗精;外用治疗老年病和其他皮肤疾病,如白癜风、麻风病和牛皮癣;根治疗龋齿。在印度,提取物与油桃素混合治疗麻风病。

【成分药理】　据报道种子的成分包括不挥发性油、精油、油树脂、补骨脂素、异补骨脂素。精油对皮肤上的链球菌有很强抑制作用。

Cupressus goveniana Gordon
加利福尼亚柏木

【民族药名】　芽港顾（傣药）。

【分布】　原产于加利福尼亚、北美。在中国南京等地引种栽培。在缅甸广泛种植。

【用途】

傣药　全株:曲风,舒筋（《傣医药》）。

Curcuma comosa Roxb.

【异名】　姜黄,黄姜粉,姜黄粉,郁金香粉,郁金。

【缅甸名】　nanwinga, sanwinga, sanwin-yaing。

【分布】　分布于亚洲的热带地区。在缅甸分布于勃固和曼德勒。

【用途】

缅药　根茎:干燥根茎粉混合蜂蜜服用可以降低血压。

其他:根茎在泰国本土医学中作为消炎药外用。此外,根茎与青蒿和塔加拉紫檀组合,可降低疟疾发热。

【成分药理】 含有萜类化合物、苯乙酮葡萄糖苷。

Curcuma longa L.
姜黄

【缅甸名】 နနွင်း

nanwin, hsanwin, sa-nwin, namchying (Kachin), aihre (Chin), meet (Mon)。

【民族药名】 姜黄（拉祜药）；查申莫（彝药）；雀瘩洗（傈僳药）；楝那茵、列放（壮药）；美黄、迅蛮、Xenp mant（侗药）；努另粉、Vob hab窝哈、Kid ferx开否、Vob hou窝哈（苗药）；液红、常岩黑（阿昌药）；毫命、民姜（傣药）；阿兰脏吗（哈尼药）；洋哇、永哇（藏药）；西日-嘎、永瓦（蒙药）；黄姜（畲药）；民楞（德昂药）；Haqmo chang（景颇药）；捏奢（基诺药）。

【分布】 主产地为东南亚，澳大利亚北部亦有分布。在中国分布于台湾、福建、广东、广西、云南、西藏等地。在缅甸广泛种植。

【用途】

缅药 根茎：可治疗许多疾病和增加整体寿命。它被用于制造不同的药物、药膏和烟雾治疗（药草分散在燃烧的木炭上，患者坐在旁边）等各种情况，包括消化不良、高烧、眼睛疼痛、与男性有关的问题、咳嗽、哮喘和支气管炎以及腹泻。将姜黄粉与水混合食用，燃烧以产生烟雾供吸入，在水中煮沸供药浴，或绑入布包中，用于身体上需要治疗的不同部位；姜黄能缓解发热，降低产后高血压，排出分娩后留在体内的瘀血；它能缓解产后虚弱、皮肤寒冷、乳房疼痛或发炎、肿胀和水肿，这些症状与女性疾病、瘙痒和皮疹有关；也可治疗子宫感染、眼睛疼痛、感冒和发热。将姜黄与莱思托克（抗肠系膜贺氏菌）树皮中的粉末以及适量蜂蜜混合，用水炖煮，作为治疗痢疾、呕吐的药物。与温水混合，放在嘴里，治疗发炎的牙龈和牙痛；或者与盐混合，压入患者牙根部，

加少量盐服用，可以缓解肠胃胀气和疼痛。晒干的根状茎可以缓解胃炎；与石灰混合，可缓解囊肿、肌肉打结和瘀伤。将姜黄粉涂在伤口上，以阻止过度出血；姜黄、红石糖和水的混合物可以治疗膀胱结石。姜黄、玉米汁（叶下珠）和蜂蜜的混合物可以缓解尿路感染。

拉祜药 根茎：治胸闷胀痛、胃酸胀痛、黄疸、吐血、尿血、月经不调、癫痫。

彝药 根茎：治胸胁刺痛、久咳久喘（《哀牢》）。治月经不调（《滇省志》）。

傈僳药 根茎：治腹胸胀痛、肩背痹痛、月经不调、闭经、跌打损伤（《怒江药》）。

壮药 根茎、块根：治疗慢性肾炎、风湿骨痛、消化不良、跌打内伤、局部麻醉、产后腹痛、胸肋胀痛、胃痛、跌打损伤（《桂药编》）。

侗药 根茎：治命刀（扭伤）（《侗医学》）。

苗药 根茎：治胸胁刺痛、经闭、腹部肿块、跌扑肿痛、痈肿、黄疸、头痛、胸肋满闷、黄疸（《湘蓝考》《苗医药》《苗药集》）。

阿昌药 根、果：治胎动不安（《滇药录》《德民志》《德宏药录》）。

傣药 根茎：治手关节疼痛、无力、儿童脸部疮疗、面部色素沉着（《滇药录》《滇省志》《傣药录》《版纳傣药》《傣医药》）。

哈尼药 根茎：治急性肾盂肾炎、膀胱炎、肾结石、高血压、（《哈尼药》）。

藏药 根茎：治血瘀气滞、心腹胀痛、风痹臂痛、妇女经闭癥瘕、产后败血攻心、跌打损伤、瘀血作痛、痈疽溃疡、中毒症、疮疡久溃不敛、痈疖肿毒、痔疮、尿频、尿急（《藏标》《中国藏药》《藏本草》）。

蒙药 根茎：治胸胁刺痛、经闭、腹部肿块、跌扑肿痛、痈肿（《蒙药》）。

畲药 根茎：治疗胸腹胀痛、中暑腹痛、风湿痹痛、月经不调、跌打损伤（《畲医药》）。

德昂药 功用同阿昌药（《德宏药录》）。

景颇药 根茎：治胎动不安（《德宏药录》）。

基诺药 根茎：治黄疸型肝炎、月经不调、闭

经、跌打损伤(《基诺药》)。

Curcuma zedoaria(Christm.)Roscoe.
莪术

【缅甸名】 sa-nwin。

【民族药名】 好命嘟、毫命啦、望贺龙(傣药);姜敏、鸟姜(壮药);应(侗药);蓝懂姜(毛南药);莪术(阿昌药);Tutbvun(景颇药);格绕受(德昂药);习活(哈尼药);咩冷(基诺药)。

【分布】 分布于印度至马来西亚。在中国分布于台湾、福建、江西、广东、广西、四川、云南等地。在缅甸广泛种植。

【用途】

傣药 根茎:治疗发热、心慌、腰股疼痛、神经痛、皮肤疮痛、毒毛虫刺伤肿痛、积滞胀痛、血瘀腹痛、肝脾肿大、经闭、风湿、胃寒,解毒;根茎配伍治心口疼(《傣药志》《滇省志》《滇药录》《德傣药》)。

壮药 根茎:治疗小儿高热惊风、腰骨酸痛、产后腰痛、风湿骨痛、黄疸型肝炎、急性肾炎、大便不通、胃痛、跌打瘀肿痛(《桂药编》)。

侗药 功用同壮药(《桂药编》)。

毛南药 功用同壮药(《桂药编》)。

阿昌药 治积滞腹痛、肝脾肿大、闭经(《德宏药录》)。

景颇药 功用同阿昌药(《德宏药录》)。

德昂药 功用同阿昌药(《德宏药录》)。

拉祜药 根茎:治风湿痹痛、脘腹胀满、毒蛇咬伤、烫烧伤(《拉祜医药》)。

蒙药 功用同郁金(《蒙药》)。

苗药 根茎:治腹部肿块、积滞胀痛、血瘀经闭、跌扑损伤(《湘蓝考》)。

哈尼药 果、叶:治疗烦渴、烧烫伤、腹泻、痢疾、癫痫、高血压(《哈尼药》)。

基诺药 根茎:治腹部疼痛、无名肿块(《基诺药》)。

其他:茎用作胃酸中和剂和驱虫剂。在中国,根茎用作营养补品,用于消肿、溶解血块,促进循环和减轻腹痛,治疗心脏病、霍乱、淋病、月经不调和蛇咬伤。在印度,根茎用作补药。在菲律宾,根茎中的灰用于伤口和溃疡;根茎碾碎并与水混合,用于洗澡来治疗黄疸。

【成分药理】 包括桉叶油、樟脑、姜黄素、莪术苷、树胶、树脂和淀粉。

Cuscuta reflexa Roxb.
大花菟丝子

【异名】 金丝藤(广西),红无娘藤、无娘藤、蛇系腰、无根花、黄藤草(云南),云南菟丝子(《中国高等植物图鉴》)。

【缅甸名】 ရွှေနွယ်ပင်နွယ်ရှင်
shwe-new, shwe-nwe-pin(Hsay)。

【民族药名】 黄藤草、Nisil 尼思、无根藤(哈尼药);木刮爪(傈僳药);白朗伦(怒药);诸小(藏药)。

【分布】 分布于阿富汗、巴基斯坦、印度、泰国、斯里兰卡、马来西亚等地。在中国分布于湖南、四川、云南、西藏。自然生长于缅甸北部、彬乌伦县和上钦定地区。

【用途】

缅药 1. 全草:煮沸后的液体,口服或擦于腹部治疗炎症和肝硬化;将植物磨成粉末与等量干姜粉,黄油混合,涂抹在伤口上,以治愈伤口;将植物粉碎后,用水制成糊状物,可治疗瘙痒和皮疹;该植物也用来治疗血液病。

2. 种子:治疗胆汁疾病,增强体力和精子数量,延长寿命。

哈尼药 全草:治黄疸型肝炎、遗精、阳痿、高血压、瘀肿疼痛、胃出血,避孕。

傈僳药 种子:治腰膝酸软、阳痿、遗精、消渴、头晕目眩、视力减退、胎动不安(《怒江药》)。

怒药 全草、种子:治虚弱症。

藏药 效用同欧洲菟丝子(*Cuscuta europaea*)。

其他:在印度,整株植物用来缓解肿胀和头痛;茎治疗黄疸和伤口。

Cycas rumphii Miq.
华南苏铁

【缅甸名】 mondaing。

【分布】 分布于印度尼西亚、澳大利亚北部、越南、缅甸、印度及非洲的马达加斯加等地。中国华南各地有栽培。在缅甸分布于德林达依和仰光。

【用途】

缅药 1. 全草:用作壮阳药、麻醉剂和兴奋剂。

2. 果实、种子:适用于溃疡、创面(包括恶性肿瘤和静脉曲张)、皮肤损伤、各种皮肤病。

Cymbopogon citratus（DC.）Stapf.
柠檬草

【异名】 柠檬(《种子植物名称》),香茅(《开宝本草》)。

【缅甸名】 sapalin, hkum-bang-pan (Kachin), wine-baing (Mon)。

【民族药名】 沙海、合好鸟、卡唤(傣药);蛇道(侗药);泡匹(哈尼药);撒卡全(基诺药);香茅草(黎药);茶喜(毛南药);香草(仫佬药);姜巴茅(土家药);香茅、伊孜黑儿麦根儿(维药);Gocazha棵查哈、香茅、棵阿邦(壮药)。

【分布】 广泛种植于热带地区,西印度群岛与非洲东部有栽培,多分布在印度南部和斯里兰卡。在中国广东、海南、台湾有栽培。

【用途】

缅药 1. 全草:治疗心脏病、咽喉痛、胃胀气和痰多、促进胆囊功能和助消化;压碎后用布包起来、压在患处以减轻疼痛;该植物的油可用来减轻关节炎症、将其与蜡一起加热,可治疟疾、制成的药膏用作驱蚊剂。

2. 茎:粉碎的茎与花椒混合,制成小丸服用,治疗发热和疟疾;用茎煮水喝治疗黄疸;汁液治疗消化不良和促进食欲。

傣药 全草:治风寒感冒、头晕头痛、食欲不好、接骨舒筋;配伍治夜盲症(《版纳傣药》《傣医药》《傣药录》《滇药录》《德傣药》)。

侗药 叶、全草:治感冒、痧病、咽喉痛、声音嘶哑、咳嗽、气管炎。

哈尼药 全草:治腹痛、腹泻、风湿疼痛(《哈尼药》)。

基诺药 全草:治头痛、胃痛、腹痛、风湿、腹泻(《基诺药》)。

黎药 1. 叶:捣烂外敷止痒。

2. 全草:消肿止痛。

毛南药 效用同壮药(《桂药编》)。

仫佬药 效用同壮药(《桂药编》)。

土家药 全草:治风湿痛、感冒头痛、胃痛、泄泻、月经不调、产后水肿、跌打瘀血肿痛、心悸、咳嗽。

维药 全草:治感冒头痛、鼻塞不通、胸闷气短、咳嗽气喘、跌打损伤、瘀血作痛、高血压(《维药志》)。

壮药 1. 全草:治疟疾、感冒、头痛、腹痛、胃痛、泄泻、痹病、跌打损伤。

2. 叶、全草:治感冒、痧病、咽喉痛、声音嘶哑、咳嗽、气管炎(《桂药编》)。

Cymbopogon jwarancusa（Jones）Schult.
辣薄荷草

【分布】 在印度、巴基斯坦、不丹、尼泊尔均有分布。在中国分布于四川、西藏等地。

【用途】

缅药 1. 油:治疗风湿病。

2. 根:治疗疟疾。

其他:在印度,叶治疗咳嗽、风湿和霍乱,也可作为消化不良和净化血液的补品。

【成分药理】 根油含有薄荷酮。

Cymbopogon nardus（L.）Rendle.
亚香茅

【异名】 金桔草（广东、海南）。

【缅甸名】 စပါးလင်မွေး

sabalin-hmwe, myet-hmwe。

【分布】 原产于斯里兰卡。在中国的广东、海南、台湾地区有栽培。在缅甸广泛种植。

【用途】

缅药 1. 整株植物：可致腹泻，治疗胃胀气、麻风病、癫痫和与肠道有关的疾病，用作抗痉挛剂和发汗剂。

2. 油：局部使用可缓解关节疲劳，抹在头皮上防止脱发，可治疗皮肤上的疥疮、皮疹等病症。

3. 叶：浸泡在热水中可以用来治疗胃痛；压碎的叶榨汁治疗瘫痪；煮水喝治疗发热、咳嗽和感冒。

Cynometra ramiflora L.

【缅甸名】 myinga, ye-minga。

【分布】 分布于印度、中南半岛和马来西亚。在缅甸分布于伊洛瓦底、若开邦、德林达依。

【用途】

缅药 根：用作泻药。

其他：在东亚，该植物治疗皮肤病、疥疮和麻风病；叶在牛奶中煮熟，与蜂蜜混合成乳液，然后涂在外表治疗皮肤病、疥疮、麻风病；根用作泻药。

Cyperus scariosus R. Br.

【缅甸名】 မုန်ညင်း"နာဂရ

nwar myay yinn, wet-myet-nyo。

【分布】 主要分布于温带潮湿和沼泽区域。在缅甸广泛种植。

【用途】

缅药 1. 全株：能引起出汗、排尿和便秘。

2. 块茎：化痰，治疗胆汁、发热和肠道疾病，防止食欲不振、口渴、灼热感和哮喘；块茎膏药口服或外用可以治疗毒蛇咬伤、恶心、胃病、胃酸、四肢肿胀、瘙痒、麻风病、疱疹和疥疮；该膏药与少许盐混合使用，可作为药物或食物中毒的解毒剂；将块茎糊刷在香蕉上（比在美国发现的"标准香蕉"更小、更短的香蕉品种），烘烤后给发高烧的孩子吃；块茎单独煮沸后，可治疗淋病；与紫铆一起煮沸，可治疗梅毒；块茎粉用于缓解蝎子咬伤引起的肿胀；饮用由牛奶和水炖制的块茎，可治疗腹泻性胃痛或带血性腹泻。

Dactyloctenium aegyptium（L.）Willd.
龙爪茅

【缅甸名】 didok-chi, myet-lay-gwa。

【分布】 在世界各地均有分布。在中国分布于华东、华南和中南等各地区。在缅甸分布于勃固、克钦邦、曼德勒、德林达依、仰光。

【用途】

缅药 种子：用作止痛药和抗痉挛药。

其他：在印度，晒干后治疗妇女分娩后胃痛，具有收敛的作用。在菲律宾，内用煎剂治疗痢疾和急性咯血。

Datura metel L.
洋金花

【异名】 白曼陀罗（福建），白花曼陀罗、风茄花、喇叭花（江西、江苏），闹羊花（南方各地），枫茄子、枫茄花（上海）。

【缅甸名】 padaing, pa-daing-byu, pa-daing-khata, pa-daing-ni。

【民族药名】 把蛮、曼陀罗、漫陀螺（布依药）；嘎渣唧、戈克把、麻禾巴（傣药）；曼陀罗花山茹花(侗药);迷格奥、迷捏改海、二矮、闹羊花(仡佬药);恒公剥裸(傈僳药);雅浪、喇叭花、蒙山罗(黎药);Zenb qiand lcix 正天雷、Jab hmidgangb 加米给、Uab mid gerb 蛙米官(苗药);闹羊花(仡佬药);萨改、曼陀罗(怒药);桃子药、醉仙桃、山茹花(土家药);怒夺唯、洋金花(彝药);达的日阿(藏药);闹羊花、gomandolox、醉仙桃(壮药)。

【分布】 原产于西印度群岛和亚洲。中国台湾、福建、广东、广西、云南、贵州等地区常为野生,江南和北方许多城市有栽培。在缅甸广泛种植。

【用途】

缅药 1. 叶:用作镇静剂,治疗哮喘。

2. 种子:混合咖喱和糖果,可作为麻醉剂使用。

布朗药 全草:治骨折、跌打损伤。

布依药 花:治头晕头痛。

傣药 1. 果:治神经性皮炎(《滇药录》《版纳傣药》《傣医药》《滇省志》)。

2. 花、叶、种子:治跌打损伤(《德傣药》)。

3. 花、果实、根和叶:治癣、皮肤瘙痒、斑疹、疥癣、湿疹、疔疮痈疖脓肿、风寒湿痹证、肢体关节酸痛、屈伸不利。

4. 花:治哮喘、惊痫、风湿痹痛、脚气、疮疡、疼痛、精神分裂症,用作麻醉剂。

侗药 花:治哮喘、腹痛、风湿痹痛。

仡佬药 1. 花:治虫牙痛。

2. 根、花:治风湿关节炎(《桂药编》)。

傈僳药 花:治哮喘、惊痫、风湿痹痛、脚气、疮疡疼痛,亦作外科手术麻醉剂(《怒江药》)。

黎药 鲜果、叶:捣烂敷患处,治睾丸炎、疱疮肿痛。

苗药 1. 花:治牙周炎、牙痛、风湿性腰痛、风湿性牙痛、支气管哮喘、慢性喘息性支气管炎、胃痛,还用作麻醉剂。

2. 籽:治牙周炎。

3. 果:治牙痛、风湿性腰痛等痛症疾病(《苗医药》)。

仡佬药 根、花:治风湿性关节炎。

怒药 花:治牙痛。

土家药 1. 花:治支气管哮喘、慢性喘息性支气管炎、牙痛、风湿痛、损伤疼痛、神经性偏头痛、跌打损伤、心口痛(胃脘痛)、风气病。

2. 根:治狂犬咬伤、恶疮肿毒、筋骨疼痛。

3. 种子:治喘咳、惊厥、风寒湿痹、关节疼痛、泻痢、脱肛。

维药 效用同毛曼陀罗。

彝药 花、种子:治风湿性腰痛、风湿痛、心口痛(胃脘痛)、外痔疼痛。

藏药 花、叶、种子:治支气管哮喘、慢性喘息性支气管炎、胃痛、牙痛、风湿痛、损伤疼痛,还用于手术麻醉。

壮药 1. 根、花:治跌打肿痛(《桂药编》)。

2. 花:治哮喘咳嗽、脘腹冷痛、风湿痹痛、恶疮肿毒、惊风、癫病,还用于外科麻醉。

【成分药理】 种子和叶中含有生物碱。

Datura stramonium L.
曼陀罗

【异名】 枫茄花(上海),狗核桃(云南),万桃花(福建),洋金花(山东),野麻子、醉心花(江苏),闹羊花(广东),土木特张姑(内蒙古)。

【缅甸名】 padaing-khat-ta, padaing-nyo。

【民族药名】 丑本善、Cutbeiseirx 楚摆筛、Cutgorx 楚构(白药);麻喝巴、坚麻喝巴、麻嘿罢、嘎渣拉、麻克曼、曼陀罗、麻黑罢(傣药);克巴当(德昂药);Bavjac juis 巴茄居、化茄居、把茄居(侗药);Tungpyi(景颇药);剥罗起(傈僳药);曼陀罗花、松球銮、Mandeltu qiqig 蔓德乐图-其其格、Tubed zhanggu 图布德章古(毛南药);加米加、佳米给、正天雷、醉仙桃(苗药);爸巴子、白曼陀罗(纳西药);Dubehedehang 毒杯禾迪杭、托哈勒(羌药);Ityangiqi uruqi 衣洋克欧如合、It yangiqi yopurmiqai 衣提洋克优普日密克、Ityangiqiguli 衣提洋克古丽(维药);曼陀罗、醉仙桃、闹羊花(瑶药);片败薄(彝药);大独惹、索玛拉扎、索玛仁杂(藏药);Mbawmwn-hdaxlaz 盟闷打拉、曼陀罗叶(壮药)。

【分布】 广泛分布于世界各大洲。中国各地区都有分布。在缅甸广泛种植。

【用途】

缅药 1. 叶:用作镇静剂和平喘药;用脱脂牛奶从碎叶中提取的液体可以治疗淋病;碎叶与姜黄粉混合,可用作治疗女性乳房炎症;晒干的叶加入乳酪中食用,治疗哮喘、关节炎症和骨骼疼痛。

2. 种子:治疗淋病和消化不良;压碎,磨碎,压在牙齿上,可治好牙痛;种子粉浸入芝麻油,治疗头痛、眼睛疼痛、背痛、腿部和脚部问题。

3. 根:治疗狂犬病。

4. 种子、根:用作补品。

白药 1. 全草:麻醉,止痛,止咳平喘,杀虫,治哮喘、跌打损伤、关节疼痛(《滇药录》)。

2. 果实、花:治疗哮喘、风湿痛、慢性气管炎、跌打损伤、疮疖(《大理资志》)。

傣药 1. 根、叶:治惊痫风寒、湿痹。

2. 种子:平喘,祛风,止痛(《傣医药》)。

3. 花、叶、种子:配伍治跌打损伤(《德傣药》)。

4. 鲜叶:治乳腺炎(《滇省志》)。

5. 果:治顽癣、香港脚、烂脚(《滇省志》)。

德昂药 效用同景颇药。

侗药 1. 叶、花、种子:治喉老(哮喘)、雷雷呀(烂脚丫)。

2. 全草:治哮喘、风湿疼痛(《侗医学》)。

景颇药 果实、花、叶:治支气管哮喘、慢性气管炎、胃痛、牙痛、风湿痛、损伤疼痛(《德宏药录》)。

傈僳药 效用同洋金花(《怒江药》)。

毛南药 1. 花、叶:治胃痛。

2. 叶:外敷治跌打损伤、疔疮肿毒。

3. 种子:治"亚玛"病、牙痛、胃痉挛、虫痧、癫痫、癫狂、神经性头痛。

4. 花:治关节炎、哮喘、胃肠痉挛、神经性头痛、蛇咬伤、跌打损伤。

苗药 1. 叶、种子:治喘气咳嗽、烂脚丫。

2. 叶、花:治牙周炎、止痛。

3. 花:治哮喘咳嗽、胃痛(《湘蓝考》)。

纳西药 花:治慢性气管炎、哮喘、风湿性关节痛、骨节疼痛、小儿惊悸、风湿疼痛及寒湿脚气。

羌药 种子:治胃痛、腹痛。

维药 1. 种子:治乃孜乐性感冒、头痛、风湿关节痛、早泄滑精、失眠、痔疮、痛症、牙周炎、胃痛腹痛、咳嗽气喘。

2. 叶、花:治关节疼痛、腰痛、坐骨神经痛、筋肌疼痛、痔疮肿痛、痛经、哮喘、百日咳、甲状腺肿大、腺体肿大、乳腺炎、关节炎、脾脏肿大、子宫颈炎、各种疮疡、腰腿酸痛、心烦意乱。

瑶药 1. 根、叶:治跌打、风湿病、类风湿、胃痛、腹痛。

2. 全草:治咳嗽气喘、腹痛腹泻。

3. 种子:治痛症(《桂药编》)。

彝药 1. 花:治心口痛(胃脘痛)、膈食(《滇省志》)。

2. 果仁、花:治牙痛、支气管炎、哮喘(《大理资志》)。

3. 种子:治牙痛、牙齿生虫、疯狗咬伤、跌打损伤。

4. 叶:治风寒咳喘、胃痛、风湿疼痛、疮肿、毒蛇咬伤。

5. 全株:治骨折。

藏药 1. 叶、花、种籽:镇静,镇痛,麻醉。

2. 种子:治牙痛、喘咳、烧烫伤、黄水疮、麻风病(《中国藏药》《滇药录》《滇省志》《青藏药鉴》)。

壮药 叶:治疗墨病(哮喘)、发旺(痹病)、尊寸(脱肛)。

其他: 在欧洲,植物粉末或酊治疗帕金森氏病。在韩国,使用本品的酒精制剂作为麻醉剂。

【成分药理】 "曼陀罗"可治疗痴呆症,阿托品是曼陀罗中存在的主要生物碱之一,可制成药膏,通过皮肤吸收,使人体产生各种幻觉。该植物含有东莨菪碱,可治疗晕船,防止呕吐和恶心,该生物碱是阿托品的左旋形式,是一种天然抗胆碱能药物,具有镇静作用。

Daucus carota L.
野胡萝卜

【异名】 鹤虱草(江苏)。

【缅甸名】 မုန်လာဥ၀ါးခါ၊ဂုဲ

mon-la-ni, u-wa-yaing。

【民族药名】 贝近(侗药);且嗷(基诺药);Nang zhanggu 囊章古(蒙药);野胡萝卜子、南鹤虱(苗药);鹤虱、南鹤虱(土家药);Yawa sewze uruqi 亚瓦赛维孜欧如合、杜阔、黄胡萝卜子(维药);合虱(瑶药);加永(藏药)。

【分布】 分布于欧洲及东南亚地区。在中国分布于四川、贵州、湖北、江西、安徽、江苏、浙江等地。在缅甸广泛种植。

【用途】

缅药 果实:用作利尿剂。

侗药 全草:治消化不良、月经疼痛、皮肤瘙痒。

基诺药 根、茎皮:治风湿性关节炎(《基诺药》)。

蒙药 果实:治蛔虫病、虫积腹痛、慢性痢疾(《蒙药》)。

苗药 果实:治蛔虫病、绦虫病、蛲虫病、小儿疳积(《湘蓝考》)。

土家药 果实:治蛔虫病、绦虫病、蛲虫病、虫积腹痛、小儿疳积。

维药 种子:治小便不利、肝硬化腹水、经水不下、痰多咳嗽、肾脏结石、膀胱结石、体弱发热、精神不振、阳痿、湿寒性胃病、虫积腹痛,止顽咳,除胸堵,健胃,壮阳,止遗精,祛风和痰,质性浓津,开窍,化肾利尿,通经,净子宫,助孕易产,强关节止痛,消中风性水肿,解毒虫蜇毒(《维药志》)。

瑶药 1. 全草:治妇女气虚腹胀、湿疮发痒。

2. 果实:治蛔虫病、蛲虫病、绦虫病、虫积腹痛。

藏药 根:治痹症、肾寒病、黄水病(《中国藏药》)。

其他:该植物用作利尿剂和缓解消化道;汁液治疗各种消化系统疾病、肾脏和膀胱疾病,以治疗水肿;叶可预防膀胱炎和肾结石;用温水浸泡的花可治疗糖尿病;磨碎的粗根治疗蛲虫病、月经推迟。

Delonix regia(Boj.)Raf
凤凰木

【异名】 凤凰花、红花楹(广东),火树。

【缅甸名】 jaw-gale, seinban。

【民族药名】 莫景板(傣药);舍,哈啊尼嗯(阿昌药);卖感热(德昂药);Zvamne bvun(景颇药)。

【分布】 原产于马达加斯加,世界热带地区常栽种。中国云南、广西、广东、福建、台湾等地有栽培。在缅甸广泛种植。

【用途】

傣药 根、树皮:治眩晕症(《德宏药录》)。

阿昌药 效用同傣药(《德宏药录》)。

德昂药 效用同傣药(《德宏药录》)。

景颇药 效用同傣药(《德宏药录》)。

【成分药理】 叶中含有皂苷和生物碱。

Dicranopteris linearis(Burm. f.)Underw.
铁芒萁

【民族药名】 芽港顾(傣药)。

【分布】 在中国分布于广东、海南、云南等地。

【用途】

缅药 整株:解热、平喘,用作驱虫药。

傣药 曲风,舒筋(《傣医药》)。

其他:在中南半岛,用作驱虫药。在马来西亚半岛上,压碎的叶制成膏状治疗发热,汤剂用作擦剂。

Digitalis lanata Ehrh.
毛花毛地黄

【缅甸名】 Grecian foxglove，woolly foxglove。

【分布】 在缅甸广泛种植。

【用途】

缅药 叶：用作强心剂。

其他：在印度，叶用作兴奋剂和强心剂，是洋地黄的一种来源。

【成分药理】 含有强心苷（cardiac glycosides）、dioxin、吉妥辛（gitoxin）dilanane。

Digitalis purpurea L.
毛地黄

【异名】 洋地黄。

【缅甸名】 ဖီလပ်ပွင့်

tila-pup-hpi。

【分布】 原产于欧洲。中国有栽培。在缅甸大部分地区有种植。

【用途】

缅药 叶：用作强心剂。

其他：在印度，叶治疗心脏病、肾病、水肿、发热、精神错乱、神经痛、心悸和肿瘤、局部伤口和烧伤，也可作为杀菌剂、利尿剂、兴奋剂。

Dillenia indica L.
五桠果

【缅甸名】 သပြေ

thabyu，maisen（Kachin），khwati（Kayin），haprut（Mon）。

【民族药名】 株怂、嘛上、麻散（傣药）；西湿阿地、马撒四、玛洒寺（哈尼药）。

【分布】 分布于亚洲温带和热带地区。中国云南有种植。在缅甸广泛分布。

【用途】

缅药 果实：化痰，退热，缓解胸痛、疲劳；与冰糖混合，制成用于止咳、退热和清肠的镇定药；果汁治疗癫痫和狂犬病。

傣药 1. 树皮：治疟疾（《滇药录》）。

2. 茎枝、叶、果：治月经不调、大便不通。

3. 根：治疟疾、疮痈（《滇省志》）。

哈尼药 茎枝、叶、果：治大便不通、肠梗阻、月经不调《滇药录》。

Dimocarpus longan Lour.
龙眼

【异名】 圆眼，桂圆，羊眼果树。

【缅甸名】 ga-naing-gyo，longan，taw-kyetmauk，taw-longan，tayok-kyetmauk。

【民族药名】 姜肿疟（阿昌药）；吆斡安（朝药）；别朗（德昂药）；Man zhum myoq zhishi（景颇药）；等铃他（傈僳药）；松桂圆（毛南药）；蓑衣包（佤药）；hiehndoih noc 叶台诺、黄药子（瑶药）；赊齐猛、黄药子（彝药）；美暗（壮药）。

【分布】 亚洲南部、东亚和东南部也常有栽培。中国西南部至东南部广泛栽培，云南及广东、广西南部亦见野生或半野生于疏林中。在缅甸广泛分布于勃固、曼德勒、孟邦和掸邦。

【用途】

缅药 果实：用作大脑兴奋剂。

阿昌药 效用同景颇药。

朝药 假种皮：治大病后心脾两虚而引起的心悸、心烦、不眠、不思饮食、心脾两虚引起的怔忡、健忘症。

德昂药 效用同景颇药。

景颇药 假种皮：治风湿性关节痛、神经衰弱、健忘、心悸、失眠。

傈僳药 1. 根：治丝虫病、乳糜尿症、白带。

2. 叶：治流行性感冒、肠炎。

3. 花：利尿。

4. 果皮、果肉：治体虚、健忘症、心悸、眼花、失眠（《怒江药》）。

毛南药 假种皮：配伍他药，增强滋阴降火、消肿之功效。

佤药 块根、叶：治恶疮肿毒、咽喉肿痛、百日咳、全身浮肿。

瑶药 块茎及珠芽：治百日咳、地方性甲状腺肿、急慢性支气管炎、哮喘、衄血、吐血、胃癌、食道癌、瘰疬、疝气、卵巢囊肿、痈疮肿毒、毒蛇咬伤（《桂药编》）。

彝药 块茎：治诸疮、疮毒肿痛、吐血、衄血、瘿气、腹泻带血。

壮药 叶、果皮、果肉、种子：治闭经、感冒、黄疸性肝炎、胆囊炎、贫血、体虚、月经不调、刀伤（《桂药编》）。

其他：在中国，果肉用作营养物质，有益于脾脏、心脏、肾脏、肺和精神，也用作解毒剂和驱虫药；果核打粉后用作止血药。在中南半岛，种子中的油治疗蛇咬伤；干花泡制后治疗肾脏疾病和白带过多；根部切片治疗淋病和糖尿病；食用新鲜干燥的假种皮可治疗打嗝。

Dioscorea bulbifera L.
黄独

【异名】 黄药（《本草原始》），山慈姑（《植物名实图考》），零余子薯蓣（《俄、拉、汉种子植物名称》），零余薯（《广州植物志》），黄药子（江苏、安徽、浙江、云南）。

【缅甸名】 နွယ်သီး၊မျောက်ဉ

kway, ah-lu-thi, putsa-u.

【民族药名】百不拉（傣药）；不劳阿巴（德昂药）；Maenc giv nguap mant 门给刮蛮、Maene menl ye-ex 门蛮野、金钱吊且（侗药）；牛衣包果、Eilla 耳拉、蓑衣包（哈尼药）；腊乌脂嘎、乌腊嘎（基诺药）；Kishoq（景颇药）；la ka、儿多母苦（拉祜药）；尼勒狂、黄药子（傈僳药）；黄药子、lakphuo'勒婆（毛南药）；嘎格查-沙（蒙药）；Zend git hsob 真贵嗟、Bidnangx. Ghunb 比郎棍、黄药子（苗

药）；满巴（仫佬药）；黄独（纳西药）；麻刮、黄药子（怒药）；桃风李（畲药）；kucai' wang'ga'de' 苦猜王嘎德、黄药子、大叶射包七（土家药）；黄药子、蓑衣包（佤药）；hiehndoih noe 叶台诺、黄药子（瑶药）；赊齐猛、黄药子（彝药）。

【分布】 分布于非洲和亚洲热带地区，日本、朝鲜、印度以及大洋洲也都有分布。在中国大部分地区有分布。在缅甸主要分布于钦邦、克钦邦、曼德勒、孟邦、实皆和掸邦。

【用途】

缅药 块茎：清热解毒，内服或外用治疗喉咙痛、疖子、肿胀和毒蛇咬伤。

傣药 块茎：治恶疮肿毒、肿瘤、百日咳、疝气、化脓性炎症、咯血、吐血、咳嗽气喘；块茎炒黄降低毒副作用；块茎醋制降低毒副作用、增强解毒消肿作用。

德昂药 效用同景颇药。

侗药 根茎：治咽喉肿痛、蛇虫咬伤、痈肿疮毒。

哈尼药 块茎：治甲状腺肿大、肺炎、无名肿毒、鼻衄、吐血。

基诺药 块茎：治地方性甲状腺肿、淋巴结结核、痈肿疮疖；外敷治下腹疼痛、甲状腺肿痛、淋巴结结核、肿瘤。

景颇药 块茎：治甲状腺肿大、吐血、癌肿（《德宏药录》）。

拉祜药 1. 块茎：治恶疮肿毒、化脓性炎症、百日咳、甲状腺肿大、淋巴结结核、咽喉肿痛、止血、咯血、癌肿；外用治疮疖。

2. 果实：治胃出血（《拉祜医药》）。

傈僳药 块茎：治吐血、衄血、喉痹、瘿气、疮痈瘰疬（《怒江药》）。

毛南药 块根：治吐血、咯血、鼻出血。

蒙药 块茎：治甲状腺肿大、淋巴结结核、咽喉肿痛、吐血、咯血、百日咳、癌肿；外用治疮疖（《蒙药》）。

苗药 块茎：喉痹、痈肿疮毒、吐血、衄血、淋巴结核、毒蛇咬伤、肿瘤、咯血、百日咳、肺热咳

喘、疮毒、癞、天泡水疮（《苗医药》《湘蓝考》）。

仫佬药 块茎:治羊癫、淋巴腺炎（《桂药编》）。

纳西药 块茎:治甲状腺肿大、慢性气管炎、吐血、扭伤、瘰疬、热毒、毒气攻咽喉肿痛、小儿咽喉肿痛、甲状腺功能亢进、咳嗽气喘、百日咳、咯血、衄血、鼻衄、喉痹、瘿气、疮疡肿毒、毒蛇咬伤。

怒药 块茎:治咳嗽、高热。

畲药 块茎:治甲状腺肿大、颈淋巴结结核、咽喉肿痛、百日咳、跌打损伤、疮疖（《畲家药》）。

土家药 块茎:治吐血、咯血、淋巴结结核、咽喉肿痛、百日咳、疝气、痈肿疔毒、毒蛇咬伤、喉咙肿痛、小儿砂鼎罐、血热出血症、大脖子病、天泡疮、狗咬伤;尿制品能降低毒副作用、增强滋阴降火、消肿之功效（《土家药》）。

佤药 块茎、叶:治恶疮肿毒、咽喉肿痛、百日咳、全身浮肿（《中佤药》）。

瑶药 块茎及珠芽:治百日咳、地方性甲状腺肿、急慢性支气管炎、哮喘、衄血、吐血、胃癌、食道癌、瘰疬、疝气、卵巢囊肿、痈疮肿毒、毒蛇咬伤。

彝药 块茎:治诸疮、疮毒肿痛、吐血、衄血、瘿气、腹泻带血。

Dioscorea pentaphylla L.
五叶薯蓣

【缅甸名】 kyway-u put-sa-u。

【民族药名】 王皮狂力(傈僳药);撒韧(仫佬药);应呆(瑶药);五抓血龙、五回龙(壮药)。

【分布】 主要分布于中国、孟加拉国、印度、印度尼西亚、日本、老挝、马来西亚、缅甸、尼泊尔、新几内亚、菲律宾、越南、非洲、澳大利亚、太平洋群岛等地。在中国主要分布于江西、福建、台湾、湖南、广东、广西、云南、西藏。在缅甸主要分布于勃固、克钦邦、曼德勒、仰光。

【用途】

缅药 根块:消除肿胀。

傈僳药 块茎:治消化不良、跌打损伤、肾虚腰痛、风湿痛。

仫佬药 块茎:治贫血、浮肿（《怒江药》）。

瑶药 块茎:治贫血、痢疾（《桂药编》）。

壮药 块茎:治贫血、产妇干馊（《桂药编》）。

Diospyros malabarica（Desr.）Kostel.

【异名】 印度乌木,山乌木。

【缅甸名】 bok-pyin yengan-bok。

【分布】 分布于印度、印度尼西亚等地。在缅甸分布于伊洛瓦底、孟邦和德林达依等地。

【用途】

缅药 1. 树皮:治疗腹泻和慢性痢疾。

2. 未成熟果实:与树皮用途相同。

3. 果汁:治疗溃疡和伤口。

4. 种子:种子油治疗脱水。

其他: Jain 和 DeFilipps(1991)研究发现树皮是一种止血剂,还治疗间歇性发热和痢疾。

Diospyros mollis Griff

【异名】 软毛乌木,青黑檀。

【分布】 分布于缅甸和泰国。在缅甸主要分布于勃固、实皆和曼德勒。

【用途】

缅药 果实:用作驱虫剂。

Dodonaea viscosa（L.）Ja cq.
车桑子

【异名】 坡柳(海南),明油子(云南)。

【缅甸名】 ㄑㄧㄥㄅㄧㄣ-ㄑㄧㄡㄋㄜ hmaing。

【民族药名】 虎排儿打打(纳西药);明油果树根、卡卡有、衣米擒(彝药);Pasikarabu(台少药)。

【分布】 分布于热带和亚热带地区。在中国分布于西南部、南部至东南部。在缅甸分布于伊洛瓦底、若开邦、德林达依和仰光等地区。

【用途】

纳西药 全株:治风湿(《滇药录》)。

彝药 1. 根:治湿热疱疹、皮肤瘙痒、淤血肿痛(《哀牢》)。

2. 花、叶:治外伤出血、关节扭伤、软组织损伤肿痛、食物中毒(《滇药录》)。

台少药 叶:煎汁涂于患处治皮肤病。

其他 在中国台湾地区和帕劳,叶治疗发热。在菲律宾,树皮汤剂用作收敛剂、解热药,治疗湿疹和轻度溃疡。

【成分药理】 叶子中含有生物碱、葡萄糖苷、单宁和树脂。

Dracaena angustifolia（Medik.）Roxb.
长花龙血树

【异名】 槟榔青(海南)。

【缅甸名】 dan-la-ku, dandagu, dantalet。

【民族药名】 旁凯(黎药);千年茹(壮药)。

【分布】 分布于印度和华南到所罗门群岛,东南亚也广泛分布。在中国分布于广东、海南岛、台湾和云南等地。在缅甸分布于曼德勒、德林达依、孟邦和实皆等地。

【用途】

缅药 叶:用作血液净化剂。

傣药 根、叶:治尿路感染、便秘、胃疼、癫痫、心跳过快、跌打损伤、刀伤(《滇省志》)。

黎药 树脂:治咽喉干痛。

壮药 块根:治产后贫血(《桂药编》)。

其他 在菲律宾,咀嚼树根可治疗蜈蚣咬伤,食用根汤可治疗胃病。

Dregea volubilis（L. f.）Benth. ex Hook. f.
南山藤

【异名】 假夜来香、春筋藤、双根藤(广东),大果咀彭、假猫豆(广西),各山消(贵州),苦凉菜、苦菜藤(云南)。

【缅甸名】 ခွေးတောက်နွယ်

kway-tauk nwai, gwedauk-new。

【民族药名】 苦菜藤(阿昌药);哈黑吻牧、纹母、嘿帕俄、帕格牙母、帕空耸、嘿吻牧、帕赫辱、芽节(傣药);波腮腮(德昂药);芽节、Myinban byvoq(景颇药);南山藤(哈尼药)。

【分布】 在世界各地均有生长,主要分布于印度、孟加拉国、泰国、越南、印度尼西亚和菲律宾等地。在中国分布于贵州、云南、广西、广东及台湾等地。在缅甸广泛分布。

【用途】

缅药 1. 全株:调理肠道,补血,壮阳,开胃,减轻咽喉肿痛、淋病、哮喘及误食鼠药引起的不适。

2. 叶:用火烤软后,敷于疮上,能消肿、排脓、促进愈合;混合鸡肉食用,可醒酒和清除体内累积的毒素,可减轻肠胃疼痛和改善尿液流量;压碎叶的汁液可治疗疱疹、疮,也可以用来消除肿块和肿瘤,用糖粉碎,敷于颈部,可缓解颈部疼痛与鸭蛋一起煎炸,可用来增强体力。

3. 根:治疗狂犬病,止吐,祛痰。

阿昌药 根:治胃痛、神经衰弱、食欲不振、便秘(《德宏药录》)。

傣药 1. 全株:祛风除湿,止痛,治咽喉肿痛、心悸胸痛、失眠多梦、胃脘热痛、食欲不振、便秘、胆汁病(白胆病、黄胆病、黑胆病)、睾丸肿痛、痢疾、便血、风湿、关节痛、腰痛、癫痫、偏瘫(《傣医药》)。

2. 茎、叶:治痢疾便血、风湿关节痛、腰痛、癫痫、偏瘫(《傣药志》)。

3. 茎:利尿,止痛,除郁湿。

4. 根:治面黄,催吐。

5. 根、藤茎:治痢疾便血、风湿关节痛、腰痛、癫痫、偏瘫等(《滇药录》《滇省志》)。

德昂药 效用同阿昌药(《德宏药录》)。

景颇药 根:治胃痛、便秘、食欲不振、神经衰弱(《德民志》《滇省志》)。

哈尼药 全草:治感冒。

Dysphania ambrosioides（L.）Mosyakin & Clemants
土荆芥

【异名】 荆芥（《生草药性备要》），鹅脚草（《和汉药考》），臭草（福建、贵州），杀虫芥。

【缅甸名】 ဆေးမြက်
say-my。

【分布】 原产于热带美洲,现广泛分布于热带及温带地区。中国广西、广东、福建、台湾、江苏、浙江、江西、湖南、四川等地有野生,北方各地常有栽培。在缅甸广泛种植。

【用途】

缅药 整株:用作驱虫药,特别是对蛔虫和钩虫以及肠道阿米巴。

【成分药理】 成分包括挥发油、驱蛔萜、香叶醇、皂苷、L-柠檬烯、对伞花烃、D-樟脑。

Eclipta prostrata（L.）L.
鳢肠

【异名】 旱莲草,墨莱。

【缅甸名】 kyate-hman, kyeik-hman。

【民族药名】 朴滴京、牙荒就（阿昌药）;墨搓血、梅兹儿初、扣汉筛、墨植儿泽（白药）;久印（布朗药）;沟党玩夜（布依药）;hon lien cao 喊垒嗯草（朝药）;晃旧、牙环炙、幌旧、皇旧（傣药）;牙黄归、遮不来（德昂药）;们遮不来（崩龙药）;骂墨、骂土胶、骂硬（侗药）;海近刮、东攻扎摆、咳洛（仡佬药）;Pidvung byvoq（景颇药）;满内的、墨草（京药）;黑巴科（拉市药）;波牙墨、旱莲草、丹屯什（黎药）;莫窝本（傈僳药）;Muhei 物墨、Woma 莴骂、草荒墨（毛南药）;Yeb did shead 夜低赊、墨旱莲、米松（苗药）;鳢肠、墨斗草（纳西药）;乌墨黑、墨汁草、节节乌（畲药）;答湾塌（水药）;王八里六席、旱莲草、墨斗草（土家药）;日踮咔轿（佤

药）;Hanlimei 汁淋美、Modouma 七里八勉（瑶药）;答摸抵万、纳扣诗（彝药）;Haekmaegcau 黑墨草、棵卡各、棵北墨、黑墨草、坎焦、Heimocao 黑墨草、Kanjiao 坎焦、Kebeimo 棵北、Kekage 棵卡各（壮药）。

【分布】 在世界各地均有生长,热带及亚热带地区广泛分布。在中国各地均有栽培。在缅甸广泛分布。

【用途】

缅药 1. 全草:治疗哮喘。

2. 果实:用作补品,治疗咳嗽、头痛、肝炎和关节炎症;制成药膏可治疗皮肤病和疮;混合蜂蜜服用可治疗儿童咳嗽和感冒。

3. 叶:粉末治疗头痛、秃头、囊肿和性病;通过蒸煮可调节月经;碎叶和果汁混合使用,可促进烧伤愈合,修复烧伤皮肤;与牛奶混合食用可改善视力;与母乳混合使用治疗肠道蠕虫、腹泻、天花、水痘和麻疹;与粉碎的黑芝麻混合可作为补品,防止疾病,促进长寿;粉碎后与热带铁苋菜和栀子的叶子一起用于头部以缓解儿童的充血。

阿昌药 全草:治扭伤、挫伤、肠胃出血、尿血、血崩、创伤出血（《德宏药录》《滇省志》《民族药志（一）》）。

白药 全草:治吐血、衄血、便血、血崩、湿疹、疮疡、慢性肝炎、痢疾、小儿疳积、肾虚耳鸣、须发早白、神经衰弱（《民族药志（一）》《滇药录》）。

布朗药 全株:治腹痛（《滇省志》《民族药志（一）》）。

布依药 全草:治内外出血（《民族药志（一）》）。

朝药 全草:治肝肾阴虚引起的眩晕、腰酸痛。

傣药 全草:凉血止血,散瘀,解毒,治赤白痢疾、肠扭痛、高烧痉挛、高热惊厥、四肢冰冷、抽搐、白喉、肺结核咯血,预防水田皮炎、疮疡溃烂、风湿热痹证、屈伸不利（《民族药志（一）》《版纳傣药》《滇药录》《傣医药》）。

德昂药 全株:治肠胃出血、尿血、血崩、创

伤出血、吐血、衄血、咯血、便血、慢性肝炎、肠炎、痢疾、小儿疳积、肾虚耳鸣、须发早白、神经衰弱、脚癣、湿疹、疮疡、小儿脐风（《德宏药录》）。

崩龙药 全草：治肠胃出血、尿血、血崩、创伤出血。

侗药 全草：治痢疾、胃出血、鼻衄、便血、咯血、痢疾、无名肿毒、刀伤出血（《民族药志（一）》《桂药编》）。

仡佬药 全草：治小儿腹泻。

景颇药 治肠胃出血、尿血、血崩、创伤出血（《德宏药录》）。

京药 全草：治刀伤出血、无名肿毒（《民族药志（一）》）。

拉市药 1. 地上部分：外敷治脚气。

2. 全草：治断指。

黎药 1. 全草：治喉肿痛、骨折；加食盐少许，共捣烂，冲开水去渣服，治白喉；蒸猪肝或牛肝食，治小儿疳积；捣烂取汁和童便服，治打伤出血；捣烂冲酒服，治异物入肉或铁器刺伤，停止哺乳后乳房结痛（《民族药志（一）》）。

2. 叶：用纱布裹，塞入鼻腔，治疟疾。

傈僳药 全草：治吐血、咳血、衄血、尿血、便血、血崩、慢性肝炎、肠炎、痢疾、小儿疳积、肾虚耳鸣、神经衰弱（《怒江药》）。

毛南药 全草：滋补肝肾、凉血止血，治带状疱疹、吐血、衄血、尿血、便血、血崩、慢性肝炎、肠炎、痢疾、小儿疳积、肾虚耳鸣、须发早白、神经衰弱、小儿腹泻；外用治脚癣、湿疹、创伤出血（《民族药志（一）》）。

苗药 1. 全草：治肝肾不足、须发早白、吐血、咯血、衄血、便血、血痢、崩漏、外伤出血、疔疮红肿、月经不调、腹胀、腹泻。

2. 地上部分：治头晕目眩、须发早白、牙齿不周、各种内外伤出血、头晕目眩、少年白发（《民族药志（一）》）。

纳西药 全草：治衄血、咯血、胃和十二指肠溃疡出血、功能性子宫出血、肝肾阴亏、头晕目眩、吐血、牙龈出血、尿血、便血、血崩、须发早白、

腰酸、慢性肝炎、肠炎、痢疾、小儿疳积、外伤出血、阴部湿痒。

畲药 全草：治赤痢、咽喉炎、吐血、咳血、衄血、尿血、血崩、痢疾、便血、慢性肝炎、肠炎、小儿疳积、肾虚耳鸣、须发早白、神经衰弱；外用治脚癣、湿疹、疮疡、创伤出血、马牙（《畲医药》《民族药志（一）》）。

水药 全草：治各种出血疾患（《民族药志（一）》）。

土家药 1. 地上部分：治各种出血（如吐血、便血、尿血、鼻血、外伤出血）、耳鸣、淋证、肾虚头晕、痈疽疮疖、血热出血症、暑湿腹泻、疱疮肿毒。

2. 全草：治腰痛、跑马症（遗精）、痢疾。

佤药 全草：治疮疖、黄水疮（《民族药志（一）》）。

瑶药 全草：治小儿疳积、慢性肝炎、食道癌、胃癌、骨折、小儿惊风发热、肺结核、咯血、牙龈出血、衄血、吐血、便血、血尿、淋浊、白带、尿路感染、膀胱炎、肾炎；外敷治无名肿毒、刀伤出血、脚癣、湿疹、创伤出血、稻田皮炎（《桂药编》）。

彝药 1. 全草：治肝炎、痔疮、鼻出血、肺热咳血、外伤出血、肾虚牙痛、痈疮（《民族药志（一）》）。

2. 根：治须发早白，血便血尿，赤痢崩漏，白浊湿淋，外阴瘙痒（《哀牢》）。

壮药 全草：治各种血症（如咳血、胃出血、鼻血、尿血）、肝炎、小儿破伤风、崩漏、胃出血、鼻血、尿血、肝炎、小儿破伤风、小儿疳积痢疾、便血、咯血、带状疱疹、无名肿毒、刀伤出血、兰奔（眩晕）、须发早白、阿意咪（痢疾）、鹿裂（吐血）、衄血、肉裂（尿血）、外伤出血、腰膝酸软、兵淋勒（崩漏）、淋症、中风偏瘫（《桂药编》《民族药志（一）》）。

Elephantopus scaber L.
地胆草

【异名】 苦地胆（《本草纲目拾遗》），地胆头，磨地胆（广东），鹿耳草（海南）。

【缅甸名】 ၵၢၼ်ႉပိရိုင်း

ka-tu-pin, ma-tu-pin, sin-che。

【民族药名】 考沙知(阿昌药);北牛(崩龙药);亚息医、芽桑西双哈、牙三习哈、牙三十双哈、牙汁双哈、亚息医、牙习维(傣药);菝热桑、北牛(德昂药);吗毒液、马当归麻、骂当归妈(侗药);移西德粑、Ciqduvduvlaq 期堵堵哈、吹火根(哈尼药);绕革哕雌、阿内把拉(基诺药);Waqzin lvnm bvun、地淡梢、密新基曼(景颇药);哇妈纳布结、窝弥都(拉祜药);莫娜碧(傈僳药);牙番堆、雅胆敢、土公英(黎药);草鞋跟、松得、旭(毛南药);Jed sangx pot 九搡泡、鸣金黑、一品香、酿摸蜜、眼蒿(苗药);牛托鼻、地胆草(畲药);日狄迈德(佤药);Diyin 抵因、Yanmaoshubian 盐茂苏扁、鞋底咪、苦地胆、笃当归(瑶药);卡基诗、苦龙胆草(彝药);Jicdu 结夺、棵布得、小地娘(壮药);Sarupesa(台少药)。

【分布】 美洲、亚洲、非洲各热带地区广泛分布。在中国分布于浙江、江西、福建、台湾、湖南、广东、广西、贵州及云南等地。在缅甸分布于马圭、曼德勒、实皆、掸邦、仰光等地。

【用途】

缅药 1. 茎、叶:制成汤剂治疗月经失调。

2. 根:解热、止痛,用作补药。

阿昌药 全草:治感冒、急性扁桃体炎、肝硬化、腹水、湿疹(《德宏药录》)。

崩龙药 根:治腹痛(《民族药志(一)》)。

傣药 全草:清热利尿,收敛,治外感风寒、咽喉发炎疼痛、头痛、头晕、鼻腔出血、肠胃痛、小儿抽搐、流感、发热咳嗽、痧症、热淋、痢疾、急性扁桃腺炎、结膜炎、急性肾炎、乳腺炎、肝炎、感冒(《傣医药》《傣药录》《版纳傣药》《滇药录》)。

德昂药 1. 全草:治感冒、急性扁桃体炎、肝硬化、腹水、湿疹(《德宏药录》)。

2. 根:治腹痛(《滇省志》)。

侗药 全草:治肠炎、腹泻、咽喉痛、小儿高热惊风,咽喉痛(《桂药编》《民族药志(一)》)。

哈尼药 全草:治小儿咳嗽、支气管炎、感冒发热、咳嗽、胃痛;鲜品捣敷用于防暑、毒蛇和蜈蚣咬伤、疮疖(《民族药志(一)》)。

基诺药 1. 全草:治白内障、眼结膜炎、感冒、急性扁桃体炎、咽喉炎、百日咳(《基诺药》)。

2. 根:治风湿。

3. 叶:治毛虫蜇伤(《民族药志(一)》)。

景颇药 1. 根:治感冒、急性扁桃体炎、肝硬化、腹水、湿疹(《德宏药录》)。

2. 全草:治疟疾(《滇省志》《民族药志(一)》)。

拉祜药 1. 根:治感冒咳嗽、发热心烦、咽喉炎、痢疾(《拉祜医药》《民族药志(一)》《滇省志》)。

2. 全草:治发热咳嗽、流感、乳腺炎、肝炎、急性扁桃体炎、眼结膜炎、流行性乙型脑炎、百日咳、急性黄疸型肝炎、肝硬化腹水、急慢性肾炎、疖肿、湿疹(《民族药志(一)》《滇药录》)。

傈僳药 全草:治感冒、急性扁桃体炎、咽喉肿痛、流行性乙型脑炎、百日咳、急性肝炎、肝硬化腹水、急慢性肾炎(《怒江药》)。

黎药 1. 全草:清热凉血,去湿消肿,消热解毒,去痛;鲜全草煮猪肉食,治黄疸;全草煮猪肝治鼻出血;全草加米酒捣烂和酒煎沸热服,其渣敷患处,治乳痈。

2. 叶:煮猪肚食,治瘰疬。

毛南药 全草:治感冒、急性扁桃体炎、眼结膜炎、流行性乙型脑炎、百日咳、急性黄疸型肝炎、肝硬化腹水、急慢性胃炎;外用治疖肿、湿疹。

苗药 1. 全草:治肠炎、疟疾、急性黄疸型肝炎、急性胃炎、急性睾丸炎、扁桃体炎、咽喉炎、慢性肾炎、乳腺炎、疖肿、虫蛇咬伤、月经不调、白带、小儿阴茎水肿等(《桂药编》《湘蓝考》)。

2. 根:治流感、感冒、扁桃体炎、咳嗽、急性肾炎、肠炎、小儿口腔炎(《民族药志(一)》)。

畲药 1. 全草:治水肿、腹胀、咳嗽、疳积、疝气、肾炎、肝炎、下肢浮肿(《畲医药》)。

2. 根:治牙痛、蛇伤。

佤药 全草:治感冒发热。

瑶药 1. 全草:治感冒发热、肠炎、腹泻、淋浊(《桂药编》)。

2. 根:治肠炎、腹泻、痢疾、湿热泄泻、黄疸型肝炎、衄血、咽喉肿痛、斑痧发热、乳痈、骨髓炎、急性睾丸炎、毒蛇咬伤、腮腺炎(《民族药志(一)》)。

彝药 全草:治疔肿、疮疡、乳痈、咽喉肿痛、热感冒、百日咳、肝炎、肝硬化腹水、急性肾炎、肠炎腹泻、痢疾。

壮药 1. 全草:治胃肠炎、感冒发热、腹泻、胃热痛、牙龈肿痛、肝炎、消化不良、痧病、小儿高热惊风、流感、伤暑病、菌痢、脚气、扁桃体炎、咽喉炎、结膜炎、湿疹、鼻衄、能蚌(黄疸)、阿意咪(痢疾)、肉扭(淋病)、笨浮(水肿)、呗农(痈疮)、呗叮(疔疮)、额哈(蛇咬伤);外用治痈疮疖脓肿。

2. 根:可用于绝育;外用治牙痛。

3. 叶:外用治小儿多发性脓肿(《桂药编》)。

台少药 根:治胸痛。

其他:在印度,叶用于控制呕吐;根治疗呕吐、儿童发热、粉刺,可作为堕胎剂,也治疗泌尿问题、阿米巴痢疾和其他消化系统疾病。在印度尼西亚,把根捣碎放在水里或汤里,治疗白带、妇女和儿童贫血以及分娩期间的疾病。在菲律宾,叶加热后擦在喉咙上以缓解严重咳嗽。在关岛,该植物用作治疗虚弱热的药物。此外,在中南半岛、印度尼西亚和菲律宾,该植物用作利尿剂和发热剂;用作输液原料可缓解无尿和白带,可在分娩时使用;汤剂治疗肺部疾病和疥疮。

【成分药理】 含有一种能被提取的白色结晶物质——类似糖苷物质。此外,叶的提取物已被证明具有抗葡萄球菌活性。

Elettaria cardamomum (L.) Maton.

【异名】 小豆蔻。

【缅甸名】 hparlar hpyu。

【民族药名】 苏麦(藏药)。

【分布】 原产于印度南部,广泛种植于热带地区。在缅甸广泛分布。

【用途】

缅药 种子:治疗头痛;烤过的种子可治泌尿系统疾病;加上胡椒根制成粉末,与黄油混合,可治疗心脏病、月经不调和缓解更年期症状,还是治天花药;压碎后与蜂蜜混合,治疗咳嗽、哮喘和喉咙痛。

藏药 果实:治肾病、胃病(《中国藏药》)。

Emilia sonchifolia (L.) DC. ex DC.
一点红

【异名】 红背叶、羊蹄草、野木耳菜、花古帽(贵州),牛奶奶、红头草(云南),叶下红、片红青、红背果(海南),紫背叶(台湾)。

【民族药名】 习邑驾(布依药);捣断仍(德昂药);羊碲草、红背叶、叶下红、把亚(侗药);Hhoqtaoq taoqnil 沃桐桐尼、奶浆草、羊蹄草(哈尼药);Mangsa zvai(景颇药);杆立花、羊蹄草、墓唇草(黎药);麻耳卡兔(毛南药);Vob nab yongd 窝喃涌、莴底搜(苗药);Matianmo 妈天摸(仫佬药);兔姐月他八替、大苦窝麻、叶下红(土家药);Bugonghume 不工呼么、Geihema 给喝妈(瑶药);Golizlung 楔立龙、红背紫丁、羊蹄草、剑安(壮药)。

【分布】 分布于亚洲热带、亚热带地区和非洲。在中国云南、贵州、四川、湖北、湖南、江苏、浙江、安徽、广东、海南、福建、台湾等地有种植,北京有逸生。在缅甸分布于曼德勒和仰光。

【用途】

缅药 整株植物:用于治疗眼部疾病和驱虫药。

布依药 全草:治肺炎。

德昂药 效用同景颇药。

侗药 1. 全草:治肠炎、痢疾,尿路感染、腹泻、疔疮、感冒发热、咽喉肿痛、肾炎、肝炎、结肠炎、宫颈炎,预防感冒发热(《桂药编》)。

2. 草、根:治角膜炎、乳腺炎、咽喉炎。

哈尼药 全草:治乳腺炎、疔疮、无名肿痛、毒蛇咬伤、小儿营养不良、痢疾、跌打肿痛、结膜炎、血热妄行之紫癜、衄血、咯血。

景颇药 全草:治口腔溃疡、肺炎、睾丸炎、皮肤湿疹。

黎药 全草:鲜用或干用,治肝炎、风湿病、感冒发热、扁桃体发炎、肾虚、口腔炎。

毛南药 鲜品:治风热翳膜、泌尿疾病感染、咽喉肿痛、感冒发热、咳嗽、跌打肿痛、急性阑尾炎、皮疹、疮疡肿毒、带状疱疹、荨麻疹、蜂窝组织炎。

苗药 全草:治痢疾、腹泻、咽喉肿痛、乳房红肿、皮肉损伤疼痛、肛漏、喉痛、痄腮、乳痈、尿路感染、上呼吸道感染、便血、肠疝痛、目赤、喉蛾(急性扁桃体炎)、疔疮肿毒《湘蓝考》。

仫佬药 全草:治感冒发热《桂药编》。

土家药 全草:治痈疖肿毒、跌打损伤、口腔炎、乳腺炎、烧烫伤、湿热泻痢、热淋、目赤红肿疼痛、湿疹瘙痒、感冒、急性肠炎、灌蚕耳(化脓性中耳炎)、热尿积(尿路感染)、痛经、肺结核《土家药》。

瑶药 全草:治感冒发热、咽喉肿痛、肺炎、尿路感染、腹泻、脉管炎;外用治疥疮、跌打损伤、毒蛇咬伤《桂药编》。

壮药 全草:治发旺(风湿骨痛)、笨浮(急慢性肾炎)、能蚌(肝炎)、埃病(慢性支气管炎、肺炎)、贫痧(感冒)、火眼、货烟妈(口腔溃疡、咽喉炎)、呗叮(疔疮)、呗农(痈肿)、呗奴(瘰疬)、肉裂(血淋)、隆白呆(带下)、额哈(毒蛇咬伤)、痢疾、膀胱炎、大便出血、痔疮出血、肠胃炎、尿路感染;外用治疥疮、跌打损伤,毒蛇咬伤《桂药编》。

其他:在印度,叶治疗伤口、瘀伤、眼疾、腹泻和坏疽。在中国,该植物用作麻药、利尿剂、发热剂、制冷剂和发汗剂,煎煮整个植物可治疗脓肿、发热、感冒、痢疾、肠炎、麻木、咽炎、蛇咬伤和创伤;叶治痢疾。

Entada phaseoloides（L.）Merr.

榼藤

【异名】 榼藤子(《植物名实图考》),榼子藤(《种子植物名称》),眼镜豆、牛肠麻、牛眼睛(海南),过江龙(广东)。

【缅甸名】 နိုင်ညင်း(ဝုံညင်း)

do, gon-nyin。

【民族药名】 拉和(阿昌药);马巴(布朗药);麻耙、赫麻拔、麻耙(傣药);嘿林娘(德昂药);乌鸦枕头、Haqpav kyuleavq 哈把苦扎、眼镜豆(哈尼药);坡讷、坡能帕懋(基诺药);沙棉、戈畅(景颇药);咖拿胚(拉祜药);阿及呆(傈僳药);汶嘉、过江龙、麦轮凹(黎药);名矿、Elgen shaosha 额力根-苟沙、德力棍-苟沙(蒙药);本凳老、过岗龙(怒药);大腊合(佤药);Jozamukail 卓孜木卡替力、木腰子(维药);iandaofeng 镰刀风、Niupeimei 扭培梅、Mobiduan 莫比短(瑶药);新诺建马(彝药);确简开、qingbaxiaoxia 青巴肖夏、可脊、庆巴肖夏(藏药);Gaeulumx 勾拢、eshanlong 棵山龙、Ketaobang 棵桃邦(壮药)。

【分布】 广泛分布于东半球热带地区。在中国分布于台湾、福建、广东、广西、云南、西藏等地。在缅甸广泛分布。

【用途】

缅药 种子:用作催吐剂和退热药。

阿昌药 种子:治疗胃痛、痔疮痛、痉挛性疼痛(《滇省志》《民族药志(一)》《滇药录》)。

布朗药 种子:治疮痈。

傣药 1. 种子:治高热抽搐、不语、癫痫和风湿性关节炎引起的肢体关节痿软疼痛、贫血、脘腹疼、面色苍白、四肢无力、纳呆食少、性冷淡、疮疖。

2. 根皮:治牙痛。

3. 藤茎:治产后气虚血少、发热、头痛、头昏、不思饮食、月经不调、风湿痹痛、肾虚腰腿痛、牙齿松动、跌打损伤、骨折。

4. 种仁:治急慢性肾炎引起的胃痛、痔疮、水肿、便秘。

5. 果壳:治腰痛、腹痛。

6. 种仁、藤:治乏力、水肿、性病、气血虚、头痛头昏;配伍治腹胀(《滇省志》《民族药志(一)》《滇药录》)。

德昂药 1. 藤:治疗风湿性关节炎、跌打损伤、四肢麻木。

2. 种仁:治黄疸、脚气、水肿、胃痛。

哈尼药 1. 藤茎:治风湿性关节炎、四肢麻木、跌打损伤。

2. 果实、种子:治风湿性关节炎、四肢麻木、跌打损伤。

3. 藤茎、果实:治骨折、疮毒、无名肿毒。

4. 藤、种仁:治黄疸、脚气、水肿(《版纳哈尼药》《滇省志》)。

基诺药 1. 种子、藤茎:治腹痛、跌打损伤、风湿疼痛、瘫痪。

2. 根、茎:捣烂外敷治跌打损伤(《滇省志》)。

景颇药 种子:治便秘。

拉祜药 种仁:治疮痈(《滇省志》)。

傈僳药 1. 藤:治风湿性关节炎、跌打损伤、四肢麻木。

2. 种仁:治黄疸、脚气、水肿(《怒江药》)。

黎药 藤茎:治小便不利,活血,祛风湿,去骨火。

蒙药 1. 种子(木腰子)治肝热、肝区疼痛、水肿、"白脉"病、腹痛、腹泻、呕吐、脾湿热、肺病、痰湿、黄疸、脚气、水肿、两肋作痛、头痛、发热。

2. 种仁:治肾病(《蒙药》)。

怒药 藤、种子:治箭伤。

佤药 种子:治痔疮、牛皮癣、淋巴结结核、皮炎(《中佤药》)。

维药 1. 种子:治痔疮疼痛、脘腹胀痛、黄疸、脚气水肿、痢疾、脱肛、喉痹、肾痛、脾胃虚寒、恶心呕吐、腹泻、小便不利、水肿、肾虚腰痛、肝气郁滞。

2. 种皮:研末成软膏治皮肤瘙痒、燥裂、湿疹、疮疡溃烂不愈;煎水外洗治关节痛、瘫痪、手足挛紧和寒症头痛(《维药志》)。

瑶药 1. 种子:治急性肠胃炎、月经不调、风湿病、类风湿病、尿路感染、跌打损伤、四肢麻木、腰痛、瘫痪、痔疮便血、青竹蛇咬伤(《桂药编》《民族药志(一)》)。

2. 老茎:治风湿骨痛、瘫痪;外用治毒蛇咬伤。

3. 根:治腰骨痛、疯狗咬伤。

4. 种仁:治胃痛、痔疮疼痛、急性肾炎、尿路结石。

彝药 种子:治腹痛、便秘、蛔虫病。

藏药 1. 种子:治肾病及心脏病、肝热病、中毒症之热症、肝中毒症、脾热病、白脉病。

2. 果实或种子:治"白脉"病,心脏病(《藏标》《部藏标》《中国藏药》《民族药志(一)》)。

壮药 1. 根:治腰痛骨痛、胃痛、疯狗咬伤。

2. 种子:治急性肠胃炎、风湿骨痛、胃痛、痔疮。

3. 藤茎:治风湿骨痛、狂犬咬伤、发旺(痹病)、林得叮相(跌打损伤)(《桂药编》《民族药志(一)》)。

其他:在中国,用于抗肿瘤,亦治疗脾脏炎、瘙痒、皮癣和伤口;种子治疗儿童痔疮。在印度,树皮和木材果汁治疗溃疡;茎作为呕吐剂;种子用作驱虫剂、滋补剂和催吐剂;局部应用于发炎的腺体肿胀。在蒙古,治疗脾脏疾病。在马来半岛,用于严重的腹部内部疾病。在印度尼西亚,把捣碎的根和茎的汁液抹在一起治疗发热和痢疾;可作为产后的一种净化剂,小剂量的作为止吐剂可治疗胃痛。在菲律宾,喝根汤治疗腹部僵硬;用碎种子治疗腹部不适,如儿童绞痛。

【成分药理】 种子含有棕榈酸、硬脂酸、木质铈、亚油酸、油酸,微量生物碱和类固醇。种子、茎和树皮含有皂素 A 和 B;茎和根的树皮含有氰化氢;种子中含有一种诱变酸,可治疗大鼠癌肉瘤。

Enydra fluctuans Lour.
沼菊

【缅甸名】　kana-hpaw。

【分布】　分布于菲律宾、中南半岛、非洲热带地区、阿根廷、巴西、巴拉圭、秘鲁、厄瓜多尔和哥伦比亚,后引入墨西哥。在中国分布于广东、海南、云南等地。在缅甸各地自然生长于淡水边缘,但除非常寒冷的地区。

【用途】

缅药　1. 全株:煮沸后食用,治疗水肿;整棵植物的肉汤与大米、水、芥子油和少许盐一起煮熟,可治疗肝脏虚弱。

2. 果汁:治疗痘样疾病、皮肤问题、骨髓疾病和滑液紊乱;果汁和蜂蜜的混合物治疗天花;果汁也可与牛或山羊的奶一起服用,以治疗尿路感染和其引起的肢体沉重感。

3. 叶:用于蒸汽浴;用叶制备的制剂治疗麻风疮及其他皮肤病、咳嗽和发热。

其他:在印度,叶用作泻药、破乳剂,治疗胆道疾病的、神经疾病和皮肤病。

Equisetum ramosissimum subsp. *debile*
（Roxb. ex Vaucher）
节节草

【异名】　节节木贼(《河北林学院学报》),笔管草。

【缅甸名】　myet-sek。

【民族药名】　木贼、节节草(佤药);梭麻(水药);Meitongpin 美简品、Bitongguan 笔筒管(侗药);Bida ngchu 笔当初、Bi-tongcao 笔筒草(苗药);Bidangchu 笔当初、Bitongcao 笔筒草(毛南药);Caozhabi 草查笔、Tatong 达筒、Duodan 惰担(壮药);芽崩图、亚版吞、牙凉、牙棒吞(傣药);密枝问荆(藏药);咯岔查让(哈尼药);阿泥卖及达(傈僳药);笔筒草、Kegejian 科咯见、Dantong 当筒、Patamo 耙它默、Sangpai 桑拍(瑶药)。

【分布】　日本、朝鲜半岛、喜马拉雅地区、蒙古、俄罗斯、非洲、欧洲、北美洲、尼泊尔、中南半岛、马来半岛、菲律宾、印度尼西亚、新几内亚岛、瓦努阿图岛、新喀里多尼亚、斐济等也有分布。在中国大部分地区有分布。

【用途】

缅药　全株:治疗淋病。

佤药　全草:治尿道感染、小便黄、肾炎水肿、腰痛、胎动不安(《中佤药》)。

彝药　全草:治目赤肿痛、翳状胬肉、肝胆湿热、腹泻红痢、浊淋带下、久婚不孕(《哀牢》)。

水药　全草:治目赤肿痛、退眼翳(《水族药》)。

侗药　全草:治白喉、大便秘结、哮喘、急性肾炎、尿路结石、尿路感染、砂淋、白浊、胃痛、肾结石、泪囊炎、眼痛有翳膜;外用治小儿自汗,捣烂敷患处治骨折(《桂药编》)。

苗药　全草:治白喉咽喉痛、黄疸型肝炎、大便秘结、哮喘、急性肾炎、尿路感染、砂淋、白浊、胃痛、泪囊炎;外用治小儿自汗,捣烂敷患处治骨折(《桂药编》)。

毛南药　全草:治白喉、大便秘结、哮喘、急性肾炎、尿路感染、砂淋、白浊、胃痛、泪囊炎、眼痛有翳膜;外用治小儿自汗,捣烂敷患处治骨折(《桂药编》)。

壮药　全草:治白喉、大便秘结、哮喘、急性肾炎、尿路结石、尿路感染、砂淋、白浊、胃痛、泪囊炎;外用治小儿自汗,捣烂敷患处治骨折(《桂药编》)。

傣药　1. 全草:治尿黄、尿石、尿痛、全身水肿、降压、脱肛(《滇药录》《傣药录》《版纳傣药》《傣医药》)。

2. 地上部分:治暴赤火眼、翳膜遮睛、玉茎疼痛、小便赤白浊症、五淋。

3. 根茎:治白带、淋沥、闭经、大肠下血(《滇省志》)。

藏药　全株:治跌打、眼痛(《滇省志》)。

哈尼药　全株:治小儿高热、呕吐、腹泻(《滇省志》)。

傈僳药 功用同傣药(《滇省志》)。

瑶药 全草:治白喉、黄疸型肝炎、大便秘结、哮喘、急性肾炎、尿路感染、砂淋、白浊、胃痛、咳嗽、泪囊炎、感冒、眼炎、水肿;外用治小儿自汗,捣烂敷患处治骨折(《桂药编》)。

其他:在印度,整株植物用于淋病和堕胎药。在中国,治疗痢疾,提高视力。在马来西亚,止痛,尤其是关节疼痛。在印度尼西亚,治疗挫伤、骨折和关节炎。在韩国、中国和中南半岛,内服治疗痢疾。

【成分药理】 成分有脂肪油、硅酸、亚油酸、木贼宁、木贼酸和木贼碱。

Eryngium caeruleum M. Bieb.

【分布】 在世界各地均有分布。

【用途】

缅药 根:治疗麻痹,可用作补药。

其他:治疗痔疮,可作为补药和催情剂;根用于催情剂和健神经。

Erythrina variegata L.
刺桐

【异名】 海桐(《开宝本草》)。

【缅甸名】 kathit, in-kathit。

【民族药名】 埋短(傣药);埋冬(德昂药);赫索、海桐皮、刺通树(哈尼药);千意娥、海桐皮、鸡桐木(黎药);青桐皮(松妹桐)(毛南药);棵当(瑶药);拉摸争(彝药);枯桐、美桐(壮药)。

【分布】 原产于印度至大洋洲海岸林中,内陆亦多有栽植。分布于坦桑尼亚、印度、亚洲、澳大利亚、太平洋岛屿、马来西亚、印度尼西亚、柬埔寨、老挝、越南。在中国分布于台湾、福建、广东、广西等地。在缅甸分布于勃固、若开邦、曼德勒和德林达依。

【用途】

缅药 1. 树皮:用作解热剂,汤剂治疗肝病。

2. 树皮、叶、根:治疗痢疾和炎症。

傣药 树皮:消肿止血(《滇省志》《民族药志(一)》《滇药录》)。

德昂药 树皮或根皮:治风湿麻木、腰腿筋骨疼痛、风湿病、跌打损伤、顽癣(《滇省志》)。

哈尼药 茎皮、根皮:治骨折、小儿疳积、蛔虫病(《哈尼药》)。

黎药 树皮:治产后月内风;树皮白色内层与猪肉煮汤,治甲状腺肿大。

毛南药 鲜树皮:治风湿性关节炎;干树皮用于避孕、绝育。

纳西药 皮、根皮:治风湿骨痛、腰膝疼痛、小儿蛔虫、肝硬化腹水、风湿麻木、牙痛、痢疾、跌打损伤。

瑶药 根、树皮、叶:治消化不良、风湿病、跌打损伤、脱肛、痔疮、骨折、痢疾、子宫脱垂,也可用作驱虫剂(《桂药编》《民族药志(一)》)。

彝药 树皮:治四肢骨折、跌打损伤、妇女产后发热、疮疡肿毒、风疹。

壮药 1. 根、树皮、叶:治消化不良、风湿病、跌打损伤、脱肛、痔疮、骨折、痢疾、发冷发热,也可用作驱虫剂。

2. 树皮:治风湿痹痛、牙痛、火眼、乳痈、肝硬化腹水、跌打损伤、疥癣、湿疹(《桂药编》《民族药志(一)》)。

其他:在印度,树皮治疗抽搐和舌头麻痹,也用于粉刺、咳嗽、感冒和蛇咬伤。在中国,叶用作驱虫剂、抗梅毒、利尿剂、催吐剂、催乳剂和泻药,叶汁治耳痛、牙痛、蠕虫病;茎皮治疗关节炎、神经痛和风湿病,也可作退热药、利胆药、化痰药、眼药、肝药和杀虫药。

【成分药理】 茎、叶、果实中含有丰富氢氰酸;根、种子中含有 2 种生物碱——赤氨酸和羟脯氨酸;树皮中含有树脂、固定油、脂肪酸、次罂粟碱、甜菜碱、胆碱、氯化钾和碳酸钾。氰化氢存在于该植物的大部分部位。树皮对金黄色葡萄球菌有抑菌作用。

Eucalyptus globulus Labill.
蓝桉

【缅甸名】 ငှက်ချောက်ပင်၊ယူကလစ်ပင်

hnget-chauk。

【民族药名】 八草果（阿昌药）；质扒子（傈僳药）；Ghab nex det ngaib 嘎脑斗安、桉叶（苗药）；蓝桉（纳西药）。

【分布】 分布于澳大利亚的塔斯马尼亚。在中国广西、云南、四川等地有栽培。在缅甸生长于温带地区，广泛栽培。

【用途】

缅药 1. 树液：治疗哮喘，缓解便秘，调节饱胀和下气，还可醒脑。

2. 叶：对于细菌性皮肤感染，脓疱和丹毒，用汁局部涂抹或将叶作药膏使用；叶也治疗支气管炎、发热、中毒、百日咳和外科创伤；此外，叶煮沸产生的蒸汽浴可治疗伤风和头痛。

3. 油：治疗皮肤疮疡和感染，和等量橄榄油混合，局部涂抹可缓解发炎或关节疼痛；制成软膏治疗烧伤和作为擦剂用于哮喘；气喘发作时，吸入叶煎液的蒸汽可松弛和打开收缩的气道。

4. 根：用于制作泻药。

阿昌药 治感冒、发热头痛、消化不良、肠炎、腹痛（《德宏药录》）。

傣药 叶：治乙型脑炎、流行性感冒、感冒、中暑、骨髓炎、蜂窝组织炎、乳腺炎、肛瘘、痈疮疔毒、跌打损伤及化脓性炎症。

傈僳药 叶、果实：治上呼吸道感染、咽喉炎、支气管炎、肺炎、急慢性肾盂肾炎、肠炎、痢疾（《怒江药》）。

苗药 叶：治感冒、脘腹胀痛、腹泻、痢疾、风湿痛、痈疮肿毒、湿疹、疥癣、烧烫伤、外伤出血、头痛、喘咳、高热头痛、肺热喘咳、百日咳、钩虫病、丝虫病、疟疾。

纳西药 成长叶：治流脑、疟疾、肠炎下痢、关节疼痛、膀胱炎、小便下血疼痛、疥癣、神经性皮炎、痈疮肿毒、麻风溃疡、腮腺炎、结膜炎、痈肿疮毒、皮肤溃烂、丹毒、湿疹、烧烫伤、外伤出血。

Euonymus kachinensis Prain

【缅甸名】 mashawt pin。

【分布】 分布于亚洲温带地区。在缅甸分布于克钦邦。

【用途】

缅药 叶：用作兴奋剂；食用有毒食物或被蜜蜂、毒蛇和蝎子蜇伤或咬伤后立即食用，以中和毒素；咀嚼过的叶子用作膏药来治疗咬伤和刺痛；为了促进骨折的愈合，将树叶直接食用不是局部涂抹，因为在骨折的情况下局部使用会造成"坏血回缩"、疼痛和感染；对于出血性损伤，用咀嚼过的叶子做成的膏药在伤口周围或直接涂在伤口上，以促进伤口愈合。

Eupatorium odoratum L.
飞机草

【缅甸名】 bezat, bizat, jamani-chon, taw-bizat。

【民族药名】 管民、雅巴棒、梗西拉（傣药）；莫腻比（傈僳药）；杆步机、香泽兰（黎药）；Yemocao 夜摸草（壮药）。

【分布】 主要分布于热带和亚热带，原产于美洲。第二次世界大战期间曾引入我国海南岛。在缅甸分布广泛。

【用途】

缅药 叶：治疗痢疾。

傣药 1. 全草：杀虫，止血，用鲜叶揉烂涂伤口，治旱蚂蝗咬后流血不止；全草汁液治便秘（《傣医药》）。

2. 茎：治体虚、关节痛（《滇药录》《滇省志》）。

傈僳药 全草：治跌打肿痛、外伤出血、疮疡肿毒(《怒江药》)。

黎药 1. 鲜全草:捣烂外敷、治跌打损伤、外伤出血、疖疮红肿。

2. 鲜叶:揉烂,外涂下肢或伤口,治旱蚂蟥咬伤和咬伤后血流不止。

3. 根:治疟疾。

壮药 叶:外用治烧烫伤(《桂药编》)。

其他: 在印度,叶治疗痢疾,还可用于新鲜伤口以止血。

【成分药理】 叶的乙醇提取物具有臭味且具有抗真菌活性,萃取物和馏分的化学分析表明,存在一些生物活性成分,包括一些香豆素、黄酮、酚类、单宁和甾醇。乙醇提取物对枯草芽孢杆菌、金黄色葡萄球菌和鼠伤寒沙门氏菌的生长也有抑制作用,该提取物还能减少寄生虫数量;对阴道毛滴虫和人胚泡进行了抗原虫试验和细胞毒性试验。初步植物化学筛选显示,这些提取物的化学成分含有黄酮、皂苷、单宁和类固醇。

Euphorbia antiquorum L.
火殃勒

【异名】 金刚纂(《海南植物志》)。

【缅甸名】 ရူးစတောင်းကြီ

kun, tazaung-gyi, tazaung-pyathat。

【民族药名】 克楞、淋吗、埂希拉(傣药);阿桑桑(德昂药);Lalkyul(拉亏)、绿烟锅、霸王鞭(哈尼药);麻稀拖裸(基诺药);Punku lvun(景颇药);恒曲(傈僳药);Yanguol-un 鸢过论、火殃勒、松楝龙(毛南药);Meiguolong 美果龙(仫佬药);金刚纂(纳西药);梅瓦拉觉、火秧另(怒药);火殃勒、霸王鞭(佤药);Zhilong 芝弄(瑶药);每日冲、摆衣奇弱、额柯清(彝药);Danggao 当高、Gulongxu 骨龙须、Yangnijiao 羊怒角(壮药)。

【分布】 原产于东南亚。在中国南北方均有栽培。在缅甸广泛分布。

【用途】

缅药 1. 茎:树枝切片,干燥,磨粉,用于牵制过量的恶露排出。

2. 树液:涂在疣上。

3. 根:用作泻药。

傣药 1. 茎、叶:治急性胃肠炎、疟疾、便秘、跌打肿痛。

2. 汁:治肝硬化腹水;树、叶之汁治便秘,消肿,通便,杀虫;茎汁治便秘;树汁治便秘(《傣药录》《傣医药》《滇省志》《版纳傣药》)。

德昂药 1. 茎、叶:治急性胃肠炎、疟疾,跌打肿痛,消肿,拔毒(《德宏药录》)。

2. 乳汁:治肝硬化腹水、止痒、皮癣。

哈尼药 1. 乳汁:治顽癣。

2. 茎:治痈疮、无名肿毒、肝硬化腹水、急性肠胃炎、胃痛。

3. 根:治便秘。

4. 全草:消肿。

基诺药 全株(去叶):治肺气肿、肺病、支气管炎(《基诺药》)。

景颇药 茎、叶:治急性胃肠炎(《德宏药录》)。

傈僳药 茎、叶:治臌胀、急性胃肠炎、肿毒、疥癫(《怒江药》)。

毛南药 茎:治吐血、小便不通;鲜茎治急性胃肠炎、无名肿毒、疮疖;外用治皮肤黑痣(《桂药编》)。

仫佬药 茎:治吐血、小便不通;外用拔毒消(《桂药编》)。

纳西药 茎:治急性肠胃炎、疟疾、跌打肿痛、大便秘结。

怒药 茎、叶、乳汁:治腹胀、急性胃肠炎、肿毒、疥癫。

佤药 茎、叶:治急性胃肠炎、疟疾、跌打损伤、疥癣(《中佤药》)。

瑶药 1. 茎:治吐血、小便不通、急慢性肝炎(《桂药编》)。

2. 叶:治肝硬化(《桂药编》)。

彝药 1. 全株:治肾水肿、输尿管结石、膀胱结石、高热惊厥、抽风不省人事、头疮、腹胀、便秘、红痢(《哀牢》)。

2. 寄生:治肾水肿、泌尿结石(《彝药志》)。

壮药 1. 茎:治吐血,小便不通;外用治无名肿毒。

2. 叶:治急性肠胃炎;外用拔竹刺(《桂药编》)。

其他: 整个植物用于皮肤感染;乳胶治疗水肿,用作神经滋补剂,并治疗支气管炎(与生姜和天葵球);内核治疗梅毒、浮肿、全身水肿;树皮治疗性病溃疡;树叶治疗听力不佳。整个植物的汤剂治疗膀胱炎症;未加工的植物组织内服治疗霍乱;茎杆乳胶用于疣体,茎杆压扁敷在疖子上。

【成分药理】 成分包括环阿烯醇、epifriedelanol、euphol、euphorbol、friedelan-3alpha-ol、friedelan-3beta-ol、taraxerol、taraxerone。据报道乳胶的成分包括大戟木、树脂、橡胶、苹果酸和树胶。

Euphorbia hirta L.
飞扬草

【异名】 乳籽草(《台湾植物志》),飞相草(四川)。

【缅甸名】 kywai-kyaung min hsay, kywai-kyaung min thay, hsay min kyaung, kanah-tanow pryin。

【民族药名】 牙狼妹、芽哺默、牙那勐(傣药);莴完喋(德昂药);Aqnaciqduv duv-ma 阿玛其堵堵玛、奶浆草、飞扬草(哈尼药);资夺描(基诺药);Myiban zvai(景颇药);Feiyangcao 飞扬草(京药);质多四莫(傈僳药);nuon' jen' thug' thin 松香桐蜓、沃飞扬(毛南药);Reib njb 锐地、Jabebwok 加欧雾、Esanu 乌少怒(苗药);大飞扬(畲药);大乳汁草、大飞扬草(佤药);Nengwujiu 匪胀麦、大乳汁草、domh jaang ndiux 懂江丢、奶汁草(瑶药);Go gyak 楪降、Gocehyuengz 大飞扬、ongqiangcao 弓强草(壮药)。

【分布】 分布于世界热带和亚热带。在中国分布于江西、湖南、福建、台湾、广东、广西、海南、四川、贵州和云南等地。在缅甸广泛分布。

【用途】

缅药 1. 全草:治疗哮喘、支气管炎,产妇服用可以促进泌乳,服用可以用来减轻的中暑引起的胃痛以及加强呼吸道的神经和血管;汁液治疗衰弱的哮喘;餐后泡水喝,可促进消化,并被认为对心脏有益;闻气味可治疗吐血、稀便和胸痛。

2. 汁:增加精液,稳定怀孕,减轻发热、咳嗽、感冒和流鼻涕;局部使用,用于清除粉刺和疖疮;果汁治疗胸腔内的黏液呼吸道发炎、儿童咳嗽。

3. 叶:用作收敛剂,用于控制热量,也适用于局部癣、疖疮、瘙痒以及其他皮肤病;叶的煎剂与大量的糖混合服用,以减轻出血痢疾。

傣药 全草:治痢疾、肠炎、急慢性肾炎、急性支气管炎、乳腺炎、小儿肺炎、过敏性皮炎、皮癣(《滇药录》《滇省志》)。

德昂药 治各种水肿、便秘(《德宏药录》)。

哈尼药 全草:治肠炎腹泻、痢疾、痈疮、湿疹、脓疱疮、皮癣、急慢性气管炎、皮炎。

基诺药 全草:外治皮炎、湿疹、疮癣、皮肤瘙痒(《基诺药》)。

景颇药 效用同德昂药。

京药 全草:治痢疾;外用治鼻窦炎。

拉祜药 全草:治小儿肺炎、乳腺炎、痢疾、皮肤瘙痒(《拉祜医药》)。

傈僳药 全草:治急性肠炎、痢疾、淋病、尿血、肺痈、乳痈、疔疮、肿毒、湿疹、脚癣、皮肤瘙痒(《怒江药》)。

毛南药 全草:治细菌性痢疾、阿米巴痢疾、肠炎、肠道滴虫、消化不良、支气管炎、肾虚肾炎、产后无乳、皮炎、湿疹、皮肤瘙痒、痢疾、腹泻;外用治湿疹(《桂药编》)。

苗药 1. 根:治便秘、水膨病。

2. 全草:治痢疾、腹泻;外用治乳痈(《湘蓝考》)。

纳西药 带根全草:治细菌性痢疾、急性肠炎、消化不良、肠道滴虫、慢性气管炎、湿疹、皮炎、脚癣、带状疱疹。

畲药　全草:治痢疾、肠炎、小儿疳积、肾盂肾炎、支气管炎、乳汁短绌、湿疹皮炎。

佤药　全草:治皮炎、皮肤瘙痒、细菌性痢疾,急性肠炎(《桂药编》)。

瑶药　全草:有小毒,治痢疾、肠炎、消化不良、疮癣、皮肤瘙痒、痈疮肿毒、胃病、腹泻;外用治湿疹、疔疮(《桂药编》)。

壮药　全草:治风湿痹痛、睾丸肿痛、咳嗽盗汗、泄泻、遗精、尿频、乳痈、烫伤、痈疮产呱嘻馁(产后缺乳)、诺嚎哒(牙周炎)、笨浮(水肿)、阿意咪(痢疾)、渗裆相(烧烫伤)、呗农(痈疮)、遗尿、痢疾、腹泻;全草外用治湿疹、红癣(《桂药编》)。

【成分药理】　成分包括槲皮素、三乌头烷、植物甾醇、jambulol(鞣花酸)、蜂花、高卢人棕榈酸、胆酸和油酸、euphosterol(一种生物碱)、黄沙酮,还含有氰化氢和三萜类化合物。提取物有抗葡萄球菌的活性。

Euphorbia neriifolia L.
金刚纂

【异名】　霸王鞭(《北京植物志》),五楞金刚(俗名)。

【缅甸名】　shazaung-myin-na, ta-zaung, zizaung。

【分布】　原产于印度,在印度、东印度群岛和其他地方种植。中国南北方均有栽培,在北方于温室中观赏。在缅甸广泛种植。

【用途】

缅药　叶:治疗哮喘。

Eurycoma longifolia Jack

【分布】　分布于泰国、中南半岛、印度尼西亚。在缅甸分布于克伦邦、德林达依等地。

【用途】

缅药　1. 树皮:治疗消化不良,作为驱虫药。
2. 果实:用作抗痢疾药。

其他:在中南半岛,被称为"百病树"。在越南,它是越南的药典中经常使用的品种。在柬埔寨和马来半岛,该植物治疗头痛、发热、疟疾、分娩、天花、疮、梅毒和伤口。

Evolvulus alsinoides（L.）L.
土丁桂

【异名】　毛辣花、白鸽草、白毛将、白头妹(广东、广西),过饥草、毛将军(福建)、银花草、暴臭蛇、烟油花(广西)。

【缅甸名】　ချောက်ခွေးပင်
kyauk-hkwe-pin。

【民族药名】　白毛将、兰花草(瑶药)。

【分布】　分布于美国佛罗里达、美洲热带地区。热带东非、马达加斯加、印度、中南半岛、马来半岛至菲律宾也有分布。中国长江以南各地及台湾有分布。在缅甸分布于曼德勒和仰光。

【用途】

缅药　叶、根:用作补药、驱虫剂和平喘药。

瑶药　全草:治淋证、胃痛、消化不良、急性肠炎。

苗药　全草:治急性肠炎、尿路感染、尿血、白带、痢疾、慢性气管炎、跌打内伤、肾虚腰痛、支气管哮喘、滑精、头晕目眩、疳积、胃痛(《湘蓝考》)。

其他:在印度,该植物用作除臭剂和杀菌剂;叶治疗哮喘和支气管炎。在菲律宾,该植物用作杀菌剂和解热剂。

Exacum tetragonum Roxb.
藻百年

【缅甸名】　pa-deing-ngo。

【分布】　主要分布于印度(模式标本产地)、中国南新几内亚,在尼泊尔、不丹、缅甸、菲律宾、马来西亚也有分布。在中国分布于云南、贵州、广西、广东、江西。在缅甸大量种植,主要分布于勃固、钦邦、克钦邦、德林达依和仰光。

【用途】

缅药　全草:退热。

其他:在印度,整株植物用作退热药。

Fagopyrum esculentum Moench.
荞麦

【异名】 甜荞。

【缅甸名】 သျၢးမၢၫ်

shari-mam。

【民族药名】 美米尔基普、高卖克干(朝药);Hhalei 阿勒、马麦、花荞(哈尼药);Sagede(蒙药);荞子、甜荞(土家药);额齐、三角麦、甜荞面(彝药);Jchawu 查乌、日介渣窝(藏药)。

【分布】 作为栽培植物生长在凉爽的温带地区。中国各地广泛栽培。在亚洲、欧洲也广泛栽培。

【用途】

缅药　果实:治疗绞痛和腹泻。

朝药　1. 叶、茎:治肝硬化腹水、慢性肝炎、食欲减退。

2. 茎:治因尿路结石引起的发热、恶寒、痈疽、因病菌感染的发热疼痛(《朝要志》《朝药录》《图朝药》)。

3. 果实、荞麦面:治痨伤、咳嗽、水肿气喘。

4. 叶:治高血压、脑出血、各种出血症(《民族药志(三)》)。

东乡药　种子:治胃酸过多。

哈尼药　种子:治肠胃积滞、痢疾、赤白带下。

蒙药　果皮、种皮:抑巴达干,抑发汗。

土家药　种子:治痢疾、绞肠痧、肠胃积滞、慢性泄泻、噤口痢疾、丹毒。

彝药　1. 种子:治骨折、水肿、疮毒、外伤出血、虚汗、发痧(《彝植药》)。

2. 果实:治胸胁胀满、食滞胃痛、泄泻痢疾、疹发不透(《哀牢》《哀牢医药》)。

藏药　1. 根茎、全草:治胃癌、肺癌、胃痛、消化不良、高血压眩晕、瘰疬、狂犬病。

2. 嫩尖:鲜用捣烂外敷治痈疖肿毒、瘰疬(《藏本草》)。

3. 全草:治疮疖、腹泻、消化不良。

4. 果实:治疮伤、血病、疮疖(《中国藏药》)。

Ficus benjamina L.
垂叶榕

【异名】 细叶榕(广东),小叶榕(海南),垂榕、白榕(台湾)。

【缅甸名】 ညောင်သာပြေ

kyet-kadut, nyaung-lun, nyaung-thabye。

【分布】 分布于印度、尼泊尔、不丹、缅甸、泰国、越南、马来西亚、菲律宾、巴布亚新几内亚、所罗门群岛、澳大利亚北部。在中国分布于广东、海南、广西、云南、贵州等地。在缅甸广泛分布于若开邦和仰光。

【用途】

缅药　叶:涂抹于溃疡。

其他:在印度,乳汁治疗眼角膜变白;叶煎液和油混合,外用涂抹于溃疡。在中南半岛,乳汁和酒混合用于休克,敲碎的根用于箭毒创伤。

【成分药理】 在乳状树液中发现蜡酸(cerotic acid)。

Ficus hispida L. f.
对叶榕

【异名】 牛奶子(广东)。

【缅甸名】 ka-aung, kadut。

【民族药名】 麻勒办、麻勒崩(傣药);革来剥(基诺药);刚扒通、铜黄座、ngungh nyorx ndiangx 牛奶本(瑶药);Meizdw 美得、牛奶木(壮药)。

【分布】 从印度到澳大利亚北部均有分布。在中国分布于广东、海南、广西、云南、贵州。在缅甸广泛分布于勃固、曼德勒、德林达依和仰光。

【用途】

缅药 1. 全株:治疗糖尿病。

2. 果实:用作泥罨剂。

傣药 根、皮、叶、果实:治各种黄疸病、全身水肿、泌尿系统结石、小便灼热疼痛、尿路感染、腹痛、腹泻不止、跌打损伤、屈伸不利、产后乳汁不下、无乳、湿疹瘙痒溃烂、皮肤红疹、风湿关节疼痛、斑疹、疥癣、疔疮痈疖脓肿、风寒湿痹证、肢体关节疼痛。

基诺药 根、叶、果皮:治感冒、支气管炎、消化不良、痢疾、风湿性关节炎(《基诺药》)。

瑶药 1. 果实:治产妇乳汁不通。

2. 树液:治白带、白浊。

3. 根:治白浊、白带、乳汁不足、病后体弱、产后无乳(《桂药编》)。

4. 根、茎:治支气管炎、消化不良、妇女白浊、白带、产后乳汁不通及病后体虚。

5. 树皮、叶:治感冒发热、咳嗽、支气管炎、消化不良、痢疾、风湿性关节炎、跌打肿痛。

壮药 1. 根及茎:治东郎(饮食不振)、阿意咪(红白痢)、鹿(吐)、白冻(泄泻)、林得叮相(跌打肿痛)、发旺(风湿痹痛)、隆白呆(带下)、产后缺乳。

2. 树皮:治痢疾(《桂药编》)。

其他:在印度,树皮、果实和种子用作催吐药和泻下药。在中国,茎汁用于腹泻,排尿困难,外用于脚底开裂;果实涂抹于疣(与葱属和天菁属植物合用)。阿育吠陀中将该植物治疗贫血、胆汁分泌过少、血液障碍、痢疾、鼻衄、痔疮、黄疸、口出血和溃疡;果实用作催吐药、催欲药、催乳药和滋补药。在马来半岛,叶的煎液作为产后的保护性药物以及治疗发热,树皮和其他几种植物的煎液可治疗发热,捣碎的叶涂于疖和鼻溃疡。在印度尼西亚,服用胶乳可治疗腹泻和小便疼痛,外用涂抹治疗脚底皮肤开裂;果实与红洋葱和田菁属植物叶混合用于疣;树皮和姜黄属植物的混合物,与红米水一起研磨,涂抹于脓疱性湿疹。

【成分药理】

树皮含有单宁(tannin)、蜡(wax)、生橡胶(caoutchouc)和葡萄糖苷(glucoside)。

Ficus religiosa L.
菩提树

【异名】

思维树(《群芳谱》)。

【缅甸名】

ညောင်ပှုဒ

nyaung, bokdahae, bodahinyaung, lagat (Kachin)、mai-nyawng(Shan)、nyaung-bawdi。

【民族药名】

埋西里甩(傣药)。

【分布】

分布于亚洲热带地区。日本、马来西亚、泰国、越南、不丹、尼泊尔、巴基斯坦及印度也有分布,但喜马拉雅山区,从巴基斯坦拉瓦尔品第至不丹均有野生。在中国分布于广东、广西、云南。在缅甸广泛分布。

【用途】

缅药 1. 树皮、根、果实、叶和树液:提亮气色,清洁子宫,调节胆汁,化痰,也可缓解热病、疮疡、哮喘、麻风病、鼠疫和瘘管。

2. 树液:治疗妇科疾病,缓解牙痛和齿龈疼痛。

3. 树皮:可促进体重增加;树皮煎液减少至初始体积的一半时,服用可治多种皮肤病,发疹和瘙痒,也可用作漱口剂治愈牙病;内树皮干燥磨成粉,涂抹于瘘管可促进愈合和新组织再生;树皮灰撒在由性病导致的阴生疮上可促进干燥和愈合;用细布过滤的嫩树皮灰涂抹于慢性疮疡可加快愈合;树皮也可治疗烧伤、乳房问题、牙关紧闭和毒蛇咬伤。

4. 树液和叶:用作止吐药,也用于净化血液,可制成制剂治疗腹股沟的疖,大出血和舌唇开裂;服用叶和粗糙的煎剂可消除疲劳,强身健体;捣碎叶榨的汁和树液的混合物,局部涂抹治疗足裂。

5. 果实:成熟的果实对心脏有好处,治疗血液疾病、"热"病或胆汁病、恶心和食欲不振;服用粉碎的干果实和水的混合物可治哮喘和支气管炎。

6. 根：根皮置于水中煨至体积减少至初始的一半，服用煎液可治疱疹感染；根磨成糊状，局部涂抹治麻风和其他疮疡；服用根和岩盐的煎液可缓解哮喘和充血；服用根粉和姜粉的混合物可治疗胀气、哮喘、咳嗽、恶心等疾病；也可用于治象皮病。

傣药 1. 果：治咳嗽、绝育（《傣医药》）。

2. 全株：治感冒发热、烦躁不安。

3. 汁液：漱口止牙痛、固齿龈（《滇省志》）。

Ficus retusa L.

【异名】 榕。

【缅甸名】 ညောင်အုပ်

nyaung-ok。

【分布】 分布于马来半岛至婆罗洲。在缅甸广泛分布。

【用途】

缅药 叶、根：治疗创伤。

其他：在中国，果实泡酒，不论内服还是外用，都为治疗挫伤的止痛药；煮过的叶和花蕾可治疗结膜炎；气生根作为原料之一可制成一种乳液，用于涂抹风湿部位和肿胀的脚上；灰烬（在竹子中烧后产生的）敷用治牙痛；在中国台湾地区，树皮和气生根治疗结核和退热。

Ficus rumphii Blume
心叶榕

【缅甸名】 nyaung-phyu。

【分布】 中国、巴基斯坦、不丹、孟加拉国、尼泊尔、泰国和越南均有分布，印度、缅甸、越南、泰国、马来西亚、印度尼西亚、东帝汶也有分布，在中国分布于云南。在缅甸广泛分布于勃固、若开邦和仰光。

【用途】

缅药 果实：退热。

其他：在印度，全株植物的汁液用于杀虫；也可和姜黄，胡椒，酥油一起内服治疗哮喘；树皮用于毒蛇咬伤。

Ficus semicordata Buch. -Ham. ex Sm.
鸡嗉子榕

【异名】 鸡嗉子果（《中国高等植物图鉴》），鸡嗉子（云南）。

【缅甸名】 ကဒွတ်၊ကြိုးကဒွတ်

kyet-kadut, ka-dut, lamai, mai-hpang, mai-lusang, tha-dut, ye-ka-on。

【民族药名】 生鸠（基诺药）；山枇杷果、鸡嗉果（佤药）。

【分布】 分布于亚洲的热带地区。在中国分布于广西、贵州、云南、西藏。在缅甸分布于勃固、克钦邦和仰光。

【用途】

缅药 果实：治疗口疮。

基诺药 果皮：治脱肛（《基诺药》）。

佤药 叶：外用治眼角膜炎、异物创伤发炎（《中佤药》）。

其他：在印度，树皮和果实沐浴治疗麻风病；果实用于口疮疾病；根汁用于膀胱弊病，汁也可于牛奶中煮沸用于内脏疾病。

Flacourtia jangomas（Lour.）Rausch.
云南刺篱木

【缅甸名】 kyetyo-po，mak-kyen，naywe。

【分布】 分布于亚、非、欧三大洲的热带地区。印度的喜马拉雅山脚下延伸到中国的东南亚，无野生。在中国分布于云南、广西、海南。在缅甸广泛分布于曼德勒、德林达依和仰光。

【用途】

缅药 1. 叶：治疗口腔炎，用作发汗剂。

2. 果实：治疗恶心和胆汁质。

其他：在印度，树皮用作产前和产后妇女净

化血液;果实用于胆汁质和肝脏不适。

Flemingia chappar Buch.-Ham. ex Benth.
墨江千斤拔

【缅甸名】 ကျဘုန်း

bahon, gyo-pan, kyabahon, se-laik-pya。

【民族药名】 罗桌尖、桌尖罗(彝药)。

【分布】 分布于中国、印度、老挝、缅甸、尼泊尔、泰国、孟加拉国、柬埔寨。在中国分布于云南。在缅甸分布广泛。

【用途】

缅药　根:用作镇静剂和止痛药。

彝药　根:治骨髓炎、肾炎、膀胱炎(《滇药录》《滇省志》)。

【成分药理】 具有抗肿瘤和抗病毒活性。

Flemingia strobilifera (L.) Ait.
球穗千斤拔

【异名】 大苞千斤拔、半灌木千斤拔(《中国主要植物图说·豆科》)。

【缅甸名】 se-laik-pya thingu-gyat。

【民族药名】 半灌木千斤拔(哈尼药)。

【分布】 从印度到菲律宾均有分布。在中国分布于云南、贵州、广西、广东、海南、福建、台湾。在缅甸分布于伊洛瓦底和仰光。

【用途】

缅药　根:治疗癫痫。

哈尼药　根:治妇科疾病(《哈尼药》)。

其他:在马来半岛和菲律宾,根的汤可作为产后保护药物;叶也作为洗剂治疗风湿病。在菲律宾,叶和鲜花制成汤剂或冲剂治疗结核病。

Foeniculum vulgare Mill.
茴香

【异名】 蘹蕣(《唐本草》),小茴香。

【缅甸名】 samon-sabar, samon-saba。

【民族药名】 weinxionImirx 喂兄咪(白药);茴香、那浩热(布依药);huehiang 呼约哈央、huihangpuer 茴夯普尔(朝药);景儿、pakeji 帕克儿、帕基(傣药);骂茴香、谷茴香、谷茴(侗药);朱朱仄歪、火央、罗杠宰(仡佬药);胡及怂、同质汉俄(傈僳药);烂仓宫(环江语)(毛南药);Zhorgodes 照日高德斯、找日高得苏、昭日古达素-高尼瑶特(蒙药);Fux lox bubghunb 胡萝卜棍、Xongx hxongb 雄凶、小茴香、怀香端、小茴香、Xiongx hxongb 雄松(苗药);小茴香、茄香子(纳西药);志冲(怒药);小茴香、谷茴(土家药);Arpabediyan 阿日帕巴地洋、Badiyan yilizi posti 巴地洋依力提孜破斯提、茴香(维药);小茴香(瑶药);hopxiebbut 活泻逋、茴香根(彝药);小茴香(裕固药);司拉嘎保、silagabao 丝拉嘎保、lalapu 拉拉普(藏药);Byaekhom 碰函、小茴香(壮药);Ubao(台少药)。

【分布】 广泛分布在热带和温带地区,原产地中海地区。中国各地区都有栽培。在缅甸分布于掸邦。

【用途】

缅药　1. 整株植物:用作消化剂和兴奋剂,可做强心剂,治疗肠梗阻;和幼嫩的木桔(印度枸橘)一起食用可用来治疗消化不良和腹泻;睡前服用等份的茴香和糖的混物,可作为治疗眼部感染的一种药物。

2. 叶片:从碎叶中提取的汁液,用于改善泌尿功能和治疗尿路感染。

3. 果实:用于健胃和催奶剂。

4. 种子:从种子中提取的油可治疗肠胃问题,如胃胀气;种子的水提物可以用来退热;食用种子被以减少痰、胀气、咳嗽、恶心和呕吐;用种子泡的茶,可有效治疗绞痛和婴儿的消化不良。

白药　根:治寒疝、咳喘、水肿、腹痛、乳胀积滞、风湿性关节炎(《大理资志》)。

布依药　根及果实:治疝气。

朝药　果实:治寒症、阴证、凉气、霍乱、疝气、脚气、阴盛格阳症、恶心、痢疾、中风、惊悸、夜啼、客忤中恶。

傣药 1. 果实:治癫痫、头晕眼花、腹胀、胃寒气痛、小腹冷痛、痛经、头晕眼花、颈项酸痛(《傣药志》《傣医药》)。

2. 籽:治发热不退(《滇药录》)。

侗药 果实:治肾虚腰痛、胃痛、呕吐、睾丸偏坠、痛经、小腹冷痛。

仡佬药 根:治肾炎。

傈僳药 1. 籽:治发热不退(《滇药录》)。

2. 全草、根、种子:治胃寒痛、少腹冷痛、痛经、疝气痛、睾丸鞘膜积液、血吸虫病(《怒江药》)。

毛南药 1. 叶:治跌打肿痛。

2. 果实:治腰痛。

3. 种子:治腰痛(《桂药编》)。

蒙药 果实:治"赫依"热、眼花、"赫依"性头痛、疝气、胃寒胀痛、恶心、毒症、中毒性呕吐、不思饮食、腹胀、气胀、心气不舒、小腹冷痛、痛经(《蒙药》《蒙植要志》)。

苗药 1. 果实:治小儿疝气、皮风(《苗医药》《苗药集》)。

2. 全草:治胃寒腹痛、经来腹痛、小儿气肿、霍乱、呕逆、腹冷不下食、疝气痛、小儿麻疹发热、疹出不透、呃逆少食、慢性附件炎、气滞腹胀、腰部冷痛(《湘蓝考》)。

3. 根:治风湿骨痛。

纳西药 1. 根:同大米煮稀粥吃治牙痛、气滞腹痛(《大理资志》)。

2. 果实:治胃寒痛、疝痛、早中期血吸虫病、小肠气腹痛、肾虚腰痛、胁下疼痛、小便夜多及引饮不止、遗尿。

怒药 全株:治脑神经衰弱、耳聋耳鸣。

土家药 果实:治寒疝腹痛、疝气肿痛、痛经、少腹冷痛,开胃进食。

维药 1. 果实:治湿寒性炎肿、消化不良、腹胀腹痛、恶心呃逆、腰背酸痛、视力下降、闭尿、闭经、陈旧性肠梗阻、咳嗽气喘、胃寒腹痛、呕吐、少食、月经不调、乳汁不下;果实炒热用布包于腹部治寒症腹痛。

2. 叶:绞汁洗目治眼疾。

3. 根:治妇女白带多;研末拌蜂蜜治狂犬病。

4. 根皮及果实:治寒疝腹痛、睾丸偏坠、痛经、小腹冷痛、食少吐泻、睾丸鞘膜积液。

5. 根皮:治寒性腹痛、腹部不利、尿路结石、小便不通、阴囊肿痛、疝气、咳嗽、气管炎(《维药志》)

瑶药 果实或全草:治胃寒呕逆、腹痛疝气、痛经、鞘膜积液。

彝药 根:治胃寒呃逆、腹胀肚痛、食少、身体羸弱(《哀牢》)。

裕固药 果实:治周身关节痛、身痛、痛经。

藏药 1. 果实:治"培根"病、肺热症、胃寒腹胀、消化不良、肺炎、肺结核、虫病(《青藏药鉴》《中国藏药》)。

2. 全草:治胃寒、消化不良、腹痛、肺炎、脉病、"培根"病。

3. 种子:治胃寒痛、小腹冷痛、痛经、疝痛、肾虚腰痛、遗尿。

壮药 果实:治兵嘿细勒(疝气)、核尹(腰痛)、脂胴尹(腹痛)、胴尹(胃痛)、邦印(肋痛,睾丸肿痛)、京尹(痛经)、京瑟(闭经)、濑幽(遗尿)、勒务发得(小儿发热)、卟哏(小儿厌食症)、鹿(呕吐)、白冻(泄泻)、跌打肿痛(《桂药编》)。

台少药 叶:打碎后用汁涂于患部治外伤。

Fritillaria cirrhosa D. Don
川贝母

【异名】 卷叶贝母。

【缅甸名】 gamone-kyet-thon-phyu, gamon-kyeethun-phyu, machitoo, machyit (Kachin)。

【民族药名】 贝母(东乡药);贝门(傈僳药);尼比莎瓦(蒙药);贝母、雀贝(纳西药);贝母、川贝母(怒药);goe-bugekshabagegui 果布格莎巴革鬼、川贝母(羌药);白火(土家药);阿皮卡曼巴、阿皮卡(藏药)。

【分布】 分布于喜马拉雅山区、尼泊尔。在中国主要产于西藏、云南和四川,也见于甘肃、青海、宁夏、陕西和山西。在缅甸广泛种植,尤其是克钦邦和其他被冰覆盖的北部地区。

【用途】

缅药 鳞茎:据记载可延年益寿,有助于升高逐渐减弱的体温,用于预防和缓解疼痛、哮喘、贫血、干咳、囊肿、血管和静脉曲张,以及关节疼痛、排尿困难、慢性病和发热;治疗哮喘和麻风,可将根磨成粉末,与橘子皮一起煮沸,服用;取一茶匙泡粉混合物浸泡在蜂蜜中,治疗男性病;鳞茎粉也用于催眠、增强食欲。

东乡药 鳞茎:治咳嗽、吐血、肺痨、咽喉肿痛及一切痈肿疮毒。

傈僳药 鳞茎:治虚劳咳嗽、吐痰咯血、心胸郁结、肺痿、肺痈、瘿瘤、瘰疬、乳痈(《怒江药》)。

蒙药 鳞茎:治胸热作痛、阴虚燥咳、咯痰带血、小儿肺热咳嗽(《蒙药》)。

苗药 鳞茎:治阴虚噪咳、咯痰带血(《湘蓝考》)。

纳西药 鳞茎:治慢性咳嗽、干咳无痰或少痰、胃溃疡、急慢性气管炎、百日咳、忧郁不乐、胸膈满闷、乳少。

怒药 鳞茎:治虚劳咳嗽、吐痰咯血、心胸郁结、肺痿、肺痈、瘿瘤瘰疬、乳痈。

羌药 鳞茎:用鸡蛋清调蒸后治久咳痰喘、咳嗽咯血、老年性慢性支气管炎、肺结核、肺虚久咳、痰少咽燥、瘰疬、疮痈、肿毒、乳痈、肺痈。

土家药 鳞茎:治咳嗽、咯血、气管炎(《土家药》)。

藏药 1. 鳞茎:治气管炎、月经过多、中毒症、肺热咳嗽、感冒、骨折、邪热、发热、喉塞、咳血、头颅骨折、外伤、胃痛、干咳少痰、阴虚、劳咳、咯痰带血、结核咳嗽、咽部肿痛(《青藏药鉴》)。

2. 叶:治黄水病、骨节积黄水。

3. 种子:治头病、虚热症(《中国藏药》)。

4. 花、籽:治头痛、由高烧引起的神经症状或颅内并发症(《中国民族药辞典》)。

其他:用于治疗鼻炎以及蛇、蝎子和蜘蛛等咬伤的解毒剂;作为祛痰剂用治咳嗽、哮喘;发热、目疾等疾病;也可治疗风湿、排尿困难、出血、骨髓、癌症、肺结核、梅毒。在中国,鳞茎可益肺、化痰,治咽喉肿痛(扁桃体周围脓肿)。

Garcinia mangostana L.
莽吉柿

【缅甸名】 မင်းကွတ်

Mingut。

【分布】 分布于马来群岛,原产于马鲁古,亚洲和非洲热带地区广泛栽培。在中国台湾、福建、广东和云南有栽培。在缅甸广泛种植。

【用途】

缅药 树皮、果实:治疗腹泻和痢疾。

其他:树的大部分可用作止血剂,其干果的果壳粉最有效。在印度、中南半岛南部,树皮和果实(果皮)的使用方式与缅甸相同。在马来半岛,人们给月经不调的患者服用根汤;用未成熟的香蕉和安息香煎制成的叶子汤,可治疗外部伤口,比如包皮环切的伤口。在印度尼西亚,用制备的 peicarp 灌肠和坐浴,治疗弛缓性溃疡和扁桃体肿胀。

Garcinia xanthochymus Hook. f.
大叶藤黄

【异名】 人面果(《中国高等植物图鉴》),岭南倒捻子(《中国树木分类学》),香港倒捻子(《拉汉种子植物名称》),歪脖子果(云南)。

【缅甸名】 မွန်တဝ့ပင်(မဒေါ်)

daungyan, dawyan-ban, hmandaw, madaw。

【民族药名】 戈吗拉、埋麻拉、锅麻拉(傣药);人面果(哈尼药)。

【分布】 分布于喜马拉雅山脉西部、印度北部,喜马拉雅山东部、孟加拉国东部经缅甸、泰国至中南半岛及安达曼岛也有分布,日本有引种栽培。在中国分布于云南、广西,广东有引种栽培。在缅甸广泛分布。

【用途】

缅药 果实:治疗胆汁性疾病、腹泻和痢疾。

傣药 1. 茎、叶汁、茎皮、种子:治疗蚂蝗(水蛭)入鼻、高热惊厥、头昏目眩、食物中毒、腹泻呕吐(《滇省志》《版纳傣药》《傣医药》)。

2. 树皮、茎叶、种子、茎皮:治四肢抽搐、误食禁忌或不洁之物引起的恶心呕吐、冷汗淋漓。

3. 鲜茎叶浆汁、茎皮、种子:内服驱虫。

4. 茎、叶、浆汁、茎皮、种子:清火退热,解食物中毒。

哈尼药 全株:治糖尿病。

其他 树皮提取物可以刺激神经元或神经组织的生长。

【成分药理】 叶子含有大量黄酮,具有抗菌和抗疟的特性。

Garuga pinnata Roxb.
羽叶白头树

【缅甸名】 chinyok, mai-kham, sinyok, taesap。

【民族药名】 埋航(傣药)。

【分布】 分布于印度、孟加拉国、缅甸、泰国、柬埔寨、老挝至越南,广泛分布在亚洲和欧洲。在中国分布于广西、四川、云南。在缅甸广泛分布于勃固、若开邦、曼德勒、实皆和仰光。

【用途】

缅药 果汁:治疗哮喘。

傣药 1. 叶、树皮、心材:治水火烫伤、皮肤瘙痒、斑疹、疥癣、湿疹、疔疮痈疖脓肿、腰痛。

2. 树皮:治烧伤、疮疡溃烂、过敏性皮炎(《傣医药》)。

3. 茎、皮、叶:鲜品煎水搓洗治过敏性皮炎、烧伤、疮疡溃烂(《滇药录》)。

其他 在印度,茎汁用作滴眼剂治疗结膜混浊;叶汁加蜂蜜治疗哮喘;果实用作胃药。在中南半岛,树皮和蜂蜜一起来治疗哮喘。

Girardinia diversifolia（Link）Friis
大蝎子草

【异名】 大荨麻,虎掌荨麻,掌叶蝎子草。

【缅甸名】 gwi-lakajawng, petya, petya-gyi, sin-petya。

【民族药名】 大蝎子草、在荨麻、大茎麻(白药);暂娜入晋(朝药);Sumx yak 省亚(侗药);帕彩帕懋(基诺药);茂拍晴畜(纳西药);阿季岩、阿资(彝药);sanwaza 散哇匪(藏药);Mawinhing 盟银否、Bwzgoj 白果(壮药)。

【分布】 分布于中国、不丹、印度、印度尼西亚、韩国、尼泊尔、斯里兰卡、非洲、马达加斯加、中南半岛、马来半岛、印度尼西亚和埃及。在中国分布于西藏、云南、贵州、四川、湖北。在缅甸广泛分布。

【用途】

缅药 叶:治疗头痛、关节肿胀和发热。

白药 全草:治咳嗽痰多,水肿;外用治疮毒(《大理资志》)。

朝药 全草:治风寒感冒。

侗药 全草:治荨麻疹、宾炬痉(风团块)、挡朗(骨折)(《侗医学》)。

基诺药 全草:治全身水肿;外用治毒疮(《基诺药》)。

纳西药 根:治风湿疼痛、跌打损伤骨折、皮肤瘙痒、外伤出血(《滇药录》)。

彝药 1. 根:治风热咳嗽、胸闷痰多、疮毒溃烂、风疹瘙痒。

2. 全草:配伍治脚手抽搐(《哀牢》)。

3. 全草或根:治小儿惊风、中风不语、咳嗽痰多、咯血水肿、疮毒、皮肤瘙痒(《楚彝本草》)。

藏药 根:治感冒咳嗽、痰多胃胀、胸闷、皮肤瘙痒、疮痈肿毒、中风不语、水肿;鲜根捣烂外敷治骨折(《藏本草》)。

壮药 1. 叶:治阿闷(腹痛)、心跳(心悸)、麻邦(中风)、埃病(咳嗽)、墨病(哮喘)、血压桑(高血压)、高脂血症、啊尿甜(糖尿病)。

2. 果实:治墨病(哮喘)、比耐来(咳痰)、隆白呆(带下病)、肉赖(多尿症)。

其他:在印度,叶治疗关节肿胀和头痛,其汤剂治疗发热。在中国,根和茎的汤与葡萄酒混合饮用治疗恶性疖子,与猪肉熬制的肉汤用来治疗胃痛。

Gloriosa superba L.
嘉兰

【缅甸名】 ဆီးတဧက်"ဦရှည်-ဦဝိုင်း hsee mee-tauk。

【民族药名】 莫得为(阿昌药);嘟另、何发来、朗顾(傣药);膜丙喷、莫并喷(德昂药);mitang huzo(景颇药)。

【分布】 分布于非洲和亚洲的热带地区。在中国分布于云南。在缅甸全境自然生长,但在温带地区更为常见。

【用途】

缅药 1. 全草:缓解肠胃胀气,化痰,促尿,治疗膀胱疾病、中毒、麻风病、痔疮、腹胀、肺病等。

2. 叶:粉用于伤口和溃疡处,具有杀菌,促进愈合的功效;叶与粗糖一起食用来驱逐蛔虫和丝虫;叶粉与酸橙汁混合后,可用作耳内拭子或滴剂,治疗耳痛和耳朵感染;

3. 块茎:用作流产剂,治疗溃疡、麻风病和痔疮;洗净后与水一起压碎,然后将混合物涂抹在肚脐和子宫上方,促进分娩;块茎膏也可以用来减轻瘀伤和炎症;从块茎粉末中提取的液体浸泡在水中,可治疗淋病。

阿昌药 全草:外用治鼻衄血(《德宏药录》)。

傣药 1. 根、块茎:治半边瘫痪、周身关节痛、高热抽搐、周身肿胀,清热泻火,理气止痛(《版纳傣药》《傣医药》)。

2. 根:治跌打损伤、风湿病(《滇药录》)。

3. 全草:配伍治鼻衄(《德傣药》)。

4. 块茎:治风湿关节肿痛、肢体麻木、偏瘫、风寒湿痹证、肢体关节酸痛、屈伸不利、头昏目眩、头痛、肢体关节红肿热痛。

德昂药 效用同阿昌药(《德宏药录》)。

景颇药 效用同阿昌药(《德宏药录》)。

Glycine max (L.) Merr.
大豆

【异名】 菽(《诗经》),黄豆(通称)。

【缅甸名】 ber-hrum, hsan-to-nouk, ngasee, pe-bok, pe-ngapi。

【民族药名】 黑大豆(白药);土音(布依药);吾、kaoeng 考崇、否、zang 章(朝药);黄豆、大豆(侗药);哈日-宝日其格(蒙药);Deid ghueb 堆怪、Def dend dlaib 豆本杉、Def drib 独筛(苗药);大豆(畲药);shanmnmaiduo 善扪麦朵(藏药)。

【分布】 原产于中国,全国各地均有栽培,亦广泛栽培于世界各地。在缅甸广泛种植。

【用途】

缅药 种子:用作滋补剂。

白药 黑色种子:治水肿胀满、风毒脚气、黄疸浮肿、风痹痉挛、产后风痉、口噤、痈肿疮毒、解药毒。

布依药 种子:治疗疮。

朝药 1. 发酵品(酱):治烦满,杀百药热汤火毒。

2. 种子发芽后晒干品(大豆黄卷):治湿热不化、汗少、胸痞。

3. 豆豉:治消化不良、泄泻。

傣药 种子:经蒸熟发酵加工品治伤寒热病、寒热、头痛、烦躁、胸闷(《滇省志》《民族药志(一)》《滇药录》)。

侗药 种子:治感冒、寒热头痛、烦躁胸闷。

蒙药 1. 种子(黑大豆):治水肿胀满、脚气浮肿、风湿痹痛、痈疮肿毒、药物中毒、风痹痉挛、产后风疼、口噤、风毒脚气、黄疸浮肿。

2. 种皮(黑豆衣):治阴虚发热、自汗、盗汗、头晕目眩、便不利、水肿。

3. 大豆黄卷:治暑湿发热、胸闷、肢体酸重、小便不利、水肿(《蒙药》)。

苗药　种子:治黄疸浮肿、肾虚遗尿、解乌头及附子毒(《湘蓝考》)。

畲药　种子:产后祛瘀血,去火,治血虚、风疹、铁钉刺伤、疔疮、甲沟炎、风疹;生黄豆嚼烂,外敷治疗疮、甲沟炎、铁钉刺伤。

彝药　果实:治跌打损伤、风寒湿痹、瘀积腹痛、水肿胀满、月经不调、疮疡肿毒;外用治慢性骨髓炎。

藏药　1. 种子:治肾虚、性欲低下、妇科疾病、崩漏、月经过多、鼻衄、外伤出血。

2. 果实:治“龙”病,解毒(《藏标》《部藏标》《中国藏药》《民族药志(一)》)。

其他:种子用作补药、利尿剂、退热药和解毒剂。在缅甸,药用植物中记载该品种有助于消化液的流动,增加同化作用。

【成分药理】　一种可治疗某些肺炎球菌的刀豆球蛋白已经在这种植物中被发现。大豆的溶血活性可被高温破坏;大豆可作为核黄素、硫胺素、烟酸、泛酸的来源。

Gmelina arborea Roxb.
云南石梓

【异名】　滇石梓(《云南植物志》)。

【缅甸名】　mai-saw, thebla, thun-vong, yemane。

【民族药名】　楠说、埋索(傣药);jia suo pu(哈尼药);勒咩(基诺药)。

【分布】　从印度到东南亚均有分布。在中国分布于云南。在缅甸广泛分布于勃固、克钦邦、曼德勒、掸邦、仰光。

【用途】

缅药　1. 叶子:治疗溃疡。

2. 根:用作胃药。

傣药　1. 树皮或心材:治咳嗽、疥癣、湿疹出现的皮肤瘙痒、咽痛、斑疹。

2. 树皮:治风火偏盛所致的咽喉肿痛、麻疹、风疹、水痘、痱子、黄水疮、水火烫伤。

哈尼药　树皮:研粉用于刀枪外伤、伤口化脓、溃疡。

基诺药　1. 树皮、叶:治脱肛。

2. 树皮:外用治骨折和用于拔刺(《基诺药》)。

其他:在印度,树皮治疗霍乱、咽喉肿胀、风湿病、癫痫、水肿、肛门痉挛(紫荆皮)、梅毒(嫩枝、叶子和根)、支气管炎以及中毒或昏迷、毒虫和其他动物的叮咬;根用作补药、泻药和风湿药。

Gossypium barbadense L.
海岛棉

【异名】　光籽棉(《华北经济植物志要》),木棉、离核木棉(云南)。

【缅甸名】　nu-wah。

【民族药名】　Chigit 齐格特(维药);锐摘(藏药)。

【分布】　原产于南美热带地区和西印度群岛,现热带地区广泛栽培。在中国分布于云南、广西和广东等地。在缅甸有大量种植。

【用途】

缅药　1. 全株:治皮肤疾患、毒蛇咬伤、蝎子蜇伤等,还可缓解子宫疼痛。

2. 树皮:煎出的汁用于减轻月经过多。

3. 根:根和淘米水制成的流浸膏可治白带过多;煎汤内服可消除因尿路感染造成的排尿时灼热疼痛感等症状。

4. 叶:防治多种疾病,包括腹胀气、血虚、水肿和耳部感染;叶捣烂的汁可治消化不良所致的腹泻。

5. 花:花蕾能刺激泌乳,止咳祛痰,止渴,增强记忆力和提神的效果显著;花做成的一种饮料可缓解精神疾病;花炒炭研粉敷于伤处可生肌促愈合。

6. 种子:用于增加乳汁分泌和增强男性性功能;种核制成的软膏外用可缓解烧伤;牛奶炖种核可治记忆力衰退;种子、干姜和水制成的糊状物可治睾丸炎;煎汤漱口可缓解牙痛;烤制过压扁的种子制成的膏药可治愈老茧和疖。

藏药　种子：治鼻病、虫病、吉祥天母瘟病，退弹片（《中国藏药》）。

Gossypium hirsutum L.
陆地棉

【异名】　高地棉（《广州常见经济植物》），大陆棉（《中国树本分类学》），美洲棉（《经济植物手册》），墨西哥棉（《华北经济植物志要》），美棉。

【缅甸名】　wah。

【民族药名】　棉花（鄂温克药）；克外孜古丽（维药）；锐摘（藏药）；棉花根（壮药）。

【分布】　起源于中美洲、墨西哥和大安的列斯群岛，已广泛栽培于全国各产棉区。在缅甸广泛种植。

【用途】

缅药　功效同海岛棉。

鄂温克药　果实：可治外伤、皮癣。

维药　花：治神经性疾病、失眠、心悸、心慌、心神不安、抑郁、记忆力减退、神经衰弱。

藏药　种子：治鼻病、虫病、吉祥天母瘟病。

壮药　根：治咳嗽、笨浮（水肿）、奄寸（子宫脱垂）、胃下垂。

Gouania leptostachya DC.
咀签

【缅甸名】　pi-khum, tayaw-nyo-nye。

【民族药名】　芽崩波、亚奔波、下果藤（傣药）；阿奴拉优（基诺药）；亚奔波（佤药）；咀签、ndeibswj 内衣（壮药）。

【分布】　分布于中国、不丹、印度、老挝、马来西亚、缅甸、尼泊尔、菲律宾、新加坡、印度尼西亚、泰国和越南。在中国分布于广西、云南。在缅甸广泛分布于德林达依和仰光。

【用途】

缅药　叶：治疗溃疡。

傣药　1. 茎、叶和根：治腮腺炎、颌下淋巴结炎、跌打损伤、肢关节红肿疼痛、活动不便、疮疡肿毒、水火烫伤，清热消炎，消肿。

2. 茎叶：治肢体麻木、高热不退、全身水肿、烫火伤、疮疡、风湿麻木（《傣医药》《版纳傣药》《傣药录》《滇省志》）。

基诺药　茎叶：治牙痛；外用治痈疮（《基诺药》）。

拉祜药　茎叶：治风湿麻木、烫伤（《拉祜医药》）。

佤药　茎、叶：治烧烫伤、肢体麻木、疮疡（《中佤药二》）。

壮药　治高热、湿疹、外伤出血。

其他：在印度尼西亚，将根、茎、叶制浆后可治疗某些皮肤疾病。

【成分药理】　树皮和叶子含有少量的生物碱，对蟾蜍有强直效应。

Grangea maderaspatana（L.）Poir.
田基黄

【缅甸名】　taw-ma-hnyo-lon, ye-tazwet。

【民族药名】　田基黄（哈尼药）；哒对杆（黎药）。

【分布】　广泛分布于热带和亚热带地区。在中国分布于台湾、广东、海南、广西以及云南。在缅甸广泛分布于勃固和仰光。

【用途】

缅药　叶：用作驱虫药、解热药和解痉挛药。

哈尼药　全草：治妇科病。

黎药　全草：治热病。

其他：在印度，叶子预防月经阻塞和癔病的药物，用作止痛剂和防腐剂，还可以调节痉挛，健胃。

Grewia asiatica L.

【异名】　亚洲扁担杆。

【缅甸名】　ဆင်မနီပျဉ်းထရက်အာ

【分布】　分布于印度，现热带地区已广泛栽培。

【用途】

缅药　1.树皮:镇痛。

2.叶:治疗头皮疹。

3.果实:用作收敛药。

其他:在印度,树皮可镇痛;叶敷于发疹处;果实可收敛止血,健胃;根皮治疗风湿。

Grewia hirsuta Vahl.
粗毛扁担杆

【缅甸名】　ကြိုတရော်

kyet-tayaw, tayaw。

【分布】　中国、孟加拉国、印度、尼泊尔、斯里兰卡、中南半岛、马来半岛、巽他群岛与西非的几内亚、尼日利亚都有分布。在中国分布于台湾、广东、海南、广西以及云南。在缅甸广泛分布于勃固、曼德勒、掸邦。

【用途】　治疗腹泻、痢疾和创伤(包括化脓性病变)。

Grewia nervosa（Lour.）Panigrahi

【异名】　神经灰树。

【缅甸名】　မျော(မျိုရာ)

myat-ya, mya-yar, myin-kahpan, ye-mya-yar。

【分布】　中国、柬埔寨、印度、印度尼西亚、老挝、马来西亚、斯里兰卡、泰国和越南均有分布。在缅甸广泛种植。

【用途】

缅药　全株:治疗皮肤病和消化不良。

其他:在印度,全株治梅毒性溃疡和湿疹;叶可做麻醉药。

Grewia polygama Roxb.

【异名】　火鸡灌木,痢疾灌木,鸱鸲浆果。

【分布】　分布于喜马拉雅山脉的西北部向东、孟加拉国和斯里兰卡。

【用途】

缅药　叶:治痢疾。

其他:据报道可治疗头痛、老虎咬伤、疮痈、霍乱、腹泻、痢疾、眼睛;种子煎煮后用来制做亚酸性饮料。

Haldina cordifolia（Roxb.）Ridsdale
心叶木

【缅甸名】　နှောပင်

hnaw, yangmaw。

【分布】　分布于非洲和亚洲斯里兰卡、印度、尼泊尔、越南和泰国等地。在中国分布于云南。在缅甸分布于勃固、曼德勒、仰光。

【用途】

缅药　花:治疗头痛,也用于消除伤口中的蛆虫。

其他:在中南半岛,根煎煮之后有收敛作用,治疗腹泻和痢疾。

Helicteres isora L.
火索麻

【异名】　鞭龙(云南),扭蒴山芝麻(《中国高等植物图鉴》)。

【缅甸名】　ဆေးသူငယ်ချက်

thunge-che, tingkyut。

【民族药名】　麻纽赛、喜哈、麻留赛(傣药)。

【分布】　分布于马来群岛。在缅甸分布于德林达依、克钦邦、曼德勒和仰光等地。

【用途】

缅药　1.树皮和根:健胃。

2.果实:用作搽剂。

傣药　1.根或果:治腹部绞痛、呕吐、腹泻。

2.根:治胃脘疼痛、吐血、便血、呕吐、腹泻。

其他:在印度,叶治胃痛;果实治肠胃失调

和小儿佝偻病；种子治胃痛和痢疾，种子油还可用于按摩身体以缓解疼痛；根治疗消化道溃疡所致的腹痛（与其他植物联合用药）和腹绞痛。

Heliotropium indicum L.
大尾摇

【缅甸名】 ဆင်လက်မေင်းကို

sin-hna-maung，sin-let-maung。

【民族药名】 鸭哦章（傣药）；雅屯暇（黎药）。

【分布】 广泛分布于热带地区。在中国分布于广东、海南、福建、台湾及云南。在缅甸分布于仰光。

【用途】

缅药 1. 全草：用作利尿剂；煎剂可治疗淋病、糖尿病。

2. 叶：治疗疖子、溃疡和创伤。

傣药 1. 全株：治肺炎、肺脓肿、脓胸、腹泻、痢疾、睾丸炎、白喉、口腔糜烂、痈疖。

2. 根：治神经衰弱、狂犬病（《滇省志》）。

黎药 全草：治疮疡。

其他：在印度，整株植物治疗溃疡、疖子、昆虫叮咬和咽喉感染；叶治疗昆虫和爬行动物咬伤。在中国，广泛用于制膏药，也治疗疖子、痈、疱疹和抗癌。

【成分药理】 含有重要的抗癌成分——大尾摇碱氮氧化物（indicine-N-oxide），对 P388 白血病有明显的活性。此外含有乙酰大尾摇碱（acetyl indicine）和大尾摇宁碱（indicinine）。

Heynea trijuga Roxb. ex Sims.
老虎楝

【异名】 鹧鸪花。

【缅甸名】 taagat-ta-gyi。

【民族药名】 积布、几补（傣药）。

【分布】 中国海南有分布。在缅甸分布于勃固、曼德勒和仰光。

【用途】

缅药 树皮，叶：用作滋补药。

傣药 根：治痢疾、便血、麻疹、淋巴结炎、牙痛、腹痛、风湿性关节炎、风湿腰腿痛、咽喉炎、扁桃体炎。

其他：在海南、越南北部及马来半岛，树叶的煎剂可治疗霍乱。

Hibiscus cannabinus L.
大麻槿

【异名】 芙蓉麻（《华北经济植物志要》），洋麻（《经济植物手册》）。

【缅甸名】 လျော်ပင်အဖြူခြည်ခင်းကို

chin-baung-gyi，chin-baung-kha，kenaf。

【分布】 原产于印度，现热带地区广泛栽培。中国黑龙江、辽宁、河北、江苏、浙江、广东和云南等地有栽培。在缅甸广泛种植。

【用途】

缅药 叶：用作缓泻药。

其他：叶可作泻药；花的汁液和黑胡椒、糖一起用可治疗胃酸过多和胆汁分泌过多；种子外敷治瘀肿疼痛，还可壮阳和增肥。

Hibiscus sabdariffa L.
玫瑰茄

【异名】 山茄子（广东）。

【缅甸名】 ချဉ်ပင်နီ

bilat-chinbaung，chinbaung-ni，chin-bong，chinebaune，phat-swonpan，sum-bawng。

【民族药名】 哥肺良、内帕宋布（傣药）。

【分布】 原产于东半球热带地区，现全世界热带地区均有栽培。中国台湾、福建、广东和云南引入栽培。在缅甸广泛种植。

【用途】

缅药 种子：治体虚。

傣药 花萼和总苞：治高血压、中暑、咳嗽、能促进胆汁分泌。

其他：在印度，肉质花萼放入水中煮沸，得到的煎液用治胆汁分泌过多；叶，花萼和种子可作坏血病药和利尿药使用；果实作坏血病药，还可治动脉硬化症。

Hibiscus schizopetalus (Dyers) Hook. f.
吊灯扶桑

【异名】 灯笼花（海南），假西藏红花（广东）。

【缅甸名】 khaung-yan，khaung-yan-ywet-hla，mawk-manu，mawkmnae，panswe-le。

【分布】 原产于东非热带地区。在中国分布于台湾、福建、广东、广西和云南等地。在缅甸广泛种植。

【用途】

缅药 1. 果实：健胃，润肤。

2. 叶：消肿，治疗腋下疮疡。

其他：叶可用作止痛药和缓泻药；花可用作壮阳药，可治疗疔疮、腮腺炎、发热和褥疮等，花煎汁可治支气管炎，还可治月经过多、发热和皮肤病；根治淋病；用叶和花共同制成一种糊状物，治癌肿和腮腺炎。

Hibiscus vitifolius L.

【异名】 热带扇叶，热带玫瑰锦葵。

【缅甸名】 thin-paung。

【分布】 分布于东半球的热带和亚热带地区。在缅甸仰光大量种植。

【用途】

缅药 果实：健胃。

其他：植物提取液有抗病毒活性。

Hiptage benghalensis (L.) Kurz.
风筝果

【缅甸名】 ဘိနွယ်၊ဘိန်းနွယ်

bein-nwe，nwe-nathan-gwin。

【分布】 分布于印度、孟加拉国、中南半岛、马来西亚、菲律宾、印度尼西亚、斯里兰卡。在中国台湾、福建、广东、广西、海南、贵州和云南均有分布。缅甸热带地区广泛分布。

【用途】

缅药 叶子：治疗皮肤病。

其他：含有类糖苷物质。

Holarrhena pubescens Wall. ex G. Don.
止泻木

【缅甸名】 လက်ထုတ်ကြီး

dangkyam，danghkyam kaba，maiyang，mai-hkao-long。

【民族药名】 埋母，梅木隆、埋母皮（傣药）；Eneteg dugmnoning 额讷特格-都格莫宁、扎嘎尔都格莫宁（蒙药）；doumoniang 斗毛娘、dumoniu 度模牛、土膜钮（藏药）。

【分布】 分布于非洲热带地区、巴基斯坦、印度、泰国、老挝、越南、柬埔寨和马来西亚等地。在中国云南、广东和台湾有栽培。在缅甸广泛分布。

【用途】

缅药 1. 树皮：可用于内脏出血；酸奶混合树皮可治疗胆结石；树皮加入到水中搅拌，可以治疗发热；用少量盐和栀子花混合树皮用水烧开，可以治疗胃部疼痛；压碎的树皮加入牛奶可以治愈尿路疼痛和尿潴留；为了治疗耳痛和耳部感染，可以将少量的粉状树皮叶子的汁液倒入耳朵；用蜂蜜和黄油烤成的树皮粉末可以治疗肌肉疼痛、痢疾和霍乱。

2. 根：用热水制成的膏体可治疗胃部肿胀；用酒精和盐制成的膏体可以治愈天花导致的血便和喉咙痛，其根可与盐一起压碎并含在嘴里；用根茎和五桠果混合牛奶可治疗胆结石；用水做成的糊状物，再加上 *Embelia tsjeriam-cottam*，可以起到驱虫药的作用。

3. 花：能促进消化,控制胀气、痰、胆汁、麻风病和感染。

傣药 1. 树皮、根：治风热咳嗽、腹痛腹泻、红白下痢、尿急、尿频、尿痛、便血、脓白尿、脓血尿、小便热涩疼痛。

2. 树皮：治痢疾,止血生肌,散瘀消肿(《傣医药》《滇药录》《滇省志》《版纳傣医药》)。

蒙药 种子：治血"希日"性腹泻、肠刺痛、腹热、胆汁扩散引起的目身发黄、肠刺痛和"希日"热引起的腹泻。

藏药 种子：治赤巴病、胃肠热病、肝胆病、腹泻、痢疾、热泻、发热、厌油、纳呆、各种赤巴邪热、胆囊邪热、小肠虫病、肝病、血热症、食物中毒(《滇省志》《部藏标》《中国藏药》)。

Holoptelea integrifolia Planch.

【缅甸名】 ျဂောက်ဆိပ်
myauk-seik, pyauk-seik。

【分布】 在印度、尼泊尔、斯里兰卡、柬埔寨、老挝和越南等地有分布。在缅甸广泛分布。

【用途】

缅药 树皮：治疗风湿病。

其他：树皮和叶用作消炎药、消化药、驱风剂、通便剂、驱虫剂等,治疗炎症、消化不良、胀气、绞痛、蠕虫病、呕吐、皮肤病、麻风病、糖尿病、痔疮和风湿病。

【成分药理】 叶的水提取物具有抗菌活性。

Hydnocarpus kurzii（King）Warb.
印度大风子

【缅甸名】 ကလော
kalaw, kalaw-so。

【分布】 分布于亚洲热带地区。在中国分布于云南。在缅甸广泛分布于钦邦、克钦邦、实皆、克伦邦、彬马那周边地区。

【用途】

缅药 1. 树皮、果实和种子(油)：催吐,解毒,减轻疼痛、消化不良、胀气和感染。

2. 树皮：用于退热药的一种成分。

3. 果实：治疗麻风疮、疖子和呕吐;局部使用治疗疼痛;油可净化血液,常治疗麻风病和其他皮肤感染。

其他：在印度,树皮治疗发热;种子油用于麻风病。该物种是大风子油的来源。

Hydrolea zeylanica（L.）Vahl.
田基麻

【异名】 假芹菜(广东)。

【民族药名】 帕咪印(傣药)。

【分布】 分布于美洲、亚洲的热带地区、非洲和东南亚。在中国分布于台湾、福建、广东、广西以至云南。在缅甸分布于勃固和仰光。

【用途】

缅药 叶子：打成泥,用来做溃疡的敷料,具有防腐和清洁的功效。

傣药 全株：治疗尿淋、尿血、尿石、水肿(《傣药志》《傣医药》《滇省志》)。

其他：在柬埔寨、印度、斯里兰卡等地,叶治疗肠道疾病;浸渍过的叶治疗顽固性溃疡,以达到舒缓和促进溃疡愈合的效果;据报道叶还具有防腐作用。

Hygrophila auriculata（Schumach.）Heine

【缅甸名】 e-padu, su-padang。

【分布】 分布于中南半岛、巴基斯坦、热带非洲、印度、尼泊尔、斯里兰卡。在缅甸分布于勃固。

【用途】

缅药 1. 叶：治疗黄疸。

2. 叶、根、种子：用作祛痰剂和水肿时的利尿剂。

3. 根:治疗风湿病。

4. 种子:用作壮阳药。

拉祜药 新鲜全草:研烂治皮肤瘙痒。

其他: 在印度,整株植物治疗疟疾发热;叶和种子作为利尿剂,治疗黄疸、咳嗽、水肿、风湿和泌尿生殖系统疾病;种子可作为壮阳药,还可治疗结核性瘘疮、皮肤癌、水肿和脸部与身体的肿胀;叶子用于敷新鲜创面、四肢扭伤、肿胀、脓肿、疖子和头痛。

Hygrophila phlomiodes Nees
毛水蓑衣

【缅甸名】 hsay-dan, meegyaung-kun-hpat, migyaung-kunbat。

【分布】 分布于亚洲温带、热带地区,印度次大陆。在中国分布于海南、云南等地。在缅甸主要分布于勃固、德林达依和仰光。

【用途】

缅药 种子:治疗眼睛疼痛、肠胃胀气、皮肤变色和真菌感染;压碎制成药膏治疗化脓和长期的疮。

其他: 在印度,叶治疗疖子和头痛。在东亚和东南亚,叶敷在新鲜的伤口、四肢扭伤、肿胀、脓肿、疖子和头痛。

Hymenodictyon orixense（Roxb.）Mabb.
毛土连翘

【异名】 假黄木、猪肚树(云南),高网膜籽(《云南种子植物名录》)。

【缅甸名】 ခွအ်ပင်၊ခွသန်ပင်
dumsa-gyaw, khu-than, mai-son-pu。

【民族药名】 埋宋戈、梅宗戈、埋宋锅(傣药)。

【分布】 分布于印度、缅甸、中南半岛、马来半岛、小巽他群岛、菲律宾、苏拉威西岛和马鲁古群岛、尼泊尔、印度尼西亚。在中国分布于四川、云南。在缅甸广泛分布于勃固、曼德勒和仰光。

【用途】

缅药 树皮:用作退热药和补药。

傣药 1. 根、树皮:治风热感冒所致的高热、咳嗽、失眠多梦、入梦易惊、产后体弱多病、足癣、肢体关节红肿热痛、屈伸不利、活动受限、风湿关节疼痛(《傣药志》)。

2. 皮:治不思饮食、心悸乏力、手癣。

3. 根、根皮:治脚气、风湿热痹证。

4. 树皮、叶:治间日疟、恶性疟、感冒、高热、痰多咳嗽。

5. 鲜叶:捣敷治关节红肿、无名肿毒(《滇药录》《滇药志》)。

6. 根和皮:治感冒发热、咳嗽、足癣、风湿性关节疼痛。

其他: 在中南半岛,树皮用作补品。在菲律宾,由于它的抗疟疾的作用,是金鸡纳的替代品;同时也可作为治疗头痛的膏药。

【成分药理】 含有间苯三酚的儿茶酚单宁、部分间苯二酚、微量不含间苯三酚(类似奎纳坦-尼克酸)的儿茶酚单宁,不与生物碱、氧香豆素、B甘露糖、甲基糖结合,以及有一些不能分离的葡萄糖苷。

Ichnocarpus frutescens（L.）W. T. Aiton.
腰骨藤

【异名】 犁田公藤、羊角藤、勾临链(广东、海南)。

【缅甸名】 စံပယ်"တဆေ"၊တွင်းနက်
taw-sabe, twinnet, twinnet-kado。

【分布】 在世界各地均有分布。在中国贵州有分布。在缅甸广泛分布。

【用途】

缅药 1. 叶:用作解热药。

2. 根:用作补药。

其他: 在印度,树皮用于牙龈出血;叶用于发热和头痛;根用于净化血液,还治疗咳嗽(配伍亚麻子)、血尿、抽搐、夜盲症和舌头上的溃疡(配伍香根草或天麻属植物的根)和下唇瓣;治疗中暑、萎缩症(恶病质)脾肿大、疮、梅毒、痢疾、霍乱、动物叮咬(配伍其他药物)和天花。

Indigofera cassoides Rottl. ex DC.
椭圆叶木蓝

【缅甸名】 kan-tin, mawk-kham, taw-mevaing. Hawaiian: sakina。

【分布】 分布于巴基斯坦、印度、缅甸、中南半岛。在中国分布于云南、广西。在缅甸主要分布于勃固、钦邦、曼德勒和掸邦。

【用途】

缅药 根:治疗咳嗽。

其他:在印度,根状茎研制成粉末治疗胸痛;根汤治疗咳嗽。

Ipomoea alba L.

【异名】 月光花,天茄儿,嫦娥奔月。

【缅甸名】 kyahin, kyan-hin pin, hla-kanin kyam(Mon), nwe-kazun-phyu。

【分布】 原产于热带美洲,现广泛分布于全热带地区。中国陕西、江苏、浙江、江西、广东、广西、四川、云南广泛种植。在缅甸分布于德林达依。

【用途】

缅药 1. 嫩枝:加入鸡骨或木蝴蝶做汤,治疗泌尿系统问题。

2. 果汁:与牛奶和糖一起食用可治疗肾结石;也用来制成治疗眼疾、胀气和胸痛的药物。

3. 根:把根皮粉碎,与牛奶混合,作为泻药;根、姜和黑胡椒的混合,治疗麻风病、水肿和男性疾病。

Ipomoea aquatica Forssk.
蕹菜

【异名】 空心菜(福建、广西、贵州、四川),

通菜蓊、蓊菜(福建),藤藤菜(江苏、四川),通菜(广东)。

【缅甸名】 ကန်စွန်းရွက်

kazun-galay, kazun yoe-n, kazun-ywet, ye-kazun。

【民族药名】 Haoqbao hhoqniul 浩包俄牛、空心菜(哈尼药);蕹菜(畲药);八猛、空心菜、上崩暧(壮药)。

【分布】 原产于中国中部和南部,分布遍及热带亚洲、非洲和大洋洲。中国中部及南部地区常见栽培。在缅甸广泛分布。

【用途】

缅药 叶:刺激泌乳,防止水中细菌滋生,有祛痰、中和毒素的功效,治疗与泌尿系统疾病相关的灼热、口渴和发热,由烧伤引起的伤口;煮熟食用,可治疗痢疾;与等量的葫芦叶、罗望子叶和细米粉一起粉碎,治疗膀胱充满时排尿困难的症状,也用于缓解月经出血过多;与葫芦叶一起,浸泡在水中,治疗慢性溃疡;将叶于沸水煮,其液体治疗腹泻和消化不良;与成熟的酸角果实和盐一起煮熟,可以治疗肾结石以及其他泌尿系统疾病。

哈尼药 全草:治食物中毒和断肠草、砒霜、菌子等中毒,腹水、鼻衄、尿血、咳血。

畲药 全草:治毒菇中毒、青竹蛇咬伤、鼻衄,预防接触性农药中毒。

壮药 全草:治大茶药(即胡曼藤,又名钩吻)、木薯、曼陀罗中毒;外敷治疮脓、蛇咬伤(《桂药编》)。

【成分药理】 叶是矿物质和维生素的良好来源,特别是胡萝卜素。三十一烷(Hentriacontane)、谷甾醇(sitosterol)、和谷甾醇苷(sitosterol glycoside)已经从脂类中分离出来。

Ipomoea hederifolia L.

【缅甸名】 mat-lay。

【分布】 自然分布于美洲地区。在缅甸分布于仰光。

【用途】

缅药 根:用作催眠剂。

其他:在印度,根作为催眠剂。在菲律宾,用作驱虫剂和解热剂。

Ipomoea pes-caprae（L.）R. Br
厚藤

【异名】 马鞍藤(福建、广东、广西),沙灯心(广东),马蹄草、鲎藤(福建),海薯、走马风、马六藤、白花藤(海南),沙藤(浙江)。

【缅甸名】 pinle-kazun。

【民族药名】 马鞍藤、马蹄草、松鞍马(毛南药)。

【分布】 遍布于热带沿海地区。在中国分布于浙江、福建、台湾、广东、海南、广西。在缅甸分布于伊洛瓦底、勃固、若开邦、德林达依和仰光。

【用途】

缅药 叶:用作泻药和催吐剂;煎过的叶治疗绞痛。

毛南药 根、叶:治风湿性腰腿痛、腰肌劳损。

【成分药理】 树脂含量为1.2%。灰分中含有镁、钾、铁和钙,还发现了一种挥发油(0.048%)。

Ixora chinensis Lam.
龙船花

【异名】 卖子木(《唐本草》),山丹(《学圃杂疏》)。

【缅甸名】 pon-na-yeik。

【分布】 主要分布于亚洲热带地区、非洲和大洋洲。在中国的西南部和东南部有分布。在缅甸分布于仰光。

【用途】

缅药 花:治疗肺结核和出血。

其他:在中国,用作止痛药和溶解剂,治疗

脓肿、瘀伤、淤血、风湿、伤口,也被认为对骨架和孕妇子宫有益。

Ixora coccinea L.
黄龙船花

【缅甸名】 pan-thawka, pan-zayeik, pon-na-yeik。

【分布】 主要分布于印度南部。在缅甸广泛分布。

【用途】

缅药 根:开胃,健胃。

其他:在印度,根用作健胃药,治疗急性痢疾、食欲不振、慢性溃疡和疮;花治疗痢疾、卡他性支气管炎和白带增多。

Jasminum bumile L.

【异名】 茉莉花。

【分布】 主要分布于中国西部的喜马拉雅山脉。在缅甸分布于掸邦。

【用途】

缅药 根:治疗皮肤病,如癣。

其他:在印度,整株植物的乳汁用于破坏慢性瘘管和鼻窦的不健康的内膜;花用作肠和心脏的收敛剂和滋补药;根治疗癣。

Jasminum multiflorum（Burm. f.）Andrews.
毛茉莉

【缅甸名】 kadawn, kadawnla, sabe-hmwe, tawsabe。

【分布】 原产于东南亚及印度,世界各地广泛栽培。中国广泛栽培。缅甸的钦邦、克钦邦、掸邦和仰光广泛分布。

【用途】

缅药 1. 叶:治疗溃疡。

2. 根:用于蛇咬伤。

其他:在印度,将浸泡在水中的干叶制成药膏,放在无痛的溃疡上以促进愈合;花用作催吐药。在印度尼西亚,该植物治疗膀胱黏膜炎,还用作退热药。植株对肠有收敛作用,还治疗痢疾、胃痛、胃溃疡和肾结石。

【成分药理】 从该植物中发现了一种类似单宁的苦味成分,并分离出一种"似乎是生物碱"的无定形物质。

Jatropha curcas L.
麻疯树

【异名】 黄肿树、假白榄。

【缅甸名】 ကြိုဆ္"စည်းရုံ"

thin-baw-kyetsy, kyezi-gyi, kyet-su-gyi, makman-yoo, siyo-kyetsu, thinbaw-kyetsu tun-kong.

【民族药名】 膏桐、戈株混南莽(傣药);麻疯树(哈尼药);权木牢(基诺药);膏桐、同奈(傈僳药);威温、假白榄、飞篱(黎药);桐子树(佤药);茶唷、棵登、麻烘罕(壮药);Runpau(台少药)。

【分布】 主产于美洲热带、亚热带地区,少数产于非洲。在中国、缅甸广泛种植栽培。

【用途】

缅药 1. 叶子:用作催乳剂。

2. 果实和种子:用作驱虫剂。

3. 种子:用作轻泻剂。

傣药 1. 根:治便秘、不思饮食、产后虚弱、恶露淋漓、肾衰、浮肿、恶露。

2. 树皮、叶:治大便秘结、产后虚弱、恶露不止、不思饮食、骨折、跌打损伤、癣疥顽疮、脚癣、湿疹;捣烂外敷治跌打瘀肿、外伤出血。

3. 根、茎皮:治水肿、大便秘结、腹痛腹胀、产后恶露不尽、跌打损伤、外伤出血。

4. 去皮茎木:治水肿、六淋证(尿黄、尿血、血尿、脓尿、石尿、白尿)。

5. 果、叶:治跌打、浮肿、外出血、便秘(《傣药录》《版纳傣药》《傣医药》《滇药录》)。

哈尼药 根、叶:治皮炎。

基诺药 叶、树皮:治跌打肿痛、骨折、创伤、皮肤瘙痒、湿疹(《基诺药》)。

傈僳药 叶、树皮:治跌打肿痛、骨折、创伤、皮肤瘙痒、湿疹、急性胃肠炎(《怒江药》)。

黎药 叶:治肠炎腹泻;叶捣烂开水冲服,治胃肠气;叶捣烂热敷患处,治腹股沟淋巴结炎;叶汁滴于溃伤面,治皮肤溃疡。

佤药 树皮、叶:鲜品绞汁外用治跌打肿痛、骨折、创伤、皮肤瘙痒(《中佤药》)。

彝药 效用同傣药。

壮药 1. 树皮:治尿路感染。

2. 树皮、叶:捣敷治无名肿毒、烧烫伤、小儿鹅口疮。

3. 种子:捣敷治牙龈肿痛(《桂药编》)。

台少药 叶:贴于头部治头伤。

【成分药理】 种中含有有毒的化学成分麻风霉素,如服用可致死;植物汁液可导致刺激性皮炎。

Jatropha gossypiifolia L.
棉叶珊瑚花

【缅甸名】 သင်္ဘောကနဲ

kyetsuo-kanako, taw-kanako, thinbaw-kanako.

【分布】 分布于墨西哥到南美洲、西印度群岛。在缅甸广泛种植。

【用途】

缅药 1. 叶:治疗皮肤病。

2. 根:用作泻药。

其他:含有假白榄酮,具有抗肿瘤作用。

Jatropha multifida L.
珊瑚花

【缅甸名】 စေးမခန်းဘိုးဖိုးကနဲကလေး

bein-hpo semakhan.

【分布】 原产于美洲热带和亚热带地区。

中国南部各地区有栽培。在缅甸广泛种植。

【用途】

缅药 全株:治疗骨折,可改善骨骼的愈合;煮出的汁外敷治疗破裂和骨折。

其他:茎部的乳胶用于皮肤溃疡和伤口;叶治疗疥疮;种子用作催吐剂和泻药。

Justicia adhatoda L.
鸭嘴花

【异名】 野靛叶、大还魂(广东),鸭子花(《植物名实图考》)。

【缅甸名】 ယာကြီး

my-yar-gyi, ye-magyi, htingra-hpraw (Kachin), hla brairot (Mon)。

【民族药名】 莫哈蒿、摆莫哈、扎冷蒿(傣药);Wuwujia 吾吾夏(德昂药);Wuicog ehi(景颇药);Kaox dai nden 考歹等(佤药);viemiepjuop 崴灭倔(彝药);哇夏嘎(藏药)。

【分布】 分布于亚洲东南部,印度、斯里兰卡、马来西亚、缅甸广泛种植。中国广东、广西、海南、澳门、香港、云南、上海等地有栽培。

【用途】

缅药 1. 全株:祛痰,治月经过多。

2. 叶:用作收敛剂和苦味剂,可调节痰和胆汁,缓解腹泻、咳嗽、咳血和慢性哮喘,减轻发热咳嗽、口臭、下肢肿胀,治疗眼睛疾病;叶煎煮液可减轻疼痛和尿路感染,治疗痢疾、虚弱和月经过多;在阴凉处晒干,并磨成细粉,可压在牙龈和牙齿治疗牙疼、牙龈出血、牙齿松动;用幼叶榨汁,加酒或蜂蜜,可治疗百日咳;叶提取物是防腐剂。

3. 花、叶:榨汁加适量冰糖服用后解决胆汁问题、呕吐和便血。

4. 果实:治呕吐和便血。

5. 根或叶:汁液加入适量冰糖和岩盐服用可治疗哮喘和咳嗽。

6. 根:用作杀虫剂。

傣药 1. 叶:治六淋证出现的尿频、尿急、尿痛、风湿性关节炎、关节肿痛、皮肤疔疮、斑疹瘙痒、跌打损伤、骨折、口眼歪斜、月经不调、痛经。

2. 嫩叶:治风湿性关节炎、尿频、小便不通;嫩叶适量烤热后敷于下腹部及患处治尿频、尿闭,敷痛处治风湿。

3. 茎叶:煎后加蜜治哮喘。

4. 根:治精神分裂症。

5. 全株:治骨折、扭伤、风湿性关节痛、腰痛、尿频或小便不通。

6. 全草、根:治小便热涩疼痛、尿闭、腹内痉挛剧痛、痛经、跌打损伤、骨折、风寒湿痹证、肢体关节酸痛、屈伸不利。

德昂药 效用同景颇药。

景颇药 茎叶:治骨折扭伤、风湿关节痛、腰痛。

佤药 效用同傣药。

彝药 根:治口苦咽干、头痛肌紧、腹胀痞满、尿道灼痛、月经不调、久婚不孕。

藏药 1. 全草:治刺痛、血热病,肝热病、赤巴病、跌打损伤、疮疖肿痛。

2. 枝干:治心热、血热、肝热、赤巴病肝热、胆热、血分实热及血热引起的疼痛。

3. 花:治血热病、血性疼痛、肝热病、胆热病。

其他:在印度,用于血液净化剂和抗痉挛,治疗支气管炎、哮喘、肺结核、咳嗽和肠道蠕虫。

【成分药理】 据报道叶的成分有少量的精油、鸭嘴花碱和阳极酸,前两者具有治疗作用,生物碱使血压略有下降,随后上升到原来的水平,这是一种持续的支气管扩张效应,防腐剂和杀虫特性被归因于它。

Kaempferia elegans(Wall.)Baker.

【异名】 紫花复活百合。

【缅甸名】 kun-kado。

【分布】 印度、马来西亚、菲律宾、泰国等地有分布。在中国分布于四川。在缅甸广泛种植。

【用途】

缅药 根茎:治疗痢疾。

其他:根状茎磨成糊状,外用治疗扭伤。

Kleinhovia hospita L.
鹧鸪麻

【异名】 克兰树(《中国树木分类学》),馒头果(海南),面头粿(台湾)。

【缅甸名】 o-dein, pashu-phet-wun。

【分布】 亚洲、非洲和大洋洲的热带地区如菲律宾、澳大利亚、斯里兰卡、马来西亚、印度、越南、泰国等地有分布。中国广东、海南和台湾有分布。在缅甸广泛种植。

【用途】

缅药 种子:治痢疾。

其他:在菲律宾,叶煎汤治疗疥疮,局部外用可治疗多种皮炎。

【成分药理】 含有氢氰酸(三萜类化合物)、桦木醇(前列腺素合成抑制剂和拓扑异构酶Ⅰ抑制剂)。

Kopsia fruticosa(Roxb.)A. DC.
红花蕊木

【缅甸名】 kalabin, mai-lang, thinbaw-zalut, zalut-ni, zalut-panyaung。

【民族药名】 麻蒙嘎锁、勐呵(傣药)。

【分布】 原产于缅甸,在世界各地均有种植。中国广东有栽培。

【用途】

傣药 1. 果:治麻风、疔疮痈疖脓肿(《版纳傣药》)。

2. 果、叶:治咽喉炎、扁桃体炎、风湿骨痛、四肢麻木。

3. 根皮:治水肿。

4. 果实:治麻风病(《傣药录》)。

【成分药理】 含有胆碱,可治疗溃疡和梅毒,还含有能解毒的乳胶。

Kydia calycina Roxb.
翅果麻

【异名】 桤的木、桤的槿。

【缅甸名】 ვ၃၆(ထၩၥၥၥ)

baluma-shaw, dwabok, magan, magan-kaja, magap, mickyat, phetwun-ni, tabo, tayaw-ni。

【分布】 印度、越南、缅甸和印度等地有分布。在中国分布于云南。在缅甸广泛分布于克钦、曼德勒和仰光。

【用途】

缅药 叶:用作擦剂。

其他:可止痛,用作催涎剂。

【成分药理】 含有 lauric(月桂酸)、myristic(肉豆蔻酸)、palmitic(棕榈酸)、stearic(硬脂酸)、arachidic(花生四烯酸)、behenic(二十二碳烷酸)、oleic(油酸)、linoleic(亚油酸)、cyclopropenoid fatty acid(环丙烯类化合物和脂肪酸)。

Lablab purpureus(L.)Sweet
扁豆

【异名】 藊豆(通称),火镰扁豆,膨皮豆,藤豆,沿篱豆,鹊豆。

【缅甸名】 nwai-pe。

【民族药名】 鱼豆(侗药);意祝丁、山扁豆、毛瓟草(黎药)。

【分布】 可能原产于印度,热带地区广泛栽培。中国各地广泛栽培。

【用途】

缅药 种子:用作退热药、胃药和止痉挛药。

侗药 种子:治脾胃虚弱、食欲不振、大便糖泻(《侗医学》)。

黎药 种子:治蛔虫病、蛲虫病、白虫病、湿热疮毒、淋病、肾炎、小便急痛、月经过多、蜈蚣咬伤。

藏药 1. 果实:治腹泻、血病、胆病、痘疹、丹毒。

2. 种子:治"培根"病、脉管瘀塞、痘疹毒热、肾脏病、火焰症、咳嗽、"赤巴"病、咳痰、腹泻、邪热(《藏标》《部藏标》《中国藏药》《民族药志(一)》)。

其他:在印度,种子用做胃药、止痒药和催情剂。在中国,整株植物煎制后治疗酒精中毒、霍乱、腹泻、河豚中毒、淋病、白带、恶心、口舌干燥;茎治疗霍乱;花治疗白带、月经过多和痢疾,也用作抗毒剂和排气剂;果汁治疗发炎的耳朵和喉咙;种子可治疗更年期相关症状,与醋同服治疗霍乱,也用作种驱虫剂、抗痉挛药、壮阳药、退热药、胃药。

Lagerstroemia speciosa (L.) Pers.
大花紫薇

【异名】 大叶紫薇(《岭大校园植物名录》),百日红(广东)。

【缅甸名】 pyinma-ywetthey。

【分布】 印度到东南亚和澳大利亚均有分布,斯里兰卡、马来西亚、越南及菲律宾也有分布。中国广东、广西及福建有栽培。缅甸各地广泛种植。

【用途】

缅药 1. 树皮和叶子:通便。

2. 叶:治疗糖尿病。

3. 种子:用作麻醉剂。

其他:在印度,树皮和叶用作清洗剂;果实治疗口疮;种子用作麻醉剂;根用作解热剂、兴奋剂和收敛剂;根和树皮用作收敛剂;叶和果实治疗糖尿病。在马来半岛,树皮煎汤内服治疗腹痛和痢疾;叶制成药膏治疗疟疾和脚裂。在印度尼西亚,树皮的冷浸液治疗腹泻。在菲律宾,叶被捣烂或与盐混合,然后敷在前额和太阳穴上,用治头痛;叶片或果实的水煎液是优秀的抗糖尿病药物。

【成分药理】 树叶的成分包括单宁、葡萄糖;种子中发现了一种未命名的生物碱。

Lannea coromandelica (Houtt.) Merr.
厚皮树

【异名】 十八拉文公、蜜中(海南),喃木(广西),万年青、脱皮麻(广东)。

【缅甸名】 latang, laupe, mai-hkam, nabe, taung-gwe, zun-burr。

【分布】 在东南亚大陆的其他地方种植,中南半岛、印度至印度尼西亚有分布。中国云南、广西、广东有分布。在缅甸广泛分布于勃固、加因、曼德勒、若开邦、德林达依和仰光。

【用途】

缅药 1. 树皮、树胶:用作收敛剂。

2. 叶、汁:治疗局部胀气及身体疼痛。

彝药 树皮:治骨折,解河豚、木薯中毒(《滇省志》)。

其他:可用作解毒剂和收敛剂,治疗青肿、痈、疮、肿、伤,以及霍乱、痉挛、腹泻、痢疾、象皮病、血尿。

Lantana aculeata L.

【异名】 新加坡马缨丹。

【缅甸名】 seinnaban, nadaung-ban。

【分布】 原产于美洲。

【用途】

缅药 全株:用作滋补剂、止痉剂、清热剂。

Leea macrophylla Roxb. ex Hornem.
大叶火筒树

【缅甸名】 ကျြက်ကိြ

kya-hpetgyi, mai-sung-hkong-long, mak-tasulong。

【民族药名】 摆端亨、哼因(傣药)。

【分布】 老挝、柬埔寨、泰国、印度、尼泊尔和不丹等地有分布。在中国分布于云南。在缅甸广泛分布。

【用途】

缅药 根:用作收敛剂。

傣药 叶:治跌打瘀肿、乳房肿痛、乳汁不通、风湿痹痛、痈疽疮疖、腮颈炎肿、疮疡肿疖。

其他:用作止痛药、收敛剂、杀幼虫剂,治疗癣、肠病、神经痛和脾脏炎。

Leucaena leucocephala(Lam.)de Wit
银合欢

【异名】 白合欢。

【缅甸名】 aseik-pye, aweya, bawzagaing, baw-sagaing。

【民族药名】 咬卖歪(白药);银合欢(壮药)。

【分布】 原产于美洲热带地区,现广泛分布于各热带地区和亚洲地区。中国台湾、福建、广东、广西和云南也有分布。分布于缅甸北部、曼德勒、实皆和仰光。

【用途】

缅药 1. 全株:作为解毒剂,碾碎后与黄油混合在一起制成药膏,局部涂于蛇咬伤周围疼痛部位,以消除疼痛,中和毒液。

2. 树皮:治疗内部疼痛。

3. 叶:刺激血液,中和毒药;制成糊状治疗毒虫叮咬。

4. 嫩叶、豆荚:煮熟后与鱼酱或鱼露一起吃可调节肠道,治疗与男性疾病有关的疼痛。

5. 种子:治疗水肿疼痛。

6. 根皮:制成汤剂预防流产。

白药 树皮:治心悸、怔忡、骨折(《滇药录》)。

壮药 种子:治糖尿病(《民族药志(一)》)。

Leucas cephalotes(Roth)Spreng.

【异名】 树胶。

【缅甸名】 pin-gu-hteik-peik。

【分布】 分布于东亚,从阿富汗到中国西部的喜马拉雅山脉。在缅甸广泛种植。

【用途】

缅药 1. 全株:治疗支气管炎、哮喘、消化不良和黄疸;与胡椒粉和水研磨,擦拭前额,可治疗头痛;水煎剂与蜂蜜混合治儿童咳嗽;与丁香一起煎煮可退热。

2. 叶:提取物口服或倒入鼻子中能解蛇毒;粉末混合胡椒粉可治疗关节炎、肌腱和韧带炎症等;叶汁可作药膏治疗皮肤瘙痒。

其他:在印度,全株用作发汗剂和兴奋剂;果汁治疗疥疮;叶治疗痢疾和腹泻;花治疗咳嗽和发热;有花和种子的小枝在芥末油中捣碎,滴于耳中可防止脓液形成。

Limonia acidissima L.

【缅甸名】 သနပ်ခါး

kwet, mak-pyen-sum, thi, san-phak(Kachin), sanut-khar(Mon), sansph-ka, thanakha, thi-ha-yaza。

【分布】 广泛分布于各大洲。在缅甸分布于马圭。

【用途】

缅药 1. 树皮:治疗胆汁质。

2. 叶:用作驱风剂,治疗癫痫;粉末治疗水肿、疮和其他疾病。

3. 果实:用作健胃药,解毒、强健补益,治疗高烧。

4. 根:致泻,发汗,用作催泻药;制成膏体,连同姜黄,治疗妇科病;盐糊用来治疗肌肉酸痛;将蒌叶浸泡的水与根一起制成膏,治疗儿童支气管炎；食用混合糖和蜂蜜的根粉末，用来中和胃里的毒素；服用根和半枝莲或雪莲，用来中和蛇毒。

5. 果实：用作补益药。

其他：在中南半岛，成熟的果实可收敛，滋补，对流涎和口腔溃疡有非常好的疗效；叶汤剂用作健胃药和驱风剂；树皮与 *Barringtonia Acutangula* 的树皮一起咀嚼，治疗咬伤和蜇伤，也可治疗恶心；配伍其他药物可作为止血剂治疗子宫出血。

【成分药理】 从树皮中分离出 marmosin；从树皮和树根中分离出 feronialactones；从叶中分离出佛手柑内酯；从叶和未成熟的果实中分离出豆甾醇。

Linum usitatissimum L.
亚麻

【异名】 鸦麻（《图经本草》），壁虱胡麻（《本草纲目》），山西胡麻（《植物名实图考》）。

【缅甸名】 ဘီသွာနှမ်းကြိ

bi-thawar, hnan-kyat, migyaung-kumbat, paiksan。

【民族药名】 沙玛、洒尔玛（藏药）；麻嘎领古、麻嘎凌古、迪勒麻尔（蒙药）。

【分布】 原产地中海地区，现欧、亚温带地区多有栽培。中国全国各地皆有栽培，但以北方和西南地区较为普遍，有时逸为野生。在缅甸广泛种植。

【用途】

缅药 1. 种子：治疗溃疡。

2. 种子油：用于制作软膏。

藏药 1. 种子：治神经性头痛（《青藏药鉴》）。

2. 花、果实：治"龙"病、神经性头痛、皮肤瘙痒、大便秘结；外用治疮疱肿毒（《藏本草》）。

蒙药 种子：治疗"赫依"病、皮肤瘙痒、老年皮肤粗糙疮疖、睾丸肿痛、痛风、血虚便秘、虚风眩晕、荨麻疹、疮痈肿毒（《蒙植药志》《蒙药》）。

其他：在印度，树皮和叶治疗淋病；花用作心脏营养剂；干燥的成熟种子治疗风湿病、痛风、

淋病；种子油与石灰水混合，治疗烧伤。在中国，整株植物及其油用于制造药物；油籽饼治疗青少年的精神缺陷。

【成分药理】 油籽饼含有氨基酸、精氨酸和干重为 4% 的谷氨酸。

Litchi chinensis Sonn.
荔枝

【异名】 离枝（《上林赋》）。

【缅甸名】 kyetmauk, tayok-zi, wa-mayar。

【民族药名】 荔枝（阿昌药）；鬼立车（布依药）；Hama joqhheil alsiq 哈玛觉埃阿席（哈尼药）；Lizhishi（景颇药）；荔枝核、吾寨、荔仁（黎药）；离枝、丹荔（纳西药）；Cehlaehcei 些累淮、荔枝核（壮药）。

【分布】 亚洲东南部有栽培，非洲、美洲和大洋洲有引种。中国西南部、南部和东南部有栽培，尤以广东和福建最多。在缅甸广泛种植。

【用途】

缅药 果实：用作心脏、大脑和肝脏补品、鸦片中毒的解药。

阿昌药 1. 核：治疝气痛、睾丸痛。

2. 果肉：治病后体虚（《德宏药录》）。

布依药 果肉：睡觉前含服治口臭。

德昂药 效用同阿昌药（《德宏药录》）。

哈尼药 果实：治脾虚下血、心烦躁、气滞胃痛、哮喘。

景颇药 效用同阿昌药（《德宏药录》）。

黎药 1. 种子：治胃烧痛、疝气痛、妇女血气刺痛、肠疝痛、睾丸炎肿痛。

2. 果皮：止血，收敛伤口，生肌。

纳西药 假种皮或果实：治脾虚久泻、呃逆不止、疔疮恶肿、瘰疬溃烂、老人五更泄泻、赤白痢、血崩、哮喘、胃脘胀痛、疝气、遗精日久、肌肉消瘦、四肢无力、关节酸痛肿胀、耳后溃疡。

壮药 种子：治兵嘿细勒（疝气）、睾丸炎、胴尹（胃痛）。

其他：在中国，果实用作补品、镇痛药、止疼药、镇咳剂，收敛剂，可治疗口渴、胃痛、腺病、贫血、心绞痛、绞痛、腹泻、出疹、渗透、胃炎、疝、肠道问题、神经问题、睾丸炎、咽门炎、天花和肿瘤。

Luffa cylindrica (L.) M. Roem.
丝瓜

【缅甸名】 kawe-thi，tawbut。

【民族药名】 麻奶（阿昌药）；垒勒刻（布依药）；丝瓜络（侗药）；老丝瓜络（拉祜药）；Alten manjilga nie wur 阿拉坦-满吉勒甘乜-乌热、阿拉坦-曼吉勒干（蒙药）；I Fab hsab 花沙、天萝瓜，黑辣崴（苗药）；丝瓜（纳西药）；Diwumove 的务莫合、毕子瓜革尔、丝瓜筋（羌药）；丝瓜（畲药）；要胆（水药）；丝瓜络（土家药）；Aghiche 阿合且（维药）；白若和（彝药）；saijibawo 塞吉拔喔、塞吉普布（藏药）；Tyaikoi（台少药）。

【分布】 广泛栽培于温带、热带地区。中国普遍栽培，云南有野生。在缅甸分布广泛。

【用途】

缅药 果实：用作泻药，也治疗麻风病。

阿昌药 1. 丝瓜络：治闭经、乳汁不通、乳腺炎。

2. 叶：治百日咳。

3. 根：治鼻炎。

布依药 种子或根：治咳嗽。

傣药 茎、叶和花：治黄疸、水火烫伤、疔疮痈疖脓肿、外伤出血、百日咳、头痛、汗疹、肝炎（《滇省志》）。

侗药 果实：治关节疼痛、麻木、胸胁肿胀。

拉祜药 老丝瓜络：烧黑内服治肠出血、赤痢、子宫出血、睾丸炎肿、痔疮流血。

蒙药 1. 种子：治"巴达干希日"病、胆外溢、中毒性肝病。

2. 果实的维管束：治心膈气痛、腰腹胀痛、睾丸肿痛、闭经、乳汁不通、赤痢、子宫出血、痔疮流血。

苗药 1. 果实：治热病身热烦渴、咳嗽痰喘、肠风下血、痔疮出血、血淋、崩漏、痈疽疮疡、乳汁不通、无名肿毒、水肿。

2. 果实的网状纤维及茎：治痔漏脱肛、干血气痛（《苗医药》）。

3. 果实的维管束：治肢体酸痛、胸胁胀闷、乳汁不通（《湘蓝考》）。

纳西药 果实：治蛔虫病、慢性气管炎、支气管炎、慢性鼻窦炎、水肿、腹水、神经性皮炎、肺损吐血、肺热咳嗽、吐血、衄血、血崩、痔疮、外伤出血。

羌药 果实的维管束：治风湿痹痛、筋脉拘挛、乳汁不通；烧灰外用治烧烫伤。

畲药 1. 叶：治蜈蚣咬伤、刀伤、中暑。

2. 根：治肾炎、风湿性关节痛、蛇咬伤肿胀不退。

3. 瓜络：治水肿。

水药 茎、叶：治气管炎（《水医药》）。

土家药 1. 霜后干枯的老熟果实：治胸胁痛、筋骨酸痛、乳汁不通、闭经、月经不调、外伤出血、肺热咳嗽。

2. 叶：治吐血、鼻出血、热疖。

维药 果实的维管束：治便秘、闭经、水肿黄疸、痔疮胀痛、风湿性关节炎、梅毒、麻风。

彝药 根：治咳嗽痰多、癫痫；烧灰外敷治疮疡肿痛、跌打损伤、枪伤（《彝药志》）。

藏药 1. 种子：治"赤巴"病、引吐、中毒症（《中国藏药》）。

2. 果实的维管束：治毒病、"培根""赤巴"综合征。

台少药 叶：揉汁涂于患处治肿疡。

【成分药理】 报道的成分包括苦味素、皂苷、mucilage、木聚糖、甘露聚糖、半乳糖、木质素、脂肪和蛋白质。

Magnolia champaca (L.) Baill. ex Pierre
黄兰

【异名】 黄玉兰（广东），黄缅桂（云南）。

【缅甸名】　စံကားဝါ

saka-wah，chyamka，laran（Kachin），kyom par（Mon），sam lung，mawk（Shan）。

【民族药名】　埋仲哈、埋哈母、章巴勒（傣药）；黄缅桂（傈僳药）。

【分布】　主要分布于亚洲热带地区，日本也有分布。中国福建、台湾、广东、香港和海南有分布。在缅甸广泛分布。

【用途】

缅药　1. 花、叶、果、树皮和根：增加精子活性，促进心脏功能，减轻呕吐、尿道疼痛，治疗麻风、中毒、瘙痒、皮疹和溃疡。

2. 树皮：用作解毒剂、驱虫剂和利尿剂，治疗间歇性发热、麻风病；树皮粉与蜂蜜同食治疗干咳；树皮汤治疗慢性气体失调和关节炎。

3. 叶：治疗疝气；浸湿幼叶的水可用作眼药水来清洁眼睛、增强视力；碎叶和蜂蜜混合，可减轻胸痛，驱丝虫和蛔虫。

4. 花：治疗麻风病；碎花加冷水用作利尿剂，治疗尿路和膀胱疾病；服用花汤治疗胃痛、胃气紊乱、肾脏疾病和淋病。

5. 果皮：治疗麻风。

6. 果实或种子：加水制成糊状物，治疗囊肿和大腿上的疖子。

7. 干根或树皮：压碎后加入酸奶，作为药膏治疗伤口。

傣药　1. 根、根皮：治风湿骨痛、骨刺卡喉。

2. 果实：治消化不良、胃痛。

3. 根、果实：治各种黄疸、疮疡溃烂、各种癣、鱼刺卡喉、胃痛、消化不良、风湿性肢体关节疼痛。

傈僳药　1. 根：治风湿骨痛、骨刺卡喉。

2. 果：治胃痛、消化不良。

【成分药理】　包括桉树油、异丁香酚、苯甲酸、苄醇、苯甲醛，对甲酚甲醚和生物碱（经检测发现树皮生物碱无毒）。

Mallotus nudiflorus（L.）Kulju & Welzen
滑桃树

【缅甸名】　စက်ကတုံး

setkadon，ye-hmyok。

【分布】　分布于南亚和东南亚。在中国广泛分布于云南、广西和海南。在缅甸广泛分布于勃固、钦邦、曼德勒、仰光。

【用途】

缅药　根：治疗痛风。

其他：整株植物治疗胆汁、痰和肿胀，也用作催吐剂；根煮汤治疗风湿和痛风，可以缓解喝醉时的肠胃胀气。

Mallotus philippensis（Lam.）Muell.-Arg.
粗糠柴

【异名】　香檀（别称），香桂树（四川），香楸藤（江西），菲岛桐，红果果。

【缅甸名】　တဓာသီတင်း၊ပိုးသီတင်း

hpadawng，hpawng-awn，mai-hpawng-tun，palannwe，poi-thii-din，taw-thi-din。

【民族药名】　锅麦解（傣药）；埋朋娘（德昂药）；逼把（哈尼药）；阿皮修子（傈僳药）；菲岛桐、香桂树（佤药）；柳亮、大叶黄连、红粉（瑶药）；粗糠柴根、肥闹（壮药）。

【分布】　分布于亚洲南部和东南部、大洋洲热带地区。中国四川、云南、贵州、湖北、江西、安徽、江苏、浙江、福建、台湾、湖南、广东、广西和海南有分布。在缅甸分布于勃固、钦邦、曼德勒、仰光。

【用途】

缅药　果实：用作驱虫剂和泻药。

傣药　1. 根：治心胃气痛、痛经、疝痛、风湿疼痛、外伤出血、尿血、虫病心。

2. 树皮：治消化不良、腹泻、痢疾（《傣药录》《版纳傣药》《傣医药》《滇药录》）。

3. 茎内皮:治感冒、痢疾、胃出血。

德昂药 1. 根:治急慢性痢疾、咽喉肿痛、尿血。

2. 果实:表面腺体粉末治绦虫病、蛲虫病、线虫病(《哈尼药》)。

哈尼药 根:治心胃气痛、痛经、疝痛、风湿疼痛、外伤出血。

基诺药 1. 根或茎皮:治头痛、头昏、跌打损伤、腹泻。

2. 树皮:研粉治刀枪伤。

3. 果实:治绦虫病(《基诺药》)。

拉祜药 树皮:治消化不良引起的腹泻、细菌性痢疾。

傈僳药 果实:治烂疮、跌打损伤、脚肿、风湿病(《怒江药》)。

佤药 根:治急慢性痢疾、咽喉肿痛。

维药 果实:表皮腺毛及毛茸治蛔虫病、绦虫病、大便不畅、创伤久不愈、皮肤瘙痒、体内异常黏液质的堆积、大便秘结;毛绒外用治疮口不收(《维药志》)。

瑶药 1. 根:治感冒发热、肠炎痢疾、支气管炎、肺炎、肺结核、黄疸型肝炎、盆腔炎、肾炎、风湿骨痛、咽喉肿痛、外伤感染、湿疹、痈疮肿毒、烧烫伤。

2. 枝叶、腺毛:治绦虫病、蛲虫病、线虫病、蟥虫病、便秘。

壮药 1. 根:治心头痛(胃痛)、白冻(泄泻)、阿意咪(痢疾)、货烟妈(咽痛)。

2. 叶:炖猪肚治胃下垂。

其他: 据报道,果实上的腺毛用作通便剂,也可消灭绦虫、癣、疥疮等皮肤疾病,治疗痢疾和便秘;根用作孕妇补药。在菲律宾,花和树皮混合烧焦治疗天花的化脓;提取物(活性成分为罗特莱宁)治疗牛和印度水牛的筋膜吸虫病(肝吸虫感染)。

【成分药理】 植株可作为抗氧化剂,具有抗生育因子活性;果实提取物具有杀菌作用;种子含有 18.5%～20% 的蛋白质,23.7%～25.8% 的脂肪。

Malvastrum coromandelianum（L.）Garcke.
赛葵

【异名】 黄花草、黄花棉(广西)。

【缅甸名】 taw-pilaw。

【民族药名】 卓暖桉(瑶药)。

【分布】 原产于美洲,分布于东西半球的热带地区。中国台湾、福建、广东、广西和云南等地有分布。在缅甸分布于克钦邦、实皆等地。

【用途】

缅药 全株:祛痰、润肤。

瑶药 全草:治腹泻、黄疸型肝炎、疮痈脓肿。

其他: 在印度,叶子制成药膏可治皮肤创面和疮疡;花用作发汗药,还可治疗肺部疾病。

Mangifera indica L.
杧果

【异名】 抹猛果(《云南志》),莽果(《植物名实图考》),望果、蜜望(《粤志交广录》),蜜望子、莽果(《肇庆志》)。

【缅甸名】 သရက်

krek, kruk, la-mung, mak-mong, ma-monton, mamung, sagyaw, shagyaw, takau, thayet, thayet-phyu, umung。

【民族药名】 吗没日(彝药);骂扣子(傈僳药);马蒙(阿昌药);马蒙、麻芒、抹勐、玛蒙罕(傣药);拉玛梦(崩龙药);码梦、码窝绕、考玛梦(佤药);芒果(仡佬药);阿哲(藏药);麻嘎(壮药)、芒果日-吉木斯(蒙药)。

【分布】 分布于亚洲热带地区。中国云南、广西、广东、福建、台湾有分布。在缅甸广泛分布。

【用途】

缅药 1. 树皮:用作收敛剂。

2. 果实:成熟的果实用作泻药。果皮作为补品。

3. 种子:用作平喘药。

彝药 1. 树寄生:治水肿、鼻衄不止。

2. 树根、果、果核、叶:配伍治神经错乱(《德傣药》)。

傈僳药 1. 果、果核:治咳嗽、食欲不振、睾丸炎、坏血病、疝气。

2. 叶:外用治湿疹瘙痒(《怒江药》)。

阿昌药 果、果核:治咳嗽、食欲不振、睾丸炎(《德宏药录》)。

傣药 1. 果实:治头痛发热;

2. 茎皮:治声哑(《滇药录》《版纳傣药》)。

3. 叶、果实:治头痛发热(《傣药录》《滇省志》)。

崩龙药 茎内皮、嫩茎枝:治烫伤(《滇药录》)。

佤药 茎皮:淋巴结核(《德傣药》)。

仫佬药 果实:治咳嗽(《桂药编》)。

藏药 种子:治肾虚(《部藏标》《中国藏药》)。

壮药 1. 叶:治湿疹。

2. 种子:治睾丸炎(《桂药编》)。

蒙药 种子:治肾虚、肾寒、腰腿痛。

其他: 在亚马孙河上游地区,一些美洲印第安人部落酿造芒果叶子,用作避孕药和堕胎剂。

【成分药理】 植物的所有部分都含有间苯二酚,会刺激口腔和舌头;吃果实会爆发红斑,被称为"芒果中毒",主要出现在嘴唇和整个面部和颈部,有时还会出现在生殖器;果皮似乎是罪魁祸首,而不是果汁。

Manilkara zapota(L.)P. Royen
人心果

【缅甸名】 thagya。

【分布】 原产于美洲热带地区。中国广东、广西、云南有栽培。在缅甸广泛种植。

【用途】

缅药 树皮和种子:用作利尿剂、补品和解热药。

其他: 叶和幼果的汁液中含有皂苷,摄入会引起腹泻和轻微的皮肤刺激。

Mansonia gagei J. R. Drumm.

【异名】 檀香。

【缅甸名】 ကလာ မက်
kala-met, ka-la-mak。

【分布】 原产于太平洋岛屿,现以印度栽培最多,泰国也有分布。中国广东、台湾有栽培。在缅甸广泛种植。

【用途】

缅药 木材、根:磨成糊状,内服可化痰和治疗心脏病,泌尿系统疾病和贫血;糊状物涂抹于身体局部,可缓解皮肤瘙痒。

【成分药理】 含有 coumarin derivitives、mansonones 和 mansorins。

Maranta arundinacea L.
竹芋

【缅甸名】 အာဒါလွတ်-အနတောက်အိုန်ိ၁ယ
taung-sun, thinbaw-adalut。

【民族药名】 蛮冬金、哥样(傣药)。

【分布】 原产于美洲热带地区,现广泛种植于各热带地。中国南方常见栽培。在缅甸广泛种植。

【用途】

缅药 治疗尿路感染、胃痛。

傣药 根茎:治肺热咳嗽、小便短赤涩痛。

其他: 根茎可作为润肤剂,治疗泌尿系统疾病和肠道疾病。

Markhamia stipulata(Wall.)Seem.

【异名】 猫尾木。

【缅甸名】 kwe，ma-hlwa，mai-kye，mayu-de，pauk-kyn。

【分布】 主要分布于亚洲地区。在缅甸广泛种植。

【用途】

缅药 治疗疥疮。

【成分药理】 含有 5 种毛蕊花糖苷衍生物（markhamiosides A ～ E）和 1 种对苯二酚（markhamioside F）。此外，从叶片和枝条中分离出 13 种已知的化合物。

Martynia annua L.
角胡麻

【缅甸名】 ဆေးဝက်နံပင်

se-kalon。

【分布】 原产于中美洲，分布于柬埔寨、印度、老挝、缅甸、尼泊尔、巴基斯坦、斯里兰卡、越南等地。中国云南有分布。在缅甸广泛种植。

【用途】

缅药 果实：治疗结核病和炎症。

其他：用作漱口剂，可治疗脱发、癫痫、发炎、疥疮、疮疡、咽喉痛。

Mayodendron igneum（Kurz）Kurz
火烧花

【异名】 缅木（《中国种子植物科属辞典》）。

【缅甸名】 egayit，egayit-ni，hpun-hpawk，mai-pyit，sumhtung，sumtungh-kyeng。

【民族药名】 娌糯比、锅罗比（傣药）；啊茨麻哈能、炮仗花（哈尼药）；阿交拉薄（基诺药）；郑统干、董老大、郑统刚（景颇药）。

【分布】 中国、老挝、泰国和越南等地有分布。在缅甸广泛分布。

【用途】

缅药 树皮：用作酒精中毒的解毒剂。

傣药 根、皮、茎、叶：治产后体虚、恶露淋漓

不尽、牙齿痛、疲乏无力（《滇药录》《滇省志》《版纳傣药》《傣药录》）。

哈尼药 树皮：治痢疾、腹泻（《哈尼药》《滇药录》《滇省志》）。

基诺药 1. 根、茎：治腹部或胃部起脓疱疮。2. 叶：治不思饮食（《基诺药》）。

景颇药 茎皮：治疟疾、间日疟（《德宏药录》《滇药录》）。

【成分药理】 叶的乙醇提取物具有显著地抗炎和镇痛活性。

Melaleuca cajuputi Powell

【异名】 白千层。

【分布】 中国、印度尼西亚、马来西亚、泰国和越南等地有栽培。在缅甸广泛分布。

【用途】

缅药 油：与樟脑混合，有助于治疗痛风；内服用作扩散性兴奋剂，可加快心脏活动。

其他：在中国，用作消毒剂。在中南半岛，作擦剂治疗风湿和关节疼痛，也作局部镇痛药；油被吸入治疗鼻炎和伤风，也可用于外科手术。在柬埔寨，叶用于输液治疗水肿。在马来半岛，油滴在糖上治疗腹绞痛和霍乱，也用作芳香健胃药和止痛药；外用治疗腹绞痛、头痛、牙痛、耳痛、腿痉挛、皮肤病、新伤口和烧伤；内服用作发汗剂、解痉药和兴奋剂；软化的树皮用于使脓肿成熟和排出脓液；果实和岗松（*Baechkea frutesces*）的叶合用治疗胃病。在菲律宾，叶治疗哮喘。在新几内亚，油擦在身体上治疗疟疾。

【成分药理】 包括桉油醇（cajuputol）、萜烯醇（terpenol）、L-蒎烯（L-pinene）和醛。

Melastoma malabathricum L.
野牡丹

【异名】 山石榴（台湾）。

【缅甸名】 ညဆင်ရအိုးပန်း

kyet-gale, linda-pabyin, myetpye, nyaung-ye-o-pan, sahkao, shame, wachyang, wagangga。

【分布】 主要分布于印度、东南亚、新几内亚和菲律宾。在缅甸分布于伊洛瓦底江、德林达依和仰光等地。

【用途】

缅药 叶:治疗慢性腹泻和痢疾。

傣药 根、叶:治痢疾、肠炎、蜂窝组织炎、扁桃腺炎、血栓脉管炎、血吸虫病、腹泻、衄血、跌打损伤、月经不调。

其他:在印度,树皮治疗皮肤病;叶治疗天花和创伤;根治疗腹泻和痢疾。在中国,叶作退热药,还治疗佝偻病。在马来半岛,与藿香蓟和头状花耳草的叶合用治疗痢疾。在印度,治疗腹泻、白带过多和痢疾;叶、花顶部和根用作收敛药。

Memecylon edule Roxb.

【异名】 铁木树。

【缅甸名】 byin-gale, lee-ko-kee, me-byaung, miat, mi-nauk。

【分布】 分布于印度热带地区。在缅甸分布于克伦邦、若开邦、德林达依、仰光。

【用途】

缅药 1. 树皮:用作热敷剂。

2. 叶:用作收敛药。

其他:在印度,树皮和叶制成浸膏剂治疗发热;根煎剂用作调经药;叶浸剂用作收敛药,治疗眼睛发炎。

【成分药理】 叶有强抗炎和镇痛的作用。

Mentha arvensis L.
龙脑薄荷

【异名】 薄荷。

【缅甸名】 ပုဒိ

payoke-aye, pusi-nan, budi-nan。

【分布】 分布于欧洲和亚洲。在缅甸广泛种植。

【用途】

缅药 1. 整株植物:祛痰止咳,降气,益肾,退热,助消化和利尿,治哮喘、肝脾疾病、关节炎症、气机紊乱、胃痛、发热和肌肉抽搐。

2. 叶:提取液与蜂蜜同服治疗腹泻;煮食治疗炎症、关节痛、喉咙痛和咳嗽;与干姜共煮治疗感冒;嫩叶可缓解头晕目眩,醒脑;叶汁涂抹眼睛可减轻疼痛;叶蒸馏后的液体治疗儿童胃痛和高血压;咀嚼并敷在猫咬过的地方可消毒;加在止呕药物中能增强其作用。

Mesua ferrea L.
铁力木

【异名】 铁力木(《广西通志》),铁栗木、铁棱(《广西通志》)。

【缅甸名】 သာနီးကွံကက်

guntgaw, gau-gau, maiting (My) (Kachin), kaw-ta-nook (Kayin), ar ganui (Mon), jai-nool (Mon), kam kan (Mai) (Shan)。

【民族药名】 埋摸朗、埋莫郎、莫继力(傣药);Narmishke 那尔米西克(维药)。

【分布】 分布于亚洲热带地区的南部和东南部,从印度、斯里兰卡、孟加拉国、泰国经中南半岛至马来半岛等地均有分布。中国云南、广东、广西等地通常零星栽培。在缅甸广泛分布于德林达依。

【用途】

缅药 1. 花、雄蕊、种子、根、树皮和油:制成制剂可促进消化,改善肤色,治疗血液疾病,缓解水肿,中和中毒,减轻心脏和膀胱疼痛。

2. 叶:治疗蛇咬伤。

3. 树皮、根:用作强身健体的补药。

4. 花:用作收敛剂、治疗毒物咬伤的解毒剂;与黄油和糖的混合治疗身体灼烧和痔疮;干花治疗咳嗽、胃病、过度排汗和痰多；花药治疗发热和月经出血过多，碾碎与冰糖和顶油（慢煮如黄油等物质时上浮的液体）混合，治疗痔疮和脚底皮肤皲裂；与香楝树一起研磨制成膏体，治疗疖子和其他皮肤病。

5. 种子：种子油制成的软膏可治疗关节炎症、疥疮、湿疹和感染性溃疡等其他皮肤问题。

傣药 1. 花、种子：治疮疡肿疖（《滇药录》《滇省志》《版纳傣药》）。

2. 花、根和果实：治体质虚弱多病、乏力、黄水疮、水肿。

维药 花：治寒性心虚、忧郁症、神经衰弱、身寒阳痿、湿性胃虚、腹泻、湿疮、痔疮出血。

Millettia pachycarpa Benth.
厚果崖豆藤

【**异名**】 苦檀子（《草木便方》），冲天子（广东、云南）。

【**缅甸名**】 mi-gyaung-nwe, nhtau-ru, semein, hon。

【**民族药名**】 讷告赖（布依药）；嘿唉喜欢、嘿吗喜欢（傣药）；教愣（侗药）；niu sajie（拉祜药）；汪夺爪（傈僳药）；博格仁、高优（蒙药）；汪堵、冲天子（怒药）；冲天子、苦檀子（佤药）；阿莫没尾、闹鱼藤、鹅夺（彝药）；阿扎曼巴（藏药）；Toba、Ropaoro（台少药）。

【**分布**】 中国、孟加拉国、不丹、印度、尼泊尔、泰国有分布。在中国分布于浙江、江西、福建、台湾、湖南、广东、广西、四川、贵州、云南、西藏。在缅甸分布于克钦邦、曼德勒和德林达依。

【**用途**】

布依药 种子或果实：捣烂与菜油调制敷于患处，治疗疮。

傣药 1. 根：治急性胃肠炎、痧症、跌打损伤、骨折。

2. 果实：治枪伤、竹、木刺人肉伤（《傣医学》）。

侗药 果实：治疥疮、癣（《侗医学》）。

拉祜药 根、果：治痧症、胃肠炎。

傈僳药 1. 根、叶、种子：治疥疮、癣、癞、痧气腹痛、小儿疳积、跌打损伤、骨折。

2. 全草：治虚汗、皮肤瘙痒、暑热胸闷、疟疾（《怒江志》）。

蒙药 种子：治肾寒、腰肾坠痛、"赫依"性头晕、肾"赫依"、脉"赫依"、绦虫病、腹水、蚜网（《蒙药》）。

怒药 根、叶、种子：治疥疮、癣、癞、痧气腹痛、小儿疳积、跌打损伤、骨折。

佤药 根、叶、种子：治急性胃肠炎、痧疟腹痛、跌打损伤、骨折、（《中佤药》）。

彝药 1. 根：治疟疾。

2. 种子、叶：治跌打损伤、骨折、腹痛、痧气痛、癣、癞。

藏药 1. 果核、种子：治肾寒、肾虚、肾脏病。

2. 种子：治肾虚及肾功能损伤（《藏标》《部藏标》《中国藏药》《民族药志（一）》）。

台少药 1. 茎：治齿痛。

2. 根：治皮肤病、毒蛇咬伤。

其他 在中国，整株植物用作抗贫血药、杀虫剂。

【**成分药理**】 含有抗肿瘤化合物鱼藤酮。植株可诱导红细胞生长。

Millingtonia hortensis L. f.
老鸦烟筒花

【**异名**】 烟筒花（《中国高等植物图鉴》），姊妹树、铜罗汉（云南）。

【**缅甸名**】 ကြက်ဆူ
mai-long-ka-hkam, sum-tung-hpraw, htamone-chort。

【**民族药名**】 嘎沙乱、嘎沙拢、戛刹拢（傣药）。

【**分布**】 主要分布于越南、泰国、老挝、柬埔寨、印度、马来西亚、印度尼西亚。中国云南有分布。在缅甸，除寒冷地区外均有自然分布。

【用途】

缅药 1. 叶:水煮食或做成炒菜,治疗高血压。

2. 花或枝条:食用花汤或枝条可治疗高血压和心悸。

3. 根:制成膏体,可治疗气虚;加盐或糖可治疗心悸头晕。

4. 根和树皮:制成的膏药在眼睛周围画圆圈可治疗眼睛痛,在舌头上涂抹膏体可治疗酒精中毒。

5. 新鲜根茎:加粗糖煮水饮用可治疗白癜风。

傣药 树皮、叶:治产后肢体关节肌肉酸麻胀痛、肢体关节酸痛重着、屈伸不利、产后体弱乏力、形瘦、缺乳、乳汁清稀、精神不振、支气管炎、咳喘、荨麻疹、湿疹及各种皮肤过敏症、蛔虫病、咳嗽痰喘(《滇药录》《滇省志》《傣药录》)。

Mimosa pudica L.
含羞草

【异名】 知羞草(《南越笔记》),呼喝草(《广西通志》),怕丑草(广东)。

【缅甸名】 ထိကရွန်း"ကုန်း"

hi-ga-yone, tikayon, kaya(Kachin), hta-muck(Mon), nam ya-haiawn(Shan)。

【民族药名】 尼剃摆茄(阿昌药);短喝嗯、芽呆冷、牙待茹(傣药);牙对鸟(德昂药);藤点滕希、Savdol jhhaq 沙多加阿、怕丑草(哈尼药);苗火、害羞(景颇药);捏慈莫(傈僳药);雅装悟、怕丑草(黎药);知羞草、松医腊爱(毛南药);多楷岩、日楷(佤药);腊来、虾巴牢、巴卑巴合(壮药)。

【分布】 原产于热带美洲地区,现广泛分布于热带地区。中国台湾、福建、广东、广西、云南等地有分布。在缅甸广泛分布。

【用途】

缅药 1. 全草:减少痰和胆汁,用作利尿剂和杀菌剂;粉碎加水局部应用可缓解水肿;提取液治疗发炎的溃疡、呕吐、出血和哮喘,也用作滋补品。

2. 叶:揉碎制成膏药敷于阴部,治疗排尿过多;粉末与牛奶混合治疗痔疮。

3. 根:粘贴于患处治疗溃疡;根汤可溶解胆结石,促进泌尿系统功能。

阿昌药 全株:治感冒、小儿高热、胃炎、神经衰弱。

傣药 全草:治神经衰弱、小儿高热、全身水肿、失眠、多梦、周身乏力,避孕。

德昂药 全草:治感冒、小儿高热、急性结膜炎、支气管炎、胃炎、肠炎、泌尿系统结石、痔疾、神经衰弱、跌打肿痛、疮疡肿毒。

哈尼药 全草:治小儿高热、神经衰弱、感冒、支气管炎、肠肾炎、泌尿系统结石、跌打肿痛、眼热肿痛、月经不调、血淋、咯血、疝气、脱肛。

景颇药 1. 全草:治神经衰弱、风湿病、失眠。

2. 全草、根:治吐泻。

傈僳药 全草:治感冒、肠炎、胃炎、失眠、小儿疳积、目热肿痛、带状疱疹。

黎药 全草或根:治子宫脱垂、脱肛、白带多、神经衰弱。

毛南药 全草:治神经衰弱、失眠。

纳西药 全草:治小儿高热、慢性气管炎、感冒、慢性胃炎、肠炎、小儿消化不良、泌尿系统结石、神经衰弱、头痛失眠、眼花疮疡肿毒。

土家药 全草:治神经衰弱、失眠、肠胃炎、诸疮肿毒、支气管炎。

佤药 全草:清热利尿,止咳化痰,安神止痛,子宫脱垂。

壮药 全草:治遗尿、夜多小便、小儿腹泻、神经衰弱、小儿疳积、跌打内伤引起的尿漏、癔病、癫痫、产后恶露不尽。

Mimusops elengi L.

【异名】 牛乳树。

【缅甸名】 ခရမ်ပင်၊ချရားပင်

thitcho-khaya, khayay pin, chayar pin, sot-keen（Mon）。

【分布】 分布于热带地区。在缅甸广泛分布。

【用途】

缅药 1. 树皮:煮沸的液体用来清洗伤口和创面;与余甘子和 *A. chundra* 的树皮一起煮沸,含服治疗鹅口疮、牙龈发炎、口腔内烫伤、牙龈炎和其他牙龈疾病。

2. 花或果实:吸入花粉或直接食用果实治疗心脏疾病。

3. 花:鲜花治疗阴道的白色分泌物和口腔问题;鲜花水浸泡过夜后治疗儿童咳嗽;干花与塔纳卡(鱼子兰树皮糊)磨碎后治疗热疹和痱子。

4. 果实或种子:食用种子糊或成熟的果实可治疗持续腹泻。

Mirabilis jalapa L.
紫茉莉

【异名】 胭脂花(《草花谱》),粉豆花(《植物名实图考》),夜饭花(上海),状元花(陕西),丁香叶、苦丁香、野丁香(《滇南本草》)。

【缅甸名】 lay-naryi pan, myitzu pan pin。

【民族药名】 百方护菊、白翻户枯(白药);贺莫晚罕、糯外娘、玛完憨(傣药);玻羔、波槁(德昂药);Nugs cuix fenx 奴水粉、Mal Bial sagx 骂巴郎(侗药);又压昂、巫街街海、劳所包奥(仡佬药);Leiqguq Leiqni 勒谷勒呢、无机无晓阿焉(哈尼药);胭脂花、wei wei a bo 维维阿波(基诺药);哀摸磨起(傈僳药);han mei xi 寒美须、胭脂花、松胭花(毛南药);胭脂花、白果果(纳西药);紫茉莉(畲药);骂劳母(水药);tu hong shen 土红参、胭脂花、土天麻(土家药);籽籽花、粉果根(佤药);白赫曼斯比特(维药);赫崩莲、水粉(瑶药);拜黑、此额突、庆把唯(彝药);稠崖花(壮药);Botusi(台少药)。

【分布】 原产于美洲热带地区。在中国广泛栽培。在缅甸广泛栽培。

【用途】

缅药 1. 全株:加糖的煎剂治疗尿路感染和膀胱结石。

2. 叶:促进男性生殖力,治疗肿块和疮疡;汁液涂抹于皮疹上可缓解瘙痒;加冷水捣碎制成药膏治疗骨折、脱臼和肌肉结节。

3. 块茎:治疗阳痿;粉末配伍干姜、胡椒和荜茇果实,加蜂蜜混合食用治疗淋病。

阿昌药 根:治扁桃腺炎、月经不调、前列腺炎(《德宏药录》)。

白药 1. 根、叶:治尿路感染、糖尿病、水肿、前列腺炎、疥癣、跌打损伤、疮疡肿痛、臁疮。

2. 种子内胚乳:治面上斑痣、粉刺、皮肤起黄水泡、溃破流黄水。

3. 根、全草:治月经不调、白带、扁桃体炎、尿路感染、前列腺炎、糖尿病、痈疽肿痛、骨折、跌打损伤、疔疮、湿疹(《滇省志》《滇药录》)。

傣药 1. 根、茎、叶:治腹痛腹泻、红白痢疾、腮腺、颌下淋巴结肿痛。

2. 全株、根:治肠炎、腹胀腹泻、鼻涕便痢疾。

3. 茎、叶:鲜品捣烂包敷或煎水外洗,治疮疡肿疖。

4. 根:治月经不调、白带过多(开白花者)、小儿肝炎(开黄花者)。

5. 花:治结肠炎、腹胀腹泻、鼻涕便痢疾(慢性菌痢、肠炎)、疮疡肿痛。

6. 根、叶:治尿路感染、糖尿病、水肿、前列腺炎、疥癣、跌打损伤、疮疡肿痛、臁疮。

7. 种子内胚乳:治面上斑痣、粉刺、皮肤起黄水泡、溃破流黄水(《滇药录》《滇省志》《傣药录》《版纳傣药》)。

德昂药 1. 全株、根:治肠炎、腹胀、腹泻、慢性菌痢。

2. 茎、叶:捣烂包敷或煎水外洗,治疮疡肿疖(《滇省志》)。

侗药 根、全草:治乍型没正(月经不调)、宾宁乜崩榜(白带过多)(《侗医学》)。

仡佬药 根:治白带过多。

哈尼药 块根、叶:治扁桃体炎、月经不调、泌尿系统感染、产后腹痛、疮痈红肿、骨折、跌打损伤、淋巴结炎、风湿疼痛(《哈尼药》)。

基诺药 1. 根:治水肿。

2. 嫩茎、叶:外敷治腮腺炎、乳腺炎、痛疮疔疮、疥癣、月经不调、白带过多(《基诺药》)。

傈僳药 1. 全草、根:治扁桃体炎、月经不调、前列腺炎、泌尿系统感染。

2. 全草:外用治乳腺炎、跌打损伤(《怒江药》)。

毛南药 根:治血崩、月经不调、白带过多、跌打扭伤、骨折(《桂药编》)。

仫佬药 根:治糖尿病、尿路感染、白带过多。

纳西药 根:治老年性青光眼、扁桃体炎、急性关节炎、痈疽背疮、胃肠炎、尿路感染、糖尿病、前列腺炎、肺痨吐血、水肿、月经不调、子宫颈糜烂、风湿性关节酸痛。

畲药 1. 根:治扁桃体炎、月经不调、白带、前列腺炎、泌尿系统感染、风湿性关节酸痛、痈疽肿毒。

2. 叶:治疮。

3. 花:治咯血。

4. 果:治脓疱疮(《畲医药》)。

水药 根:治糖尿病。

土家药 根、全草:治尿路感染、白浊、白带、糖尿病、跌打损伤、痈肿疔毒、痨病、摆白症(白带过多)、小儿胎毒(《土家药》)。

佤药 根:治月经不调、腰痛、骨折、跌打损伤(《中佤药》)。

维药 根:治体虚、四肢酸软、食欲不振、神经衰弱、心悸气短、虚劳咳嗽、慢性腹泻、尿路结石、糖尿病、子宫出血、净湿性黏液、关节炎(《维药志》)。

瑶药 1. 块根:治头痛、扁桃体炎、月经不调、子宫颈炎、前列腺炎、糖尿病。

2. 果实:外用治皮肤溃疡、白带(《桂药编》)。

彝药 1. 根:治消化系统肿瘤、浮肿、小便不利、胸腹胀痛、跌打损伤、疮肿。

2. 全株:治口蛾舌疮、湿热、关节肿痛、乳痈疔疮、白浊湿淋、月经不调、跌打损伤、瘀血肿痛(《滇省志》《哀牢》)。

壮药 根:治月经不调(《桂药编》)。

台少药 叶:置于开水中,温热后摩擦患部、消除瘀血;煮后敷于患处并用布包扎治外伤。

【成分药理】 根含 alkaloid(生物碱)。根和种子有毒。

Mitragyna speciosa (Korth.) Havil.

【缅甸名】 bein-sa。

【分布】 原产于东南亚。在缅甸的钦邦和德林达依有分布。

【用途】

缅药 叶:用作麻醉剂。

其他:在泰国,咀嚼过的树叶用作兴奋剂,被用作鸦片的替代品。在印度半岛,除了咀嚼树叶或饮用外,残渣还会被晾干和吸食,都有相同的效果;叶配伍巴戟天、艾纳香和木蝴蝶的叶,可热敷于脾脏肿大处;捣碎的叶可治疗伤口或驱除儿童身上的虫子。

【成分药理】 成分包括帽柱木碱和帽柱木菲碱,前者被认为是一种局部麻醉剂。

Momordica charantia L.
苦瓜

【异名】 凉瓜(广东),癞葡萄(江苏)。

【缅甸名】 ကြက်ဟင်းခါး"ကိုင်း-"ငယ်"

kyet-hinga, kyet-hin-kha, gaiyin (Kachin), sot-cawee-katun (Mon)。

【民族药名】 摆麻怀烘、麻怀烘、麻坏(傣药);SanglGueel Gaemc 散鬼拱(侗药);阿能歌尻、阿能柯柯(基诺药);苦瓜(畲药);地桐子(土家药);介耸(佤药);斯克、窝铺卡、锦荔枝(彝药）；Hawqlwghaem 恒冷含、苦瓜干（壮药）。

【分布】 广泛栽培于热带到温带地区。在中国广泛栽培。在缅甸少量栽培。

【用途】

缅药 1. 全株：促进肠道运动，刺激食欲，治疗贫血、眼疾、性病和与尿道相关的疾病。

2. 根、种子、果实：用作泻药、堕胎药、壮阳药、止痛药、解热药、风湿药、催吐药、消化药、抗溃疡药和抗疟疾药。

3. 叶：缓解发热；叶汁治疗胃病；与盐和糖混合水煮，可治疗疟疾、寒颤和发热；粉末治疗眩晕，也用作泻药和驱虫剂、引产药。

4. 叶、果：用作驱虫剂，治疗痔疮、麻风病和黄疸。

5. 果实：用作泻药、驱虫剂，治疗糖尿病；磨碎成膏状涂在喉咙上治疗甲状腺肿大。

6. 果汁：用作催吐剂、泻药，治疗胆汁问题、登革出血热。作为药膏涂抹或作为冲洗剂清洗咬伤周围，用作狂犬病的解毒剂。配伍磨碎的诃子果实治疗黄疸和肝炎；加油治疗霍乱；加蜂蜜可减轻水肿；幼果的汁液加热后涂在关节上可缓解炎症。

7. 根：用作收敛剂，治疗痔疮。

傣药 地上部分：治小儿发热、咽喉肿痛、口舌生疮、脘腹疼痛、蛔虫病、消渴、小便热痛、赤白下痢、疔疮痈疖、鹅掌风（手癣）、虫蛇咬伤。（《滇药录》《版纳傣药》《傣药录》）。

侗药 根：治霍乱、呕吐、腹泻、痰痢、急性肠炎、毒蛇咬伤、无名肿毒、疔疮。

基诺药 叶、藤：治肝炎、热病烦渴、中暑、痢疾；外治蛇虫咬伤（《基诺药》）。

畲药 1. 根：治肝火旺。

2. 果实：治热痢。

3. 鲜叶：治痱子、皮肤瘙痒、刀伤出血。

土家药 种子：外用治癣癫、皮肤痒疹、痈疽肿毒。

佤药 1. 果实：治烦渴、眼赤疼痛、痈肿丹毒、恶疮。

2. 花：治胃气痛、眼疼。

3. 叶：治丹火毒气、恶疮结毒、杨梅疮、大疔疮（《滇省志》）。

彝药 1. 根：治肠疮、牙痛。

2. 鲜瓜瓤或叶：捣敷治蛇咬伤、肿痛、疮肿。

3. 茎叶：治腹泻；捣敷治热疮。

壮药 近成熟果实：治贫痧（感冒）、阿意咪（痢疾）、火眼、呗农（痈疮）、丹毒。

【成分药理】 果实为著名的抗糖尿病药物，其降糖特性基于果汁中的多肽（分子量为 11 000）和萜类化合物。

Momordica cochinchinensis（**Lour.**）**Spreng.**

木鳖子

【异名】 番木鳖（《中国经济植物志》），糯饭果（云南），老鼠拉冬瓜。

【缅甸名】 ဖက်စေ့စော်

hpak-se-saw, samon-nwe, taw-thabut, tha-myet.

【民族药名】 麻西嘎（傣药）；杯把那（哈尼药）；吉辣岗、栖拉冬、丁宁卡（毛南药）；Tom Alten qiqig 陶木-阿拉坦-其其格、斯日吉-莫都格（蒙药）；Zend weif wub 正维污、子文武、木别子（苗药）；瓜挪、孟呀（仫佬药）；地桐子（土家药）；乌龟果、duc biouv 杜表、病瓦（瑶药）；窝铺卡（彝药）；色麦切哇（藏药）；Cehmoegbiet 些木变、lwggomoegbied 木鳖子、棵拉望、棵模别（壮药）。

【分布】 分布于亚洲温带地区和热带地区，马鲁古群岛、澳大利亚也有分布。中国江苏、安徽、江西、福建、台湾、广东、广西、湖南、四川、贵州、云南和西藏有分布。在缅甸分布于勃固、若开邦和仰光。

【用途】

缅药 1. 果实：用作泻药。

2. 种子：治疗胸部问题，有助于分娩。

傣药 1. 根：治全身水肿、湿疹瘙痒、顽癣不愈（《滇药录》）。

2. 藤茎、根、种子和果实:煎水外洗治水肿病、各种顽癣、高热惊厥、四肢抽搐、不省人事、湿疹瘙痒溃烂、带状疱疹。

3. 果实:用火烘热后擦患处治顽癣(《版纳傣药》)。

哈尼药　根茎:治肠炎、痢疾、消化不良、肝炎、胃、十二指肠溃疡、扁桃体炎、肺炎(《哈尼药》)。

毛南药　鲜根或种子:外敷治痈疮、无名肿毒、淋巴结炎(《桂药编》《民族药志(一)》)。

蒙药　种子:(沙子炒、去掉外壳和绿皮用)治胃肠"希日"、黄疸、不消化症、肝胆热、腹胀、脾热、肠炎、痈疮肿毒、颈淋巴结结核、乳腺炎、肠鸣、热性"希拉"病、烦渴口苦等热性"希日"病、食欲不振、恶心、目赤、胃腹胀满、大便呈白色等由不消化引起的寒性"希日"病、脾脏"希日"病引起的血便、腹胀、口唇及颜面发青、左肋作痛等病(《蒙药学》《民族药志(一)》)。

苗药　1. 根、叶、果实、种子:治感冒头痛、发冷发热、神经痛、跌打肿痛(《桂药编》)。

2. 种子:治化脓性炎症、乳腺炎、淋巴结炎(《湘蓝考》)。

仫佬药　1. 种子:治痔疮、痈疮脓肿,无名肿毒(《民族药志(一)》)。

2. 根、叶、果实、种子:治肺结核、痢疾、拔疮脓。

3. 块根:治肺结核、痢疾(《桂药编》)。

土家药　种子:治化脓性炎症、乳腺炎、淋巴结炎、头癣、痔疮、无名肿毒(《土家药》)。

瑶药　1. 块根、叶及种子:治小儿疳积、疝气、脚气病、淋巴结炎、痔疮、癣疮、酒渣鼻、粉刺、雀斑、乳腺炎、痈疮肿毒、风湿痹痛、筋脉拘挛、牙龈肿痛、瘰疬。

2. 种子:治胃痛、淋巴结结核、淋巴肿大。

3. 叶:治痈疮疖肿(《桂药编》)。

彝药　果实、根、茎、叶:治眼痛、胃气痛、烦热口渴、中暑发热、痢疾。

藏药　果实:治肠炎、胆病、腹病、胆热、"赤巴"病、"黄水"病、中毒症。

壮药　1. 种子:治呗农(痈疮)、呗农显(脓胞疮)、仲嘿唪尹(痔疮)、乳痈、呗奴(瘰病)、发旺(风湿痹痛)、痂(癣);调醋外涂患处治牙痛、无名肿毒、痈疽疖肿。

2. 果实(除去种子):治头晕。

3. 叶:治跌打肿痛(《桂药编》《民族药志(一)》)。

4. 块根:拔疮脓。

其他:在中国,种子治疗腹部疾病、肝脾疾病、痔疮、瘀伤、肿胀、皮肤问题、溃疡、腰痛、慢性疟疾、乳腺癌、脓肿,并用作消肿药;根作祛痰剂。在中南半岛,种子磨碎后浸泡在酒精和水里,治疗疖、脓肿、腮腺炎、腿部水肿和风湿病。在印度尼西亚,叶汁加新鲜棕榈酒或叶加葡萄酒煮熟,治疗疲倦、腿肿胀。在菲律宾,种子治疗胸部疾病;根用作肥皂,可以杀死头虱。

【成分药理】　成分包括苦瓜素(momordin)、菠菜甾醇(a-spinasterol)和倍半酚(sesquibenihiol)。种子含有硬脂酸、棕榈酸、油酸、亚油酸和蓖麻油酸组成的固定油,以及海藻糖、树脂和果胶物质。根中含有皂苷苦瓜定(momordine)。

Monochoria vaginalis (**Burm. f.**) **C. Presl.**

鸭舌草

【缅甸名】　beda, le-padauk, kadauk-sat.

【民族药名】　眼次颜(白药);啪哽(傣药);罗妞妞剖(哈尼药);鸭儿嘴(土家药);贺菜莵(苗药)。

【分布】　主要分布于亚洲地区,日本、马来西亚、菲律宾、印度、尼泊尔、不丹等地有分布。在中国广泛栽培。在缅甸德林达依和仰光地区广泛种植。

【用途】

缅药　1. 全株:治疗消化器官疾病、哮喘、牙痛。

2. 叶:汁可退热。

3. 花:可食用,有降温作用。

4. 根:治疗牙痛、哮喘。汁治疗胃病和肝病。

白药　全草:治毒蛇咬伤、高热喘促咳、尿血、赤眼、中毒、痈肿疔疮(《滇药录》)。

傣药　全草:治肠炎、痢疾、咽喉肿痛、牙龈脓肿、蛇虫咬伤(《滇省志》)。

哈尼药　全草:效用同傣药(《滇省志》)。

蒙药　全草:治痢疾、肠炎、高热咳嗽、咽喉肿痛、齿龈脓肿、丹毒、疔疮、蛇虫咬伤(《蒙植药志》)。

畲药　全草:治绞肠痧、蜂蜇伤。

土家药　全草:治肠炎、痢疾、牙龈脓肿、急性扁桃体炎、丹毒、疔疮肿痛。

苗药　全草:治痢疾、肠炎腹泻、咽喉炎、扁桃体炎、齿龈脓肿、疮疖肿痛(《湘蓝考》)。

其他:在印度,树皮和糖同服可缓解哮喘;咀嚼根可减轻牙痛。

Morinda angustifolia Roxb.
黄木巴戟

【缅甸名】 နူးပါးဆောက်ဉ်

nlung, latloot, hla ponyork。

【民族药名】 沙腊(傣药);巴戟(哈尼药);波俄(基诺药);歹起我那此卡(拉祜药)。

【分布】 分布于印度、尼泊尔、不丹、老挝和斯里兰卡等地。在中国云南有栽培。在缅甸分布广泛。

【用途】

缅药　1.叶:煮熟食用可帮助消除胀气,治疗胃痛、口腔灼烧感、胆汁不规则和高血压;与马蹄鱼煮熟一起吃可治疗腹泻;做成沙拉给产妇吃可治愈乳腺阻塞、母乳干涸、盆腔疼痛、腹部扭伤疼痛和流鼻血;与辣木叶煮成汤服用可治疗心脏病、出血和糖尿病。

2.果实:捣碎后与蜂蜜同服可治疗咳嗽、哮喘。与糖蔗汁同服可治疗消化不良;嫩果煮熟做成沙拉食用可治愈枪伤或胃部由于胀气和高血压引起的隐痛。

傣药　根皮、叶:治肝炎、胆结石、痈疖疮毒、

皮肤瘙痒、漆树过敏、小儿疮疡、斑疹、疥癣、湿疹(《版纳傣药》《傣药录》)。

哈尼药　全草:治气管炎。

基诺药　1.根皮:治黄疸型肝炎、过敏性皮炎。

2.叶:治过敏性皮炎、漆疮(《民族药志(二)》)。

拉祜药　根、茎:治腹泻、痢疾、肝炎、咽喉肿痛、口齿生疮、失眠(《拉祜药》)。

Morinda citrifolia L.
海滨木巴戟

【异名】 海巴戟天(《海南植物志》),海巴戟(《中国高等植物图鉴》),橘叶巴戟(《全国中草药汇编》),檄树(台湾)。

【缅甸名】 ညှက်ကိုမြစ်ရှိ

nibase, noni, nyagyi。

【分布】 分布于自印度和斯里兰卡,经中南半岛,南至澳大利亚北部,东至波利尼西亚等广大地区及其海岛。在中国台湾、海南有分布。在缅甸广泛分布。

【用途】

缅药　叶、果:缓解关节炎,用作催眠剂,治疗月经不调。

Morinda coreia Buch.-Ham.

【缅甸名】 nee-par hsay-pin。

【分布】 印度、斯里兰卡、马来群岛等地有分布。在缅甸的炎热地区和勃固广泛分布。

【用途】

缅药　1.叶:压碎后用作治疗疮的膏药,减轻炎症或加速其排脓和痊愈;煮熟后服用治疗发热;煮熟榨汁和芥菜籽混合,治疗儿童痢疾。

2.叶、树皮:汁液治疗僵硬和结节的肌肉、关节和其他疼痛部位的肿胀。

3.果实:烘烤压碎,加盐制成牙膏,可坚固牙

龈和牙齿；打粉后可压在疮上止血。

4. 根：用作泻药。

Moringa olei fera Lam.
辣木

【缅甸名】 dan-da-lun, sort-htmaine(Mon)。

【分布】 热带地区广泛栽培。在中国广东、台湾等地有栽培。在缅甸广泛分布。

【用途】

缅药 1. 树液：含在嘴里治疗蛀牙。

2. 树皮：有助于消化，用作收敛剂；新鲜的汁液涂抹于耳朵可治疗耳痛和耳部感染。

3. 树皮、叶：用作心脏兴奋剂。

4. 叶：与大蒜、高良姜和 *Zingiber cassumnar* 制成汤剂治疗停经；水煎剂服用可降低高血压。

5. 根：水煎剂可治疗胃癌；捣碎服用治疗喉炎、咽喉痛；外用作药膏可治疗发炎；捣碎的汁液与牛奶同服可治疗糖尿病；捣碎加等量的芥末籽浸泡于水中，可治疗消化不良和胃胀；粉末加等量的黄细心根粉，与椰奶和蜂蜜同煮，可强身健体。

6. 花：治疗水肿、浮肿、疖、疮疡和胀气。

7. 果实：煮后服用治疗儿童线虫等寄生虫感染；粉末加糖治疗排尿过多。

8. 种子：治疗头痛、中毒；粉末涂抹于耳可治愈耳痛和感染；种子油治疗疮疡，皮疹和瘙痒。

Mucuna pruriens（L.）DC.
刺毛黧豆

【缅甸名】 gwin-nge, hko-mak-awa, khwele, khwe-ya, khwe-laya, to-ma-awn, pwekonclaw (Mon), ra, yan-nung (Chin), hko-ma-awn (Shan)。

【民族药名】 猫豆（瑶药）。

【分布】 亚洲热带、亚热带地区均有栽培。中国广东、海南、广西、四川、贵州、湖北和台湾等地有分布。在缅甸分布于勃固、曼德勒、实皆、掸

邦和仰光。

【用途】

缅药 1. 叶：煮熟蘸鱼酱或鱼露食用治疗男性疾病；增加母亲的泌乳量，防止呕吐，止血。

2. 果实：用作除虫药。

3. 种子：用作补药，可增加精子，刺激泌乳，改善循环，增强机体活力，增加体重，排除肠道蠕虫，增强感官能力，治愈性病和瘫痪，刺激新组织形成，愈合伤口；擦在患处可减轻麻木；压碎制成膏药涂在身上治疗蝎子咬伤；旺火炒或煮食可缓解呕吐和出血。

4. 根：利尿，增强血管，用作催情剂、滋补剂、壮阳药和泻药；煮熟加蜂蜜治疗霍乱；汁液可减轻手指和脚趾关节的水肿，揉在胃上治疗腹部水肿，服用汁液可治疗瘫痪和手臂萎缩；烹饪根茎粉中过滤出来的油涂在患处，可减轻象皮病的扩大和硬化。

瑶药 叶、种子：治腰膝酸痛、震颤性麻痹。

其他： 在印度，根用作补药、利尿剂、泻药、治疗神经和肾脏疾病、浮肿、象皮病；种子治疗阳痿、尿结石、滋补、催情剂。在巴基斯坦，根治疗紧张、精神错乱和谵妄。在非洲，作为狩猎毒药和药用植物。

Mussaenda macrophylla Wall.
大叶玉叶金花

【缅甸名】 jyula, pwint-tu-ywet-tu, lelu。

【民族药名】 野马野舍（哈尼药）。

【分布】 分布于印度东北部、尼泊尔、马来半岛、菲律宾和印度尼西亚。中国台湾、广东、广西和云南有种植。在缅甸的钦邦、克钦邦、马圭、曼德勒、实皆和仰光有分布。

【用途】

缅药 叶：治疗痢疾。

哈尼药 叶：治黄水疮、皮肤溃疡（《滇药录》）。

【成分药理】 根皮中分离出 4 种新的三萜苷类化合物，其中一些对牙周病菌牙龈卟啉单胞

菌（*Porphyromonas gingivalis*）有抑制作用。

Myristica fragrans Houtt.
肉豆蔻

【异名】 肉果、玉果（广西）。

【缅甸名】 ဇာတိပွိုလ်

zar-date-hpo, zar-pwint。

【民族药名】 呦克嘟咕那木（朝药）；麻尖、鲁尖（傣药）；匝迪、萨迪、吉如罕-赛娜吉如罕-赛娜（蒙药）；朱由孜、白斯巴色、九药斯（维药）；匝滴、扎得、杂地（藏药）。

【分布】 原产于马鲁古群岛，热带地区广泛栽培。中国台湾、广东、云南等地有栽培。在缅甸分布于德林达依、丹老县和毛淡棉。

【用途】

缅药 1. 全株：与热水和糖同服可净化血液，治疗消化不良、失眠和肿瘤；与热水同服治疗胀气、腹绞痛、腹泻和月经不调。

2. 油：刺激食欲，增强体力，调节发热；与木苹果、臭娘子和松节油混合，外用治疗肿瘤。

3. 果实：治疗慢性腹泻、消化问题、脾脏发炎和胀气痛。

4. 种子：碾碎加蜂蜜制成糊状，食用可缓解心脏衰竭和痢疾；加水制成糊状，食用可消除恶心，食用或涂抹全身可治愈霍乱，涂抹外耳可缓解发炎，局部涂抹可清除丘疹。

5. 种仁：制成制剂用于精液调节和缓解痔疮。

朝药 种仁：治太阴病的痞证、阴毒、直中阴经或少阴病危证（脏厥、阴盛格阳证）、脾虚里寒证。

傣药 种仁：治心慌、乏力、恶心呕吐、癫痫（《滇药录》《滇省志》《版纳傣药》）。

蒙药 种仁：治心律失常、胸闷不舒、心悸、心绞痛、头昏、失眠、食欲不振、胃寒久泻、脘腹胀痛、命脉"赫依"、消化不良、"赫依"性疼痛症（《蒙药学》）。

维药 1. 种仁：治胃寒纳差、消化不良、寒性头痛、黏液质性瘫痪、关节炎、精少阳痿、疮疡、尿少、腹泻。

2. 假种皮：治湿寒性脑虚、心虚、肝虚、湿性肺病、消化不良、同房无力、溃疡、脾脏病症、寒性头痛、偏头痛、汗臭，消炎肿，助怀孕（《维医药》）。治疗健忘、肝虚精少、食欲不振、精少、阳痿、寒盛脾衰、腹泻、呕血。

藏药 1. 种子：治消化不良、感冒、头昏、神衰失眠、风湿性心脏病、胃寒腹痛、气虚心慌、瘟病时疫（《藏本草》）。

2. 种仁：治各种心脏病、"龙"病（《中国藏药》）。

其他：磨碎或成粉的种子是肉豆蔻的来源，种皮为肉豆蔻种衣的来源。

【成分药理】 肉豆蔻含有肉豆蔻醚（myristicin），为大量摄入会很危险的致幻物质。果实和花中含有肉豆蔻油，摄入后会导致抽搐。成分 isolemicin 有安眠的作用。果实和叶含有拟精神病化合物肉豆蔻醚、冰片（borneol），会影响中枢神经系统，还有被称为低级肝癌原的黄樟素（safrole）。

Nauclea orientalis（L.）L.

【缅甸名】 ma-u, ma-u-gyi, ma-u-kadon, prung。

【分布】 广泛分布于缅甸的钦邦、曼德勒和仰光。

【用途】

缅药 树皮：用作补品、退热药，治疗月经失调。

其他：可作为杀鱼剂、滋补剂和外伤药，治疗头痛、发热和肿瘤。

Neolamarckia cadamba（Roxb.）Bosser
团花

【异名】 黄梁木。

【缅甸名】 hkala-shwang, lash-awng, ma-u, ma-u-let-tan-she, mau-phyu, prung, ye-ma-u, yema-u。

【民族药名】 白格车、埋嘎东(傣药)。

【分布】 印度、中南半岛、新几内亚有分布。中国广东、广西和云南有分布。在缅甸广泛分布于勃固、马圭、曼德勒、实皆、仰光。

【用途】

缅药 1. 树皮:用作解热药。

2. 叶:制作漱口液。

傣药 茎皮、叶:治全身无力、食欲不振、发黄、痒疮、急性黄疸型肝炎、胆囊炎、皮肤瘙痒。

其他:在中南半岛,树皮用作补品和镇咳药。用马来半岛,叶子制成敷剂或涂油加热,涂在胸部或腹部,可治疗发热或疟疾。

Nerium oleander L.
欧洲夹竹桃

【缅甸名】 nwei thargi。

【分布】 原产于地中海,欧洲、美洲、亚洲热带和亚热带地区有种植。在中国南方有栽培。在缅甸广泛种植。

【用途】

缅药 1. 叶:粉末用于癣、皮肤瘙痒和其他外部炎症;汁液用于蛇咬伤,也可用于其他有毒动物的叮咬。

2. 根:粉末涂在皮肤上可减轻疼痛,也可中和蝎蛇毒素;根粉制成软膏治疗皮肤癌、癣、细菌感染、耳痛和麻风病。

其他:在印度,叶治疗心脏病;树皮中的油治疗皮肤病。

【成分药理】 树皮含有洋地黄糖苷,提取物对肝片吸虫有一定的抑制作用,还有抗流感和针对单纯疱疹的抗病毒活性。

Nicandra physalodes（L.）Gaertn.
假酸浆

【异名】 冰粉,鞭打绣球。

【民族药名】 阿扑他他(傈僳药);垂吹老牙(怒药)。

【分布】 原产于秘鲁。中国广泛栽培,河北、甘肃、四川、贵州、云南、西藏等地有逸生。在缅甸分布于曼德勒山附近。

【用途】

缅药 种子:用于熏蒸,可治疗牙痛。

傈僳药 全草:治狂犬病、癫痫、风湿痛、疮疖、感冒。

纳西药 全草、果实或花:治发热、鼻渊、热淋、疮痈肿痛、风湿性关节炎、癫痫、狂犬病(《怒江药》)。

怒药 全株:治风湿痛、小便不通。

其他:在印度,整株植物用作利尿剂。还可以用作利尿剂、扩瞳药、杀虫剂。

Nigella sativa L.
香黑种草

【缅甸名】 စမုန်နက်

samon-net。

【民族药名】 景琅、洗蒙览(傣药);清南腔、南糯(景颇药);黑种草子、斯亚旦(维药);司热那布、斯惹纳保(藏药)。

【分布】 东地中海到印度东北部有分布。在缅甸分布于克邦钦、实皆。

【用途】

缅药 种子:用作驱风剂和催乳剂。

傣药 种子:治头晕目眩、产后流血、抽风(《民族药志(一)》)。

景颇药 种子:治头痛、头晕(《民族药志(一)》)。

维药 种子:延缓衰老,驱虫,治疗气喘、胸闷气促、浮肿、头晕、妇女经闭、胎衣不下、乳少不通、尿路结石、咳嗽气喘(《民族药志(一)》)。

藏药 种子:治肝炎、肝肿大、胃湿过盛、肝包虫病、黄疸、腹水、痢疾(《藏本草》《中国藏药》)。

其他:在马来半岛,种子制成膏药治疗脓肿、风湿、睾丸炎、鼻溃疡、头痛,制成洗剂给发热的患者冲洗和漱口,并配伍其他药物作为止吐药和泻药。据《马来西亚医学主题书》记载,可治疗虚弱、败血症、肝肿大、恶心、绞痛、便秘、产后妇女等各种疾病。在印度尼西亚,种子入治疗腹部疾病的收敛药。

Nyctanthes arbor-tristis L.
夜花

【缅甸名】 hseik hpalu,seik-palu。

【民族药名】 沙版岗、沙板嘎(傣药)。

【分布】 原产于印度、泰国,东南亚各国有栽培。中国云南有栽培。在缅甸广泛种植。

【用途】

缅药 1. 整株植物:刺激体重增加,促进胎儿生长,抑制痔疮形成,减轻妇科病,防止脱发,减少发热。煮熟后治疗脾脏疾病。

2. 树皮:治疗眼疾、支气管炎、发热和皮肤病。

3. 花:煮沸后服用可减轻关节炎症。

4. 叶:中和蛇毒,减轻婴儿腹泻;叶汁加蜂蜜或糖,治疗胆囊疾病和慢性发热;叶汁加盐,用作驱虫药;叶汁加生姜,作为治疗疟疾的药物;提取液治疗婴儿治热;炖服,治疗臀部肌肉拉伤;碾碎加黑胡椒同服,可以缓解月经过多;碾碎,局部使用治疗癣;与牛奶一起使用,用于止痒和皮疹。

傣药 茎叶:治胸腹痛、毒虫咬伤、全身酸痛、妇女产后消瘦、恶露不净、风湿疼痛、风寒湿痹证、肢体关节酸痛、屈伸不利、水肿、产后恶露不尽(《傣药志》《傣医药》)。

【成分药理】 叶中含有单宁酸和水杨酸甲酯,后者可能是一种抗风湿的有效药物。

Nymphaea rubra Roxb. ex Andrews

【异名】 印度红睡莲。

【缅甸名】 ကြာစွယ်ဖန်ခါးငယ်
kya-ni。

【分布】 柬埔寨、印度、印度尼西亚、老挝、马来西亚、菲律宾,斯里兰卡、泰国和越南等地有分布。在缅甸较温暖的地区很常见。

【用途】

缅药 花:净化血液,解热。

其他:在印度,花经煎煮治疗心悸;根茎打粉,治疗痔疮、腹泻和消化不良。

Ocimum americanum L.
灰罗勒

【缅甸名】 pin-sein,pin-sein hmway。

【分布】 热带和亚热带地区有分布,美洲也有栽培。中国云南有栽培。在缅甸广泛种植。

【用途】

缅药 1. 全株:治消化不良,也用作利尿剂。

2. 整株:治疗皮肤疾病、发热;蒸汽熏蒸,治中风和关节炎症引起的偏瘫。

3. 叶:汁液治咳嗽、皮肤病、食欲不振和胃炎引起的胃痛;涂到太阳穴和前额以治疗头痛;与干牛油洲(一种小型淡水鲇鱼)一起炒,治疗呕吐、女性疲劳、子宫脱垂、乳腺病、皮肤瘙痒、小便疼痛和分娩后的感染;与等量的罗勒叶和扁豆混合压碎,制成药丸内服,同时用叶子制成外用药膏,涂抹患处,治疗毒蛇和其他有毒动物的咬伤。

4. 种子:与等量的罗勒子和芝麻磨碎,与蜂蜜混合,制成槟榔大小的圆球,可缓解和治疗肠道、心脏、肾脏疾病、气滞、痰证、牙痛、牙龈炎、痔疮、皮肤病(如癣、疥疮和湿疹等);粉碎干燥,与牛奶、糖同服,治疗瘀血、泌尿系统疾病和月经不调;水浸液加入软饮料中,可治疗肝炎,利尿,缓解疲劳。

Ocimum tenuiflorum L.
圣罗勒

【缅甸名】 kala-pi-sein,pin-sein-net。

【分布】 自北非经西亚、印度、中南半岛、马来西亚、印度尼西亚,菲律宾至澳大利亚也有分布。在中国分布于广东、海南、台湾、四川。在缅甸广泛种植。

【用途】

缅药 1. 叶:用作祛痰剂和胃酸剂。水煎剂用作温和的解热剂和治疗婴儿腹泻的止泻药。

2. 种子:治疗肾脏疾病。

3. 根:用作发汗药。

其他:叶用作兴奋剂、发汗剂、祛痰剂,治疗发热、偏瘫、便秘、肝病、咳嗽、腹泻、感冒、局部的皮癣和耳痛。种子用作止泻药,治疗泌尿系统疾病。根治疗疟疾,用作发汗剂。

【成分药理】 甲基查维克醇、桉叶素、芳樟醇、石竹烯、丁香酚、丁香酚甲醚、香芹醇、己糖醛酸、戊糖和木糖。

Olax scandens Roxb.

【异名】 山葵。

【缅甸名】 ဝါဆွ

【分布】 分布于斯里兰卡、印度、东南亚和马来西亚等地。在缅甸广泛种植。

【用途】

缅药 树皮:治疗发热。

其他:用作泻药;叶治疗贫血和发热。

Oldenlandia corymbosa L.
伞房花耳草

【缅甸名】 hingalar, su-la-na-pha, su-lar-na-phar。

【民族药名】 水线草、Eellol lalmna 吴罗拉玛、蛇舌草(哈尼药);雅颠塔、水线草、小果蛇舌草(黎药);格起(彝药)。

【分布】 分布于亚洲热带、非洲和美洲等地。中国广东、广西、海南、福建、浙江、贵州和四川等地有分布。缅甸主要分布于克钦、曼德勒、仰光。

【用途】

缅药 全株:用作退热药、驱虫、黄疸。

哈尼药 全草:治尿路感染、咽炎、腮腺炎、扁桃体炎、急性肝炎、毒蛇咬伤。

黎药 全草:治肝炎、肝硬化、阑尾炎、肾炎、泌尿系统感染、肠炎、高血压;水煎洗患处治疮痈、蛇咬伤。

彝药 全草:治头昏头晕、小儿疳积、风湿性关节炎、虚咳、疥癞、疮癣、结膜炎。

Oroxylum indicum (L.) Kurz
木蝴蝶

【异名】 千张纸(《植物名实图考》),破故纸、毛鸦船(四川),王蝴蝶(贵州),千层纸、土黄柏(广西),兜铃(《滇南本草》),海船(四川、云南),朝筒(云南),棵黄价(广西壮族语),牛脚筒(海南)。

【缅甸名】 kyaung shar, sot-gren-itg (Mon), maleinka (Mak) (Shan)。

【民族药名】 现里夏(布依药);嫩嘎、哥嫩嘎、楠楞嘎(傣药);Johha lalbeiv 觉阿拉拍、大刀树、千张纸(哈尼药);波纳说啰、波拿阿罗(基诺药);努哈菜叭(拉祜药);莫罗拉寡子(傈僳药);千甘歌、千层纸、千张纸(黎药);妹摁敷嗽、美沃(毛南药);zhambaga 赞巴嘎、赞巴嘎-其其格(蒙药);美安(仫佬药);千张纸(纳西药);歹答西腕、刀壳树(佤药);棵抛(瑶药);颇开猛(彝药);占巴嘎、赞巴嘎(藏药);古各、Cocienciengceij 木蝴蝶、千层纸(壮药)。

【分布】 分布于亚热带和热带地区。中国分布于福建、台湾、广东、广西、四川、贵州及云南。在缅甸海拔低于 1 220 m 的环境均有分布。

【用途】

缅药 1. 树皮:水浸泡液用作漱口水,可缓解喉咙干燥和口腔周围皮肤开裂;粉末与姜汁和蜂蜜混合,治疗哮喘和支气管炎;粉末热水浸液可治疗慢性消化不良。

2. 树皮、根皮:用作收敛剂和补药,治疗发热、关节痛、胃胀、胃痛、痢疾、腹泻和风湿病。

3. 叶:汁液治疗鸦片中毒;煮熟食用可促进排便。

4. 果实:经煮或烤后,治疗消化不良、甲状腺肿、肠胃胀气和痔疮;与沙拉同食可缓解皮肤上的疖子;和鸡肉烹食可治疗哮喘。和纹鳍乌鳢烹用可增强活力,治疗霍乱、消化不良和腹泻;和虾煮食可治疗心脏衰弱引起的心悸或疲劳;和云鲥煮食,可减轻水肿;和大刺鳅烹食,可治疗痔疮、男性虚弱或女性月经不调引发的痢疾。

5. 根:研磨后制成膏体,治疗皮肤溃疡。

白药 1. 种子:治咽喉炎、声音嘶哑、支气管炎、百日咳。

2. 树皮:治传染性肝炎、膀胱炎(《大理资志》)。

布依药 种子:治黄疸型肝炎。

傣药 1. 果或种子:治头部晕眩、肝炎、口舌生疮,消炎止痛(《版纳傣药》《滇药录》)。

2. 树皮:治疮疖溃烂、湿疹、水火烫伤、口舌生疮、胆汁病出现的黄疸、风火偏盛所致的头晕、头痛、眩晕、咳嗽痰多色黄、风湿病肢体关节红肿疼痛、六淋证出现的尿频、尿急、尿痛、便秘。

3. 种子、树皮和根:治各种疮疖溃烂、口舌生疮、各类黄疸病、头晕、头痛、咳嗽、便秘、四肢关节红肿疼痛、屈伸不利、遇热加剧、水火烫伤。

哈尼药 1. 种子:治肺结核咳嗽、肾虚腰痛、慢性支气管炎、胃腹痛、风湿性关节痛。

2. 全草:治肝炎。

基诺药 1. 种子、树皮:治脾脏炎、肝炎(《基诺药》)。

2. 根皮:治脾脏疼痛、传染性肝炎、膀胱炎。

拉祜药 树皮:治咳嗽、肝炎、肾炎、鼻出血(《滇药录》)。

傈僳药 种子:治咳嗽、喉痹、音哑、肝胃气痛、疮口不敛(《怒江药》)。

黎药 树皮:治传染性肝炎。

毛南药 1. 种子、鲜皮:治咽喉肿痛、急性支气管炎、肺痨、心胃气痛、黄疸型肝炎、风湿骨痛。

2. 叶:外敷治跌打损伤、皮肤疮疡。

3. 根皮:治肝炎(《桂药编》)。

蒙药 种子:治瘟病、天花、麻疹、急性咽喉炎、声音嘶哑、肺热咳嗽、支气管炎、胁痛、胃痛(《蒙药》)。

仫佬药 1. 树皮:治跌打损伤、疮疡溃烂久不收口。

2. 叶:治青竹蛇咬伤(《桂药编》)。

纳西药 果实:治急性气管炎、百日咳、肝气痛、急性咽喉炎、声音嘶哑、肺热咳嗽、喉痹、支气管炎、胃痛、胁痛、传染性肝炎、膀胱炎、咽喉肿痛、湿疹、痈疮溃烂。

佤药 树皮:治肝炎、膀胱炎、胃肠炎、痈疮溃烂(《中佤药》)。

瑶药 1. 根皮:治胎动不安。

2. 树皮:治感冒头痛。

3. 种子:治烧、烫伤(《桂药编》)。

彝药 1. 茎皮:治咽喉肿痛、肝气郁结、膀胱湿热、白浊湿淋、久婚不育、痈疮瘰疬、皮肤瘙痒(《哀牢》)。

2. 种子、树皮:治风疹、走胆、疮口不愈、产后虚弱。

藏药 种子:治肝热病、咽喉肿痛、肝炎、肺热、咳嗽、热性病、胁痛、胃病(《中国藏药》《藏本草》)。

壮药 1. 根皮:治肝炎、胎动不安。

2. 树皮:治疮疡溃烂久不收口。

3. 花:治咳嗽、脾脏肿大。

4. 种子:治瘰病、咽痛、咳嗽、感冒头痛、肝炎(《桂药编》)。

其他:在中南半岛和菲律宾,树皮、根皮使用方式与缅甸相同。在马来半岛,树皮治疗痢疾;叶子治疗头痛、痢疾、牙痛,熬汤治疗胃病、风湿和创伤,也可制成热雾剂治疗霍乱、发热和风湿性肿胀,还可煮熟制成膏药治疗分娩期间和分娩后各种疾病。在印度尼西亚，树皮治疗胃病，用作滋补剂和开胃菜；咀嚼树皮作为净化剂，特别是在分娩后；花治疗眼睛发炎；木髓用作止血剂。在菲律宾，将树皮的汁液抹在背上可减轻疟疾带来的疼痛。

【成分药理】 从树皮和种子中分离出来的木蝴蝶素（oroxylin）是黄芩苷（baicalein）、6 - 甲基黄芩苷（6-methylbaicalein）和白杨素（chrysin）三种黄酮类化合物的混合物。木蝴蝶素 - A（oroxylin-A）由间苯二甲酸和间苯三酚组成。

Orthosiphon aristatus（**Blume**）**Miq.**
肾茶

【异名】 猫须草，猫须公。

【缅甸名】 hsee-cho, thagyar makike, si-cho。

【分布】 分布于亚洲温带和热带地区、澳大利亚。在中国分布于广东、海南、广西、云南、台湾及福建。在缅甸广泛种植。

【用途】

缅药 1. 全草：用作利尿剂，可治疗糖尿病。

2. 叶：用作草药茶，可减轻泌尿系统疾病，治疗关节疼痛。

其他：在印度，叶子用作利尿剂，治疗肾病、水肿、风湿等疾病。

【成分药理】 含有葡萄糖苷。叶中含有挥发油。叶和茎中都含有高钾、尿素和脲。叶子的提取物可以降低血糖。

Paederia foetida L.
臭鸡矢藤

【缅甸名】 ဗိပုပ်နယ်

pe-bok-new。

【民族药名】 夹克啊奴（阿昌药）；衬楚美、府楚美、该矢美、府楚则（白药）；吗多吗、黑多吗、喝兜玛、嘿多吗（傣药）；嘿多麻（德昂药）；Jol dangc 教糖、Jaol eex ai 教给刮、糟结（侗药）；秒结

几、秒佳儿秒（仡佬药）；ICavinibuvq 扎尼尼布、托石、拖不（哈尼药）；Qnamoui 客楠内（景颇药）；他磨龙（京药）；哑巴藤、胚、悟结解（拉祜药）；玉尻多能帕迷（基诺药）；差努抓、客布抓、客气奴抓（傈僳药）；尾脱、雅海脱麦、牛皮冻（黎药）；Vob hangt ghad 窝项嘎、Chaob xinb gheil bud 阿信该不、贵州松桃、浦江嘎、Mongb hangt ghad 摸么苍嘎、Maob zhut ghad 满只嘎、喇夯嘎（苗药）；布马、埃策扯奴克、鸡脚藤（纳西药）；淹琪涉诺爱这、裸义冷（怒药）；要等骂、搅特玛（水药）；山龙、shian long 棱山龙（土家药）；臭屁藤（佤药）；jaih nqgiv hmei 缺解美、臭藤根（瑶药）；克乞列古、此我叉（彝药）；Caeudaekmaj 勾邓骂、狗屁藤、棵狗甜（壮药）；Raurmazu、Punbaunsetu、Pa-sihansiyo（台少药）。

【分布】 分布于喜马拉雅山脉、印度中部和东部、中南半岛、马来西亚。在中国分布于福建、广东等地。在缅甸广泛分布。

【用途】

缅药 果汁或叶子：用作抗风湿药，治疗瘫痪，提高生育能力。

阿昌药 根、全草：治风湿筋骨痛、跌打损伤。外用治皮炎、湿疹（《德宏药录》）。

白药 全株：治贫血、慢性肝炎、风湿筋骨痛、肝脾肿大、肺结核咳嗽、百日咳、感冒、支气管炎、气虚浮肿、瘰疬、肠痈、腹泻、痢疾、腰腹疼痛、风湿病、跌打损伤、无名肿毒、外伤性疼痛、肠炎、消化不良（《民族药志（二）》《滇药录》《大理资志》）。

傣药 1. 茎藤：治腹痛、腹胀、不思饮食、消化不良、止痛、退热。

2. 茎叶：治小儿惊啼不安、大人身痛（《傣医药》《民族药志（二）》）。

3. 全草：治胃痛、食积腹胀、肝炎、痢疾、月经不调、蛔虫病。

4. 藤：治腹痛腹胀、不思饮食、消化不良、止痛、退热（《傣药录》）。

5. 叶：治发热不退、腹痛腹胀、消化不良、风

湿热痹证、肢体关节红肿热痛、屈伸不利、食积。

德昂药 根或全草:治风湿骨痛、跌打损伤、外伤性疼痛、肝胆、胃肠性绞痛、黄疸型肝炎、肠炎痢疾、消化不良、小儿疳积、肺结核咯血、支气管炎、放射反应引起的白血球减少症、农药中毒、皮炎、湿疹、疮疡肿毒、皮肤溃疡久不收口、蜂窝组织炎、产后发热(《德宏药录》)。

侗药 1. 全草:驱蛔虫,治大便秘结、肝炎、消化性溃疡、蜘蛛丹(《桂药编》《民族药志(二)》)。

2. 全草、根:治风湿性关节炎、筋骨疼痛、跌打损伤、大便秘结、驱蛔虫、耿胧寸(心口窝痛)、宾蛾谬(蜘蛛丹)(《侗医药》)。

哈尼药 1. 根、藤茎:治贫血、头晕、风湿痛、跌打损伤、慢性肝炎、消化不良、支气管炎、感冒、百日咳、肺结核咳嗽、皮肤疮疖、溃疡、皮炎、湿疹、中耳炎、菌痢。

2. 全株:治风湿病、慢性肝炎、跌打损伤、贫血、头晕(《滇药录》《哈尼药》《民族药志(二)》)。

基诺药 全草:治肾炎、黄疸型肝炎、膀胱炎、肠炎、痢疾、消化不良(《拉祜医药》《基诺药》)。

景颇药 1. 根、全草:治风湿筋骨痛、跌打损伤。外用治皮炎、湿疹(《德宏药录》)。

2. 地上部分:治腰痛、肌肉疼痛(《民族药志(二)》)。

京药 全株:治风湿骨痛、肠胃炎(《桂药编》《民族药志(二)》)。

拉祜药 1. 全草:治胃痛、食积腹胀、肝炎、月经不调。

2. 根、全草:治风湿筋骨痛、跌打损伤、外伤性疼痛、肝胆、胃肠绞痛、黄疸型肝炎、肠炎、痢疾、消化不良、小儿疳积、肺结核咯血、支气管炎。外用治皮炎、湿疹、疮疡肿毒。

3. 茎、叶:治牙痛、疟疾(《民族药志(二)》)。

傈僳药 1. 全株:治肝脾肿大、风湿疼痛、跌打劳伤(《滇药录》)。

2. 茎:治头晕。

3. 根:治体虚及月经不调(《民族药志(二)》)。

黎药 1. 根、全草:治风湿痹痛、跌打损伤、

腹泻痢疾、脘腹疼痛、无名肿毒。

2. 全草:煎水洗,治疥疮溃烂;捣烂敷患处,治毒虫咬伤。

3. 叶:和糯米共捣细末,加红糖作汤丸服,治小儿疳积。

毛南药 全草、根:治神经性皮炎、湿疹、皮肤瘙痒、感冒咳嗽、百日咳、气郁胸闷、胃痛、尿血、有机磷中毒、痢疾、蜂窝组织炎、疥疮、痛经、痰多(《桂药编》《民族药志(二)》)。

苗药 1. 全草、根:治风湿痹痛、食积腹胀、小儿疳积、腹泻、痢疾、黄疸、烫火伤、湿疹、疮疡肿痛、胃炎(《苗医药》)。

2. 全株:治肝脾肿大、风湿酸痛、跌打损伤(《滇药录》《民族药志(二)》)。

3. 茎、叶:治小儿疳积、咳嗽、淋巴结结核、肠结核。

4. 地上部分:治消化不良、胆绞痛、脘腹疼痛。外治湿疹、疮疡肿痛(《湘蓝考》)。

纳西药 1. 全草:治肠炎、痢疾、消化不良(《民族药志(二)》)。

2. 茎、叶:治消化不良、腹胀、风湿痛(《滇药录》)。

3. 全草或根:治小儿疳积、妇女虚弱咳嗽、白带腹胀、红痢、阑尾炎、背痛、各种疼痛、皮肤溃疡久不收口、有机磷农药中毒。

怒药 全株:治风湿病、跌打损伤(《民族药志(二)》)。

水药 全草、根:捣烂,加豆浆煮食,治胃寒腹痛、小儿疳积(《水医药》《民族药志(二)》)。

土家药 全草、根:治风湿痹痛、外伤疼痛、皮炎、湿热瘙痒、骨髓炎、脘腹疼痛、气虚浮肿、肝脾肿大、无名肿毒、跌打损伤、骨折、腰腿痛(《土家药》)。

佤药 1. 根、藤:治贫血、头晕、风湿痛、跌打损伤、慢性肠炎(《中佤药》)。

2. 地上部分:治气管炎、扁桃体炎、风湿疼痛、胃痛(《民族药志(二)》)。

瑶药 全草:治支气管炎、哮喘、肺结核、肠

炎、痢疾、消化不良、腹胀、咽喉炎、扁桃体炎、风湿骨痛、慢性骨髓炎、农药中毒、跌打扭伤（《桂药编》《民族药志（二）》）。

彝药　1. 全草、根：治胃痛、月经不调、肝炎、伤食腹胀、跌打损伤、腹痛日久、杨梅疮、咽喉肿痛、难产、神经性皮炎、慢性骨髓炎、瘤型麻风、蛔虫症（《彝植药》）。

2. 全草：治胃痛、食积腹胀、肝炎、月经不调、蛔虫症、风湿骨痛、肝胆湿热、浊白带下、久婚不孕、跌打损伤（《滇药录》《哀牢》）。

3. 叶：治鼻窦炎（《民族药志（二）》）。

壮药　1. 地上部分：治图爹病（肝脾肿大）、东郎（食欲不振）、心头痛（胃痛）、笨浮（水肿）、白冻（腹泻）、阿意味（痢疾）、发旺（风湿疼痛）、林得叮相（跌打损伤）、呗奴（瘰疬）、呗农（痈疮）、耳鸣。

2. 根：治肺结核咳嗽。

3. 全草：治惊风、咳嗽痰多、小儿哮喘、病后虚弱、小儿感冒高烧（《桂药编》）。

台少药　1. 叶：治头痛、齿痛、腹痛。

2. 根：治毒虫咬伤。

仡佬药　全株：治风湿骨痛。

其他：在中国，树叶可助消化；树液或全草治疗毒虫叮咬；根（用猪蹄煮熟）可促进血液循环，缓解老年人关节和肌肉的疼痛，也用于排气，治疗疟疾、流行病，有很好的恢复作用。在日本，用碰伤果实的汁液揉进身体冻伤的部位。在中南半岛，叶治疗无尿和发热；叶和根用于滋补，健胃，助消化，润肠，特别是可抗炎和治疗里急后重。

Passiflora foetida L.
龙珠果

【异名】　香花果、天仙果、野仙桃、肉果（云南），龙珠草、龙须果、假苦果（广东），龙眼果（广西）。

【缅甸名】　suka, taw-suka-ban。

【民族药名】　尾喃唠（黎药）；龙枝果（壮药）。

【分布】　原产于西印度群岛和南美洲北部，分布于南、北美洲及其附近岛屿的热带地区。在中国栽培于广西、广东、云南、台湾。在缅甸主要分布在曼德勒、德林达依、仰光。

【用途】

缅药　全株：治疗哮喘和癔病。

黎药　藤叶：煎水洗治疥疮及无名肿毒。

壮药　果实：治小儿疳积（《桂药编》）。

【成分药理】　含有碳糖苷黄酮。

Passiflora quadrangularis L.
大果西番莲

【异名】　日本瓜（《海南植物志》），大转心莲、大西番莲（《广西植物名录》）。

【缅甸名】　aka-wadi。

【分布】　原产于西半球或南、北美洲及其附近岛屿的热带地区，现广泛种植于热带地区。在中国栽培于广东、海南、广西。在缅甸广泛种植。

【用途】

缅药　小剂量可作为驱虫剂；大剂量有毒。

Pavetta indica L.

【缅甸名】　မျက်နှာပန်းဆေးပေါင်းကြီး

myet-hna-pan, myet-na-myin-gyin, ponnayeik, se-baung-gyan, za-gwe-pan。

【分布】　分布于中国南部、印度、马来群岛、澳大利亚北部。缅甸主要分布于曼德勒、仰光。

【用途】

缅药　1. 叶：用于热敷。

2. 根：用作通便药，治疗水肿。

其他：在中南半岛，木屑汤剂治疗风湿病、脓肿。在马来半岛，叶用作洗剂治疗鼻子溃疡，碾碎树叶制成膏药可治疗疖子；碾碎树根可制成止痒药。在菲律宾,树皮制成的粉末或汤剂可纠正内脏障碍,尤其是儿童的内脏障碍;煎煮的叶子外用可减轻痔疮的疼痛。

【成分药理】 茎的成分包括生物碱、挥发油、树脂、单宁、果胶。根中含有树脂、淀粉、有机酸和一种类似水杨酸的苦苷。

Peristrophe bicalyculata(Retz.)Nees
双萼观音草

【民族药名】 活尼阿爬(哈尼药)。

【分布】 分布于非洲热带、印度热带和亚热带、巴基斯坦、缅甸、马来西亚和中南半岛。在中国分布于云南、四川。在缅甸分布于勃固。

【用途】

缅药 整株:用作蛇毒的解毒剂。

哈尼药 全草:治尿道出血、贫血、膀胱炎、肠炎、产后腹痛、痛经(《滇药录》)。

其他:在印度,整株在稻米(*Oryza sativa*)水中浸软后可解蛇毒。

Persicaria chinensis(L.)H. Gross
火炭母

【缅甸名】 boktaung,wetkyein,maha-gar-kyan-sit。

【分布】 主要分布于亚洲。在中国分布于陕西、甘肃、华东、华中、华南和西南。在缅甸主要分布于伊洛瓦底、勃固、克钦邦、曼德勒和仰光。

【用途】

缅药 全株:用作消炎药。

Persicaria pulchra(Blume)Soják
丽蓼

【缅甸名】 mahaga-kyansit。

【分布】 主要分布于亚洲,非洲也有分布。在中国台湾、广西有分布。缅甸有分布。

【用途】

缅药 根:制成汤剂,治疗儿童胃病。

其他:在马来半岛,叶用作补药。

Phragmites karka(Retz.)Trin. ex Steud.
卡开芦

【缅甸名】 ကျူပင်

kyu,kyu-a,kyu-kaing,kyu-wa-kaing。

【分布】 亚洲东南部、非洲、大洋洲、印度、克什米尔地区、巴基斯坦、中南半岛、波利尼西亚、马来西亚和澳大利亚北部均有分布。在中国分布于海南、广东、台湾、福建、广西和云南。在缅甸广泛种植。

【用途】

缅药 根:用作利尿剂和清热剂。

【成分药理】 包括天冬酰胺(asparagine)、蛋白质和糖苷。

Phyllanthus acidus(L.)Skeels

【异名】 西印度醋栗,鹅莓。

【缅甸名】 သင်္ဘောဆီးဖူပင်

mak-hkam-sang-paw,thinbaw-zibyu。

【分布】 分布于西印度群岛南至佛罗里达。在缅甸广泛种植。

【用途】

缅药 1. 树液:用作催吐药和泻药。

2. 果实:用作轻泻剂。

其他:在印度,叶和根可解蛇毒;果实用作止血药;种子用作泻药。在菲律宾,叶与果实治疗荨麻疹;树皮煎煮液治疗支气管炎。在中南半岛,植株治疗咳嗽以及类似天花之类的疾病。在印度尼西亚,叶制成膏剂治疗腰痛、坐骨神经痛;树皮与椰子油加热,涂抹于在出疹的手上。在马来半岛,吸入根蒸煮后的蒸汽可缓解咳嗽,也可治疗脚底的牛皮癣。

Phyllanthus emblica L.
余甘子

【异名】 庵摩勒(《南方草木状》),米含(广西),望果(云南),油甘子(华南)。

【缅甸名】 သီးဖြူးလင်

chay-ahkya, chyahkya, set-kalwe, set-thalwe, shabyu, tasha, taya, zeehpyu, zibyu, htakyu (Kachin), ku-hlu (Chin), sot-talwe (Mon), hkam mai, mai-makhkam (Shan)。

【民族药名】 史洽(阿昌药);刚兰贝、尬拉摆(白药);三墨辟、三仫辟(布朗药);麻项帮、码函、麻夯板(傣药);波仓习卡、滇橄榄、Jo-qaghagleil 觉恰巴勒(哈尼药);涩丑、生超(基诺药);伓咱解、橄榄、油甘(拉祜药);阿强神、庵摩勒(傈僳药);久如拉(蒙药);滇橄榄、赛基(纳西药);阿如热(普米药);考西妹点、考夏梅靛、昔梅(佤药);Amile posti 阿米勒破斯提、艾木来吉、艾咪勒(维药);牛甘果、昂刑旦、ngungh hlan biow 翁旱表,(瑶药);瓦斯呷、余甘子、橄榄(彝药);居如热(藏药);Makyid 芒音、牛甘某、麻甘腮(藏药)。

【分布】 分布于亚洲的热带地区和温带地区,南美有栽培。在中国分布于江西、福建、台湾、广东、海南、广西、四川、贵州和云南等地。在缅甸普遍分布于缅甸北部和温带地区。

【用途】

缅药 1. 全株:用作缓泻药。

2. 果实、叶和种子:助消化,也有助于泌尿系统。汤剂可治疗糖尿病。

3. 树皮、根:用作止血药。

4. 叶:水煎剂作为漱口水治疗舌头和嘴龟裂、牙龈疖子和牙龈炎;新叶与米醋或与日本棕榈树醋(由水椰汁制成)一起使用可减轻消化不良和腹泻;粉末治疗烧烫伤。混合椰子油烧焦,可治疗婴儿生疮。

5. 果实:延长寿命,缓解咳嗽、哮喘、支气管炎,也用作抗坏血病药、利尿药和缓泻药;果汁治

疗眼睛发炎;果汁与酸橙汁同服缓解痢疾。干果和鳝鱼煮食可治疗痢疾;粉末与粗糖(棕榈糖)、蜂蜜或者糖浆混合服用治疗尿路感染;加生姜和酸橙汁制成糊状物,治疗局部瘙痒、皮疹、癣和其他的皮肤真菌感染以及雀斑;与猫须草茶同服治疗双颊变色。压细作为膏药涂于头部可治疗流鼻血。

6. 种子:碾碎,煮沸,汤剂可治疗眼部感染。

阿昌药 果:治感冒头痛(《民族药志》)。

白药 果、茎皮:治痢疾、喉痛(《民族药志》)。

布朗药 1. 果:治血热、肝胆病、咽痛、口干、消化不良、腹痛、咳嗽、坏血病、喉痛。

2. 茎皮:治腹泻、痢疾(《滇药录》《民族药志》)。

傣药 1. 根、树皮、叶、果:治扁桃腺炎、咽喉肿痛、咳嗽、口舌生疮、水样泻、皮肤瘙痒、水火烫伤、黄水疮、疮斑疹、疥癣、湿疹。

2. 果:治扁桃腺炎、咳嗽、喉痛。

3. 果、根、茎皮和叶:治扁桃体炎、痢疾、感冒。

4. 树皮:治风火偏盛所致的咽喉肿痛、口舌生疮、咳嗽痰多、腹痛腹泻、麻疹、风疹、水痘、痱子、疥癣、湿疹出现的皮肤瘙痒、黄水疮、水火烫伤(《滇药录》《傣药志》《民族药志》)。

哈尼药 1. 果实、叶、树皮、根:治急慢性肠炎。

2. 鲜果:治口渴、咽喉疼痛、坏血病、腹痛、食积呕吐、酒积滞。

3. 茎枝:治感冒发热(《哈尼药》)。

基诺药 1. 果:治咳嗽、咽喉疼痛。

2. 茎皮:治头痛。

3. 根:治感冒头痛、肠炎腹泻。

4. 果、根、叶:外用治湿疹(《民族药志》《基诺药》)。

拉祜药 1. 茎皮:治腹泻。

2. 树皮、果实:治胃溃疡、胃出血疼痛、痢疾、腹泻、外伤出血、解湿热春温、一切喉火上炎、大头瘟症,生津止渴,利痰,解鱼毒、酒积滞(《民族

药志》)。

傈僳药 果实:治感冒发热、咳嗽咽痛、白喉、烦热口干。

珞巴药 果实:治血热、肝胆病、喉痛、消化不良、腹痛、咳嗽、坏血病等。

门巴药 同"珞巴药"。

蒙药 果实:治血热血瘀、肝胆病、消化不良、腹痛、咳嗽、喉痛、口干(《蒙药》)。

纳西药 果实:治感冒发热、咳嗽、咽喉痛、口干烦渴、维生素 C 缺乏症、白喉、哮喘、高血压、咽喉肿痛、流感(《民族药志》)。

普米药 果:治感冒、咳嗽(《民族药志》)。

佤药 1. 果:治血热、肝胆病、咽痛、口干、消化不良、腹痛、咳嗽、坏血病;

2. 根皮:治腹泻(《民族药志》《滇药录》)。

维药 果实:治食欲不振、全身虚弱、如脑虚、心虚、胃虚、视弱减弱、毛发脱落、腹泻、口渴、腹脘胀满、痢疾泄泻、精神萎靡、胆汁性忧郁症、瘫痪、麻痹、烧伤、鼻出血、白内障、高血压(《维药志》《维医药》《民族药志》)。

瑶药 1. 根:治皮肤湿疹、高血压、感冒发热、咳嗽、气喘、黄疸型肝炎、烦热口渴、心胃气痛、肠炎腹泻、支气管炎、湿疹、烧烫伤。

2. 根、果及树皮:治高血压、消化不良腹泻、腹痛、喉痛、口干。

3. 果实:治咽喉肿痛(《民族药志》《桂药编》)。

彝药 1. 嫩枝、根:治体弱、有风不散、杨梅疮、小便不通。

2. 新鲜果实:治心烦、头昏、夏日中暑、酒醉、伤风、老人咳嗽、小儿口疮、羊儿风、冻伤。

3. 根:治风湿病。

4. 树皮:治扁桃体炎、喉炎、蜈蚣咬伤、馅边疮(《彝植药》)。

藏药 果实:治"培根"病、"赤巴"病、血热血瘀、高血压、消化不良、腹痛、咳嗽、喉痛、口干、坏血病、多血症、热性水肿、尿频、肝病、胆病、消化不良、眼病(《藏标》《中国藏药》《藏本草》《滇药录》《民族药志》)。

壮药 1. 果实:治贫痧(感冒)、口干烦渴、风火牙痛、兵霜火豪(白喉)、埃病(支气管炎)、心头痛(胃痛)、能蚌(黄疸)、火眼。

2. 果、叶、茎皮:治感冒发热、咳嗽、咽峡炎、肠炎、腹痛、湿疹、疮疡(《民族药志》《桂药编》)。

其他: 树皮治疗溃疡、青春痘、结节的瘰、霍乱,痢疾、腹泻;叶子治疗腹泻和溃疡;果实用作利尿剂和泻药,治疗消化不良、淋病;生果实用作轻泻剂,干燥后治疗出血、腹泻;用作补肝药,治疗坏血病;汁用作眼药水;种子治疗哮喘和胃病。

Phyllanthus niruri L.
珠子草

【异名】 月下珠(云南),霸贝菜(海南),小返魂(台湾)。

【缅甸名】 flor-de-joja, kyet-tha-hin, yaung-ma-ywet。

【民族药名】 珠子草(傣药);苦味叶下珠、雅海巴、珠子草(哈尼药)。

【分布】 主要分布于西印度群岛、印度、中南半岛、马来西亚、菲律宾至美洲热带地区。在中国分布于台湾、广东、海南、广西、云南等地。在缅甸广泛种植。

【用途】

缅药 整株植物:用作利尿剂,治疗月经过多。

傣药 全草:治肾炎、结石、性病等泌尿生殖系统疾病,以及胃痛、消化不良、小儿疳积、急慢性痢疾、呃逆不止、急腹痛、胆绞痛、黄疸型肝炎、其他原因所致黄疸、外伤肿痛、溃疡疥疮、小儿咳嗽、崩漏、乳汁不下、结膜炎、糖尿病、痢疾、毒虫咬伤。

哈尼药 全株:治肝炎。

其他: 在印度,全株用作利尿剂,治疗泌尿生殖道疾病、淋病和水肿;汁液治疗溃疡;叶用作开胃药;鲜根治疗黄疸;根和叶子的粉末加米汤做成膏药可治疗溃疡、水肿;幼茎治疗痢疾。

【成分药理】 含有钾和叶下珠脂素（phyl-lanthin）。提取物对葡萄球菌有一定的抗菌活性。

Phyllodium pulchellum（L.）Desv.
排钱树

【异名】 圆叶小槐花（《台湾植物志》），龙鳞草（《生草药性备要》），排钱草（广东），尖叶阿婆钱、午时合、笠碗子树（海南），亚婆钱（江西）。

【缅甸名】 bahon, pan-letwa, se-leik-pya, tabyetse, taung-damin。

【民族药名】 鲁黑、鲁里（傣药）；金钱风、jenh zinh buerng 仅紧崩、串钱草（瑶药）；MakyidGaeumuengxbya 壤等钱、龙鳞草（壮药）。

【分布】 分布于中国、日本、缅甸、马来西亚、印度、尼泊尔、斯里兰卡、中南半岛、马来群岛、澳大利亚北部。在中国分布于福建、江西南部、广东、海南、广西、云南及台湾。在缅甸广泛分布。

【用途】

缅药 树皮：用作收敛剂和治疗眼疾。

傣药 1. 根、叶：治疟疾、肝脾肿大、跌打损伤、风湿骨痛、痛经、闭经、感冒、月经不调、屈伸不利、崩漏、心悸、胸闷、胸痛、咳嗽、头疼、红崩、难产（《傣药录》）。

2. 地上部分：治疟疾、肝脾肿大、感冒、跌打损伤、风湿骨痛、血崩、痛经、闭经、难产（《傣药录》）。

瑶药 根：治感冒发热、肝脾肿大、肝炎、肝硬化腹水、肾炎水肿、胃脘痛、月经不调、闭经、白带、子宫脱垂、膀胱结石、风湿痹痛、跌打损伤、骨折、尿路结石。

壮药 根、茎：治能蚌（黄疸）、奔寸（子宫脱垂）、肝脾肿大、贫痧（感冒发热）、发旺（风湿骨痛）、林得叮相（跌打损伤）。

其他：在中国，植株治疗婴幼儿风湿热、惊厥以及风湿、牙痛、溶血凝块；根治疗腹部的烧灼感。在马来半岛，根的汤剂用作产后预防药。在

印度尼西亚和菲律宾，树叶治疗溃疡。

Picrasma javanica Blume
中国苦树

【缅甸名】 taung-kamaka。

【分布】 分布于东南亚热带地区，远至所罗门群岛、中南半岛。中国分布于广西、云南、西藏等地。在缅甸广泛种植。

【用途】

缅药 叶：治疗化脓的褥疮。

其他：据报道可用作解毒剂和杀虫剂，也用于治疗消化不良和发热。

Piper betle L.
蒌叶

【异名】 蒟酱（《南方草木状》）。

【缅甸名】 ကွမ်းပင်

kun, pu (Shan)，bu, buru (Kachin)。

【民族药名】 黑摆、野芦子（傣药）；芦子、Seveil 收期（哈尼药）；黑摆（苗药）；芦子根、蒌叶（佤药）；四十八症（瑶药）；芦子（彝药）；棵绑宽（壮药）。

【分布】 主要分布于热带地区。印度、斯里兰卡、越南、马来西亚、印度尼西亚、菲律宾及马达加斯加等地均有分布。中国东起台湾、经东南至西南部各地区均有栽培。在缅甸广泛种植。

【用途】

缅药 叶：开胃，化痰，壮阳，解毒，治疗肠胃胀气、咳嗽和心脏病；榨汁用作眼药水治疗夜盲症、眼睛酸痛或发炎和其他的眼疾；榨汁混合蜂蜜服用可缓解食积、胀气、腹泻、发热；榨汁混合牛奶服用，治疗月经不调；和盐、姜汤同服可哮喘、胸痹、发热、食积和百日咳。

傣药 1. 根茎、果穗、叶：治头痛、心慌、尿痛、尿血、提神醒脑、种子配伍治闭经（《傣药录》《德傣药》《滇省志》《傣药志》）。

2. 全株:治风湿骨痛、月经不调、咳嗽、感冒(《滇药录》)。

3. 茎、叶和果实:治头痛、心慌心跳、皮肤瘙痒、牙痛、牙根松动、头昏目眩。

哈尼药 1. 茎、根茎:治风湿骨痛、感冒、胃痛、月经不调、痛经、产后腹痛、风火牙痛、乳腺炎。

2. 果实:治胃病。

苗药 1. 果穗:治疗头痛、心慌、尿血尿痛。

2. 全株:治疗风湿骨痛、月经不调、咳嗽、感冒、牙痛(《滇药录》)。

佤药 1. 根、茎:治风寒咳嗽、胃寒痛、支气管哮喘、风湿骨痛。

2. 根、茎:煎水外洗治湿疹、脚癣。

瑶药 茎或全草:治风湿病、跌打损伤、胃腹疼痛、产后风(《桂药编》)。

彝药 叶:效用同傣药(《滇省志》)。

壮药 茎或全草:治风湿病、跌打损伤、胃腹疼痛(《桂药编》)。

Piper cubeba L. f.

【异名】 荜澄茄。

【缅甸名】 ၆ကြက်ရှက်ကဆင်း

sayo pin。

【民族药名】 Hon qiqig 珲-其其格、Ri-nqin niag 仁钦-尼阿格、阿古拉胡珠(蒙药);开必拜(维药);仁青娘(藏药)。

【分布】 主要分布于热带地区。在缅甸广泛种植。

【用途】

缅药 1. 全株:助消化,杀菌,化痰。

2. 根茎:煮熟后混合盐食用可净化血液,壮阳,缓解疼痛,治疗疟疾。

3. 果实:减轻胃胀、咳嗽和感冒,也可助消化和滋补。

4. 根:中和毒药,也可治疗咳嗽、支气管炎、哮喘、痔疮和胃胀气。

5. 花:治疗咳嗽和哮喘。

蒙药 果实:治食痞、"铁垢巴达干"、消化不良、胃火衰败等"巴达干"病、脘腹冷痛、肠鸣泄泻、呕吐反胃、噫嗝、牙痛(《蒙药》)。

维药 果实:治胃肠寒痛、消化不良、恶心呕吐。

藏药 果实:治肉食中毒、"培根"寒症、脘腹冷痛、腹泻(《藏本草》)。

Piper longum L.
荜茇

【缅甸名】 ၈တ်ချင်:

peik-chin, nga-yok-kaung, tanwhite (Mon)。

【民族药名】 批儿巴儿(朝药);里逼、丽披、玛补牙(傣药);厌见、毕布、荜茇(哈尼药);灰见、乌气息(景颇药);di pe 朵喜(拉祜药);Bibiling 荜荜灵、(蒙药);Pilpil moye 皮里皮力莫也、(维药);荜荜灵、比比灵、毕毕灵、孜扎嘎(茎);伯伯浪;皮力皮力;草荜根、拨披勒(藏药)。

【分布】 在喜马拉雅山区、尼泊尔、不丹、印度、斯里兰卡、马来西亚、越南等地均有生长。在中国分布于云南、广西、广东和福建。在缅甸广泛种植。

【用途】

缅药 1. 果实:助消化;加水制成膏体,可治疗脖子疼痛、有毒动物咬伤;粉末用热水冲服可驱虫和减轻胸部疼痛;粉末与蜂蜜混合服用可治疗流血过多;与姜片煮食可治疗疟疾和流感。生嚼果实可以缓解牙痛。

2. 根:助消化。根粉与温水同服可缓解关节和腰酸背痛。

朝药 果穗:治胃寒脘腹疼痛、呕吐吞酸、肠鸣腹泻、头痛、鼻渊、牙痛(《民族药志(二)》)。

傣药 1. 未成熟果穗:治心慌、心悸、风寒湿痹证、肢体关节酸痛、屈伸不利、肢体麻木、月经不调、闭经、腰痛、小腹坠胀疼痛。

2. 果穗:治牙痛、心慌心跳、胃痛、风湿性关节痛、腹痛、四肢痛、风湿痛、无名肿痛、呕吐(《民族药志(二)》《滇药录》)。

哈尼药 1. 果穗:治胃寒疼痛、腹泻(《滇药录》)。

2. 果实:治胃痛气胀、消化不良(《滇药录》《民族药志(二)》)。

景颇药 1. 果实:配伍治胃痉挛灰见(《德傣药》)。

2. 果穗:治胃寒疼痛、腹胀、腹泻、祛风湿、止痛(《民族药志(二)》)。

拉祜药 1. 叶:研烂外敷治刀伤、骨折。

2. 根:治发热、疟疾。

3. 果穗:治消化不良、腹胀、腹痛(《滇药录》《民族药志(二)》)。

蒙药 1. 果穗:用于胸闷、心绞痛、咳嗽气喘、脘腹冷痛、呕吐、腹泻、头痛、副鼻窦炎、龋齿痛(《蒙药》)。

2. 果穗:治寒性腹泻、不思饮食、消化不良症等寒性疾病、恶心、气喘、肾寒、尿浊、阳痿、体弱、关节痛、失眠、风湿痛、肺痨、气管炎、各种瘟疾、神智涣散、胃腹冷痛、呕吐等症(《民族药志(二)》)。

维药 1. 根:治癫痫、休克。口嚼或煎漱可清脑。研末内服治肠绞痛和祛寒气、肝炎、平髋骨痛和小关节痛、平中风性寒性器官痉挛(《维医药》)。

2. 近成熟果穗:治胃寒作痛、呕吐、小便不利、月经不调、经闭及肾寒阳虚(《维药志》)。

3. 全株:关节炎肿、胃虚纳差、消化不良、寒湿性过黏液质性疾病、寒性关节骨痛、腰膝酸痛、胃虚食少、肝脾闭阻。

4. 果穗:治胃痛、消化不良、牙痛(《民族药志(二)》)。

藏药 1. 近成熟果穗:治寒性"龙"病、心腹冷痛、反胃呕吐、肠鸣泄腹泻(《藏标》)。

2. 果穗:治寒"龙"病、"培根"病、"培根"与"龙"的合并症、胃寒、阳痿、痰壅气喘、遗精(《藏本草》)。

3. 全株:治"培根"与"龙"的合并症、滋补体力、分离恶血和良血(《中国藏药》)。

4. 果穗:主治寒性"龙"病、胃寒、心脏性水肿、脘腹疼痛、肾阳虚、多痰、呼吸不利、食积不化、胃肠胀气、腹内鸣响、寒泻、呕吐等症。

5. 茎:治"症乃"、心源性水肿(《民族药志(二)》)。

Piper nigrum L.
胡椒

【**缅甸名**】 ငရုတ်ကောင်း

ngayoke-kaung, mawrite nawa (Mon)。

【**民族药名**】 麻披、麻披囡、唱寨、麻屁崩(傣药);Hhoqsol 俄索、浮椒、玉椒(哈尼药);唱寨、畅寨(傈僳药);Har Hozhu 哈日-胡茱、Chagan buzhu 查干-胡茱、纳勒沙木、波瓦日(蒙药);Much 木其、卡力木其(维药);写则、则罗、沙泽(彝药);(颇瓦日)泡瓦日;泡瓦热、坡哇日、那力夏母女(藏药);Siri、Siirii、Kamagoro(台少药)。

【**分布**】 原产于东南亚,现广泛种植于热带地区。中国台湾、福建、广东、广西及云南等地有栽培。在缅甸主要分布于沿海地区和克伦邦。

【**用途**】

缅药 1. 果实:用作消化药。

2. 种子:刺激味蕾,开胃,促消化,养肝,提高泌尿功能,减轻胃胀和痔疮,促进循环和化痰化气。闻胡椒的气味可治疗打嗝;与蜂蜜同服可缓解咳嗽、哮喘、支气管炎,促进哺乳期母亲分泌乳汁;与 *Gardenia resinifera* 和鸦片混合治疗慢性腹泻;与液态酸奶加糖混合治疗流鼻血和流鼻涕;与 *Bombax ceiba* 或 *Ceiba pentandra* seeds 的种子混合来中和被狗咬伤的毒液;加酸奶制成糊状物作为眼药水来治疗夜盲症;粉末与 *Albizia myriophylla* 干粉茎的混合,可缓解由气体引起的心悸和腹痛。

傣药 1. 果实:治胃腹疼痛(《傣药录》)。

2. 果穗:治胃腹疼痛(《滇药录》)。

3. 全株:牙痛、恶心咽呕吐、腹痛腹泻、脘腹胀痛、虚寒癫冷、健胃(《滇省志》)。

哈尼药 果实:治五脏风冷、冷气心腹痛、吐清水、子宫冷痛(产后、人流后)。

哈萨克药 果实:治胃寒腹痛、呕吐、泻泄、外感风寒。

傈僳药 全株:效用同傣药(《滇药录》《滇省志》)。

蒙药 1. 近成熟果实:(黑胡椒)治不消化症、寒泻、"铁垢巴达干"、胃寒冷痛、皮肤瘙痒;

2. 去皮的果实(白胡椒):治消化不良、腹泻、脘痞、呕吐、寒痰食积、吐、泻、胃痛等症、未消化症、腹胀、疥癣(《蒙药》)。

佤药 果实:治流行性感冒、风寒。

维药 1. 近成熟果实:治胃寒纳差、消化不良、脘腹气胀、咳嗽多痰、脑虚疼痛、牙齿疼痛;

2. 果实:治心腹冷痛、胃寒食积、风寒感冒、产后风寒腹痛、跌打损伤、血滞肿痛、胃寒泄泻、可解鱼肉毒(《维药志》)。

彝药 果实:治头疮、乳疮、肠疮、伤风、醉酒、体虚耳鸣、体弱身黄诸症、解食物毒(《彝植药》)。治心口疼嗝食(《滇省志》)。

藏药 果:治反胃、食积腹胀、寒性胃冷痛、阴寒腹痛、寒痰、冷气上冲、"培根"病、寒吐冷痢(《滇省志》《藏标》《藏本草》《中国藏药》)。

台少药 1. 果实:治头痛;

2. 种子:治腹痛、感冒、痢疾、外伤。

3. 根:治腹痛、外伤。

Pithecellobium dulce（Roxb.）Benth
牛蹄豆

【缅甸名】 kala-magyi。

【分布】 原产于中美洲,现广布于热带干旱地区,分布于墨西哥到南美洲西北部。中国台湾、广东、广西、云南有栽培。在缅甸主要分布于曼德勒、马圭。

【用途】

缅药 叶:用作流产剂和助消化剂。

其他:在印度,树皮用在汤剂中作为灌肠剂。

Plantago major L.
大车前

【异名】 钱贯草(广东),大猪耳朵草(新疆)。

【缅甸名】 လဟူရိယာဆေးကျောက်ကိုင်

a-kyaw ta-htaung, bar-kyaw pin, hsay-kyaw gyi。

【民族药名】 拉夸安(阿昌药);拉夸安(布朗药);牙引热(傣药);哈帕欧扎(哈尼药);勒沙木荨(景颇药);布凶娥、哈拿布(傈僳药);虾白草(黎药);嘿珠(普米药);蛤蟆草、日都西了、大车前草(佤药);Paqa yopurmiqi 帕卡优普日密克(维药);扎毕娃、自勒熬(彝药);纳然姆、塔让(藏药)。

【分布】 分布于亚洲和欧洲温带及寒温带地区,在世界各地归化。中国广泛分布。在缅甸主要分布于勃固、克钦、马圭、曼德勒、掸邦。

【用途】

缅药 1. 全株:治疗糖尿病、肺病;口服或外用治疗关节痛、胃痛和全身疼痛,也可作为补品。

2. 叶、根:熬成汤治疗间歇性发热。

3. 叶:解热,促进排尿;细碎的叶子可解蜜蜂叮咬的毒液,止血,促进伤口愈合;叶汤加温也可用作漱口水,治疗口腔炎症、牙龈肿胀和感染;汁液治疗耳朵疼痛、耳朵感染渗出脓液、疟疾;用叶子洗浴,以治疗淋病、痔疮和腹胀;汤剂可减轻泌尿系统疾病、痱子、脓疱病、肠道疾病等。

阿昌药 全草:治跌打损伤、续肋骨折(《滇药录》)。

布朗药 全草:治肾炎水肿、接筋接骨(《滇药录》)。

傣药 全草:治尿频、尿急、尿痛、跌打损伤、续筋接骨、水肿病、各种原因引起的黄疸病、小便热涩、淋漓难下、热风所致的咽喉红肿疼痛、跌打损伤、骨折(《傣药录》《傣药志》《滇药录》)。

哈尼药 全草:治刀伤(《哈尼药》)。

景颇药 全草:治肾炎水肿(《滇药录》)。

哈萨克药 全草及种子:治尿道炎、膀胱炎、肾炎、小儿消化不良、腹泻、尿道结石、慢性气管炎、肝炎。

拉祜药 全草:与生鸡蛋研烂治烫伤。

傈僳药 全株:效用同佤药(《滇药录》)。

黎药 全草:治肾虚腰痛。

普米药 全株:治感冒咳嗽、气管炎、肾炎、肝炎、高血压、目赤翳障、水肿、疮疖。

佤药 全草:治尿路感染、肠炎腹泻、高血压、感冒咳嗽、气管炎、肝炎、疮疖、目赤翳障(《滇药录》)。

维药 全草:治湿热性腹泻、痢疾。血热性出鼻血、月经过多、牙痛咽痛、耳痛、热性炎肿、痔疮。

彝药 全草:治肠炎、黄疸、肝炎、肝区疼痛(《滇药录》)。

藏药 1. 地上部分:治"黄水"病、痢疾、热性与寒性腹泻、肠热腹泻与寒泻、热泻。

2. 全草:治肠热腹痛、腹泻、肾脏病、尿血、湿热阻滞、小便淋沥、寒性痢疾。

3. 种子:治尿路感染、急性肾炎、夏季腹泻、小儿单纯性消化不良腹泻。

4. 果实:治热泻。

Plumbago indica L.
紫花丹

【异名】 紫花藤、谢三娘(广东),紫雪花(《广州植物志》)。

【缅甸名】 ကန်ချုပ်နီ
kant-choke-ni, kangyok.

【民族药名】 比比亮、柄丙、比嚷、红花矮陀(傣药);柄比亮(德昂药);索玛美、钻地风、(拉祜药)。

【分布】 主要分布在东南亚地区。中国分布于南方各地。在缅甸广泛种植。

【用途】

缅药 1. 整株植物:助消化,增强体质,延缓

衰老,延年益寿;粉碎局部应用治疗眼疾、疥疮和白癜。

2. 根:用作祛痰剂,可增强食欲,还可治疗麻风病、性病、月经失调、消化系统疾病、贫血、喉癌、腹胀、水肿和皮肤疾病;粉碎,和油加热,可减轻关节疼痛和治疗瘫痪。

傣药 1. 全草或根:治腰膝冷痛、周身乏力、性欲冷淡、阳痿、遗精、早泄、月经不调、痛经、闭经、风寒湿痹症、肢体关节酸痛、屈伸不利、咳嗽、哮喘。

2. 全株:治风湿病、麻痹症、麻风病、眼炎、疥癣。

3. 根:治哮喘、月经不调、闭经(《滇药录》《傣药志》《德傣药》)。

德昂药 1. 根:治风湿骨痛。

2. 叶:治疮疡肿毒、跌打损伤、牛皮癣、胃出血。

拉祜药 全草:治红白痢疾、月经不调、不孕症、闭经、痛经、风湿性关节炎、跌打损伤、肿毒恶疮、癣疥、胃痛、毒蛇咬伤、痨伤吐血、虚弱带下、咳嗽。

Plumbago zeylanica L.
白花丹

【异名】 白花藤(《唐本草》),乌面马(台湾),白花谢三娘、天山娘、一见不消(海南),照药、耳丁藤、猛老虎(广西),白花金丝岩陀、白花九股牛(云南),白皂药(四川)。

【缅甸名】 ကန်ချုပ်ဖြူ
kan-gyok-phyu, tanah-con-kamor (Mon).

【民族药名】 柄碧拍、毕别早、毕别排、柄比蒿、毕比撒、比比蒿(傣药);柄比拍(德昂药);打哟哟巴决、阿珠啊扯、阿珠阿扯(哈尼药);补的勒雌(基诺药);矮陀匹(景颇药);钻地锋、勒阿侯给欺(拉祜药);雅变播、假菜莉、一见消(黎药);发马丹、白雪花、松医腊浮(毛南药);Ab nab wax 安那娃、安那糯娃(苗药);日埃陀扁、金不换、假茉

莉(佤药);Shetrenji 谢提然吉、夏特然吉印地(维药);六甲母、姜捏边、三分三(瑶药);郁疏、唯噜浪酿(彝药);巅邦、棵端;Godonhhau 棵端豪、茂占林(壮药)。

【分布】 主要分布于南亚和东南亚地区。在中国分布于台湾、福建、广东、广西、贵州、云南和四川。在缅甸广泛种植。

【用途】

缅药 1. 整株植物:刺激味觉,促进消化,治疗腹泻、溃疡、胃病和皮肤病。

2. 叶:化痰。

3. 根:化痰,驱虫,净化血液,治疗胆汁分泌过多、痢疾、白斑病、肺病、腹胀、身体消瘦、疼痛,以及皮肤问题如湿疹、疥疮和癣;碾碎与牛奶、醋或盐混合,局部使用可治疗麻风病和其他皮肤感染;汁液可发汗。

傣药 1. 全草:治风湿性关节炎、腰痛、跌打损伤、中风偏瘫、痛风、心绞痛、血管神经性头痛、高血压头痛、性欲冷淡、阳痿、腰膝冷痛、月经不调、痛经、闭经、产后胎衣不下、恶露不绝、腹痛及死胎、内伤咳血(《滇药录》《傣药录》《傣药志》《民族药志(二)》)。

2. 根、叶:治风寒湿痹证。

德昂药 全株或根:治跌打损伤、腰腿扭伤、风湿性关节疼痛、经闭、白血病、高血压。

哈尼药 1. 根、叶:治风湿骨痛、跌打肿痛、胃痛、肝脾肿大、扭挫伤、体癣(《哈尼药》)。

2. 全株:治跌打损伤、腰腿扭伤、内寒关节疼痛、闭经、白血病、高血压、疮疖、毒蛇咬伤(《滇药录》)。

3. 根或全株:治风湿疼痛、跌打损伤、骨折、疮疗、毒蛇咬伤(《民族药志(二)》)。

基诺药 1. 根:治风湿病、风湿性关节炎。

2. 鲜叶:外敷治跌打损伤、扭挫伤(《基诺药》)。

景颇药 根:治跌打损伤(《滇药录》《民族药志(二)》)。

拉祜药 全草:治喉炎、腹胀、跌打损伤、骨折、筋伤。

黎药 1. 根:治风湿骨痛、内伤咳血、心胃气痛、肝炎、肝硬化。

2. 全草:水煎,熏洗患处,治牛皮癣。

3. 鲜叶:捣烂,黄酒调热敷或擦患处,治跌打损伤。

毛南药 1. 根:治肝区疼痛、风湿骨痛、跌打肿痛(《桂药编》《民族药志(二)》)。

2. 叶:治疟疾、跌打损伤、体癣、蛇咬伤、恶疮。

苗药 全株:治风湿痹痛、血瘀经闭、跌打损伤、痈肿瘰疬、疮疥瘙痒、毒蛇咬伤、腹痛、绞肠痧、虚弱、睾丸炎、慢性关节痛、牙痛、癫子(头癣)、麻风(《民族药志(二)》《滇药录》)。

佤药 1. 花、根:治风湿病。

2. 根、全草:治骨折、跌打损伤、风湿性关节炎、肿毒恶疮(《滇药录》《民族药志(二)》)。

维药 1. 树枝、树皮、根:治白斑病、白癜风、瘫痪、面瘫、关节疼痛、腰背酸痛、皮肤瘙痒、湿疹、寒盛失音。

2. 茎枝:治白癜风、风湿骨痛、半身不遂、牛皮癣、疥疮、死胎、腰背痛、阳痿、食少咽痛、关节疼痛。

瑶药 1. 根:治腰扭伤、风湿骨痛、高血压、皮肤癣(《民族药志(二)》《桂药编》)。

2. 全草:治肝炎、肝硬化、风湿关节疼痛、跌打损伤、疮疥、闭经、乳腺炎、痈疮肿毒、毒蛇咬伤、小儿疳积、骨质增生、肝脾肿大。

彝药 1. 全株:治跌打损伤、骨折。

2. 根、叶:治骨折、软组织损伤、皮下瘀血肿痛、腰肌劳损、肝炎、肝硬化、高血压、白血病(《滇药录》《彝药志》)。

壮药 1. 根:治慢性肝炎、风湿腰痛。

2. 叶:治发痧、疟疾(《桂药编》)。

3. 全草:治发旺(风湿骨痛)、跌打损伤、心头痛(胃痛)、肝脾肿大、额哈(毒蛇咬伤)、痂(癣)、乳癣、牛皮癣(《滇药录》《民族药志(二)》)。

Plumeria rubra L.
红鸡蛋花

【异名】　缅栀子(《植物名实图考》)，大季花、鸭脚木(广西)。

【缅甸名】　mawk-sam-ka, mawk-sam-pailong, sonpabataing, tayoksaga-ani tayok-saga (red form)。

【民族药名】　楠章巴蝶、莫展拜、哥罗章巴蝶(傣药)。

【分布】　原产于南美洲，现广泛种植于亚洲热带和亚热带地区，墨西哥、中美洲也有分布。中国南部有栽培。在缅甸广泛种植。

【用途】

缅药　1. 树枝、树皮：乳状液用作泻药，治疗胃痛和腹胀。

2. 树皮、叶：用作泻药，治疗淋病和性病。

3. 花：治疗哮喘；加罗望子汁煮，做成沙拉，可促进排便和排尿，清气化痰。

傣药　1. 枝皮：治六淋证(黄尿、脓尿、血尿、尿血、石尿、白尿)、黄疸、疟腮、咽喉肿痛、乳痈、疔疮、斑疹。

2. 花、树皮：治小便热涩疼痛、尿路结石、腮腺炎、颌下淋巴结肿痛。

3. 茎皮、花：治牙痛、乳腺炎、泌尿道结石、止咳(《傣药志》《滇药录》)。

【成分药理】　含有鸡蛋花苷(agoniadin)、plumierid、蛋花酸(plumeric acid)、蜡酸(cerotinic acid)和羽扇豆醇(lupenol)；茎中含有生物碱、三萜类化合物；另外还发现了一种新的抗生素——氟尿嘧啶，能抑制结核分歧杆菌的生长。据报道，植株对人癌细胞株有细胞毒性作用，对软体动物有杀菌和抗菌活性。

Pogostemon cablin (Blanco) Benth.
广藿香

【异名】　藿香(广东、福建)。

【缅甸名】　thanat-pyit-see。

【民族药名】　沙勐香、沙勐拉(傣药)。

【分布】　原产于东南亚，分布于印度、斯里兰卡、马来西亚、印度尼西亚及菲律宾。在中国分布于台湾、广东、海南、广西、南宁、福建、厦门等地。在缅甸广泛种植。

【用途】

缅药　叶：用作利尿剂，治疗肾脏和膀胱疾病、胃痛，可缓解痛经。

傣药　全草或枝叶：治脱肛、不思饮食、消化不良(《傣药录》《滇药录》《傣药志》)。

其他：在印度，叶治疗痛经。在中国，整株植物治疗腹痛、感冒、腹泻、口臭、头痛和恶心。据报道该植物还可治疗流感、消化不良、发热、霍乱。

【成分药理】　挥发油成分包括广藿香醇、红蓝酮、苯甲醛和丁香醛。

Polyalthia longifolia (Sonn.) Thwaites

【异名】　长夜暗罗树。

【缅甸名】　arthaw-ka, lan-tama, thinbaw-te。

【分布】　主要分布于斯里兰卡和印度南部，印度、马来西亚、巴基斯坦和热带东非有栽培。在缅甸广泛种植。

【用途】

缅药　树皮：用作解热药。

【成分药理】　种子中含有具显著抗菌和抗真菌活性的克罗烷二萜。甲醇提取物分离出20种已知的有机化合物和2种新的有机化合物，其中一些具有细胞毒性。

Portulaca oleracea L.
马齿苋

【异名】　马苋(《名医别录》)，五行草(《图经本草》)，长命菜、五方草(《本草纲目》)，瓜子菜(《岭南采药录》)，麻绳菜(北京)，马齿草、马苋菜

（内蒙古）、蚂蚱菜、马齿菜、瓜米菜（陕西）、马蛇子菜、蚂蚁菜（东北），猪母菜、瓠子菜、狮岳菜、酸菜、五行菜（福建），猪肥菜（海南）。

【缅甸名】 မြက်ထောက်

myet-htauk, myay-byit。

【民族药名】 宗新朵（布朗药）；马齿苋（朝药）；把尚热（布依药）；帕拔凉、芽席马、帕拌良（傣药）；刀怀（德昂药）；骂碑神、马岔（侗药）；挨母出哈、马齿菜、蚂蚱菜（鄂伦春药）；尿龙晒、街改黑（仡佬药）；不泽、鲁壁沽茶（哈尼药）；ngimang（景颇药）；赵滩（京药）；欧不俄（傈僳药）；雅威难（黎药）；叶洛少给、蚂蚁菜（满药）；妈吻闷、松麻鳖、马朱宁（毛南药）；霍威（苗药）；马有骂（仫佬药）；布马、豆瓣菜、长命菜（纳西药）；玛此见（普米药）；约母思柏、马蛇子草（羌药）；酸草、和尚菜、酸苋鲜（畲药）；马屎汉、酸板草、五行草（土家药）；牙折骂（佤药）；斯米孜欧提、色米孜欧提欧如合、斯米子哦提乌拉盖（维药）；马牙咪、麻咀来、麻丫麻（瑶药）；燕捻西、燕捻西鲜、姆省傲（彝药）；灿格日（藏药）；碰皮、兵谷、白淹筛（壮药）。

【分布】 原产于美国西南部，现广泛分布于暖温带、热带和亚热带地区。中国各地均产。缅甸主要分布于克钦邦、曼德勒、仰光。

【用途】

缅药 叶：治疗肾病，也用于泻药和助消化。

布朗药 全草：治头晕眼花（《滇药录》《滇省志》《民族药志（二）》）。

布依药 全草：治痢疾。

朝药 全草：清热解毒，止渴，杀虫，治疗痢疾、诸肿恶疮、金疮、内瘘（《朝要志》《民族药志（二）》）。

傣药 全草：治肺热咳嗽、痢疾（《滇药录》）。

侗药 全草：治痢疾、肠炎腹泻、骨折、便血、湿疹、丹毒、疖痈、啰给捞亮（着凉泻肚）、吓谬恰、给盘（便血）（《桂药编》《民族药志（二）》）。

鄂伦春药 全草：治细菌性痢疾、急性肠胃炎、急性阑尾炎、乳腺炎、痔疮出血、白带、疔疮肿毒、湿疹、带状疱疹、产褥热、蜂蜇。

仡佬药 全草：治肺结核、痢疾、水田皮炎（《桂药编》《民族药志（二）》）。

哈尼药 地上部分：治痢疾、腹泻、血淋（《滇药录》《滇省志》《民族药志（二）》）。

哈萨克药 全草：治痢疾、疔疮疖肿、虫蛇咬伤。

景颇药 全草：治痢疾、肠炎、乳腺炎（《德宏药录》）。

京药 全草：治痢疾、肠炎腹泻（《民族药志（二）》）。

傈僳药 全草：治急性胃肠炎、痢疾、阑尾炎、乳腺炎、痔疮出血、白带；外用治疗疮肿痛、湿疹（《怒江药》）。

黎药 全草：治小便不利、口干渴，清热解毒，凉血止痢。

满药 茎、叶：煮食用于止痢；鲜茎、叶捣汁拌少许白糖，水冲服治阑尾炎，止痛；加少许蜂蜜煮服，治肺结核。

毛南药 全草：治痢疾、婴幼儿腹泻、淋病、钩虫、高血压、皮炎、带状疱疹、急性膀胱炎、钩虫性肠炎痢疾、痈疔疮肿、甲沟炎（《桂药编》《民族药志（二）》）。

蒙药 全草、种子：清热解毒，凉血止痢，除湿通便。

苗药 1. 全草：治痢疾、肠炎腹泻、咽喉痛、牙痛、无名肿痛、小儿腹泻、带状疱疹、湿热淋证、尿闭、热毒泻痢、赤白带下、崩漏、疮疡痈疖、丹毒、瘰疬、湿癣、水肿、泌尿道感染、溃疡、痔疮出血、肾炎（《桂药编》《苗医药》《滇药录》《滇省志》）。

2. 地上部分：治痢疾、疔疮疖肿、虫蛇咬伤（《湘蓝考》）。

仫佬药 全草：治痢疾、肠炎腹泻、稻田皮炎（《桂药编》《民族药志（二）》）。

纳西药 全草：治肠炎、痢疾、急性阑尾炎、产后功能性子宫出血、带状疱疹、赤白带下、耳中有恶疮、肛门肿痛、咽喉肿痛、肺热咳嗽、百日咳、黄疸、钩虫病（《滇药录》《民族药志（二）》）。

普米药　地上部分：治肠炎、痢疾、泻下、脓血、热淋、尿血（《滇药录》《民族药志（二）》）。

羌药　全草：治热痢脓血、热淋、血淋。

畲药　全草：治急性腮腺炎、肝炎、痢疾、淋病、腮腺炎；外用治疗疮丹毒（《民族药志（二）》）。

土家药　全草：治热毒痢疾、肠炎、痈肿疮毒、蛇虫咬伤、火痢症、鸬鹚咳（百日咳）、痔疮出血、猴儿疱（流行性腮腺炎）、毒蛇咬伤、疮疡肿毒及外伤出血。

佤药　全草：治红白痢疾、跌打瘀血肿痛、肾炎浮肿、皮肤病（《中佤药》《滇药录》《民族药志（二）》）。

维药　1. 地上部分、种子：治热毒血痢、痈肿疗疮、湿疹、丹毒、蛇虫咬伤、便血、痔血、崩漏下血。

2. 全草、种子：治内热炽盛、中暑、便秘、痢疾、肠炎、热性肝痛、胃痛、头痛、脑膜炎、体瘦口渴、月经过多、小便不通。

3. 果实：治糖尿病。

4. 种子：治关节疼痛、脾胃虚弱、大便燥结、子宫炎症、尿道炎（《民族药志（二）》）。

瑶药　全草：治痢疾、肠炎腹泻、肺热咳嗽、肾炎、痔疮出血、疗疮肿毒、痈疮肿毒、虫蛇咬伤、热淋、血淋、带下（《桂药编》《滇省志》《滇药录》《民族药志（二）》）。

彝药　全草：治痢疾、骨折、肺痈肠痈、尿道灼热、血淋带下、痔瘘出血、乳痈瘰疬、毒蛇咬伤（《哀牢》《大理资志》《桂药编》《民族药志（二）》）。

藏药　全草：治赤白痢疾、赤白带下、肠炎、淋病；外用治丹毒、虫蛇咬伤（《藏本草》《中国藏药》）。

壮药　全草：治痢疾、肠炎、腹泻、肝炎、肺炎、胃出血、白带、子宫出血、疗疮、湿疹、带状疱疹（《桂药编》《民族药志（二）》）。

台少药　叶：捣碎后敷于患部治外伤。

其他：在亚马孙河上游地区，该植物治疗淋病、肝炎和疱疹。

【成分药理】　含有高浓度的儿茶酚胺衍生物，如去甲肾上腺素、多巴胺。

Pothos scandens L.
螳螂跌打

【异名】　硬骨散（云南）。

【缅甸名】　pein-gya。

【民族药名】　歪琳、歪拎（傣药）。

【分布】　广泛种植于世界各地。在中国分布于云南。在缅甸广泛种植。

【用途】

缅药　叶：用作平喘药。

傣药　1. 全株：治痢疾、胸腹疼痛、咽炎、风湿腰腿痛、尿频、尿急、尿痛、尿中夹有砂石、肢体关节酸痛重、屈伸不利、热风咽喉肿痛、腹胀腹痛、呃逆、嗳气、红白下痢、风寒湿痹。

2. 叶、茎：治跌打损伤、骨折、风湿骨痛、腰腿痛（《滇药录》）。

其他：在印度，根油炸后治疗脓肿；树干用樟脑熏以治哮喘；叶磨成粉，治疗天花脓疱和骨折。

Premna amplectens Wall. ex Schauer.

【异名】　塔序豆腐柴。

【缅甸名】　sagale-amauk, yinbya-byu, wee-ek, hpak-si-so。

【分布】　分布于巴基斯坦、斯里兰卡、缅甸。东南亚国家广泛种植。

【用途】

缅药　根：用于妇女产后恢复。

其他：治疗发热、头痛、胃痛和牙痛，用作利尿剂、咳嗽药、泻药和感冒药。

Premna mollissima Roth
大叶豆腐柴

【缅甸名】　kyetyo, kyun-nalin, seiknan-gyi。

【分布】 分布于中国、柬埔寨、印度、印度尼西亚、老挝、菲律宾和越南。在缅甸广泛种植。

【用途】

缅药 根:制成糊状物可用于产后恢复。

其他:在印度,茎、树皮治疗皮癣和口疮;叶用作利尿剂,治疗水肿、梅毒和淋病。

【成分药理】 树皮中含有 2 种生物碱——premnine 和 ganiarin-Premnine,可以降低心肌收缩力,扩大瞳孔。

Premna serratifolia L.
臭娘子

【异名】 伞序臭黄荆。

【缅甸名】 kywe-thwe, taung-tangyi。

【分布】 分布于喜马拉雅(尼泊尔到不丹)、印度、斯里兰卡、马来西亚、南太平洋诸岛。在中国分布于台湾、广西、广东、海南。在缅甸主要分布于曼德勒、若开邦、德林达依等地。

【用途】

缅药 1. 全株:水煎液治疗发热、神经痛、风湿。

2. 根、茎皮:用作泻药、胃药。

3. 根:治疗糖尿病和肝病。

台少药 叶:治外伤、毒蛇咬伤。

其他:在印度,叶用作驱虫剂、催乳剂,叶煎剂治疗肠胃气胀和绞痛;根用作泻药、健胃药、补药,是阿育吠陀退热药达斯穆拉的一种成分。

Prunus cerasoides D. Don
高盆樱桃

【民族药名】 樱桃(哈尼药);基波撒波、冬樱桃(基诺药);帕尼此、野樱桃树(拉祜药)。

【分布】 分布于喜马拉雅山脉、中国、缅甸。

【用途】

缅药 种子:治疗结石。

白药 种子:治大便燥结、腹水、小便不利。

哈尼药 叶、花、果、树皮:解毒。

基诺药 树皮或果实:治肠炎、痢疾、腹部热痛、小便黄少、口腔或牙龈起泡。

拉祜药 1. 树皮、根、果实:治重感冒、流行性感冒、皮肤瘙痒、痢疾。

2. 果实:治咽喉炎、声哑。

3. 种子:透疹。

4. 根:治月经不调。

佤药 树皮:治腹部热痛、小便黄少、口腔牙起泡。

其他:在印度,树皮治疗性病、发热和腹泻;种子油治疗结石。

Psidium guajava L.
番石榴

【缅甸名】 မာလကာသီး

malaka, mankala。

【民族药名】 麻果(布朗药);麻贵香拉、芝嘎、吗桂香拉(傣药);滇吗、玛约阿波、交桃(哈尼药);骂桂(基诺药);番石榴(景颇药);别麦加、麻戛(德昂药);歌母、鸡屎果、花稔(黎药);查干-其其格格-阿纳日(蒙药);广石榴(纳西药);麻嘎、曼利嘎、交于果(佤药);比高(瑶药);Ragnimhung 壤您洪、Mbawnimhenj 盟您现、勒别(壮药);Rabau、Para、Rabatu(台少药)。

【分布】 原产于南美洲,广泛分布于热带地区。在中国的华南各地栽培,常有逸生,四川也有分布。在缅甸广泛种植。

【用途】

缅药 叶、果实:治疗糖尿病。

白药 1. 果皮:治久泻久痢、便血、脱肛、滑精、崩漏、带下、虫积腹痛。

2. 花:治鼻衄、中耳炎、创伤出血。

布朗药 果皮:治肠炎、痢疾。

傣药 1. 叶、树皮、果皮:治腹痛腹泻(《傣药录》《德傣药》《滇药录》)。

2. 嫩叶:治菌痢、腹泻、肠炎、脚癣脚气、赤白下痢、各种皮肤瘙痒、疮疡溃烂、皮肤红肿、汗疹、疔疮痈疖脓肿(《民族药志(三)》)。

3. 叶:治泻痢、胃脘痛、湿疹、疔疮肿毒、跌打肿痛、外伤出血、蛇虫咬伤。

4. 根:治泻痢、脘腹疼痛、脱肛、牙痛、糖尿病、疮疡、蛇咬伤。

哈尼药　叶:治肠炎、痢疾、跌打损伤、皮肤瘙痒、消化不良性腹泻(《哈尼药》)。

基诺药　嫩尖:治偏头痛、腹泻、巴豆中毒(《基诺药》)。

景颇药　1. 果:治急慢性肠炎。

2. 鲜叶:外用治跌打损伤、臁疮久不收口。

3. 根皮:治蛔虫病、绦虫病、肾结石、乳糜尿(《德宏药录》)。

德昂药　1. 叶、果:治急慢性肠炎、痢疾、小儿消化不良、小儿腹泻。

2. 叶:治跌打扭伤、外伤出血、臁疮久不愈合。

黎药　1. 叶:捣烂,开水冲服,治毒蛇咬伤;嫩叶炒干煎水服,治急慢性肠炎。

2. 根:烧灰治妇人崩漏。

蒙药　1. 叶、果:治急慢性肠炎、痢疾、小儿消化不良。

2. 鲜叶:外用治跌打扭伤、外伤出血、臁疮久不愈合(《蒙药》)。

仫佬药　叶:治腹泻(《桂药编》)。

纳西族　幼果:治急性肠胃炎、腹泻、冷泻、腹痛、细菌性痢疾、小儿消化不良、巴豆中毒、妇人崩漏、牙痛、牙龈肿痛、糖尿病、中耳炎、疮疡久不愈。

佤药　嫩尖:治肠炎、痢疾、皮肤瘙痒(《中佤药》)。

瑶药　1. 叶:治腹泻。

2. 果实:治腹泻(《桂药编》)。

壮药　1. 根:治白冻(泄泻)、阿意咪(痢疾)、消化不良、优平(盗汗)、中耳炎、能含能累(湿疹)、外伤出血、肾结石。

2. 叶:治阿意咪(痢疾)、啊尿甜(糖尿病)、

能唅能累(湿疹)、诺嚎哒(牙周炎)、腹泻(《桂药编》)。

3. 叶、带叶嫩茎:治痢疾、泄泻、崩漏。

台少药　1. 叶:治头痛、眼病、肠痛、赤痢、肿疡、神经麻木。

2. 种子:治下痢。

3. 新芽:治感冒。

Pteridium aquilinum（L.）Kuhn
欧洲蕨

【缅甸名】　boktaung, wetkyein。

【民族药名】　玉周歧哇曼巴(藏药);拍古藤(傣药);也切(哈尼药);杀不死(景颇药);朵背聂(彝药);蕨菜、高沙利不利(朝药)。

【分布】　分布于世界各地热带及温带地区,亚热带地区也有分布。在中国分布于全国各地,但主要产于长江流域及以北地区。

【用途】

缅药　根茎:用作驱虫剂。

藏药　根茎、孢子叶:治中毒性发热、慢性病发热、筋骨疼痛、胎衣不下(《藏本草》)。

傣药　根茎或全株:治发热、痢疾、黄疸、高血压、失眠、白带、风湿关节痛(《滇省志》)。

哈尼药　功用同傣药(《滇省志》)。

景颇药　功用同傣药(《滇省志》)。

彝药　全株:治血痢(《滇省志》)。

朝药　1. 嫩叶:治食隔、气隔、肠风热毒、缺乳(《朝药录》《民族药志(三)》)。

2. 嫩叶、根茎:治慢性风湿性关节炎、高血压。

3. 嫩叶:治缺乳(《图朝药》)。

4. 根茎:治黄疸、白带过多、泻痢腹痛、湿疹、高血压、风湿性关节炎。

【成分药理】　有报道的成分包括氢氰酸、儿茶酚单宁、抗维生素 B、抗维生素 K 和蝶啶。其中根茎含有丝状酸、精油、树脂、单宁、菲律宾酸、脂肪油、蜡、绵马醇、糖、树胶和淀粉。

Pterospermum acerifolium (L.) Willd.

翅子树

【缅甸名】 တောင် ဖက် ဝန် း

magwinapa, sinna, taung-petwun, taw-kalamet。

【分布】 印度至爪哇有部分分布，老挝、泰国、印度、缅甸也有分布。中国云南有分布。

【用途】

缅药 1. 树皮、叶：治疗皮肤病（天花），止血。

2. 花：有滋补的功效。

其他：在印度，植株有抗菌防腐、消毒和滋补的功效，可治疗头皮疹、发热、发炎、麻风、月经过多、天花、疮和肿瘤。在马来半岛，树皮以膏药的形式治疗腹部疾病。在菲律宾，烧焦的树皮和花可治疗天花化脓。

Punica granatum L.

石榴

【异名】 安石榴(《名医别录》)，山力叶(东北)，丹若，若榴木。

【缅甸名】 သလဲ၊တည်လည်း

thale。

【民族药名】 杆休绵故、干修眼故(白药)；安塞克流(朝药)；卖脏、骂光检、埋捕诡伙(傣药)；麻脏拍(德昂药)；赛朱、村槽(侗药)；劳午饿、腮比翁不、木古腮捏、玛扎阿席阿合(哈尼药)；阿纠咩生(基诺药)；石哩、安石榴(傈僳药)；珍珠石榴、勒榴(毛南药)；阿纳日、斯布如、色布茹(蒙药)；Ghaob jongx shix lious 阿龚石榴、Guab jongb zend xel lies 干龚争谢烈、浪石榴(水药)；玛脏(佤药)；Aqqikanar 阿奇克阿娜尔、Chuchumal anar 曲其曼阿那尔、Anar uruqi 阿那尔欧如合(维药)；sypnyo 泗蘖、yyrhnat 也那、气撒孟(彝药)；赛珠、塞哲儿、安石榴(藏药)。

【分布】 原产于巴尔干半岛至伊朗及其邻近地区，全世界的温带和热带地区都有种植。在缅甸广泛种植。

【用途】

缅药 果实：用作驱虫剂和收敛剂。

白药 1. 叶：治痘风疮、风癞、跌打损伤。

2. 花：治鼻衄、中耳炎、创伤出血。

3. 果实：治筋骨疼痛、四肢无力、痢疾、蛔虫病、咽喉疼痛、齿龈出血。

4. 果皮：治久泻、久痢、便血、脱肛、滑精、崩漏、带下、虫积腹痛。

5. 根皮：治蛔虫病、绦虫病、肾结石、乳糜尿。

朝药 果实(安石榴)：治咽燥渴。

傣药 1. 果皮、根皮：治虚寒久泻、肠炎痢疾、便血、脱肛、崩漏、绦虫病、蛔虫病。

2. 果皮：外用治稻田皮炎。

3. 花：治吐血；外用治中耳炎。

4. 叶：治急性肠炎。

德昂药 1. 茎皮：治疗血崩、绦虫病。

2. 果皮：外用治稻田皮炎。

3. 花：治吐血、衄血；外用治中耳炎。

4. 叶：治急性肠炎、水泻不止。

5. 果皮、根皮：治虚寒久泻、肠炎、痢疾、便血、脱肛、蛔虫病。

侗药 1. 种子：治"培根"寒症、胃寒症及一切胃病、食欲不振、胀满、消化不良。

2. 树皮：治慢性肠炎、胃炎、痢疾。

3. 果皮：治腹泻、便血、脱肛。

4. 根、茎、皮：治啰给冻亚(红痢)、份扁(绦虫病)。

仡佬药 根或果皮：治腹泻。

哈尼药 果皮：治腹泻、脱肛、久痢、便血、蛔虫症、牛皮癣。

基诺药 根、花、叶、果皮：治虚寒久泻、肠炎、痢疾。

傈僳药 1. 果皮、根皮：治虚年久泻、肠炎、痢疾、便血、脱肛、血崩、绦虫病、烟虫病、稻田皮炎。

2. 花：治吐血、中耳炎。

毛南药 根或果皮:治细菌性痢疾、急性肠炎、水泻不止、脱肛、蛔虫病、绦虫病、鼻衄化脓性中耳炎、腰痛。

蒙药 果实:治消化不良、胃火衰退、"巴达干"病、恶心和肺、肝、肾"赫依"病、寒泻、腹胀嗳气、食欲不振、胃寒痛、胀满、肺气不舒、泄泻、赤白带下、遗精、脱肛、风气腰痛、关节痛,以及胃、肺、肾、肝之寒症、肠鸣。

苗药 花、果实、根、皮:治蛔虫病、绦虫病、久泻、红痢、赤白带下。

水药 根、果皮:治腹泻。

土家药 1. 茎皮、花、叶:治疗白带、崩漏、便血。

2. 果皮、茎皮:蛲虫病、火疤疮、垮血带下。

3. 根皮:治绦虫病、蛔虫病。

4. 果皮:治久泻、久痢、脱肛;研末,加冰片、少许麻油调敷治水烫伤。

佤药 全株:治跌打损伤、咳嗽。

维药 1. 果实:治干热性或血液质性疾病、心悸肝虚、口鼻疮疡、各种炎肿、皮肤瘙痒、受热引起的一般性和顽固性腹泻及肠疮、肛疮、腹痛、结膜炎、眼屎、口臭、口疮、走马疳、耳鼻疮、疥疮、气短、心力衰弱、腹胀肠痛、小便灼热涩痛不利、妇女崩漏、赤白带下、口渴、心悸血少、脉络不通、胸闷咳嗽、咽喉不利、形体消瘦。

2. 酸果实:治肝热腹痛、心热心悸、肠热腹泻、口腔炎、耳鼻疮疡、皮肤瘙痒。

3. 甜果实:治热性心虚、肝虚、阳痿、哮喘咳嗽、腹泻痢疾、干性喉燥、贫血、牙齿松动、口腔粒疮、呕吐恶心、口渴、皮肤瘙痒。

4. 树皮:治久泻、久痢、便血、崩漏、脱肛、腹泻、崩漏带下、目赤流泪。

5. 根皮:治脱肛、肠寄生虫、皮肤瘙痒。

6. 种子:治湿性腹泻、热性痢疾、消化不良、积食纳差、牙齿松动、胆汁性热症、萎黄、疥疮。

7. 石榴子:捣汁洗眼治眼疾。

8. 果皮、花瓣:治湿热性牙龈溃疡、咽喉炎肿、牙龈出血、牙齿松动、腹泻痢疾、白带增多、痔疮肿痛。

9. 根汁酱:治牙痛、牙龈病、呕吐、胸腹内出血。

10. 花粉剂:热敷胃部治恶心、呕吐。

11. 花:治久泻;挤汁治眼病、阴茎生疮、神经衰弱;外用治出血不止、口舌生疮、脱肛痔疮、口臭牙痛、皮肤瘙痒。

彝药 1. 果皮:治鼻衄、便血、梦遗滑精、虫积泻痢、带浊崩漏。

2. 叶:治痘风疮、风癫、跌打损伤。

3. 花:治鼻衄、中耳炎、创伤出血。

4. 果实:治筋骨疼痛、四肢无力、痢疾、蛔虫病、咽喉疼痛、齿床出血。

5. 茎皮:治血痢、乳糜尿、流鼻血。

6. 全株:治跌打劳伤、咳嗽。

7. 根皮:治崩漏、带下。

藏药 1. 种子:治"培根"病、胃寒症及一切胃病、食欲不振、肾腰疼痛、胀满胃病。

2. 果实:治胃病、一切寒性"培根"病,开胃、止寒泻。

3. 花:治鼻衄。

其他 嫩叶煎剂用作漱口剂;外皮煎剂治咽喉痛、口臭和流鼻血;叶和根治疗月经不调;果实具有收敛性;果皮或果实煎煮治疗腹泻和痢疾,也预防痔疮和白带过多;花蕾、花朵和树皮与芝麻油混合,可治疗烫伤。在整个东方,根、杆对肠道蠕虫有驱除作用。

【成分药理】 树皮中含有粒碱、大量的单宁;种子和叶子含有肝毒性化合物安石榴苷(被称为雌激素)和可驱除绦虫的丸蛋白。

Putranjiva roxburghii Wall.

【缅甸名】 badi-byu, daukyat, mai-mot, mai-motawn, taukyat, ye-padi。

【分布】 主要分布于印度。在缅甸主要分布于曼德勒、孟邦、仰光。

【用途】

缅药 叶：治疗糖尿病。

其他：在印度，叶和果实治疗发热和感冒。

Quassia indica（Gaertn.）Noot.

【缅甸名】 ကသည်း

le-seik-shin，kame，theban.

【分布】 从缅甸和印度到所罗门群岛均有分布。缅甸主要分布于德林达依。

【用途】

缅药 1. 树皮：治疗发热。

2. 叶：治疗丹毒。

3. 果实：治疗风湿病。

其他：在印度尼西亚，树皮、木材和种子用作退热药和补药，治疗胆汁性发热；种子咀嚼或加水磨碎，用作催吐剂和泻药；种子油制成擦剂治疗风湿病；叶压碎后涂在丹毒上。在菲律宾，树皮和木材在水、酒精或葡萄酒中浸软，有滋补、健胃、退热和催吐作用；树皮榨汁治疗皮肤病；树皮粉末加入水或油治疗"恶性发热"。在所罗门群岛，浸泡过的树皮治疗便秘；浸软的叶混合椰子油涂在头发上可杀死虱子。

Rauvolfia serpentina（L.）Benth. ex Kurz.
蛇根木

【异名】 印度萝芙木，印度蛇木，印度蛇根木，印度蛇根草。

【缅甸名】 bommayazar，bomma-yaza.

【分布】 分布于印度到印度尼西亚、斯里兰卡、缅甸、泰国及大洋洲各岛。在中国分布于云南、广西和广东等地。在缅甸广泛种植。

【用途】

缅药 1. 叶：汁液治疗眼病。

2. 根：治疗高血压，特别是年轻人由于焦虑引起的心悸和高血压，还可用作补品、安眠药、

退热剂和毒药中和剂，有助于排出肠胃气体；与栀子花、槟榔叶一起粉碎，与芝麻油混合，涂在婴儿身上（除手心和脚底外），作为一种吸入疗法，或者在手上涂上根的粉末，放于儿童的胸部进行按摩，两种方法都可缓解支气管炎和呕吐。

其他：在印度，该植物治疗蛇咬伤和精神错乱。蛇根木是植物抗精神病药和抗高血压药物利血平的来源，用于抗精神病和降血压。

Rhizophora mucronata Lam
红茄苳

【异名】 茄藤（台湾）。

【缅甸名】 ပြင်းဝေါ်ခေက်မ

baing-daung，byu-chidauk，payon-ama，pyu.

【分布】 非洲东海岸、印度、马来西亚、菲律宾、澳大利亚北部等地有分布。在中国分布于台湾。在缅甸广泛分布。

【用途】

缅药 树皮：治疗血尿。

其他：在中国和日本，树皮制成的汤药可止泻。在柬埔寨，根可抗出血；树皮可抗出血，同时也治疗心绞痛。

Rhododendron moulmainense Hook. f.
毛棉杜鹃花

【异名】 白杜鹃（《广西植物名录》），丝线吊芙蓉（《中国高等植物图鉴》）。

【缅甸名】 zalat-pyu.

【分布】 分布于中国、印度、中南半岛、印度尼西亚、马来西亚、缅甸。在中国分布于江西、福建、湖南、广东、广西、四川、贵州和云南。在缅甸主要分布在孟邦。

【用途】

缅药 有麻醉作用。

Rhus chinensis Mill.
盐肤木

【异名】 五倍子树（通称），五倍柴（湖南），山梧桐（辽宁），木五倍子（四川），乌桃叶、乌盐泡、乌烟桃（武汉），乌酸桃、红叶桃、盐树根（浙江），土椿树、酸酱头（山东），红盐果、倍子柴（江西），角倍（四川），肤杨树（湖南），盐酸白（广东、福建）。

【缅甸名】 chying-ma, mai-kokkyi, mai-kokkyin。

【民族药名】 毕翁（布朗药）；凹裸、五倍子、肚倍（布朗药）；哥吗婆、戈马婆、卖爬（傣药）；别阿芊（德昂药）；lagx wedl 腊层（侗药）；mu pao pes 木保比、莫阿鹿、肚倍（仡佬药）；盐肤木（哈尼药）；生懋、苏茅根（基诺药）；阿马玛、盐霜果树（拉祜药）；切马（傈僳药）；danm rmis 等锐、妹稳（毛南药）；西日合茵-鸟日（蒙药）；Zen ghobpab dlib 姜哥爬收、Zand 整斗爬、五倍子（苗药）；切马、架（怒药）；Fussifu 夫思斯付、散得（羌药）；盐芋根、盐肤柴、盐葡萄（畲药）；五倍子、肚信、梅肯（水药）；wulbeizi'ka 鸟贝姿卡、五倍子、木附子（土家药）；盐酸木（佤药）；羊桑咩（彝药）；五倍子（裕固药）

【分布】 东亚温带地区有分布，主要分布于印度、中南半岛、马来西亚、印度尼西亚、日本和朝鲜。中国除东北、内蒙古和新疆外，其余地区均有分布。缅甸主要分布在钦邦、克钦、曼德勒、实皆和掸邦。

【用途】
缅药 1. 果实：治疗绞痛。
2. 虫瘿：用作收敛剂。
布朗药 效用同傣药（《傣药录》）。
布依药 寄生虫瘿：研细粉撒患处，治下阴肿烂。
傣药 1. 根、根尖和叶：治咽喉炎、扁桃腺炎、湿疹瘙痒，止吐（《傣药录》）。
2. 根、叶、茎皮、嫩尖：治腹泻痢疾、湿热黄疸、膀胱炎、咽喉、痘疹不透、跌打损伤、毒蛇咬伤、肠炎、咯血、金疮痈毒、胃腹痛、感冒、蜂蜇（《傣药录》）。
3. 叶：治跌打损伤、骨折、毒蛇咬伤、咽喉肿痛、口舌生疮、皮肤瘙痒、湿疹。
4. 根：治湿热黄疸、膀胱炎、咽喉炎、肠炎、痢疾、咯血、金疮痈毒、胃腹痛、感冒、痘疹不透。
5. 根、果实和叶：治咽喉肿痛、口舌生疮、皮肤红疹瘙痒、胃脘胀痛（《傣药志》）。
德昂药 1. 根：治感冒发热、咳嗽、咯血。
2. 叶：治跌打损伤、漆疮（《德宏药录》《德民志》）。
侗药 虫瘿：治痔疮、独猡穿给（痔核）。
仡佬药 虫瘿：治牙痛。
哈尼药 全株：解毒。
基诺药 1. 根、茎、叶：治痢疾；外用治骨折、跌打损伤（《基诺药》）。
2. 根、茎皮：治感冒、感冒发热；外用治跌打损伤、骨折。
3. 叶、根：煎水洗治湿疹、牛皮癣。
拉祜药 1. 根：治咽喉炎、膀胱炎、感冒、痢淋巴结炎感冒发热、支气管炎、咳嗽咯血、肠炎、痢疾、痔疮出血（《拉祜医药》）。
2. 根、叶：外用治跌打损伤、毒蛇咬伤、痔疮。
傈僳药 1. 根：治感冒发热、支气管炎、咳嗽咯血、肠炎、痢疾、痔疮出血。
2. 叶：治跌打损伤、毒蛇咬伤、漆疮。
毛南药 1. 根：治咳嗽吐血、感冒发热、咽喉炎、食滞腹泻。
2. 鲜叶或根：捣烂外敷治跌打肿痛、外伤出血、瘀血、黄蜂蜇伤。
3. 根皮、叶：煎水外洗治皮肤湿疹。
蒙药 叶上虫瘿：治久咳、久泻、消渴；外用治盗汗、手足多汗症、湿疹、外伤出血、疮疡肿毒、口腔溃疡、脱肛（《蒙药》）。
苗药 1. 虫瘿：治体虚多汗、痔疮便、自汗盗汗、肺虚久咳、泄泻、痔血、便血、遗精、脱肛、崩漏、疮疡肿毒、外伤出血、烧烫伤、水田皮炎；用水调成糊状敷肚脐治多汗（《苗医药》）。

2. 根茎：治风湿痹痛、水肿、跌打损伤（《湘蓝考》）。

怒药 1. 根：治感冒发热、支气管炎、咳嗽咯血、肠炎、痢疾、痔疮出血。

2. 叶：外用治跌打损伤、毒蛇咬伤、漆疮（《怒江药》）。

3. 根、叶：治痔疮、脱肛、食欲不振。

羌药 1. 根：治风湿性关节炎、水肿。

2. 树脂：外用治各种冻疮及手足冻伤裂口。

畲药 1. 根：祛风湿，利水消肿，活血散毒，治气虚、脾胃虚弱、胃胀、食欲不振、胃痛、感冒咳嗽、发热、中暑、手脚酸软、毒蛇咬伤。

2. 根、枝、叶：治肝硬化、慢性肝炎、小儿肝炎、毒蛇咬伤、风疹。

水药 1. 寄生虫瘿：治痔疮出血（《水族药》）。

2. 根：治痔疮出血。

土家药 1. 叶上虫瘿：治自汗盗汗、肺虚久咳、泄泻、痔血、便血、遗精、脱肛、疮疡肿毒、外伤出血、烧烫伤、水田皮炎。

2. 根、茎皮：治肾炎水肿。

3. 根皮：治黄疸、小儿疳积、慢性支气管炎、跌打损伤。

4. 叶：治感冒、疖痈、顽癣、蜂和蛇咬伤（挤汁外擦）。

佤药 根、叶：治湿热黄疸、膀胱炎、咽喉炎、肠炎、痢疾、咯血、疮疡痈毒、胃腹痛、感冒、痘疹不透（《中佤药》）。

彝药 树根、全株：治跌打损伤、瘀血肿胀、痰饮咳嗽、肝胆湿热、身浮体肿、血便血痢、鼻疳顽癣、肿毒疮疥（《哀牢》）。

裕固药 虫瘿：治牙痛。

其他：在印度，花蕾治疗腹泻；果实治疗胃痛；种子治疗胃痛、皮肤病，还用作泻药。

【成分药理】 含有没食子酸和戊酸-间二烯基 β-葡萄糖。

Ricinus communis L.
蓖麻

【缅甸名】 သင်္ဘောကကြီးဆူ

kyet-hsu, kyetsu, thinbaw kyet-hsu, kyet-hsu yoe-ni, shapawing（Kachin），tanah toung（Mon），toon（Mon），mai-kong-leng（Shan）。

【民族药名】 勒穷（布依药）；麻烘嘿亮、麻烘娘、麻烘些亮（傣药）；昂乘戛喋、麻贡娘（德昂药）；雅托卖（黎药）；大麻子（毛南药）；真冈涉罗、里雀西（怒药）；衣乃克皮提欧如合（维药）；期多猛、大麻叶（彝药）。

【分布】 原产于非洲东北部的肯尼亚或索马里，现广泛分布于全世界热带地区。在缅甸主要分布在曼德勒和实皆。

【用途】

缅药 1. 叶：治疗头痛、睾丸扩大，膀胱疼痛、喉咙痛、胆汁疾病；制成膏药治疗溃疡、伤口；熬汤服用可缓解气量大、痰量大的症状。

2. 种子：用作驱虫药，可治疗发热、咳嗽、胃胀、肝病、痢疾、头痛、哮喘、麻风病、水肿、全身乏力和膀胱疼痛；磨碎制成膏体可中和蝎毒。

3. 种子油：用作泻药，可促进分娩。

布依药 种子：捣烂敷在产妇两脚心，治胞衣不下。

朝药 种子：治淋巴结结核。

傣药 1. 种子：治痈疽肿毒、水肿腹满、大便燥结、喉痹、疮癞癣疮。

2. 叶：治跌打损伤、难产。

3. 根：治疲劳、黄疸型肝炎、风湿关节炎（《傣药志》《滇医录》《傣药录》）。

德昂药 1. 种子：治癫痫。

2. 种仁：治子宫脱垂、脱肛、难产、胎盘不下、面部神经麻痹、疮疡肿毒脓未溃、淋巴结结核、竹木及金属刺伤。

3. 种仁油：治肠内积滞、大便秘结。

4. 叶：治疮疡肿毒、湿疹瘙痒。

5. 根：治风湿关节痛、破伤风、痫痫、精神分裂症（《德宏药录》）。

侗药 1. 种子、叶或根：治落哉墨（子宫脱垂）、宾揩悟（歪嘴风）、落吹省（脱肛）。

2. 种子：治疗疮、烫伤、便秘、痛疽肿毒、大便秘结、无名肿毒（《侗医学》）。

哈尼药 1. 种子、根、叶：治子宫脱垂、脱肛、淋巴结结核、大便秘结、疮疡肿毒、湿疹瘙痒。

2. 种子：治子宫脱垂；制成油作缓泻剂；生品捣烂外敷可拔刺入肌肤异物。

3. 鲜叶：治疮疡肿毒、乳腺炎、腮腺炎、胎盘不下、催产（胎位、产道正常者）。

4. 根：治风湿骨痛。

5. 全株：消肿（《哈尼药》）。

基诺药 1. 根：治跌打损伤。

2. 叶：捣碎炒热敷太阳穴治头痛（《基诺药》）。

黎药 1. 根：治关节痛、风瘫；根和老公鸡煎水服治脱肛。

2. 种子或种子油：治肠内积滞、便秘；捣烂如泥外敷（病左贴右、病右贴左）治面部神经麻痹。

3. 叶：治赤白痢；与冷饭捣烂敷脐下治小便不利；与红糖少许捣烂敷治疮疡；鲜叶水煎，热熏洗治疥癣瘙痒。

4. 叶、种子：治大便燥结。

毛南药 种子：治大小便不通、腹部肿块、内伤瘀血；鲜品外用治疗疮（《桂药编》）。

苗药 种子：治痈疽肿毒、瘫痪、乳痈、喉痹、疖癫癣疮、烫伤、水肿胀满、大便燥结、口眼㖞斜、跌打损伤、小儿脱肛（毕节）、脱垂（松桃）（《湘蓝考》）。

蒙药 种子：治"巴达干"病、痞证、浮肿、水肿、虫疾、疮疡、大便燥结（《蒙药》《蒙植药志》）。

怒药 叶：治子宫脱垂。

维药 种子：治面瘫、瘫痪、关节炎、寒性咳喘、头痛、肠源性腹痛、便秘、腹水、脑灌血、大便秘结、疮疖肿毒、气管炎、咳嗽、喉痹、瘰疬。

彝药 叶：治生漆过敏、四肢骨折、痛肿疮毒、痔疮、疮面溃烂不收口、癫痫、难产

（《哀牢》）。

藏药 种子：治不消化症、中毒、大便秘结、"龙""赤巴""培根"失调引起的综合征（《藏本草》）。

【成分药理】 植株及种子会引起接触性皮炎，种子提取油后的残留物可导致哮喘、荨麻疹和皮炎，可能与蓖麻油酸、蓖麻毒素有关。据报道，来自蓖麻的蓖麻毒素是一种白色结晶化合物，被美国联邦调查局认为是已知的第三大有毒物质，仅次于钚和肉毒毒素。一粒0.25 g的种子含有的毒素量足以致命，该毒素对蛋白水解酶稳定。种子和叶中含有蓖麻碱。

Rotheca incisa（*Klotzsch*）Steane & Mabb.
三对节

【异名】 齿叶赪桐（《广西植物名录》）。

【缅甸名】 bebya, begyo, yinbya, yinbya-net, prang-gadawn (Kachin)。

【民族药名】 蛤烘碟才、盘着着车、盘嘴嘴读、松拔鲁路、扒则则读盘着着读、哈叶叶哈、帕周走夺、李牙、松拔鲁路（哈尼药）；光三哈、慢养、光三卡、发散草、岩甩、慢养、法三造（傣药）；三对节、大常山、考扔西农、立廉西农、Kaox reemsinum 考累西努（佤药）。

【分布】 分布于东南亚和东非地区。中国产于云南、广西、贵州。在缅甸各地广泛种植，尤其是在北部地区。

【用途】

缅药 1. 叶：水煮后放入色拉里食用，有助于产后恢复，增强体力，促进乳汁分泌。

2. 叶、根：治疗发热、哮喘、咳嗽、感冒、感染性溃疡、子宫肌瘤，增强食欲，促进消化。

3. 根：治疗发热和感冒；碾碎后用水冲泡，用于产后恢复；油浸物过滤后涂在眼睛周围，可治疗眼睛炎症、瘙痒和感染；与等量的干姜和香菜种子混合，水煎煮浓缩后服用，可减轻腹胀和恶心；粉末水煎煮浓缩，并混入酸奶中服用，可治水

肿;粉末与等量干姜粉以及新鲜姜汁同服,可治疗感冒、哮喘、百日咳和支气管炎等;外用涂抹由根粉末和淘米水制成的糊状物,可治疗炎症,如白喉、囊肿。

哈尼药 1. 根、叶:治风湿骨痛、腰肌劳损、跌打损伤、肺结核咳嗽、疮疖肿痛(《哈尼药》)。

2. 全株:治胃痛、急性胃肠炎、重感冒、头痛、跌打损伤。

3. 根、茎皮:治疟疾,避孕(《滇药录》)。

4. 全株或根:治疟疾、咽喉炎、扁桃腺炎、跌打损伤、风湿骨痛、感冒咳嗽(《民族药志(二)》)。

壮药 1. 根皮:治风湿骨痛、跌打损伤、痈疖肿毒(《滇药录》)。

2. 根:治跌打损伤、风湿骨痛、骨折(《民族药志(二)》)。

傣药 1. 根、茎、叶:配伍用于退热(《德傣药》)。

2. 叶:治月经不调、痛经、尿淋、跌打、风湿、荨麻疹,截疟(《版纳傣药》《傣医药》)。

3. 根:解热止痛。

4. 全草:治月经不调、痛经、尿淋跌打、风湿、荨麻疹(《傣药录》《民族药志(二)》)。

佤药 1. 根:治疟疾、肝炎、骨折、跌打损伤(《中佤药》)。

2. 全株:治疟疾(《民族药志(二)》)。

Rubia cordifolia L.
茜草

【缅甸名】 ထန်းကျင်

【民族药名】 dorthorxqitzix 抖候启子、dorfairxqitzix 抖繁启子、saolwainxbairtqitmix 痧弯摆启咪(白药);那细苓(布依药);gaok di se ni 高克嘟瑟呢(朝药);少歪摆败来、阿吾劳、日比(傣药);达布若、牙邻舍、忙野不来(德昂药);教瑞林、四方草、过山藤(侗药);岩表腰、ka ti lian 嗄地两、tia pie 大扁(仡佬药);期秀(哈尼药);小红参、拉哈傣给(拉祜药);牛蔓、wok lim lau 韄校佬(毛南药);Marina 玛日那、娜嘎楞海-额布斯、索德、纳郎海-乌布斯(蒙药);Minl sead 咪沙、Vob niangx bxib 窝仰西、Uab qeeb yib 蛙千衣(苗药);朱痒德(纳西药);色子片(普米药);Geaxivvuavha 格西瓦哈、小红藤(羌药);染卵草、擦草(畲药);骂幼拢(水药);qi qu xi 起去席、女儿红、四轮草(土家药);Ordan 欧尔当(维药);红丝线(瑶药);小血藤、红补药、阿其他慈(彝药);忙野不来(崩龙药)。

【分布】 分布于南欧到非洲,以及朝鲜、日本和俄罗斯远东等亚洲地区。在中国分布于东北、华北、西北、四川及西藏等地。在缅甸广泛种植。

【用途】

缅药 根:用作滋补品。

白药 根:治吐血、衄血、尿血、便血、崩漏、闭经、牙痛、肾炎水肿、肺结核咯血、肝郁瘀血、黄疸、跌打损伤、风湿骨痛、瘀滞肿痛、劳伤血瘀(《大理资志》)。

布依药 根:治红崩。

朝药 根、根茎:治肾石症、膀胱结石、子宫内膜炎。

傣药 1. 根:治衄血、吐血、便血、尿血、月经不调、崩漏、经闭腹痛、皮肤过敏、胸膜炎、咯血、血小板减少性紫癜、水肿、痛经、肝炎、风湿关节痛、神经性皮炎、跌打劳伤、腰膝冷痛、周身乏力、性欲冷淡、阳痿、遗精、早泄(《滇药录》《泰德药》)。

2. 根茎:治黄疸(《滇省录》)。

3. 茎叶:治跌打损伤、吐血。

4. 全草:治全身水肿、形体瘦弱、性欲减退、阳痿遗精、宫寒不孕、月经不调、腰腹疼痛。

德昂药 根:治跌打损伤、吐血、月经不调、便血、尿血、肝炎、肠炎、咯血、风湿关节痛、衄血、崩漏、经闭腹痛、疖肿、神经性皮炎、肾炎、水肿,利尿(《德宏药录》)。

侗药 1. 根、根茎:治呃溷形(闭经)(《侗医学》)。

2. 根:治吐血、外伤出血、跌打肿痛、风湿痛、慢性气管炎。

仡佬药 根：治红崩白带。

哈尼药 根、根茎：治拉肚子（《哈尼药》）。

拉祜药 1. 根茎：治妇女月经不调引起的不孕症、肝炎、黄疸、跌打损伤、吐血、衄血、尿血、血崩、经闭、风湿痹痛、瘀滞肿痛、荨麻疹、疔疮、痔漏、蛇伤、梅毒。

2. 根：治衄血、吐血、便血、尿血、崩漏、月经不调、经闭绞痛、风湿关节痛、肝炎；外用治跌打损伤、疖肿、神经性皮炎（《拉祜药》）。

毛南药 根：治咯血、吐血、衄血、尿血、闭经、月经不调、跌打损伤。

蒙药 1. 根、根茎：炒制，治血热、吐血、鼻衄、子宫出血、肺和肾热、麻疹、肠刺痛、肠热腹泻。

2. 根：治血热、肠热、衄血、吐血、便血、尿血、崩漏、产后血晕、月经不调、经闭腹痛、跌打损伤、肾热、肾脉闪痛、肺热病、肺脓疮、天花、麻疹、猩红热（《蒙药》）。

苗药 1. 根：治血热咯血、吐血、衄血、尿血、便血、崩漏、闭经、产后瘀阻腹痛、跌打损伤、风湿痹痛、黄疸、疮痛、痔肿、红崩症、血流不止、月经不调（《苗医药》）。

2. 根、根茎：治骨关节痛、经闭、吐血、跌打损伤、支气管炎。

3. 全草：凉血、活血、祛瘀。

纳西药 根：治肾虚腰痛、月经不调、量少、外伤出血、疔疮、吐血、咯血、呕血、肠炎、风湿痛、关节炎、半身不遂、荨麻疹、预防疮疹、角膜云翳、贫血、筋骨疼痛、脂肪瘤、跌打损伤（《大理资志》）。

普米药 根：治跌打损伤、风湿疼痛、胃痛、心烦失眠、月经不调。

羌药 带根全草：外用治骨折、痈肿、疔疮。

畲药 1. 茎、根、茎：治闭经、白带过多、产后出血不止、新生儿小便出血。

2. 根：治低血压、胃痛、吐血、夜间小腿肚抽筋、小儿疳积、小儿夜尿、肘关节痛、风湿关节痛、跌打损伤。

水药 1. 根：泡酒服，治跌打损伤。

2. 全草：治肺痛痰阻、久咳久喘（《水族药》）。

土家药 1. 根、茎：治吐血、咳血、尿血、血崩、血闭瘀阻、跌打损伤、风湿痹痛、黄疸、支气管炎；鲜品捣烂以淘米水浸后洗涤治小儿白口疮。

2. 根：治吐血、鼻出血、垮血、血热出血症、痛经、病后体虚、三分症（疟疾）。

3. 全草：治鼻衄、摆红（崩红）、类功能性子宫出血、闭经、腰腿痛（《土家药》）。

维药 根：治寒性闭尿、浮肿、闭经、湿性肝硬化腹水、肝脏阻滞、面目黄疸。

瑶药 根：治黄疸、慢性支气管炎、尿血、便血、崩漏、月经不调、经闭腹痛、风湿痹痛、跌打损伤；外用治疖肿、神经性皮炎。

彝药 1. 根：治吐血、风湿关节痛、衄血、便血、月经不调、痛经、水肿、肝炎、神经性皮炎、跌打损伤、慢性气管炎、经水不通、荨麻疹、心口疼、关节炎（《滇省志》《哀牢》《彝植药》）。

2. 茎叶：治跌打损伤、吐血。

3. 根茎：治黄疸（《大理资质》）。

藏药 1. 根、根茎：治吐血、衄血、下血、崩漏、闭经、跌打损伤（《藏标》）。

2. 全草：治肺炎、肾炎及阴道滴虫病。

3. 根：治吐血、衄血、便血、血崩、尿血（炒炭用）、月经不调、经闭腹痛、淤血肿痛、跌打损伤、赤痢。

4. 藤茎：治血病、血热病、肺肾疾病及扩散上热、大小肠等腑热症（《青藏药鉴》）。

崩龙药 根：治疗跌打损伤、咯血、吐血、风湿性关节炎、月经不调（《德民药》）。

其他 在印度，叶和茎煎煮后用作杀虫药；叶治疗溃疡；根用作收敛剂，治疗泌尿系统疾病、炎症、毒虫螫伤；根和根茎用作滋补品、抗痢疾药、防腐剂和通阻剂。在中国，根用作止痛药、利尿剂，治疗关节炎、痛经、水肿、鼻出血、骨折、血尿、牙槽脓溢、咯血、痔疮、出血、黄疸、月经过多、风湿、创伤性损伤、膀胱和肾脏疾病、结石，有利尿作用。

【成分药理】 根是金黄色葡萄球菌的抑菌剂。

Salix tetrasperma Roxb.
四子柳

【缅甸名】 hkamari, mai-hkai, mai-keik, mangrai, momakha, tnhlium, yene, ye-thabye。

【民族药名】 楠孩嫩、锅孩嫩、埋海嫩（傣药）。

【分布】 分布于中国、印度、尼泊尔、中南半岛、印度尼西亚、马来西亚、缅甸、巴基斯坦、菲律宾。在中国分布于西藏、云南及广东。在缅甸主要分布于勃固、克钦、曼德勒和实皆。

【用途】
缅药 用作解热药。
傣药 1. 树皮：治风火偏盛所致的斑疹疥癣、皮肤瘙痒、疔疮溃烂、少腹疼痛、外阴痒痛、赤白带下、胆汁病出现的黄疸、腹痛腹泻、痢疾、烧烫伤。
　　2. 皮、叶、根：治各型肝炎、腹痛、腹泻、泻下红白、各种皮肤瘙痒症、疔疮肿痛、斑疹、疥癣、湿疹、性病、梅毒、风寒湿痹证、肢体关节酸痛、屈伸不利、产后恶露不尽、体弱多病、乏力。
其他：在马来半岛，叶制成冷汤用作洗剂治疗鼻子溃疡。

Salvia officinalis L.
撒尔维亚

【分布】 原产于欧洲，分布于西班牙至西巴尔干半岛和小亚细亚。在中国有栽培。在缅甸广泛种植。

【用途】
缅药 叶：用作发汗剂和制酸剂。
其他：该植物可用作收敛剂和兴奋剂，加入漱口液中可缓解喉咙痛。在印度，该植物可用作漱口液和发汗剂，治疗牙龈炎。

Sambucus javanica Blume

【缅甸名】 pale-ban。

【分布】 分布于日本、中国、东南亚。在中国广泛分布。缅甸主要分布于钦邦、克钦邦、实皆和掸邦。

【用途】
缅药 叶、花：利尿，通便。
其他：在中国，整株植物煎煮后治疗疟疾、骨痛、水肿、痉挛、肿胀和外伤；叶或根治疗疼痛和麻木、骨骼疾病、风湿病；果实用作净化剂和通便剂，制成汤剂可治疗受伤、皮肤病和肿胀。

Sandoricum koetjape（Burm. f.）Merr.

【异名】 仙都果。
【缅甸名】 santal, thitto。
【分布】 原产于中南半岛和马来半岛，东南亚都有栽培。

【用途】
缅药 根：治疗痢疾。
其他：在印度，根治疗痢疾和腹泻，用作收敛剂、芳香剂、解痉药、健胃药和驱风药。

Santalum album L.
檀香

【异名】 真檀（《本草纲目》），白旃檀（《楞严经》）。
【缅甸名】 စန္တကူးပင်
nanttha hpyu, natha hpyu, sandakoo, santagu, mawsanku（Shan）。
【民族药名】 白檀香（阿昌药）；尖蒿、白香树（傣药）；Gruqnamgam（景颇药）；Chagan zanden 查干-赞丹（蒙药）；Aq sendel 阿克散代力、阿克山大力(维药);占登、旃檀嘎布、赞丹嘎保(藏药)。

【分布】 原产于太平洋岛屿,现分布于热带亚洲和澳大利亚。中国广东、台湾有栽培。在缅甸,围绕着卡巴耶大佛塔,在彬乌伦和坡帕山脚有种植。

【用途】

缅药 1. 油:与酸橙汁混合使用可减轻瘙痒。

2. 木材:治疗淋病;心材制成糊状物与薄荷醇混合,局部涂抹于头部,可治疗高烧和热水烫伤,减轻四肢疲劳和疼痛;与淘米水、蜂蜜和糖混合制成糊状物,可缓解排尿和腹泻时的疼痛;与水或玫瑰水和香菜籽混合,治疗头皮剥落和脓疱病;与淘米水和冰糖混合,可缓解打嗝。

阿昌药 效用同景颇药(《德民志》)。

傣药 心材:治死胎横位不下、眼花、迎风流泪、神经错乱(精神病)、心慌心跳、体弱乏力、脘腹胀痛、消化不良、呃逆不止,中恶,杀虫(《滇药录》《版纳傣药》《傣药录》《傣医药》《德傣药》)。

景颇药 心材:治胸腹痛、气逆、呕吐、冠心病、胸痛(《德宏药录》《德民志》)。

蒙药 心材:治枳热、疫热、小儿肺热、咳嗽,以及胸痛气喘、胸刺痛、心悸、心痛等心热症。

维药 心材:治热性心脏病、心闷胆怯、脑虚烦躁、头痛目赤、尿少腹泻、尿痛淋病、胸闷气短、咳嗽气喘、胃腹疼痛、恶心呕吐、瘀血肿痛、手足挛紧、瘫痪、寒凝气滞、胸痛、腹痛、胃痛食少、冠心病、心绞痛(《维药志》)。

藏药 心材:治心热、肺热、血热、陈旧热症、肺炎、肺脓肿、虚热、心腹疼痛、噎膈呕吐。外涂消肌肤热毒、皮肉热症及肢节肿胀、昏迷(《藏标》《藏本草》《中国藏药》)。

Sapindus saponaria L.

【缅甸名】 magyi-bauk。

【分布】 主要分布于美洲热带地区,印度、日本、朝鲜、中南半岛等地也常栽培。在中国分布于东部、南部至西南部,各地常见栽培。在缅甸主要分布于马圭。

【用途】

缅药 1. 果实:治疗癫痫。

2. 果实、种子:治疗皮肤病。

其他:在世界上有这种植物的地区,果实用作肥皂。在印度,果实用作催吐剂和祛痰剂,治疗癫痫、过量流涎和萎黄病。在中国,花治疗结膜炎和其他眼疾;坚果内核可治疗呼气恶臭、牙龈疮以及预防蛀牙;树皮浸液用来清洗身体的毛发生长的部位,可杀死虱子和其他害虫;种子用作泻药,制成汤剂可用作祛痰剂和杀虫剂。

【成分药理】 从植物中提取了22%的生理活性皂苷。果实是无患子果,含有有毒皂苷。

Saraca indica L.
印度无忧花

【缅甸名】 သက်ကပင်-အိန္ဒိယ

thawka, thawka-po。

【分布】 分布于印度、巴基斯坦、斯里兰卡、缅甸、马来西亚。中国云南有栽培。在缅甸广泛种植。

【用途】

缅药 树皮:用作驱虫剂和收敛剂,也治疗月经过多。

Schefflera venulosa (Wight & Arn.) Harms.
密脉鹅掌柴

【异名】 七叶莲(湖南)。

【民族药名】 罗波、鸭脚木、龙爪树(哈尼药);扭悄(基诺药);鸣脚木、鹅掌藤、汉桃叶(拉祜药);Jongs chad nuxi 炯叉龙(湖南湘西);水灯盏、密脉鹅掌柴(佤药);送温样(瑶药);丕邹(彝药);妹加多(壮药)。

【分布】 原产于中国、印度、中南半岛。在中国分布于云南、贵州、湖南。在缅甸分布于钦邦、克钦邦和曼德勒。

【用途】

缅药 叶:用作许多内科疾病的输液原料。

哈尼药 全株:治风湿性关节疼痛、跌打损伤、感冒、胃痛、皮炎、湿疹。

基诺药 根、茎:治风湿关节炎痛、胃及十二指肠溃疡疼痛。

拉祜药 嫩枝、叶:治疯病(精神分裂症)、高烧、感冒、头痛、牙齿痛、风湿痹痛、胃痛、跌打损伤、外伤出血、风湿病。

苗药 根或茎叶:治风湿痹痛、胃痛、头痛、牙痛、脘腹疼痛、痛经、产后腹痛、跌打损伤、骨折、疮肿。

佤药 1. 根、茎:治跌打损伤、风湿性关节炎。

2. 茎、叶:治各种血滞、血瘀引起的疼痛、平滑肌痉挛、风湿骨痛、头痛、跌打损伤、胃及十二指肠溃疡疼痛(《滇药录》)。

瑶药 效用同佤药(《滇药录》)。

彝药 1. 全株:治风湿痹痛、胃痛、跌打骨折、外伤出血、瘫痪、流行性感冒(《楚彝本草》)。

2. 茎、叶:治血滞、血瘀引起的疼痛、平滑肌痉挛。

3. 根、茎、叶:治慢性胃病、胃痛、牙痛、风湿骨痛。

壮药 效用同佤药(《滇药录》)。

其他: 据报道可治疗牙痛。在中南半岛,该植物制成汤剂,在妇女产后使用。

Schima wallichii Choisy
西南荷木

【异名】 峨眉荷木。

【缅甸名】 လောက်ကျားပင်

laukya, laukya-byu, mai-song, masa, meiksong, pan-ma, thitya-byu, thityah, thitya-ni。

【民族药名】 埋吐罗、刺毛树(傣药);生撒、诗久(基诺药);考拐(佤药)。

【分布】 分布于印度、尼泊尔、中南半岛及印度尼西亚等地。在中国分布于云南、贵州、广西。在缅甸主要分布于勃固、钦邦、克钦邦、克伦邦、曼德勒、若开邦、实皆、掸邦和德林达依。

【用途】

缅药 树皮:用作驱虫剂。

傣药 1. 茎内皮、叶:治烧烫伤(《滇药录》《版纳傣药》《傣医药》)。

2. 根:治产后体弱多病。

基诺药 嫩尖、根:治腹泻(《基诺药》)。

佤药 效用同傣药(《滇药录》)。

其他: 在印度,树皮用作驱虫剂。

Schleichera oleosa (Lour.) Merr.

【缅甸名】 gyo, mai-hkao, mai-kyang, thakabti, yun-ha。

【分布】 广泛分布于热带和亚热带,从亚洲到澳大利亚均有分布。在缅甸广泛种植。

【用途】

缅药 树皮:用作收敛剂。

其他: 在中南半岛,树皮浸渍或灌注可抗疟疾;树皮加淘米水和石膏粉制成糊状,敷于患处,可治疗腺炎和未成熟疖子。在印度尼西亚,树皮治疗瘙痒、创面。

【成分药理】 种子里超过一半是油,其中发现了少量氢氰酸。

Scoparia dulcis L.
野甘草

【缅甸名】 ဒန့်တသုခ

dar-na-thu-kha, dana-thuka, thagya-bin。

【民族药名】 土甘草(景颇药);牙害补、牙哈燕、牙各万(傣药);冰糖草(阿昌药);别不列、不列、土甘草(德昂药);岍迷且内(基诺药);冰糖草、术返龙、土甘草(黎药);叶兴巴(藏药);冰糖草（佤药）；甘草拓、土甘草（壮药）。

【分布】 原产于美洲热带，现已广泛分布于全球、亚热带地区。在中国分布于广东、广西、云南、福建。缅甸主要分布在勃固、邦钦、曼德勒、德林达依、仰光。

【用途】

缅药 1. 全株：治疗牙痛；干燥后作为草药茶治疗尿血；碾碎后与盐混合，涂在伤口处可帮助愈合；可提取治疗糖尿病的药物。

2. 叶子：治疗发热和恶心。

3. 根：治疗月经过多、淋病、恶心、头晕；压碎后压在牙齿上，以治疗牙痛。

景颇药 全草：治肺热咳嗽、肠炎（《德宏药录》《德民志》）。

阿昌药 效用同景颇药（《德宏药录》《德民志》）。

傣药 1. 根、叶：治偏头痛、腰痛、尿频尿痛、肾炎、疮疖。

2. 全草：治伤风感冒、发热头痛、咽喉肿痛、小儿高热、腮腺炎、疔疮疖肿、龋齿、颌下淋巴结肿痛、风火牙痛、偏头痛、痄腮、疔疮疖肿、咳嗽、腹痛，以及六淋证出现的尿频、尿急、尿痛、水肿病（《傣医药》《滇药录》）。

德昂药 效用同景颇药（《德宏药录》《德民志》）。

基诺药 全草：治肺气肿、咳嗽、黄疸型肝炎（《基诺药》）。

黎药 全草：治感冒发热、肺热咳嗽、肠炎、痢疾、小便不利；捣烂取汁涂患处治痱子、皮肤湿疹。

佤药 全草：治黄疸型肝炎、感冒发热、肺热咳嗽、肠炎小便不利、痱子、皮肤湿疹（《中佤药》）。

藏药 全草、根：治小儿麻疹等会引起高烧的传染病。

壮药 全草：治痧病、埃病（咳嗽）、货烟妈（咽炎）、白冻（泄泻）、笨浮（水肿）、能啥能累（湿疹）、丹毒、小儿麻痹、麻疹、呗农（痈疮）。

其他：在印度，该植物治疗皮疹、溃疡、瘀伤、湿疹、耳痛、头痛、牙痛、喉咙痛、咳嗽、支气管炎、发热、肿瘤、贫血、痉挛、痛风、结膜炎、糖尿病、腹泻、痢疾、痛经、淋病、高血糖、静脉曲张、黄疸、酮尿、肾脏问题、疥疮、月经过多、神经痛、眼炎、痔疮、视网膜炎、蛇咬伤，可用作解毒剂、防腐剂、收敛剂、消毒剂、利尿剂、催吐剂、泻药、杀虫剂。

Selinum wallichianum（DC.）Raizada & H. O. Saxena

【分布】 主要分布于喜马拉雅山、印度和巴基斯坦，从克什米尔传到不丹。在缅甸主要分布于克钦邦。

【用途】

缅药 1. 叶：用作消炎药、消毒剂和驱虫药。

2. 叶、根：具有调节胃肠道功能。

Semecarpus anacardium L. f.
肉托果

【异名】 鸡腰肉托果

【缅甸名】 ချင်းသီးပင်

che, chay-thee pin, thitsi-bo, mai-ka-aung (Shan)。

【民族药名】 Gozhe 高哲、Mahalig sodeltu jimes 麻哈勒格-索德勒图-吉木斯（蒙药）；巴拉都、Bala-dur 巴拉都尔（维药）；果其、果西、果协儿（藏药）。

【分布】 分布于亚洲热带地区。在缅甸广泛分布。

【用途】

缅药 1. 树皮：用作收敛剂。

2. 果实：调节脏腑，助消化，减少痔疮、发热，可治疗运动麻痹和关节炎症，还用作泻药；与石灰碾碎做成膏药治疗褥疮；取果实加热时释放出的油性汁液与牛奶同服可止咳化痰；压碎敷在关节上可减轻炎症；与龙脑香的树脂混合后用芝麻油煮熟,制成软膏,治疗脚后跟和脚底的皮疹、瘙痒和开裂;磨碎后与芝麻油制成膏剂,可治疗癣。

3. 果皮:用作补品。

4. 种子:用作平喘药,也治疗麻风病。

蒙药 果实(肉托果):治胃黏痧、发症、疥癣、黄水疮、梅毒、营养不良,延年益寿。

维药 果实:治精神不安、半身不遂、瘫痪、痉挛和身体虚弱(《维药志》)。

藏药 果实:治虫病、木保病、痞块、淋巴结炎溃疡、梅毒、痈疽等皮肤病、黄水病、胃瘟疫病、胃溃疡病(《部藏标》《中国藏药》)。

其他: 在印度,该植物治疗麻风病、神经衰弱、皮肤病;果油治疗疣和肿瘤、割伤、扭伤、痔疮、挫伤以及腹水、风湿病、哮喘、神经痛、消化不良、癫痫、银屑病。

Senecio densiflorus Wall.
密花合耳菊

【分布】 多分布在中国、不丹、印度、缅甸、尼泊尔和泰国。中国西藏、云南、四川及广西有分布。在缅甸广泛种植。

【用途】

缅药 叶:用作润肤剂和成熟剂。

其他: 在印度,叶磨碎涂在皮肤上可治疗皮肤病,还可治疗淋病。

Senna alata（L.）Roxb.
翅荚决明

【异名】 有翅决明(《中国主要植物图说·豆科》)。

【缅甸名】 သင်္ဘောမယ်ဇလီ

beeda khutdai, sok（Mon）, hpak-lam-mon-long（Shan）, mezali-gyi, pwesay-mezali, thinbaw-mezali。

【民族药名】 摆芽拉勐龙、芽拉勐龙(傣药)。

【分布】 原产于美洲热带地区,现广泛分布于热带地区。在中国分布于广东和云南。在缅甸广泛分布。

【用途】

缅药 1. 叶子:粉末和蜂蜜混合,食用可强身健体;局部外用治皮肤病(如疥疮、癣和湿疹);捣烂后做成药膏外涂可治虫蛇咬伤,还可治性病;加热熬制成膏,趁温放在嘴里,可治疗牙龈溃疡和牙龈发炎;捣烂后与印楝叶汁混合,治疗皮癣、湿疹和麻风病。

2. 叶或果实:咀嚼叶或服用果汁可治疗干咳。

3. 芽、叶:煎汤内服可治疗呼吸道的感染和哮喘。

4. 花:捣烂后外用治疗皮肤病。

5. 种子:用作收敛剂,治疗皮肤瘙痒、咳嗽、哮喘、皮癣、小便不利、麻风病。

6. 根:制成膏状,与硼酸粉和香柏果粉混合,治疗癣。

傣药 1. 叶:治风火水毒过盛所致的咽喉肿痛、口舌生疮、疔疮肿痛、疥癣、湿疹和六种淋证出现的尿频、尿急、尿痛,以及痔疮出血、腹泻、痢疾、骨折、神经性皮炎、牛皮癣、皮肤瘙痒,杀虫。

2. 叶、根:治咽喉肿痛、口舌生疮、皮肤红疹瘙痒、疔疮痈疖脓肿、哮喘、骨折、湿疹。

3. 种子:驱蛔虫。

4. 全株:缓泻(《中国民族药辞典》)。

其他: 地上部分用作消炎药;嫩枝治疗湿疹;叶外敷治皮肤疔疮和溃疡,水煎剂用作杀虫剂、堕胎剂、驱虫剂、利尿剂和治疗蛇咬伤,汁液加酸橙汁治疗癣;花可通便;花、叶水煎剂治疗支气管炎、哮喘和湿疹;种子治疗皮肤病,也用作驱虫剂;根可通便和治风湿病;某些部分治蛇咬伤、蛔虫、癣和麻风病;茎治疗肝炎、食欲不振、荨麻疹和鼻炎。此外,这种植物被认为有抗肿瘤功效。

【成分药理】 植株含有菊苣酸;叶中含有大黄酸;果实中含有牛黄蒽醌、HCN(氰化氢)。

Senna alexandrina Mill.

【异名】 亚历山大番泻叶,麻叶决明子。

【缅甸名】 pwe-gaing thinbaw-mezali。

【分布】 埃及、苏丹、尼日利亚、印度等地有分布。在缅甸广泛种植。

【用途】

缅药 叶:治疗胃痛、肝病、水肿、消化不良、麻风病、咳痰和关节酸痛;与余甘子的汁液同服,可治疗麻风病和水肿;煮沸后混入牛奶中,用作泻药。

【成分药理】 其成分含有肉桂酸和一种对抗金黄色葡萄球菌的抗生素样物质。

Senna auriculata(L.)Roxb.
耳叶决明

【缅甸名】 စိတ်သင်းခတ်

peik-thingat。

【分布】 主要分布于巴基斯坦、印度、新加坡和斯里兰卡。中国台湾有栽培。在缅甸广泛种植。

【用途】

缅药 树皮:用作收敛剂。

其他:在印度,整株植物或花蕾煎汤,可治疗糖尿病和利尿;树皮治疗皮肤病,漱口可治疗咽喉痛;叶和果实具有驱虫作用;种子脱皮制成粉末,治疗糖尿病、乳糜尿和结膜炎;根具有收敛性。

Senna italica Mill.

【异名】 意大利番泻叶,决明子。

【缅甸名】 dangywe, kathaw-pok, nawnam, shan-kazaw。

【分布】 原产于智利。在缅甸广泛种植。

【用途】

缅药 叶:用作泻药。

其他:在东亚和东南亚,该植物用作泻药。

Senna siamea(Lam.)H. S. Irwin & Barneby
铁刀木

【异名】 黑心树(云南)。

【缅甸名】 mai-mye-sili, mejari, mezali, taw-mezali。

【民族药名】 阿邦(阿昌药);埋习列、埋西列、更习列(傣药);嘿夏街(德昂药)。

【分布】 分布于东南亚和东印度群岛。中国南方各地均有分布,云南有野生。在缅甸有分布。

【用途】

缅药 叶、花、果:水煎剂可作补品,减轻胃痛。

阿昌药 叶、果:治痞满腹胀、头晕、脚翻筋。

傣药 1. 心材:治痞满腹胀、头晕、脚转筋、"拢梅接路多火档"(肢体风湿关节疼痛)、"阻伤"(跌打损伤)、"拢洞烘"(皮肤瘙痒)、"洞贺"(热痹子)、皮肤疔疮疥癣、风疹、麻疹、水痘、湿疹。

2. 叶:治"病洞飞暖兰"(疮疡脓肿)。

3. 叶、果实:治痞满腹胀、头晕、脚转筋。

4. 根:治下肢水肿。

德昂药 效用同阿昌药。

景颇药 效用同阿昌药。

其他:在印度尼西亚,幼叶煎剂治疗疟疾。在许多亚洲国家,茎木制成汤剂,治疗肝病、荨麻疹、胃肠疾病引起食欲不振和鼻炎。

Senna sulfurea(Collad.)H. S. Irwin & Barneby
粉叶决明

【缅甸名】 pyiban-nyo, pyidban-shwe, yong(Mon)。

【分布】 缅甸、印度、斯里兰卡,中南半岛、马来半岛、澳大利亚、波利尼西亚等地均有分布。在中国分布于福建、广东、云南等地。

【用途】

缅药 叶：利尿，治疗淋病；汁液与牛奶和糖同服，治疗排尿时尿道涩痛和淋病；煮熟后与虾干做成沙拉食用，治疗肠胃胀气、发热、糖尿病和淋病等；粉末治疗胀气、热病和排尿疼痛、便秘、痢疾、气滞、消化不良、胆汁分泌过少。

Senna tora (L.) Roxb.

决明

【异名】 草决明，假花生，假绿豆，马蹄决明。

【缅甸名】 တန်ကျွဲပင်(ဒန်ကျွဲ)

dangywe, dant-kywei, dinghkri, myay-pe-naw-nam, ngusat。

【民族药名】 决明子(阿昌药)；牙拉勐、哈芽拉勐囡(傣药)；刀越(德昂药)；isikhivang(景颇药)；骂赖拎(毛南药)；塔拉嘎-道日吉、塔拉嘎道尔吉(蒙药)；普奴斯欧日格(维药)；咱都尖、迟起诺(彝药)；塔嘎多杰、台噶多节(藏药)；些羊灭、草决明(壮药)。

【分布】 原产于美洲热带地区，现全世界热带、亚热带地区广泛分布。中国长江以南各地广泛分布。在缅甸广泛种植。

【用途】

缅药 叶：用作泻药和杀虫药。

阿昌药 种子：治高血压、头痛、急性结膜炎、青光眼、大便秘结。

傣药 种子及全株：治失眠、多梦、入睡易惊、腹部绞痛、扭痛、黄疸、疟疾。

德昂药 效用同阿昌药。

景颇药 效用同阿昌药。

毛南药 种子：治高血脂。

蒙药 种子：治“协日沃素”病、关节肿痛、皮肤瘙痒、萨病、痛风、游痛症、脱发、黄水疮、疥癣、体虚、头痛眩晕、目赤昏花、风湿性关节炎、痈疖疮疡、大便秘结、小便不利、关节肿胀疼痛、全身瘙痒、筋络拘急。

维药 种子：治麻风、牛皮癣、皮肤瘙痒、湿疹、白癜风、蝴蝶斑、异常黑胆质、黏液质和血液质引起的各种皮肤疾病。

彝药 种子：治老火眼病、角膜炎、结膜炎、高血压、胃痛、疳积、便秘、尿路感染、痈疖疮痒、青盲雀目、肝炎、肝硬化、腹水、目赤肿痛、多泪、眼翳、偏头痛。

藏药 种子：治肝热头痛、眩晕、目赤肿痛、便秘、黄水病、皮肤病、癫痫、皮癣、癔病、体弱，以及脓疖、痈疖等各种皮肤病、中风、肾虚阳痿。

壮药 种子：治火眼、兰奔(眩晕)、年闹诺(失眠)、视力下降、阿意囊(便秘)、肝硬化腹水、高血压。

其他：在印度，叶治疗皮肤疾病，也作为泻药(汤剂)和驱虫剂，治疗伤口、湿疹(膏状物)、骨折(加鸡蛋白捣碎作膏状物)、消化不良(粉末)；幼叶可预防皮肤病；种子治疗皮肤病、癣和湿疹。在中国，老叶治疗癣；果实治疗痢疾和眼部疾病(白内障、结膜炎、青光眼)、头痛、肝炎、疱疹、糠疹样溃疡和关节炎；种子煎煮之后治疗眼疾，乙醇提取物可治疗低血压和心动过缓。

【成分药理】 含有芦荟大黄素(抗肿瘤)、橙黄醇、大黄酚、大黄素、钝顶素、大黄酸、红霉素、托拉红霉素、托拉内酯。

Sesamum indicum L.

芝麻

【异名】 胡麻(《名医别录》)，脂麻(《本草衍义》)，油麻(《食疗本草》)。

【缅甸名】 နှမ်းပင်

hnan, hmam-gyi。

【民族药名】 芝麻落(阿昌药)；擦母该(朝药)；牙齿子、戈阿(傣药)；我罗汪(德昂药)；胡麻(侗药)；闹塞塞纳、巨胜(哈尼药)；区胜(拉祜药)；查干-棍吉德、哈日-棍吉德、哈日-玛嘎吉(蒙药);黑芝麻、油麻(土家药);困居提、昆居特乌拉盖(维药);梗论(瑶药);戈包纳(彝药);得勒纳(藏药);Ranga(台少药);麻子、邵(苗药)。

【分布】 原产于印度,分布于热带地区。在中国有栽培。在缅甸广泛种植。

【用途】

缅药 种子油:用作润肤剂、补药、祛痰药、缓泻药、利尿药、流产药(大剂量)、抗风湿药和调经药。

景颇药 种子:治肝肾不足、头晕目眩、贫血、便秘、乳汁缺乏(《德宏药录》《德民志》)。

阿昌药 效用同景颇药(《德宏药录》《德民志》)。

朝药 1. 种子油:治胞衣不落;生者消疮肿,生秃发。

2. 种子:治金疮、伤寒温疟、大吐后虚热羸困,止痛。

傣药 种子或全草:治烧烫伤、便秘、四塔不足引起的体弱无力、头昏目眩、耳鸣耳聋、面色苍白、水火烫伤、小便热涩疼痛、尿急、尿中夹有砂石、大便秘结,续筋接骨。(《滇药录》《傣医药》《版纳傣药》)。

德昂药 效用同景颇药(《德宏药录》《德民志》)。

侗药 种子:治体质虚弱、肠燥便秘、胃溃疡。

哈尼药 种子:治肝肾不足、虚风眩晕、风痹、瘫痪、大便燥结、病后体虚、须发早白、胎毒(怀孕后期)、产后缺乳。

拉祜药 种子:治肝肾不足、虚风眩晕、贫血、风痹、瘫痪、大便燥结、须发早白、妇人乳少。

蒙药 1. 白色种子(白芝麻):治脏腑"赫依"症、皮肤瘙痒、皮肤粗糙、湿疹、体弱。

2. 黑色种子(黑芝麻):治脏腑"赫依"病、脱发、子宫痞、体虚、胃寒、便秘、皮肤瘙痒、失眠、遗精。

3. 种子:治肝肾不足、头晕目眩、耳鸣、头发早白、病后脱发、体虚便秘、乳汁缺乏(《蒙药》)。

土家药 1. 种子:治肝肾不足之头晕、眼花、耳鸣、肢体麻木、脱发、须发早白、产后和病后身体虚弱、乳汁不足、便秘、血虚肠燥便秘、腰酸耳鸣。

2. 黑色种子:治乳汁不足、半身不遂、中暑、小儿咳喘。

维药 1. 种子:治头发早白、肠燥便秘、干性体弱身瘦、精少乳缺、闭经尿少、痔疮、寒性咳嗽气喘、肾寒阳痿、头晕眼花、耳鸣耳聋、病后脱发。

2. 全草:治肾虚腰痛、精神不振、咳嗽气喘。

瑶药 治产后出血、吐血(《桂药编》)。

彝药 1. 种仁:治精血亏损、头晕耳鸣、肠燥便秘、月经不调、须发早白、病后脱发、肝肾亏虚眩晕、咳嗽、麻疹、婴儿火丹、产后乳汁不通。

2. 黑色种子:治肝肾亏虚眩晕、咳嗽、麻疹、婴儿火丹、产后乳汁不通(《哀牢》)。

藏药 种子:治头风眩晕、体虚便秘、肝肾阴虚、"龙"病、胃寒、脱发、阳痿、困倦乏力、心悸、肠燥便秘、体虚便秘(《藏标》《中国藏药》《藏本草》)。

台少药 果实:烧黑研末服用治腹痛。

苗药 黑色种子:治肝肾不足、虚风眩晕、风痹、瘫痪、大便燥结、病后虚羸、虚发早白、妇人乳少(《湘蓝考》)。

其他:在印度,种子用作催乳药、利尿药和滋补药,治疗痔疮,制成膏剂可治疗外部溃疡,煎熬液用作调经药;种子和油可配伍其他药物,用作镇痛剂,治疗泌尿问题和痢疾。

【成分药理】 成分包括固定油、卵磷脂(lethicin)、胆碱(choline)、非丁(phytin)、球蛋白(globu lin)、芝麻素(sesamin)、精氨酸(amino acid arginine)。

Sesbania grandiflora（L.）Pers.
大花田菁

【缅甸名】 pauk-pan-byu。

【分布】 分布于亚洲热带地区、美国佛罗里达州南部和西印度群岛,广泛种植在热带地区。

在中国台湾、广东、广西、云南有分布。在缅甸广泛种植。

【用途】

缅药 1. 树皮:治疗贫血。

2. 叶:缓解便秘,清利头目,中和毒素,治疗胃胀气、肿瘤、发热、溃疡、糖尿病、咽喉疼痛、蝎子叮咬,预防感冒、麻风病、脾脏炎症、肺部疾病和心脏病等;含有叶的制剂可清洁血液;汁液与干姜、白姜(胡椒)和蔗糖等量混合服用可安神;和洋葱一起炒食可治发热或流感。粉碎后吸入可预防癫痫发作。

3. 叶、花:压碎成汁液,通过受影响一侧的鼻孔吸入,可缓解头痛。

4. 花:煮沸后口服,治疗夜盲症;汁液用作眼药水,治疗视力模糊和眼睛干涩的;配伍其他药可退热。

5. 根:制成膏药,趁热局部涂抹,治疗关节炎。

Sesbania sesban(L.)Merr.
印度田菁

【异名】 埃及田菁。

【缅甸名】 ye-tha-gyi。

【分布】 分布于热带、亚洲的热带地区。中国台湾、海南有分布。在缅甸主要分布于实皆。

【用途】

缅药 1. 树皮:制成水煎液,口服可治疗皮肤病。

2. 叶:制成药膏,治疗中毒、水肿、眼睛感染;产妇可用多种形式服食叶片,包括清汤炖服、拌沙拉、油炸或腌制可疏通乳腺,增加泌乳;汁液用作滴眼液可抗感染;口服水煎液可治疗关节肿胀、疼痛;粉末与蜂蜜或甜的酒混合可制作补品。

3. 种子:治疗月经不调、肝脏炎症和肺部感染;制成糊状物涂抹在患处,可抗感染,促进伤口愈合和治愈慢性溃疡。

4. 根:治疗胃胀、肿瘤、发热、溃疡、糖尿病、血液问题引起的皮肤不规则和咽喉疾病,预防感冒、麻风病、脾脏炎症,也可中和蝎毒。

其他: 在印度,叶用作药膏治疗化脓疗疖和风湿性肿胀;种子用作兴奋剂、收敛剂和催乳剂,治腹泻、脾肿大和皮疹。

【成分药理】 花的提取物有抗生育活性。

Sida spinosa L.

【异名】 刺五加。

【缅甸名】 တံမျက်စည်းပင်

katsi-ne, nagbala, thabyetsi-bin。

【分布】 分布于热带地区。在缅甸大量种植。

【用途】

缅药 根:滋补,发汗,治疗淋病。

Sigesbeckia orientalis L.
豨莶草

【异名】 肥猪草,肥猪菜,粘苍子,粘糊菜,黄花仔,粘不扎。

【分布】 主要分布于热带、亚热带地区。缅甸主要分布在克钦邦、曼德勒、实皆。

【用途】

缅药 整株植物:治疗皮肤病,用作兴奋剂。

其他: 在印度,整株植物用作发汗药和强心剂,治疗肾绞痛和风湿病,也可加甘油制成酊剂,治疗癣和其他皮肤病、溃疡和疮。在中国,整株植物治疗背痛、烫伤、皮炎、偏瘫、高血压、腿部疼痛、风湿病、坐骨神经痛、膝盖无力、抽搐,麻痹中风、类风湿关节炎、恶性肿瘤、疟疾、麻木、溃疡,以及昆虫、狗、老虎、蛇咬伤;根外用治疗脓肿。

【成分药理】 具有降血糖的作用。根中含精油、类水杨酸物质、苦味糖苷(darutosdie)。提取物具有抗病毒、降血糖和杀虫的作用。

Sinapis alba L.
白芥

【缅甸名】 chying-hkrang-ahpraw, antamray, rai baitine。

【民族药名】 昂刁艾（德昂药）；芥子（阿昌药）；查干-格其、嘎-门-乌日、勇嘎尔（蒙药）；阿克可查、阿克克恰乌拉盖（维药）；永嘎（藏药）。

【分布】 分布于非洲北部、欧洲、亚洲中部和西南部。中国辽宁、山西、山东、安徽、新疆、四川等地有分布。

【用途】

缅药 1. 全草：助消化，化痰，治吐血、通血、麻风病、瘙痒和皮疹。

2. 种子：与南姜（*Alpinia galanga*）混合制成糊状物，涂在关节上治疗炎症。

3. 种子油：直接涂在患处治疗脾脏肿大、囊肿、肿瘤、水肿、痔疮、肠胃胀气和腹痛；喷入鼻孔治疗鼻窦炎；滴入耳朵里治疗耳痛；涂在颈背上，治疗脖子僵硬；涂在鼻梁上或沿着眉毛线涂在眼睛周围，治疗眼睛疼痛；与白花牛角瓜叶汁、姜黄根茎同煮，滤出油，涂在皮肤上，治疗癣和瘙痒等皮肤病；煮过的油加入薄荷脑可治疗儿童胃痛、感冒、咳嗽；与芥末油、芝麻油、山羊油或野山羊油混合制成软膏，治疗麻木、肌肉痉挛和抽筋。

德昂药 种子：治支气管哮喘、扭伤、挫伤（《德宏药录》）。

阿昌药 效用同德昂药（《德宏药录》）。

景颇药 效用同德昂药（《德宏药录》）。

蒙药 1. 果实：治身体虚弱、中毒症、"协日沃素"病、黏病。

2. 种子：治胸肋胀满、咳嗽气喘、寒痰凝结不化、阴疽、痰核；醋调外敷治肿毒、关节痛（《蒙药》）。

维药 种子：治化脓性瘙痒症、淋巴结结核、陈旧性湿疹、寒性头痛、感冒、肝痛脾痛、胃纳不佳、肠虫、咳嗽气喘、腹胃寒痛、白癜风。

藏药 种子：治肾寒、阳痿、"黄水"病、"瓦干"病、尿多、便溏、消化不良、食物中毒、肾炎、瘟疫及恶病（《藏草本》）。

Smilax aspera L.
穗菝葜

【分布】 分布于从欧洲南部到亚洲的喜马拉雅山脉。在中国主要分布于云南和西藏。在缅甸主要分布于勃固、克钦和蝉邦。

【用途】

缅药 根：用作催吐剂和发汗药。

其他： 在印度，根治疗皮肤疹。

Smilax glabra Roxb.
土茯苓

【异名】 光叶菝葜（《广州植物志》）。

【缅甸名】 စိန္နပင္
katcho-gyi。

【民族药名】 莽打项（布依药）；靠格列、钻更、尚正更（德昂药）；嘎罗翁、加堵鸟、劳则被（仡佬药）；哈格、白余粮、仙遗粮（哈尼药）；且懋且卡（基诺药）；康呆（景颇药）；土茯苓、风塔龙、山猪粪（黎药）；秒链、毛尾薯、勒能色（毛南药）；陶丕郎、索瓦-阿格力克（蒙药）；薄丈达、比都独、蛙努歹（苗药）；千斤力、硬饭头（纳西药）；巴巴卡提克（土家药）；山猪粪、冷饭团、光叶菝葜（佤药）；确甫岑（维药）；硬梆菀、白茯苓（瑶药）；勾浪蒿（壮药）。

【分布】 分布于越南、泰国和印度。中国甘肃、长江流域以南各地均有分布。缅甸主要分布于勃固、曼德勒、德林达依。

【用途】

缅药 根茎：治疗性病。

布依药 根茎：治淋病。

德昂药 根茎：治梅毒、风湿关节痛、湿疹、皮炎、耿甚（生疮）（《德宏药录》《侗医学》）。

仡佬药　根茎：治皮肤烂疮。

哈尼药　根茎：治筋骨挛痛、梅毒、皮炎、急慢性肾炎、肠炎腹泻、肾性水肿、食道癌、肺结核、风湿性关节炎、跌打损伤，开胃（《滇药录》）。

哈萨克药　根茎：治热淋尿痛、结肠炎、肾结核、骨髓炎、肾盂肾炎、牛皮癣。

基诺药　根茎：治脚气、疗疮、痈肿、瘰疬（《基诺药》）。

景颇药　效用同哈尼药（《滇药录》）。

黎药　根茎：治风湿骨痛、心胃气痛。

毛南药　根茎：治肺炎、钩端螺旋体病、梅毒、风湿性关节炎、心胃气痛、腹泻、肾炎、痈疖肿毒、湿疹、皮疹、汞粉银珠慢性中毒。

蒙药　根茎：治梅毒、血热头痛、咽喉肿痛、经血淋漓、"包如"热、"希日"热、淋病、钩端螺旋体病、风湿关节痛、尿路感染、痈疖肿毒、疮疡、湿疹、皮炎、白带、汞剂慢性中毒、妇科炎症、阴道虫病（《蒙药》）。

苗药　根茎：治风湿性疼痛、关节酸痛、尿路感染、筋骨挛痛、淋浊、泄泻、梅毒、痈肿、疮癣、瘰疬病、汞中毒、湿热带下、皮肤溃烂（《苗医药》《苗药集》《湘蓝考》）。

纳西药　根茎：治杨梅疮毒、筋骨风泡肿痛、血淋、风湿骨痛、疮疡肿毒、风气痛及风毒疮癣、大毒疮红肿、瘰疬溃烂、皮炎、红崩、白带。

土家药　根茎：治关节痛、腰腿痛、疮毒疱疖、湿热淋浊、梅毒、带下、痈肿、瘰疬、疥癣、汞中毒所致的肢体拘挛、筋骨疼痛、恶疮肿痛、风气病、腹泻、小儿疳积、九子疡（颈淋巴结结核）（《土家药》）。

佤药　根茎：治风湿性关节炎疼痛、痈疖肿毒、皮炎、胃炎、膀胱炎。

维药　根茎：治尿路感染、白带、梅毒。

瑶药　根茎：治痢疾、梅毒、四肢乏力、筋骨挛痛、痈疮、瘰疬、风湿关节痛、湿疹、汞慢性中毒。

壮药　根茎：治发旺（风湿骨痛）、笨浮（水肿）、肉裂（血淋）、肉扭（淋证）、呗农（痈肿）、呗奴

（瘰疬）。

其他：在印度，鲜嫩的根茎煎炒后治疗红肿和性病。在中国，根茎治疗肿瘤、汞中毒、急性细菌性痢疾，水煮后治疗脓肿、关节炎、膀胱炎、腹泻、消化不良、疗疮、淋巴结病、风湿病、梅毒。在马来半岛，根茎治疗性病。

【成分药理】　据记载含有抗肿瘤激素 β-谷甾醇和豆甾醇。

Smilax guianensis Vitman
圭亚那菝葜

【缅甸名】　katcho, ku-ku。

【分布】　在印度、缅甸、马来西亚和斯里兰卡地区均有种植。

【用途】

缅药　根：疏通排尿，治疗性病。

其他：在印度和尼泊尔，根治疗梅毒和淋病，制成汤剂可治疗肿胀、脓肿和疗疮。

Spatholobus parviflorus（DC.）Kuntze
红花密花豆

【缅甸名】　da-ma-nge, labanru, nwe-ni, pauk-nwe, rubanru。

【分布】　分布于亚洲的中国、印度次大陆（包括不丹、孟加拉国、印度、尼泊尔、斯里兰卡、柬埔寨、老挝、越南和泰国）。在中国分布于云南。在缅甸主要分布于勃固、马圭、曼德勒、德林达依和仰光。

【用途】　该植物可治疗疝气；捣碎的茎、叶煎汤内服，治疗或月经过多、分娩后子宫出血。

Spermacoce hispida L.

【缅甸名】　ကန့်ကလာ
gangala。

【分布】 分布于日本、印度、中南半岛、缅甸、泰国、马来西亚。中国福建、台湾、广东、香港、海南、广西等地有分布。在缅甸主要分布于勃固、曼德勒、马圭和仰光。

【用途】

缅药 根:改变体质,恢复到健康。

其他:据报道可治疗耳痛、眼睛疾病、失明、眼炎、发热、炎症、痢疾、脾炎、中耳炎、疮、刺痛、牙龈炎。

Spondias pinnata（L. f.）Kurz
槟榔青

【缅甸名】 bwe-baung, ding-kok, gwe, hpunnam-makawk, mai-kawk, maimak-kawk。

【民族药名】 楠过、摆麻过、锅麻过(傣药);柯增(基诺药)。

【分布】 原产于印度尼西亚和菲律宾,广泛种植于不丹、柬埔寨、印度、印度尼西亚、老挝、马来西亚、缅甸、新加坡、尼泊尔、菲律宾、泰国和越南。在中国分布于云南、广西和广东。

【用途】

缅药 1. 树皮:治疗痢疾。

2. 果实:用作抗坏血病药,治疗消化不良。

傣药 1. 树皮:治百日咳、咳嗽、感冒、痰多喘息、气短心慌、疔疮脓肿、疥癣、湿疹、风疹出现的皮肤瘙痒、烫伤、心慌气短、哮喘、睾丸肿痛、皮癣、心慌、气促、睾丸炎肿。

2. 叶:治咽喉肿痛、咳嗽痰多、口干舌燥、食欲不振。

3. 果实、茎、皮:治心慌、心悸、气短、哮喘、百日咳、皮癣、睾丸肿痛(《版纳傣药》《傣药志》)。

基诺药 1. 树皮:治感冒、心慌。

2. 果实:治消化不良(《基诺药》)。

其他:在印度,树皮治疗胃痛和用作制冷剂;果实用作收敛剂、抗坏血病药,治疗胆汁性消化不良;根可调理月经。

Stachytarpheta indica（L.）Vahl
假马鞭

【异名】 假败酱,倒团蛇,玉龙鞭,大种马鞭草。

【缅甸名】 aseik-taya, ye-chaung-pan。

【分布】 分布于西半球或南、北美洲及其附近岛屿的热带地区。在缅甸广泛种植。

【用途】

缅药 叶:治疗溃疡。

Stereospermum chelonoides（L. f.）DC.

【分布】 分布于印度到马来半岛。

【用途】

缅药 叶、花和根:用作解热药。

其他:在印度,树皮用作补药、利尿剂,治疗胃痛、霍乱、疟疾和肝脏疾病;根治疗胸及脑部疾病、间歇性疾病、产褥期发热。在中南半岛(越南除外),叶、花和根用作解热剂。

Stereospermum colais（Buch. -Ham. ex Dillwyn）Mabb.
羽叶楸

【异名】 四角羽叶楸(《云南热带及亚热带木材》),咸沙木(广西),钝刀木、四角夹子树(云南)。

【缅甸名】 hingut-pho, hingut-po, kywe-ma-gyo-lein, sin-gwe, thakut-pho, thakut-po, thande, than-tat, than-tay。

【民族药名】 雪谢(基诺药)。

【分布】 在亚欧大陆广泛种植。中国广西、贵州、云南均有分布。在缅甸广泛种植。

【用途】

缅药 叶、花和根:用作解热药。

基诺药 1. 鲜叶:捣烂敷太阳穴治神经性

头痛。

2. 树汁:外用治各种皮炎。

3. 树皮:煎膏治白癜风。

其他:在印度,叶治疗消化不良;根治疗哮喘、咳嗽和过度口渴。

Streblus asper Lour.
鹊肾树

【异名】 鸡子(海南)。

【缅甸名】 hkajang-nai, mai-hkwai, okhne。

【民族药名】 埋怀、郭吗海(傣药)。

【分布】 中国、不丹、柬埔寨、印度、印度尼西亚、老挝、马来西亚、尼泊尔、菲律宾、斯里兰卡、泰国和越南均有分布。在中国分布于广东、海南、广西、云南。在缅甸主要分布于实皆、勃固、德林达依。

【用途】

缅药 1. 树皮:治疗腹泻。

2. 叶:干叶的煎液治疗痢疾。

3. 根:治疗溃疡。

傣药 1. 叶:治咽喉肿痛、咳嗽、哮喘、牙龈肿痛、上吐下泻、心慌心悸、乏力、产后体弱多病;鲜叶治急性肠胃炎(《版纳傣药》《滇药录》《傣医药》《傣药录》)。

2. 树皮:治痢疾、腹泻。

3. 根:治溃疡、毒蛇咬伤;汁液可解痉(《滇省志》)。

其他:在印度,该植物用作收敛剂、抗菌防腐药、止痛药,治疗肺炎、脚后跟疮疡、肿胀,涂抹于太阳穴治疗神经痛;树皮治疗腹泻、迟脉、尿砂及其他泌尿疾病、腹绞痛、月经过多、霍乱和痢疾;茎治疗牙痛;叶用作催乳药,以泥罨剂治疗肿胀和眼部疾病;种子治疗痔疮、腹泻、鼻衄,局部使用治疗白癜风;根治疗溃疡、疖、肿胀和痢疾。

【成分药理】 树皮含有类似于见血封喉有毒成分的苦味物质,但叶无毒。另外,胶乳中含有大量的树脂和少量的橡胶。

Strobilanthes auriculatus Nees
耳叶马蓝

【缅甸名】 hmaw-yan, paung-thaung, saingnan。

【分布】 分布于亚洲的热带地区。在缅甸广泛种植。

【用途】

缅药 1. 整株:用作蛇毒的解毒剂。

2. 叶:治疗间歇性发热。

其他:在印度,捣碎的叶擦身可治疗间歇性发热。

Strychnos potatorum L. f.

【异名】 马钱子。

【缅甸名】 ခပေါင်းရေကြည်

khabaung yay-kyi, mango-taukpa-tit (Mon)。

【分布】 分布于非洲和亚洲的热带地区,特别是印度和缅甸东部。在中国台湾、福建、广东、海南、广西和云南等地有分布。在缅甸主要分布于勃固、曼德勒。

【用途】

缅药 种子:具收敛性,可解热,解毒,减轻眼部感染,杀菌;磨碎制成糊状物,可治疗尿频;种子糊涂抹在眼睛周围可治疗眼睛疾病,改善视力;种子糊与蜂蜜混合,局部涂抹在眼睛周围,可治疗白内障;种子糊与酸奶混合服用治疗慢性腹泻;种子糊加牛奶治疗淋病;炒炭后加糖,可缓解痔疮出血;粉末可催吐和治疗痢疾。

其他:在印度,根制成糊状物外用可治疗内伤所致的疼痛;种子用作补药、镇痛剂、胃酸剂、镇静剂、催吐剂,治疗腹泻、痢疾、淋病和眼疾。

Strychnos wallichiana Steud. ex A. DC.
长籽马钱

【民族药名】 旁缺阿吉(阿昌药);骂过伯

（傣药）；瓦帮巴（德昂药）；Kambyvut（景颇药）；都木达克、马钱子、公齐勒（蒙药）；库其拉（维药）；果西拉、敦母达合（藏药）。

【分布】 分布于孟加拉国、印度、印度尼西亚、斯里兰卡、越南及安达曼岛等地。在中国分布于云南。缅甸主要分布于勃固、曼德勒。

【用途】

缅药 根：治疗象皮病和癫痫。

阿昌药 效用同景颇药。

傣药 种子：治肿毒、疥癞。

德昂药 效用同景颇药。

景颇药 种子：治面神经麻痹、半身不遂、跌打损伤、骨折。

蒙药 种子：治胸闷气喘、胸背刺痛、咽喉肿痛、炭疽、胸肋作痛、肢体软瘫、小儿麻痹后遗症、类风湿性关节痛、跌打损伤、痈疽。

维药 种子：治关节炎、半身不遂、腰膝酸软、肌肉松弛、各种皮肤病。

藏药 种子：治咽喉痹痛、痞块、痈疽、肿毒、血"隆"上亢、胃肠绞痛、中毒症。

其他：在印度，根制成汤剂治疗象皮病、溃疡、风湿病、癫痫和发热。

Swertia chirata（Roxb.）Buch. -Ham. ex C. B. Clarke.

【异名】 尼泊尔獐牙菜。

【民族药名】 额讷特格、印度獐牙菜（蒙药）；甲蒂、蒂达（藏药）。

【分布】 分布于东亚至喜马拉雅山，印度、马来西亚也有分布。

【用途】

缅药 全草：用作开胃剂、补品、解热剂。

蒙药 全草：治"希日"热、胆痞、肝胆热病、黄疸、消化不良。

藏药 全草：治胆热、肝热、血热症、黄疸型肝炎、病毒性肝炎、胆囊炎、"赤巴"病、尿路感染、胃火过盛，退热，缓泻。

其他：在印度，全草用作驱虫剂、解热剂，治疗疟疾、哮喘和肝脏疾病；根的水煎剂治疗间歇性发热、麻风病、血癜风、疥疮等皮肤病、支气管炎、淋病、牙龈出血、消瘦、胆汁分泌过少和炎症。

【成分药理】 含有藏红花素、邻苯二甲酸、树脂和单宁。

Symplocos racemosa Roxb.
珠仔树

【异名】 总序山矾。

【缅甸名】 မကောက်ကလေးတောက်ရပ်
dauk-yut, mwet-kang, nle-prangkau, pya。

【分布】 主要分布于中国、印度、泰国和越南。在中国分布于四川、云南、广西、广东、海南。在缅甸广泛种植。

【用途】

缅药 果实、树皮：治疗地中海贫血。

其他：在印度，树皮治疗支气管炎、消化系统和泌尿系统疾病、月经过多、眼疾、溃疡、牙龈出血、伤口化脓、肝脏疾病、象皮病和脂肪尿。

【成分药理】 树皮含有淀粉、草酸钙、氧化铝、生物碱、单宁。

Syzygium aromaticum（L.）Merr. & L. M. Perry
丁香蒲桃

【缅甸名】 လေးညှင်း
lay-hnyin。

【民族药名】 降榜（阿昌药）；毛曾哈央那木（朝药）；罗尖、糯尖（傣药）；令娘（德昂药）；丁香（东乡药）；Batdushing nvam gam（景颇药）；额莫-高乐图-宝日、利希布恩巴占、利希（蒙药）；公丁香（佤药）；开兰甫尔、卡兰普尔、克兰谱尔美依（维药）；里西、拉巴扎、列西（藏药）。

【分布】 分布于马鲁古群岛，广泛栽培于温暖的地区。在缅甸广泛种植。

【用途】

缅药 花:晒干的花蕾可驱风,健胃,止吐,止恶心,退热,驱虫,调经和滋补,治疗动脉疾病、肺部疾病,还用作兴奋剂和刺激剂;和冰糖糖浆混合制成的糊状物,舔舐可治愈孕妇晨吐;花蕾和穿心莲(*Andrographis paniculata*)一起压碎,以热水服用可治疗发热和疲劳;粉碎后与蜂蜜的混合物,用作滴眼剂,治疗眼痛和白内障;加水粉碎,加热,口服用于恶心,口干和味觉丧失;与酸石榴汁一起服用治疗癫痫发作期间的呕吐,也可用于普通的呕吐;和等量的姜黄粉混合,一起压碎制成的软膏可用于疮疡,诸如疖,丘疹或既不爆发也不消退的皮疹;烤制过,压碎后和蜂蜜混合,舔舐可治疗百日咳;油或糊状物用于牙痛;油和芥末油混合,擦用于关节疼痛,另外也可擦在额头上用于头痛。

阿昌药 花蕾:治胃寒呕吐逆泻、脘腹作痛。

朝药 花蕾:治不思饮食、食后饱倒证。

傣药 花蕾:治高热不语、头晕、腹胀、呕吐、心慌、胸闷、胸痛、四肢抽搐、双目上翻、口角流涎、口吐白沫、腹泻,温中、暖肾、降逆。

德昂药 效用同阿昌药。

东乡药 花蕾:治牙痛。

景颇药 效用同阿昌药。

蒙药 1. 花蕾(公丁香):治主脉"赫依"、心"赫依"、失眠、癫狂、痘疹、音哑、头晕、失眠、气喘、精神失常、心刺痛、"赫依"性心脏病、天花、麻疹。

2. 果实(母丁香):治头晕、失眠、气喘、心刺痛等。

佤药 花蕾:治胃寒呕逆、吐泻、脘腹作痛(《中佤药》)。

维药 花蕾:治胃需纳差、消化不良、瘫痪、面瘫、关节炎、脑虚健忘、肾虚阳痿、头发早白、开通脑内障碍、心神不宁、胃寒腹痛、胃寒呕吐、食少、腹泻、肝脏虚弱、心腹冷痛。

藏药 1. 花蕾:治脾虚胃寒、呃逆呕吐、痘疮病、脾胃寒症、心腹冷痛、肾寒病、咳嗽气喘、神经症、疮疖、痘疹、胸闷腹胀、肠鸣、积食不化、脾区

疼痛。

2. 果实:治命脉病症和寒"龙"病,提升肝胃火能,消食开胃,止吐止泻,治呃逆、疹粒。

Syzygium cumini(L.)Skeels
乌墨

【异名】 乌楣,海南蒲桃(《广州植物志》)。

【缅甸名】 tame, thabye-kyet-chi, thabye-phyu, wa-passan。

【民族药名】 生姐(基诺药);哈图-乌热、蒲桃子、其赫日格乌热(蒙药);虫窝树、山蒲桃(佤药);萨债、萨摘琼哇(藏药)。

【分布】 分布于印度和斯里兰卡,东至马来群岛,热带地区有栽培。在中国分布于台湾、福建、广东、广西、云南等地。在缅甸分布于勃固、克钦邦、马圭、曼德勒和仰光。

【用途】

缅药 1. 树皮:具收敛性,用于配制治疗白带异常的药物;和牛奶制成糊状物与蜂蜜混合,服用可治疗严重腹泻。

2. 树皮、叶、果实和种子:治疗腹泻和痢疾。

3. 树皮、种子:治疗糖尿病。

4. 嫩芽:治疗消化不良和腹胀。

5. 叶:煎液治疗眼痛;加水压碎,含在口中可治疗龈脓肿和其他口腔疮疡,口服可中和鸦片毒;压碎后与牛奶同服治疗出血性痔疮;汁液涂抹治疗蝎子蜇伤。

6. 果实:缓解消化不良;服用成熟的果实可治疗糖尿病;果汁治疗脾脏炎;果汁经过滤和发酵可治疗胀气。

7. 种子:粉末与冷开水同服可治疗轻度糖尿病;制成糊状物涂抹治疗性病相关疮疡;与芒果种子及 *Terminalia citrina* 种子等量混合,烤制,研末服用可治疗腹泻。

傣药 1. 树皮:治痢疾、肠炎腹泻。

2. 果:治过敏性哮喘、气管炎。

基诺药 树皮:治胃炎、腹泻、痢疾、哮喘、肺

结核（《基诺药》）。

蒙药 果实：治肾阳不足、遗精、尿频、尿闭、石癥、腰腿疼痛、游痛症、下身寒凉、腰胯酸痛、肌肉痛、肾热、肾震伤、肾型布鲁菌病、膀胱石癥。

佤药 树皮：治红、白痢疾（《中佤药》）。

藏药 果实：治肾寒淋浊、"三邪"病（《藏草本》《中国藏药》）。

【成分药理】 据报道，成分包含五倍子酸（gallic acid）、单宁（tannin）、挥发油、脂肪、抗霉素（antimellin）、jambuol、油酸甘油酯（olein）、亚麻油脂（linolein）、棕榈酸甘油酯（palmitin）、硬脂酸甘油酯（sterarin）、植物甾醇（phytosterin）、蜂花醇（myricyl alcohol）和三十一烷（hentriacontane）。一般认为鞣花酸（ellagic）、五倍子酸（gallic acid）和单宁（tannin）是种子药用价值的有效成分。另外，叶具有轻微的抗葡萄球菌的作用。

Syzygium jambos（L.）Alston
蒲桃

【缅甸名】 hnin-thi-pin, thabyu-thabye, thabyu-thaby, wapasang（Kachin）, tame（Kayin）, sot-crin（Chin）, mak-spye（Shan）。

【民族药名】 tie mu a jie（拉祜药）。

【分布】 分布于印度、马来西亚、中南半岛、印度尼西亚。在中国分布于台湾、福建、广东、广西、贵州、云南等地。在缅甸广泛种植。

【用途】

缅药 1. 树皮、种子：治疗糖尿病。

2. 叶：煎液治疗眼痛。

拉祜药 叶：泡脚治脚气。

其他：在印度，树皮治疗风湿和肺炎；叶煎剂治疗眼痛；果实治疗肝脏疾病。

Syzygium nervosum A. Cunn. ex DC.
水翁蒲桃

【异名】 水翁，水榕。

【缅甸名】 kon-thabye, thabye-shin, ye-thabye。

【分布】 从中国南部开始遍及整个东南亚和澳大利亚北部、中南半岛、印度、马来西亚、印度尼西亚及大洋洲等地。在中国分布于广东、广西及云南等地。在缅甸分布于勃固、钦邦、克钦、若干和掸邦。

【用途】

缅药 果实：治疗风湿。

其他：在印度，树皮治疗风湿和肺炎；叶干燥热敷，治疗风湿；果实治疗风湿；根煮沸后擦于关节处。

【成分药理】 成分包括芳香挥发油、单宁（tannin）、微量甲基胡椒酚（methyl chavicol）和类咖啡因生物碱。

Tabernaemontana divaricata（L.）R. Br. ex Roem. & Schult.

【异名】 狗牙花，白狗牙，豆腐花。

【缅甸名】 lashi, taw-zalat, zalat, zalat-seikya。

【分布】 广泛栽培于亚洲热带和亚热带地区。中国的云南、广西、广东和台湾等地有分布。在缅甸广泛种植。

【用途】

缅药 根：用作止痛药和补品。

其他：在印度，树皮用作制冷剂；叶汁治疗眼疾；根可用作止痛药，咀嚼可缓解牙痛。

【成分药理】 据报道，从树干和根的树皮中提取的生物碱有山辣椒碱（tabernaemontanine）、狗牙花碱（coronarine）、冠狗牙花定碱（coronaridine）和 dregamine。

Tadehagi triquetrum（L.）H. Ohashi
葫芦茶

【缅甸名】 lauk-thay, moko-lanma, shwe-guo-than-hlet, thagya-hlandin。

【民族药名】 麻草、金剑草、犬嘴舌、倒藤老抱、鲮鲤舌（畲药）；独的相、古路渣（瑶药）；北尔陆、菜梅茂、芒墨、渣和平（壮药）；丹火马、呀喝主、芽火究（傣药）；爬骂切括（哈尼药）；地枇杷（德昂药）；一的帕采（基诺药）。

【分布】 分布于不丹、中国、印度、印度尼西亚、老挝、缅甸、马来西亚、菲律宾、琉球群岛、斯里兰卡、新喀里多尼亚、柬埔寨、澳大利亚北部、印度洋群岛、太平洋岛屿。在中国分布于台湾、福建、江西、广东、海南、广西、贵州及云南。在缅甸分布于钦邦、克钦邦、克伦、曼德勒、实皆、掸邦和仰光。

【用途】

缅药 1. 根：与胡椒炖煮，可治疗尿血病。

2. 叶：治痢疾、胃胀、小儿虫积腹痛、饱胀、消化不良；制成茶饮可治疗泌尿和皮肤疾病；与大瓦伊赫明的叶同煮，可治疗泌尿系统疾病、痢疾、痔疮出血和月经期间出血；干叶与海棠的干叶等量混合，制成粉末，溶于椰子油中，并保存在阳光下，取透明的顶层油可用作滴耳剂，治疗脓性和耳朵感染，用作软膏可治疗疖疮、脓疱、丹毒、头皮溃疡和脂溢性皮肤病；与干花混合，浸泡在胡麻油中，可治疗头痛、发热、头皮屑、头皮瘙痒和头虱。

畲药 全草：预防中暑、感冒发热、咽喉肿痛、肾炎、肝炎、肠炎、乳腺炎、齿龈炎、腮腺炎、小儿疳积、角膜溃疡、发热脓肿（《畲医药》）。

瑶药 全草：治肝炎、感冒、高热口渴、小便不利、哮喘、肝硬化腹水（《桂药编》）。

壮药 全草：治妊娠呕吐、支气管炎、急性肠胃炎、消化不良、肝炎（《桂药编》）。

傣药 1. 根：治各种肝炎、体衰、消化不良、肠炎（《滇药录》《滇省志》）。

2. 全草：治疗感冒、发热、咳嗽、肾炎；配伍治阳痿（《德傣药》）。

哈尼药 全草：治肠炎（《滇省志》）。

德昂药 全草：治肠炎（《滇省志》）。

基诺药 全株：治肝炎、黄疸性肝炎、肠炎、细菌性痢疾、小儿疳积（《基诺药》）。

其他：在印度，叶子治疗咳嗽、感冒和腹痛。在中国，治疗脓肿、消化不良、痔疮和婴儿痉挛，还用作杀虫剂。在印度尼西亚，叶子碾碎成粉末，干燥制成药丸，内服（用豆荚）用作利尿剂，叶子外用治疗腰痛。

【成分药理】 叶中含有单宁、硅酸和氧化钾。

Tagetes erecta L.
万寿菊

【异名】 臭芙蓉。

【缅甸名】 ထပ်တရာပန်-ပင်သစ်

dewali-pan, kala-pan。

【民族药名】 芽玉内、臭芙蓉、蜂窝菊（傣药）；金丝菊（土家药）；Paiwan（台少药）。

【分布】 原产于缅甸，主要分布于墨西哥和中美洲。中国各地均有栽培，在广东和云南已归化栽培。在缅甸广泛种植。

【用途】

缅药 叶：用作止痛剂。

傣药 1. 花：平肝，清热，祛风，化痰（《傣医药》）。

2. 花序：治头晕目眩、风火眼痛、小儿惊风、感冒咳嗽、百日咳、乳痈、痄腮（《大理资志》）。

土家药 花序：治头晕目眩、风火眼、小儿惊风、感冒咳嗽、百日咳、乳痈。

台少药 鲜叶：贴于头部治头痛。

其他：在印度，叶治疗炭疽，叶汁治疗耳痛；花治疗眼病、溃疡，还被视为血液净化器，花汁治疗痔疮。在中国，叶治疗疮、溃疡；花头煎煮可治疗感冒、结膜炎、咳嗽、乳腺炎、腮腺炎、眼睛酸痛，与鸡肝同烹可改善视力。

Tamarindus indica L.
酸豆

【缅甸名】 မန်ကျင်း

beng-kong, magyeng, ma-gyi, mai-kyaing,

mak-k yeng，manglon。

【民族药名】 孙巴紫（白药）；麻夯荒、马脏、麻康矿（傣药）；酸果、麻奖（德昂药）；酸角、伯且、罗望子（哈尼药）；丘标阿增（基诺药）；马荣希、玛用西（景颇药）；四鲁九（傈僳药）；考玛刚（佤药）；台米日印地、塔马印地、酸角（维药）；泗努儿（彝药）。

【分布】 分布于亚洲或非洲热带地区。在缅甸广泛种植。

【用途】

缅药 1. 根：治疗淋病、泌尿系统疾病、痔疮、黄疸、胃痛。

2. 树皮：整个树皮可以制成炭药，饭后用水冲服以治疗呕吐和胃病；树皮灰可与蜂蜜混合，以治疗胃痛；用树皮加水制成的糊状物可以治疗眼睛疼痛和虫蛇咬伤。

3. 叶：叶的汁液和少量芝麻油涂混合抹在耳朵里来治疗耳痛；从碎树叶中榨出一大勺汁液用来治疗泌尿系统疾病；压榨出的果汁可以用来治疗皮疹；从叶中榨出的一份汁液可以和两份岩盐混合，以中和蛇毒；叶可以和石莲子冠的种子一起食用，以治疗过度出汗。

4. 果实：果肉被用来制作泻药和滋补剂；将等量的老罗望子、大蒜和酸菜浸泡在酸奶液中混合研磨成小球，在阴凉处晾干，与大蒜汁同服，可治愈霍乱。

5. 种子：浸水过夜，外皮丢弃，果仁粉碎，加牛奶服用，治疗白带过多和尿频；种子仁糊可以用来治疗腹泻和痢疾，也可以用于中和蝎子咬伤的毒液；成熟种子的表皮可以与孜然和冰糖混合，制成粉末，治疗痢疾。

白药 果肉：治消化不良。

傣药 1. 果实：治牙痛、口舌生疮、腹痛、腹泻，以及蛇、虫、狗咬伤、暑热食欲不振、妊娠呕吐、小儿疳积。

2. 叶：治腹痛。

3. 果实、树皮、叶：治心慌心悸、失眠多梦、颌下淋巴结肿痛、乳腺肿痛、小便热涩疼痛、尿血、尿中夹有砂石、便秘、五淋、股泻、二便闭塞不通、水肿、头昏头痛、腹痛、腹泻、红白下痢、风湿四肢酸麻疼痛、口舌生疮、腮腺炎。

德昂药 果实：治小儿疳积、中暑、便秘、牙痛、口舌生疮、腹痛腹泻，以及蛇、虫、狗咬伤、慢性胃炎、消化不良、食积、蛔虫症、食欲不振、妊娠呕吐、脖子疼。

哈尼药 果实：治小儿疳积、蛔虫症、腹痛、疟疾、大便干燥、食欲不振、妊娠呕吐、发热口渴，预防中暑。

基诺药 树皮：治痢疾、腹泻（《基诺药》）。

景颇药 1. 果实：治慢性胃炎、食积、消化不良、腹痞痛，预防中暑、小儿疳积、蛔虫症、便秘。

2. 树皮：治腹泻。

3. 果肉：治气虚体虚、食欲不振。

傈僳药 果壳：治中暑、食欲不振、小儿疳积、妊娠呕吐、便秘。

纳西药 果实：预防中暑、痰饮、食欲不振、消化不良、食积、慢性胃炎、腹痛、小儿疳积、妊娠呕吐、便秘、蛔虫病。

佤药 果肉：治暑热食欲不振、身体虚弱。

维药 1. 果实：治疗胆液性发热、口渴胃虚、恶心呕吐、血热偏盛、遗精早泄、湿热性皮肤病、尿路感染、体倦多汗、病后体虚、视物昏花、血热妄行的出血症、食欲不振、阳痿、肠燥便秘、高血压。

2. 果荚：治中暑、食欲不振。

彝药 果皮：治中暑、食欲不振、便秘、疳积、妊娠呕吐。

【成分药理】 果实中含有酒石酸钾、明胶、柠檬酸、苹果酸。

Tamilnadia uliginosa（Retz.）Tirveng. & Sastre

【缅甸名】 မှန်ဖြူ

hman-phyu。

【分布】 分布于喜马拉雅山、印度、缅甸、中南半岛。在缅甸主要分布于伊洛瓦底、勃固和仰光。

【用途】

缅药 果实、根:治疗痢疾。

其他:该植物用作收敛剂、通便剂、利尿剂、补药和制冷剂,治疗眼部疾病、臁疮、中耳炎、炎症、胆结石、肠道绞痛、腹泻和痢疾。

Tanacetum cinerariifolium (Trevir.) Sch. Bip.
除虫菊

【缅甸名】 hsay gandamar。

【分布】 原产于欧洲,分布于亚热带、温带地区。在中国分布于陕西、山东、黑龙江、吉林、辽宁、江苏、浙江、安徽、江西、湖南、四川、广东、云南。在缅甸广泛栽培。

【用途】

缅药 1. 全草:刺激食欲,提高心脏功能。

2. 叶:压碎与黑胡椒同用,可促进排尿,治疗嘴唇破裂、淋病、呕吐、出血。

3. 花:抗寄生虫,用作杀虫剂、驱蚊剂。

其他:全草用作杀虫剂。在中国,花治肝虚,益血,可促进机体循环,还治疗轻微的感染、消化不良、神经紊乱和月经失调。

Taxus baccata L.
欧洲红豆杉

【异名】 浆果红豆杉。

【缅甸名】 kyauk-tinyu。

【民族药名】 塔力斯菲尔、塔里斯菲尔(维药)。

【分布】 分布于欧洲、北非、西亚。在缅甸分布于钦邦和掸邦。

【用途】

缅药 叶、果:用作解痉药、镇静剂和通经药。

维药 皮壳:治面神经麻痹症、瘫痪、吐血、

出血症、肠溃疡、牙痛、口疮(《维医药》)。

其他:在印度,叶和果实用作抗痉挛药、镇静剂和通经药;叶用作壮阳药,治疗癫痫、哮喘、消化不良、支气管炎。此外,植株还用作祛痰药、舒胸药、镇静剂、健胃药、滋补药、堕胎药、避孕药、驱风剂、生氰剂、溶石药、驱虫剂,治疗头痛、胆汁过多、结石、肿瘤、癫痫、头晕眼花、神经痉挛。

【成分药理】 叶子和种子里含有有毒的生物碱——类紫杉碱,有导致中毒的案例。

Tecoma stans (L.) Juss. ex Kunth

【缅甸名】 sein-takyu。

【分布】 分布于热带地区。在缅甸广泛种植。

【用途】

缅药 1. 树皮:用作抗梅毒剂和酒精中毒的解毒剂。

2. 叶:降血糖。

其他:该植物可治疗胃痛、酒精中毒、乏力、胆汁增多、糖尿病、痢疾、胃炎、食欲不振、消化不良、中毒、疼痛、梅毒、寄生虫,亦用作滋补品和利尿剂。在印度,根治疗蝎子蜇伤及蛇、老鼠咬伤。

【成分药理】 含有紫葳碱和太可斯塔宁,具有降血糖的作用。研究表明,水提物的抗糖尿病原理主要为降低餐后高血糖高峰、抑制肠道 α-麦芽糖酶(α-glucosidase)。此外,水提物亚慢性给药可以在不改变空腹血糖的情况下降低三酰甘油和胆固醇。

Tectona grandis L. f.
柚木

【异名】 脂树、紫油木(云南)。

【缅甸名】 ကျွန်းပင်

kyun, kyun-pin, mai-sak (Kachin), pahi

(Kayin)，klor（Chin），maisa-lan（Shan）。

【民族药名】 埋桑（傣药）。

【分布】 分布于印度、缅甸、印度尼西亚等亚洲地区，偶尔在其他岛屿上。中国云南、广东、广西、福建、台湾等地有分布。在缅甸全境海拔915 m以下自然生长。

【用途】

缅药 1. 树皮：用作收敛剂；水浸液治疗阴道白色分泌物；粉末浸泡在温水中，治疗慢性腹泻；制成糊状物，局部使用可缓解与胆囊问题有关的肿胀；粉末与腰果油混合制成糊状物，局部使用可减轻炎症；与木炭、煮饭水制成糊状物，反复涂抹于患处，可治疗疱疹。

2. 树皮、木材、果实：化痰，治疗淋病、麻风病，缓解浮肿，止血。

3. 果：加食用油研磨制成的糊状物，可以减轻瘙痒和皮疹；加淘米水研磨制成糊状物，局部涂抹可疏通乳腺；切碎后煮熟，作为药膏涂在肚脐上，用一块布包扎好，可治疗泌尿系统疾病。果实油治疗皮肤病。

4. 根：利尿。

傣药 1. 茎、叶：治恶心呕吐、过敏性皮炎。

2. 花、种子：治小便不利；外用治过敏性皮疹。

3. 心材、叶：治风湿关节疼痛、跌打损伤、过敏性皮炎、皮肤瘙痒、斑疹、疥癣、湿疹。

Tephrosia purpurea（L.）Pers.
灰毛豆

【缅甸名】 မည်းရှင်း(မိရှင်း)
me-yaing。

【民族药名】 雅七亮、宿叶豆、野兰（黎药）

【分布】 分布于南亚、澳大利亚、非洲热带、美洲热带地区，广泛分布于全世界热带地区。在中国分布于福建、台湾、广东、广西、云南。在缅甸主要分布于仰光、马圭、实皆、勃固、曼德勒。

【用途】

缅药 全株：用作驱虫剂和退热剂。

黎药 根：治消化不良、腹胀腹痛、慢性胃炎。

其他：在印度，整株植物用作治疗阳痿和淋病的补品；果实可制成驱虫的汤剂；种子油治疗疥疮、瘙痒、湿疹和其他皮肤疾病；根治疗消化不良、腹泻、风湿、发热、蛇咬、哮喘、泌尿系统疾病以及象皮病。未指定的植物部分用作补药、泻药和利尿剂，也治疗支气管炎、退热、出血、疖子和粉刺等。

Terminalia bellirica（Gaertn.）Roxb.
毗黎勒

【缅甸名】 hroirwk，mai-hen，mai-mahen，mai-naw，makalaw，tawitho，thiagriang，thit-seint。

【民族药名】 埋姆哈、埋先丹（傣药）；埋享（基诺药）；白力勒（维药）；毛诃子、帕肉拉、巴如拉（藏药）。

【分布】 分布于印度，经印度尼西亚向南至中南半岛、缅甸、马来西亚。中国产于云南。缅甸主要分布于勃固、马圭和曼德勒。

【用途】

缅药 1. 花、树皮、果实和种仁：缓解便秘、喉咙痛和咳嗽，治疗心脏病。

2. 花：水煮液可治疗脾脏肿大、排便过多和胸痛。

3. 皮：制成膏状，局部涂抹治疗白癜风；口服治疗贫血；水煮液含在嘴里，可缓解牙痛和牙龈炎症。

4. 果实：用作强身健体的补品，治疗痔疮、水肿、麻风病、腹泻、胃痛和头痛；干果治疗咳嗽和眼疾；制成糊状物涂于眼圈，可缓解眼部疼痛；蜂蜜和果皮制成的糊状物可治疗哮喘和咳嗽；粉末与蔗糖混合可治疗阳痿。

5. 种仁：与酒精混合制成糊状物，可缓解排尿和肾结石引起的疼痛，加热后局部使用，可缓解肿胀和受伤引起的疼痛。

傣药 果实：治热病、泻痢、体虚、秃发（《滇省志》）。

基诺药 果实：治口干舌燥、喉痛（《滇省志》）。

珞巴药 果实：治久泻久痢、脱肛、便血、白带、久咳失音，配"三果"复方或单一作民间验方。

维药 果实：治胃肠源性腹泻、脑虚视弱、迎风流泪、肠胃虚弱。

藏药 果实：治"培根"病、"赤巴"病、隆病、恶性黄水病、身体虚弱、各种热症、消化不良、泻痢、肝胆病、眼疾、脱发（《藏标》）。

其他：在印度，树皮用作利尿剂，治疗高热、排尿困难、中暑、霍乱、蛇咬伤；树脂治疗抽筋；树胶有镇痛、通便和止痒的作用；果实用作收敛剂、补脑剂，治疗麻疹、咳嗽、哮喘、胃病、肝病、痔疮、麻风病、水肿、发热；半成熟果实有通便、催泻作用，而成熟果实作用相反；果油治疗风湿痛；果肉加蜂蜜可治疗视疲劳；种子治疗胃病。在中南半岛，用作收敛剂和补药；绿色果实用作泻药，大剂量使用时可作麻醉剂。在印度尼西亚，去掉种子的成熟果实，烘烤后磨成粉，可保护脐带脱落后的肚脐，也用于治疗妇科病。

【成分药理】 新鲜果实含有葡萄糖（glucose）、单宁（tannin）和 three glycosidal 组分。

Terminalia catappa L.
榄仁树

【异名】 山枇杷树（海南）。

【缅甸名】 ဗာဒမ်ပင်"တာ" badan, banda.

【分布】 分布于亚洲热带地区到澳大利亚北部和波利尼西亚，并在多地种植，南美热带海岸也很常见。在中国分布于广东、台湾、云南。在缅甸广泛种植。

【用途】

缅药 全株：用作收敛剂，治疗痢疾。

其他：在印度尼西亚，叶用作敷料，治疗风湿关节肿胀。在菲律宾，红叶用作杀虫剂；嫩叶的汁液与果仁油一起煮，可治疗麻风病；叶与油混合，抹在乳房上可减轻疼痛，或者加热后涂在风湿和身体麻木的部位。在所罗门群岛，树叶治疗雅司病；树皮和根皮治疗胆汁性发热、腹泻、痢疾、溃疡和脓肿。在印度尼西亚，该植物用作温和的泻药和催乳剂。

【成分药理】 未成熟果实中含有单宁和粉蕊黄杨醇碱（terminalin）；树皮富含单宁；果仁油含有棕榈素和硬脂酸；从波多黎各生长的果实中提取出发酵液和亚油酸。此外，叶子对葡萄球菌有一定的抗菌活性。

Terminalia chebula Retz.
诃子

【缅甸名】 hpan-khar-thee, mai-mak-na, mai-man-nah, mana, panga, phankha, thankaungh.

【民族药名】 阿诃来（阿昌药）；码腊、藏青果、戈麻酣（傣药）；摆马纳、摆马的（德昂药）；Arura 阿如拉、Alten arura 阿拉坦-阿如拉、金诃子、Har arura 哈日-阿如拉、西青果（蒙药）；Qara helile 卡拉艾里勒、Sereq helile posti 色日合艾里勒破斯提、艾里勒（维药）；阿如热、阿如拉（藏药）；

【分布】 原产于印度、中南半岛，现分布于越南、老挝、柬埔寨、马来西亚、尼泊尔。中国产于云南、广东、广西。

【用途】

缅药 1. 果实：用作收敛剂、解毒剂、泻药和补品；碾碎浸泡后，澄清的浸提液用作滴眼液可治疗眼睛疼痛；粉末溶于牛奶中服用，可延长寿命。

2. 种子：制成膏体，治疗丘疹。

3. 叶：治疗眼疾、男女相关疾病、痔疮，用作通便剂、驱风剂和传统的血液净化剂。

4. 树皮：煮沸后的液体可治疗腹泻和痢疾；压碎后用作药膏，可防止过度出血。

阿昌药　果:治慢性肠炎、慢性气管炎、喉头炎、溃疡病、痔疮出血。

傣药　1.鲜果:治心烦、腹胀、消化不良(《滇药录》《滇省志》)。

2.成熟果实:治久咳失音、久痢、久泻、脱肛、崩漏、便血。

3.幼果:治慢性咽喉炎、扁桃体炎、声音嘶哑、咽喉干燥(《滇省志》)。

德昂药　1.果实:治口舌干燥、声音嘶哑。

2.鲜果:效用同傣药(《滇省志》)。

哈萨克药　果实:治慢性肠炎、久泻、慢性气管炎、久咳、哮喘、慢性猴头炎、溃疡病、便血、脱肛、痔疮出血。

珞巴药　果实:效用同毗黎勒。

门巴药　果实:效用同珞巴药。

蒙药　1.成熟果实:治"赫依"病、"希日"病、"巴达干"病、"赫依""希日""巴达干"合并症和聚合症、腹泻、创伤、各种毒症、脏腑病。

2.幼果(西青果):治火眼、头痛、水肿、云翳白斑、风热、黄疸、痰火、溃疡、消化不良、慢性肠炎、疮疡、毒病、慢性咽喉炎、声音嘶哑、咽喉干燥、疹毒、湿热黄疸、中风不遂、肝区刺痛、脾湿胃胀、积滞不化、慢性泄泻、心悸癫狂、草乌中毒(《蒙药》)。

维药　1.幼果:治干性脑虚、智力下降、心烦恐惧、忧郁症、麻风、痔疮、皮肤瘙痒、毛发早白、阴虚白喉。

2.果皮:治热性脑虚、胃虚、记忆力减退、视力降低、热性忧郁症、湿性面瘫、血热白发。

3.果实:治脾胃不和、食欲不振、腹寒泄泻、肠炎痢疾、胸闷心悸、视物不清、高血压、皮肤湿疮、头痛、咽喉肿痛、慢性咳嗽、慢性腹泻、肠炎、痔疮流血、子宫出血。

藏药　果实:治久泻、久痢、脱肛、久咳失音、肠风便血、崩漏带下、遗精盗汗、血病,以及"龙"病、"赤巴"病和"培根"病及合并症、黄水病、高血压、小儿黄疸、疮痈、"龙""赤巴""培根"诱发的疾病(《中国藏药》《藏标》)。

其他:在中国,果实用作补药、去浊剂、泻药、收敛剂、祛痰剂,治疗流口水和胃灼热。在中南半岛,果实用作泻药。在马来半岛,除了上述用途,果实(从印度进口)还具有抗腹泻,止血,抗胆汁和抗痢疾的作用。在印度尼西亚,未熟和半熟的果实和瘿用作收敛剂;花用在治疗痢疾的许多药物中。

【成分药理】　成分包括油、丹宁酸(tannin)、诃子次酸、鞣花酸(chebulic acid 和 ellagic acid)。

Terminalia citrina（Gaertn.）Roxb.

【缅甸名】　ကြံစုၦဖန်ခါးငယ်

kya-su, hpan-kha-ngai。

【分布】　分布于印度至菲律宾。在缅甸广泛种植,尤其是德林达依。

【用途】

缅药　果实:生吃能刺激肠道运动,导致腹泻;煮熟吃会引起便秘;捣碎后放入烟斗中熏制,治疗哮喘;压碎使用,可治疗偏头痛;水浸液可作为洗剂,冲洗眼睛,以增强视力;加茶树油(儿茶的树脂)煮熟,可用作漱口水来强健牙齿;煮果实的液体浓缩后加入蜂蜜,可治疗口腔和上颚的各种疾病;果汁加水煮沸浓缩,可用来清洗疮;喝果汁有长寿之效,也治疗眼睛疼痛;与类似白芒果的甜点同食,可缓解间歇性腹泻和消化不良引起的腹泻;舔舐由果实粉和蜂蜜制成的混合物,可治疗胀气;果实粉沾上蜂蜜,或者和粗糖一起滚成小球,用来治疗胃酸过多;粉末加水、蜂蜜和芝麻油,局部使用可治疗烧伤;粉末制成牙膏可美白牙齿和治疗牙齿疾病;粉末加鸭嘴花叶的汁液制成药丸,滚入蜂蜜中,舔舐以缓解呕吐和出血。

其他:在印度尼西亚,该植物与"adaspoelasari"一起制成汤剂,治疗腹部疾病。在菲律宾,果实用作收敛剂,其汤剂可治疗鹅口疮和顽固性腹泻。

Terminalia tomentosa Wight & Arn.
绒毛榄仁

【异名】 黑胡桃。

【缅甸名】 ထောက်ကံ့ပင်

dap, mai-hok-hpa, merokwa, paung, taukkyan, tauk-kyant。

【分布】 分布于印度、斯里兰卡。在缅甸广泛种植。

【用途】

缅药 树皮:治疗腹泻,也可作收敛剂、利尿剂和强心剂。

Thunbergia erecta (Benth.) T. Anders
直立山牵牛

【异名】 硬枝老鸦嘴(《广州植物志》)。

【缅甸名】 kwa-nyo。

【分布】 原产于热带西部非洲,各地栽培为观赏植物,分布于热带地区和非洲南部地区。在缅甸主要分布于勃固、曼德勒和仰光。

【用途】

缅药 叶:治疗胆汁疾病。

其他:在印度,叶制成药膏治疗头痛。

Thunbergia laurifolia Lindl.
桂叶山牵牛

【缅甸名】 kyi-kan-hnok-thi, kyini-nwe, new-nyo, pan-ye-sut-new。

【分布】 分布于中南半岛和马来半岛。中国广东、台湾有栽培。在缅甸主要分布于仰光、克钦邦、勃固、曼德勒。

【用途】

缅药 花:据记载为治疗眼睛的良药。

其他:在印度,叶汁用作滴耳剂可治疗耳聋,口服可治疗月经过多。在中国,叶治疗月经

过多、伤口溃疡。在马来半岛,果汁用作滴耳剂治疗耳聋。

Tinospora cordifolia (Willd.) Miers.

【异名】 心叶宽筋藤。

【缅甸名】 ဆင်ဒိုမ၈ာ်ဆင်စာမနွယ်

hsin-doan, manwai, sindon-ma-new。

【民族药名】 赫端(傣药);莽作楞(苗药);勒哲(蒙药);隔夜找酿(阿昌药);隔耶召酿(崩龙族);茅刀镍(景颇药);缪硬(毛南药);答额息多(佤药);猫马(仡佬药)。

【分布】 遍及巴基斯坦、印度和斯里兰卡的热带和亚热带地区。在缅甸广泛种植。

【用途】

缅药 1. 全株:强身健体,凉血,刺激食欲,促消化,治疗发热、疮、泌尿系统紊乱、胀气、胆汁过多、尿路感染、月经失调、耳痛和口痰失调;煎液浓缩服用可解毒,也可减轻慢性关节炎;与积雪草叶混合煮沸可缓解心悸和焦虑;吃叶片可止吐血。

2. 茎、叶:用作健胃药和利胆药。

3. 叶:叶汁用作洗耳剂,可缓解耳痛;与等量的葫芦茶、*Aerva javanica*、翅荚决明和含羞草叶混合制成茶,可延长寿命和防止疾病。

傣药 茎或叶:治风湿疼痛、跌打、骨折、蛇咬、狗咬(《民族药志(二)》)。

苗药 茎:治骨折筋断(《民族药志(二)》)。

藏药 茎:治五脏热、肺病、风湿关节炎、肝热、衰老、"隆"病、"隆"和"赤巴"合并症、"培根"病、时疫、热病、风热、风湿性关节炎(《部藏标》《藏本草》)。

阿昌药 茎:治筋骨折断(《民族药志(二)》)。

崩龙药 茎:治跌打、伤折、风湿(《民族药志(二)》)。

景颇药 茎:治骨折、跌打、风湿(《民族药志(二)》)。

毛南药　茎或全株:治跌打伤筋(《民族药志(二)》)。

佤药　叶:治目赤痛(《民族药志(二)》)。

仫佬药　茎或全株:治风湿、脑膜炎后遗症、半身麻痹(《民族药志(二)》)。

Toona sureni（Blume）Merr.
红椿子

【异名】　紫椿。

【缅甸名】　kashit-ka, latsai, mai-yum, taung-tama, thit-kado。

【分布】　印度和中南半岛南部至东南亚有分布。在中国分布于福建、广东、广西、四川和云南等地。在缅甸主要分布于勃固、曼德勒、掸邦和仰光。

【用途】

缅药　树皮:用作强收敛剂。

其他:在印度,树皮外用治疗溃疡、慢性小儿痢疾,可作止汗剂,滋补药和收敛剂;花用作痛经药。在中南半岛,树皮用作滋补药、抗疟药和抗风湿药。在印度尼西亚,红色树皮用作收敛剂和滋补药,治疗慢性腹泻、痢疾和其他肠道问题;叶提取物对葡萄球菌属有抗菌活性;叶尖和姜黄治疗肿胀。

Trachyspermum ammi（L.）Sprague
阿育魏

【缅甸名】　အဂျိုင်စမုန်ဖြူ

samone hpyu, gyeebaitwine（Mon）。

【民族药名】　嘿柯罗、扭索藤(傣药);敦尼德、阿魏实(蒙药);居维那、阿育瓦音、阿育魏果(维药)。

【分布】　广泛分布于热带和温带气候地区。在缅甸广泛种植。

【用途】

缅药　种子:促进食欲,助消化,提高胆囊和胃肠功能;粉末与胡椒粉、岩盐和热水混合,可治

疗胃痛、痢疾和促进消化;粉末和酸奶混合食用,可消除肠道寄生虫;粉末和母乳混合给儿童食用,可减轻呕吐和腹泻;外敷用于止痒、愈合烧伤和皮疹。

傣药　藤茎:治尿道炎、风湿性关节炎、跌打损伤、蛇伤、虫咬、蚂蝗入鼻(《傣药录》)。

蒙药　果实:治气滞、心阳虚、胃寒腹胀、消化不良、痛经及疝气(《民族药志(一)》)。

维药　1. 果实:治寒性瘫痪、筋脉软弱、胃寒作痛、呃逆频频、呕恶食少、小便不利、皮肤瘙痒、白癜风、湿疹、胃差、肠绞腹痛、瘫痪、颤抖、筋肌松弛、月经不调、水肿、阳痿、精少、寒性粒疮、胀满、恶心呕吐、筋骨发紧、肠炎痢疾、筋骨麻木、风湿瘫痪、子宫虚寒、风湿疼痛、尿路结石、皮肤病(《民族药志(一)》《维药志》)。

2. 种子:治瘫痪、颤抖、肌无力、胸痛、风寒腹痛、呃逆、呕吐、恶心、消化道及内脏受寒、子宫病症、肾和尿道结石、白癜风和皮肤病(《维医药》)。

其他:该植物加入膏药中,可用来减轻疼痛;碾碎后可治疗胃部和肝脏疾病以及喉咙痛、咳嗽和风湿病;种子用作止痛药、补药。

【成分药理】　种子是百里香酚的重要来源,百里香酚是一种著名的防腐剂。

Trachyspermum roxburghianum（DC.）H. Wolff.

【缅甸名】　kant-balu。

【分布】　原产于印度,后作为香料在东南亚和印度尼西亚种植。在缅甸广泛种植。

【用途】　据报道,该植物可用作兴奋剂、强心剂,治疗消化不良。

Tradescantia spathacea Sw.

【异名】　紫背万年青,蚌花,小蚌花。

【缅甸名】　mi-gwin-gamone。

【分布】 主要分布于墨西哥南部、伯利兹、危地马拉和西印度群岛。在缅甸广泛种植。

【用途】

缅药 1. 全草：捣碎提取液体，与糖混合，化痰止咳。

2. 茎、叶：压碎后水煮浓缩，加糖，可治疗吐血。

3. 叶：治疗烧烫伤和痢疾。

其他：在中国，全草制成膏药，治疗肿胀和伤口；花治疗痢疾、肠出血和咯血。

Trichosanthes tricuspidata Lour.
三尖栝楼

【异名】 老鼠拉冬瓜(云南)。

【缅甸名】 kyee-arh pin。

【民族药名】 尼能莫绍拜(畲药)；天花粉(彝药)；巴斯布如一滋陶(蒙药)；栝楼、苦花粉、野西瓜、黑瓜打(苗药)。

【分布】 分布于喜马拉雅山脉东部、印度、中国、日本、澳大利亚热带地区、尼泊尔、孟加拉国、中南半岛、印度尼西亚。在中国分布于贵州。在缅甸除了寒冷地区之外的各地自然生长。

【用途】

缅药 1. 果实：治疗咽喉疾病、消化不良、咳嗽、麻风病、慢性和胃部疾病；用椰子油煮沸，作为滴耳剂和滴鼻剂；果汁能刺激排便；粉碎的干果和烟草混合可治疗哮喘。

2. 根：磨成糊状涂在舌头上，可祛痰；煮熟后与蜂蜜同服，可治疗泌尿系统疾病。

畲药 根、果实、果皮、种子：治肺热咳嗽、黄疸、热病口渴、鼻衄喉痹、咽喉肿痛、大便秘结、肿毒发背、乳痈、疮痔、毒蛇咬伤(《畲医药》)。

彝药 1. 果实：治肺热咳嗽、心绞痛、消渴、黄疸、便秘、痈肿。

2. 根：治昏厥不省人事、寒热往来、热病烦渴、肺燥咳血、消渴、浊淋、疔疽痈疡、痔疮瘘管、黄疸(《滇省志》《哀牢》)。

3. 种子：治肺热咳嗽、便秘。

4. 果皮：治痰热咳嗽、咽痛、胸痛、吐血、衄血、消渴便秘、痈疮肿毒(《大理资志》)。

蒙药 1. 果实：治痰热咳嗽、心胸闷痛、乳腺炎、便秘。

2. 种子：治咳嗽痰黏、便秘。

3. 果皮：治痰热咳嗽、心胸闷痛、乳腺炎。

4. 根：治热病口渴、消渴、痈肿(《蒙药》)。

苗药 1. 种子：治肺热咳嗽、咽喉肿痛、乳腺炎、大便燥结。

2. 根：治黄疸、乳腺炎、痔瘘、疖肿、热疾烦渴、尿崩症、痈疮、宫外孕、葡萄胎、绒毛癌(《湘蓝考》)。

其他：在中南半岛，该植物用作强泻药和催吐剂。在马来半岛，叶治疖子。在印度尼西亚，叶汁治疗儿童腹泻。

Triumfetta rhomboidea Jacq.
刺蒴麻

【缅甸名】 kat-si-ne，katsine-galay。

【民族药名】 尼玛椿、猪头绒(白药)。

【分布】 遍布热带地区。在中国分布于云南、广西、广东、福建、台湾。在缅甸主要分布于克钦邦、钦邦、勃固、曼德勒。

【用途】

缅药 叶，花，果实，根：促进分娩。

白药 根、全株：治风热感冒、泌尿系统结石(《滇省志》)。

其他：在中国，该植物治疗皮肤脓肿或其他皮肤病。在汤加，该植物治疗烧烫伤。在菲律宾，该植物治疗消化道溃疡。

Typhonium trilobatum (L.) Schott.
马蹄犁头尖

【异名】 马蹄跌打、小黑牛、山半夏(云南)。

【缅甸名】 ပိန်းဥအယဉ်ကျွဲနဒေ

【民族药名】 朋参拿、朋三那、碰三那、三面叶(傣药);都奴给(瑶药)。

【分布】 在世界各地均有种植。在中国分布于广东、广西、云南等地的热带地区。在缅甸主要分布于仰光。

【用途】

缅药 根:用作抗刺激性物质。

傣药 1. 块茎:止血止痛,止痛祛湿,消火,解毒(《傣医药》)。

2. 块茎:治虫蛇咬伤、痈疖肿毒、血管瘤、淋巴结结核、跌打损伤、外伤出血(《滇药录》《版纳傣药》《傣药录》)。

蒙药 叶:治痈疖肿毒、疥癣、毒蛇咬伤、瘰疬、结核、外伤出血。

瑶药 全草:治风湿痹痛(《桂药编》)。

其他:在印度,根治疗蛇咬伤,同时外敷和口服;根和香蕉同食治疗胃病;该植物还用作兴奋剂,可治疗痔疮。

Urena lobata L.
地桃花

【缅甸名】 ဝက်ချေးပန်း၊ဝက်ချိုးမနံ

kat-say-nei, kat-sine, nwar-mee-kat, popee (Chin)。

【民族药名】 米石翁萨(阿昌药);满罗说、哈满罗说、项满糯说(傣药);奴豆棒堆、求巴甲(侗药);Aolhel、大迷马桩(哈尼药);得谎呢、得诺尼(拉祜药);肖梵天花、拦路虎、夏何芒(黎药);屙骏(毛南药);豆抑达、八卦拦路虎、松草荒结(苗药);山棉花、土棉花、肖梵天花(畲药);水棉花(土家药);日美着丁(佤药);红花地桃药、痴头婆(瑶药);么多哟(彝药);Vadauznamh(壮药)。

【分布】 越南、柬埔寨、老挝、泰国、缅甸、印度和日本等地均有分布。在中国分布于长江以南各地区。在缅甸主要分布于仰光、钦邦、勃固、曼德勒、德林达依。

【用途】

缅药 1. 树皮:粉末和等量的糖混合,和牛奶同服,可增强男性性功能和增加精子数量。

2. 嫩枝:和等量的黑芝麻小火慢煮制成药膏,可用于减轻水肿。

3. 叶、根:利尿,祛痰,减少发热,防疮,减少胆汁分泌,缓解性病、尿路感染、麻风病和皮肤病;加水煎煮浓缩后服用,可解热,治风湿。

4. 根:粉末与牛奶混合成泡沫状,治哮喘和支气管炎;粉末用热水送服治慢性消化不良;内服根的水煎液可治发热、发炎和关节疼痛;磨碎加水制成的糊状物,涂抹,治疗乳房下垂。

5. 根皮:水煎液治疗性病和其他虚证。

阿昌药 1. 根:治风湿性关节痛。

2. 全草:外用治跌打损伤、骨折。

傣药 1. 根、全株:治腹痛、腹泻、红白下痢、月经过多。

2. 根:治腹泻、感冒、肠炎、痢疾、风湿性关节痛、风湿性肿痛、肾炎水肿。

3. 叶:治毒蛇咬伤、疮疖、腹泻。

侗药 根、全株:治呃逆型(闭经)。

独龙药 1. 根、叶:治风湿性关节炎、感冒、疟疾、肠炎、乳腺炎、偏头痛、痢疾、小儿消化不良、白带、妇科病(子宫脱垂)、儿童小便白色。

2. 鲜全株:治跌打损伤、毒蛇咬伤。

哈尼药 1. 根:治肠炎、菌痢、风湿麻木、跌打损伤、偏瘫、肾炎性水肿。

2. 叶:治毒蛇咬伤、疮疖。

拉祜药 1. 根:治乳腺炎、跌打损伤、毒蛇咬伤、感冒、肠炎、痢疾、风湿性关节炎痛、风湿性肿痛、肾炎水肿。

2. 叶:治毒蛇咬伤、疮疖、大便秘结、无名肿毒、肝炎、风湿痹痛、淋病、白带、吐血、痈肿、外伤出血、胃痛、跌打损伤、肺结核咯血、喉蛾(急性扁桃体炎)、肾炎、水肿、毒蛇咬伤、惊风、破伤风、哮喘。

黎药 1. 根、叶:清热解毒。

2. 根或全草:治痢疾。

毛南药 效用同瑶药。

苗药 1. 根、全株:治水肿、闭经。

2. 全株：治风湿性关节炎、感冒、疟疾、肠炎、痢疾、小儿消化不良、白带过多；外用治跌打损伤、骨折、毒蛇咬伤、乳腺炎。

仫佬药 效用同瑶药。

畲药 根：治糖尿病、风寒感冒、受凉后四肢无力、头风痛、关节炎、产后风。

土家药 根、全草：治风湿痹痛、痢疾、水肿、白带、吐血、痈肿、毒蛇咬伤、跌打损伤。

佤药 根：治肠炎、痢疾、消化不良、风湿疼痛、感冒。

瑶药 1. 全株：治感冒发热、支气管炎、急性扁桃体炎、风湿痹痛、慢性肾炎、肠炎、痢疾、腹泻、口渴咽干、肺热咳嗽、尿路感染、白带、胎漏、吐血、肿痛、外伤出血；水煎洗患处治妇女阴部瘙痒；新鲜全草捣烂敷患处治跌打损伤、毒蛇咬伤。

2. 根皮：治腹泻、痢疾；与鸡肉煎服治小儿佝偻病初期多汗；与猪脚或猪瘦肉煲服治肾炎水肿、血崩；捣烂敷患处治疮疖。

3. 叶：治痢疾。

4. 根、全株：治风湿性关节炎、感冒、疟疾、肠炎、乳腺炎、偏头痛、痢疾、小儿消化不良、白带、妇科病（子宫脱垂）、儿童小便白色。

彝药 茎皮：治蛇虫咬伤、无名肿毒、口舌糜烂。

壮药 全草：治贫痧（感冒）、货烟妈（咽喉肿痛）、唉病（咳嗽）、白冻（泄泻）、阿意咪（痢疾）、发旺（风湿骨痛）、慢性肾炎。

其他：该植物可用作祛痰药、利尿药、止血剂、调经药、止痛药和润肤剂，治疗头痛、胃痛、胃炎、腹泻、咽喉痛、发热、发炎、腹绞痛、肺炎、疮痈、创伤、头皮疹、疔疖、肿胀、烧伤、痢疾、肝炎、胸膜炎、便血、膀胱和泌尿生殖系统疾病、淋病、牙龈炎和宿醉。

Urtica dioica L.
异株荨麻

【民族药名】 Honhalha（蒙药）；Qakhkhakh

ot（维药）；昂妥盆、小荨麻（彝药）。

【分布】 广泛分布于全球温带地区。在中国分布于西藏、青海和新疆。

【用途】

缅药 根：用作利尿剂。

哈萨克药 全草：治肾炎、膀胱炎、风湿性关节炎、布氏杆菌病、腰腿痛及皮肤病。

蒙药 全草：治风湿性关节疼痛和皮肤瘙痒。

维药 效用同麻叶荨麻。

彝药 全草：治风疹、生疮后出现抽风、皮肤瘙痒、小孩着寒、哮喘病、风火眼疾、肿痛。

其他：整株植物用作驱虫剂，治疗肾炎、黄疸、月经过多；叶治疗伤口和疖子，局部使用治疗扭伤和风湿；叶、根治疗头皮屑；种子、根治疗腹泻。

Urtica parviflora Roxb.

【分布】 分布于东亚-喜马拉雅山脉（不丹、印度北部、克什米尔、尼泊尔）。

【用途】

缅药 根：用作胃药。

其他：据记载用作补药和栓剂，治疗发热、痛风、风湿病，也用作脱位、骨折、扭伤的抗刺激肿胀剂。

Vaccaria hispanica（**Mill.**）**Rauschert**

【异名】 麦蓝菜。

【分布】 分布于亚洲和欧洲。中国除华南地区外，其他地方均有分布。

【用途】

缅药 叶：治疗皮肤病。

其他：在中国，全株用作创伤药、消肿药、止血药和止疼药，治疗疖子和疥疮，内服用作催乳剂。

【成分药理】 种子中含有皂素（saponin）、碳水化合物和乳糖。

Vallaris solanacea (Roth) O. Ktze.
纽子花

【异名】 龙葵。

【缅甸名】 khinbok，nabu-new。

【分布】 分布于印度、斯里兰卡、缅甸、印度尼西亚。在中国分布于广东、海南。在缅甸主要分布于仰光、克钦邦、勃固、曼德勒。

【用途】

缅语 果汁:治疗疮。

其他:在印度，树皮用作收敛剂;乳胶可涂在伤口上。在中南半岛,树皮用作发热剂。

【成分药理】 植株含有强心苷。

Ventilago denticulata Willd.
密花翼核果

【缅甸名】 tayaw-nyo。

【民族药名】 嘿介(傣药)。

【分布】 分布于中国、不丹、印度、尼泊尔、泰国和越南等地。在缅甸广泛种植。

【用途】

缅药 根:制成药膏,可促进伤口的肉芽生成。

傣药 藤茎:治感冒、咳嗽痰多、胸闷气促,以及六淋证出现的尿频、尿急、尿痛。

【成分药理】 种子主要成分为蛋白质、还原糖(如葡萄糖)、40%固定油油酸,其他成分包括棕榈酸、亚麻酸、亚油酸、月桂酸、硬脂酸和少量辛酸、甾醇、糖苷和游离酸。据报道,不皂化物中含有β-淀粉和叶黄素以及2种未知碳氢化合物。

Verbena officinalis L. md.
马鞭草

【异名】 铁马鞭,马鞭子,马鞭梢,透骨草。

【缅甸名】 ဆေင်တက်ကူ;

【民族药名】 马鞭梢(阿昌药);麻撒梢、修嘎粗、阿尼波基(白药);雅抗恩(布朗药);钩两马、钩英马(布依药);马篙凑(朝药);芽夯燕(傣药);刀靠绕(德昂药);蜻蜓、娘球马鞭、娘囚(侗药);阿略俄纪、阿罗我源、铁马糖(哈尼药);阿奶夺、阿内多(基诺药);诺期妙(景颇药);酒药草、马鞭精明、舌偎诺(拉祜药);亭色窝、阿约驱敏莫九(傈僳药);出教族、疟马鞭、铁马鞭(黎药);妈病度、燕子居(毛南药);加洛根(苗药);马鞭稍、资库刻(纳西药);插给八自时(普米药);泽仁蓄(羌药);铁马鞭、铁马莲(土家药);日哎了、铁马鞭、狗牙草(佤药);铁马(瑶药);磨卖施、木巴日波、木巴吾(鼻药);木果鞭马、铁马靴、马害么(壮药)。

【分布】 广泛分布于温带和亚热带地区。在中国广泛分布。在缅甸也广泛种植。

【用途】

缅药 清热解毒,活血散瘀,利水消肿,治外感发热、湿热黄疸、水肿、痢疾、疟疾、白喉、喉痹、淋病、经闭、癥瘕、痈肿疮毒、牙疳等证。

阿昌药 全草:治牙周炎、急性肠胃炎、尿路感染(《滇药录》)。

白药 1. 嫩叶:治急性胃痛。

2. 全草:治小儿雀盲、痢疾、喉炎、牙周炎、尿路感染、急性胃痛、链霉素副反应耳聋、高热发斑、周身起黑斑块(《滇省志》《民族药志》《滇药录》)。

布朗药 全草:治感冒发热(《滇省志》《民族药志》)。

布依药 全草:治腹泻、胃出血(《民族药志》)。

朝药 全草:治湿热黄疸、水肿、疟疾、闭经(《民族药志》)。

傣药 1. 全草:治感冒发热、咳嗽、咽喉红肿疼痛、水食不下、腮腺炎、颌下淋巴结红肿疼痛、失眠多梦、头昏目眩、胃脘胀痛、腹痛、腹泻、赤白下痢、妇女产后尿频、尿急、尿痛、水肿、疟疾、传染性肝炎、流行性感冒、白喉、扁桃体炎、百日咳、喉炎、结膜炎、闭经、口腔炎、尿道炎、膀胱炎、肠炎、跌打损伤、肝炎、肝硬化腹水;外用治湿疹、皮炎、疝气、小儿头部串串疮。

2. 根:治胃腹疼痛、小腹扭疼、跌打损伤、刀伤(《滇药录》《德宏药录》《滇省志》《德傣药》《傣药志》《民族药志》)。

德昂药 全草:治急性胃炎、疟疾、细菌性痢疾(《滇省志》《民族药志》)。

侗药 全草:治眼疟(打摆子)、兜亮堀(烧热病)、尿路结石、尿路感染、感冒咳嗽、黄疸型肝炎、急性肠炎、肝炎腹水、小儿破伤风、阿米巴痢疾、肝硬化腹水(《侗医学》《桂药编》《民族药志》)。

仡佬药 全草:治毒症。

哈尼药 全草:治流感、外感发热、湿热黄疸、肝炎、急性结膜炎、肠炎、赤白痢疾、尿路感染、闭经、顽疾、百日咳、跌打扭伤、口腔炎、胃炎、膀胱炎、淋病、疮毒(《滇药录》)。

基诺药 1. 根:治腹痛、妇女血崩症。

2. 全草:治顽疾、膀胱炎,接骨(《基诺药》《民族药志》)。

景颇药 全草:治发热性疾病。

拉祜药 全草:治疟疾、感冒发热、急性胃肠炎、细菌性痢疾、肝炎、肝硬化腹水;外用治跌打损伤、疔疮肿毒。

傈僳药 全草:治感冒、尿路感染、牙痛、小儿雀目、痢疾、外感发热、湿热黄疸、水肿、痢疾、疟疾、白喉、喉办、淋病、闭经、牙府、庞瘦、痛肿疮毒(《滇药录》《民族药志》《怒江药》)。

黎药 1. 全草:水煎洗治溃疡、牛皮癣;切碎与米酒炒温,外熨患处,治风湿性关节炎、痹痛。

2. 叶:烤软,揉成团,敷寸口脉,治疟疾。

毛南药 全草:治丝虫病、感冒发热、胃肠炎、细菌性痢疾、肝硬化腹水、肾炎水肿、阴囊肿痛、月经不调、牙周炎、尿路感染、咽喉肿痛;外用治跌打损伤、乳腺炎、湿疹、皮疹。

苗药 全草:治外感发热、湿热黄疸、尿道感染、水肿、咽喉肿痛、骨折、筋骨疼痛、蚂蚱症、乳房红肿、白喉、疟疾、腹痛、尿路结石、跌打损伤、肝炎、月经不调、闭经、腹痛、痈肿、疮毒、感冒高

热、肝炎腹水、小儿破伤风、阿米巴痢疾、黄疸型肝炎、痛气、胸病、受凉发热、腰痛、筋骨疼痛、骨折、亚急性及慢性盆腔炎(《滇药录》《桂药编》《苗医药》《苗药集》《民族药志》)。

纳西药 全草:治顽疾、痢疾、急性胃肠炎、急性肝炎、感冒发热、湿热黄疸、牙周炎、牙髓炎、牙槽脓肿、妇人疝痛、闭经、腹部肿块、水肿腹胀(《民族药志》)。

普米药 全草:治疮疖。

羌药 全草:行气活血、消食健脾。

畲药 全草:治空调型结核、腹痛、跌打损伤、胸痛、尿路结石、伤风感冒、头痛、痛经、疟疾、湿疮肿毒(《畲医药》)。

土家药 1. 全草:治赤白前疾、咽喉肿痛、牙痛、乳腺炎、疟疾、痛经、闭经、小儿口疮、肝炎、阴囊湿疹、晚期血吸虫病、间日疟、黄症、尿积症、热泻症、跌打损伤、疮痈。

2. 根:治痢疾(《土家药》《民族药志》)。

佤药 全草:治尿道感染、尿血、肾炎水肿、流行性感冒、痢疾、妇女小腹痛及月经不调(《滇药录》《滇佤药》《民族药志》)。

瑶药 全草:治痢疾、麻疹、跌打损伤、闭经、感冒发热、肺热、尿路感染、肾炎水肿、急性胃肠炎、黄疸型肝炎、肝硬化腹水、咽喉肿痛、月经不调、湿疹。

彝药 1. 全草:治高热、发斑、感冒、火牙痛、血尿、湿热黄疸、月经不调、热毒内陷、咽喉肿痛、胃胆疼痛、肾病水肿、疟疾、痛疡疔疮、水肿、白喉、淋病、经闭、痛肿疮毒、牙疳、辅经、赤白痢、稻田性皮炎、局部发痒后溃烂、流黄水、夫妻同房后男子尿闭、小便如泔水、久不受孕。

2. 全草、根:治乳疮、月经不调、痛经、百日咳、肠痛、腹泻、赤白痢、肝痛、火眼、火牙痛、感冒高烧、跌打损伤、疥疮、高热发斑、周身起黑斑块、白喉、流行性感冒、血吸虫病、丝虫病,防治传染性肝炎。

藏药 全草:治痛经、闭经、肝炎、跌打损伤、水脚、痢疾、关节酸痛、月经不调、湿热痢疾、牙

痛、关节痛(《中国藏药》《民族药志》)。

壮药 全草:治黄庭、烨病、京琴(经团)、京尹(痛经)、贷烟妈(咽痛)、呗衣(痈疮)、尿路感染、感冒、发热、咽喉肿痛、肝胆肿大、血精、笨浮(水肿)、肉扭(淋证)、痧病、痢疾、乳痛、跌打损伤、疟疾、血吸虫病、急性肠胃炎、肝炎、肾炎、月经不调、血瘀闭经、牙周炎、白联、阿米巴痢疾、腹水、小儿破伤风、闭经、麻疹;外用治跌打损伤、疔疮肿痛(《滇药录》《桂药编》《民族药志》)。

其他: 在韩国、中国和中南半岛,花朵具有催吐、通便、驱虫、抗炎、止血和清热功效,内服治疗感冒、发热、各种炎症、肠道消化疾病、泌尿系统疾病和子宫疾病,也有分娩后净化作用;花与蜜糖同服治疗水肿、中耳炎和贫血;花外用作为膏药或洗剂,治疗皮肤病、脓肿、肿瘤以及严重伤口。

Vernonia cinerea (L.) Less.
夜香牛

【异名】 寄色草、假咸虾花、消山虎、伤寒草、染色草(广西),缩盖斑鸠菊、拐棍参(云南)。

【缅甸名】 ကတူးပန္
kadu-pyan。

【民族药名】 教耿(侗药);松香堂、王夜(毛南药);夜香牛、哈倍普(彝药)。

【分布】 世界各地均有种植。在中国分布于浙江、江西、福建、台湾、湖北、湖南、广东、广西、云南和四川等地。在缅甸广泛种植。

【用途】

缅药 整株植物:用作补药和平喘药。

侗药 根:治风湿病(《桂药编》)。

毛南药 全草:治神经衰弱;外用治痈疖、无名肿毒、毒蛇咬伤。

佤药 全草:治感冒发热、咳嗽、神经衰弱;外用治蛇虫咬伤、无名肿毒(《中佤药》)。

彝药 全草:治感冒发热、咳嗽、痢疾、黄疸

型肝炎、神经衰弱、脾虚、饮食不化;外用治痈疖肿、毒蛇咬伤(《滇省志》)。

其他: 在印度,全株用作发汗药,治疗膀胱痉挛;汁液治疗痔疮;种子用作解毒剂和驱虫药;根治疗水肿。

Viscum cruciatum Sieber ex Boiss

【缅甸名】 kyibaung, taung-kyibaung。

【分布】 分布于欧洲、亚洲和非洲北部。在缅甸分布于伊洛瓦底、马圭和掸邦。

【用途】

缅药 叶:磨成粉末,制成糊状,应用于局部抗炎。

其他: 在印度,整株植物的灰烬涂抹于患处,治疗皮肤瘙痒;全株煎煮后沐浴,可治疗儿童发热。

Vitex glabrata R. Br.

【异名】 杜荆。

【缅甸名】 ထောက်ရာ
mako-lok-kaing, panameikli, tauksha, thokkya。

【分布】 分布于孟加拉国、印度、老挝、缅甸、泰国、越南、印度尼西亚、马来西亚、新加坡和澳大利亚。

【用途】

缅药 树皮、根:用作收敛剂。

其他: 在印度,树皮和根用作收敛剂。

Vitex negundo L.
黄荆

【缅甸名】 kyaungban-gyi。

【民族药名】 埋成、埋疾(傣药);五指棋、黄荆条、美腻(侗药);蚊烟柴(京药);紫乌、雅容、打

蚊树（黎药）；五指风、妹京、花妹镜（毛南药）；都来棍（苗药）；美痕、美比紧、兜柏（仫佬药）；黄荆（畲药）；黄将萱、黄浆茶（土家药）；巴齿崩、五指风、黄荆柴、重已亮、棵谷、压散哥（瑶药）；盟劲、棵径、美覃（壮药）；流出、Dungura、Saguriu（台少药）。

【分布】 分布于非洲东南部、马达加斯加、亚洲东部和东南部、关岛、佛罗里达及南美洲的玻利维亚。在中国分布于长江以南各地，北达秦岭淮河。在缅甸主要分布于仰光。

【用途】

缅药 果实：用作镇静剂。

傣药 1. 果实：治风寒感冒、呃逆、咳嗽、食积、疝气、痔漏。

2. 叶：治中暑吐泻、黄疸、风湿病、跌打肿痛、疮痈疥癣。

3. 茎枝：治感冒咳嗽、喉痛、牙痛、烫伤。

侗药 1. 果实：治感冒、咳嗽、哮喘。

2. 全株：预防流感、疟疾、痢疾、感冒、发热。

3. 根：治流行性感冒、风湿性关节炎、痢疾；佩带患儿身上治小儿疳积病。

京药 1. 全株：治心跳过快、心脏病。

2. 果实：治心跳过快。

黎药 1. 叶：治感冒、腹泻、骨瘤引起的下肢瘫痪、骨折、刀伤出血；煎水洗，治香港脚；捣烂外敷治昆虫咬伤。

2. 枝叶：治痢疾。

3. 种子：研末治胃肠绞痛。

毛南药 1. 全株：治中暑、感冒风寒、细菌性痢疾、消化不良、寒喘、疟疾、皮肤瘙痒、荨麻疹、支气管炎、急性肠炎、呕吐、腹泻。

2. 叶：治感冒发热、痧病。

苗药 1. 叶、果实：治蛇咬伤、感冒、肠炎、痢疾、皮炎、湿疹、脚癣、烂脚丫、各种痧症。

2. 根：治感冒、中暑、吐泻、痢疾、疟疾、黄疸、风湿病、跌打肿痛、疮痈疥癣。

3. 全株：治湿疹。

仫佬药 1. 全株：治感冒发热、风湿头痛。

2. 鲜叶：治风湿头痛、外伤出血。

3. 果实：治感冒、心脏病。

畲药 嫩枝、叶：治感冒发热、咳嗽、急慢性气管炎。

土家药 1. 茎枝：治伤风、伤寒、中暑。

2. 果实：治郁气病、心口痛（胃脘痛）、吼病（哮喘）。

瑶药 1. 全株：治感冒发热、痧症、尿路感染、胃脘痛、腰痛、胃痛、皮肤瘙痒、咳嗽、哮喘、消化不良、湿疹、皮炎。

2. 果实：治腰痛。

彝药 根：治风湿骨痛、肌肉酸痛、外感风寒、鼻塞身重、疟疾发痧、胃脘冷痛。

壮药 1. 全株：治贫痧（感冒）、发旺（风湿骨痛）、瘴毒（疟疾）、心头痛（胃痛）、笨浮（水肿）、埃病（咳嗽）、痂（癣）、兵淋嘞（崩漏）、气管炎、急性肠胃炎、消化不良、便秘、肾虚、心跳过快、心脏病、蚂蝗痧。

2. 叶：治痧病、瘴病、埃病（咳嗽）、墨病（哮喘）、胴尹（胃痛）、腊胴尹（腹痛）、白冻（泄泻）、阿意咪（痢疾）、脚气肿胀、风疹瘙痒、痂（癣）。

台少药 1. 叶：治头痛、胸痛、腹痛、疟疾、外伤。

2. 新芽：治腹痛。

其他：在中国，干枝治疗烧伤和烫伤，干枝制成输液剂治疗焦虑、抽搐、咳嗽、头痛和眩晕；叶具有收敛性，可作为镇静剂，治疗霍乱、湿疹；果实治疗心绞痛、感冒、咳嗽、耳聋、淋病、疝气、白带和风湿；根治疗感冒和风湿。据记载，可以预防疟疾，治疗细菌性痢疾和慢性支气管炎。

【成分药理】 精油含有醛和酮、酚类衍生物和桉树酚。叶子具有杀菌和杀虫作用。

Vitex trifolia L.
蔓荆

【缅甸名】 ရေကြောင်ပန်း၊ကြောင်ပန်း"ကလေး"

kyaung-pan。

【分布】 分布于亚洲到澳大利亚。在中国

分布于福建、台湾、广东、广西、云南。在缅甸广泛种植。

【用途】

缅药 1. 叶:治疗皮肤感染、脾脏肿大和风湿病,也用于调节月经和肠道功能紊乱,促进溃疡愈合,退热,解毒;叶汁治疗皮肤感染、静脉曲张,局部外用可治疗慢性疼痛;叶汁与芝麻油和蜂蜜混合,在耳朵内擦拭,可减轻耳痛和消除耳道感染;水煎煮后内服,治疗体虚、消瘦、疟疾、月经不调、与分娩有关的疾病以及婴幼儿的咳嗽和感冒;干树叶填充枕头可缓解失眠和预防大脑疾病。

2. 叶、花:解热,催吐。

3. 根:磨碎制成糊状物,给儿童服用或吸入,可退热和治疗呼吸道疾病。

【成分药理】 含有松烯和萜烯乙酸酯等成分。叶中含有桃叶珊瑚苷、阿古那苷、蓖麻苷、定向素、异定向素和木犀草素-7-葡萄糖苷;提取物可抑制肺结核有机体,并显示出抗肿瘤活性。果实中含有硫酸钙。

Volkameria inermis L.
苦郎树

【缅甸名】 kywe-yan-nge pinle-kyauk-pan。

【分布】 分布于亚洲南部和东南部、澳大利亚和太平洋岛屿。在中国分布于福建、台湾、广东、广西等地。在缅甸广泛种植。

【用途】

缅药 叶、根:用于分娩后的熏蒸,治疗哮喘、发热、阴囊感染和性病。

其他: 在印度,果实治疗不孕和性病。在中国,叶用作净化剂、皮肤清洁剂;种子用作鱼蟹等食物的解毒剂。在关岛和萨摩亚,治疗发热、头痛、吐血、肺炎和胃痛。在所罗门群岛,叶片燃烧产生的烟雾可治疗眼睛疾病,包括失明。在其他地方,该植物治疗目疾和风湿病。

【成分药理】 叶中含有生物碱类化合物、甾

醇、脂肪醇、葡萄糖、果糖、蔗糖、树脂和树胶的脂肪酮。

Walsura pinnata Hassk.

【异名】 越南割舌树。

【分布】 分布于中南半岛、马来半岛、婆罗洲、马鲁古群岛和新几内亚。在中国分布于广东、海南、广西等地。在缅甸主要分布于德林达依。

【用途】

缅药 树皮:治疗腹泻、痢疾。

【成分药理】 树皮富含单宁是收敛剂。

Woodfordia fruticosa（L.）Kurz.
虾子花

【缅甸名】 ပတ်တကျည်ပင်၊ပန်းလဲ

pan-le, panswe, pattagyi, yetkyi。

【分布】 分布于马达加斯加、印度、巴基斯坦、斯里兰卡、中国和印度尼西亚等地。在中国分布于广东、广西及云南。在缅甸主要分布于克钦、钦邦、曼德勒。

【民族药名】 哈埋洞荒、埋洞荒、洞荒（傣药）;吗啦作、红蜂蜜花、野红花（哈尼药）;布败维能、虾花（彝药）。

【用途】

缅药 花:治疗肠道病。

傣药 1. 根:治咯血、鼻出血、妇女血崩、小便热涩疼痛、腹痛腹泻、疮疡疖肿、皮肤溃烂。

2. 花:治痞块、闭经、月经不调。

3. 叶:治角膜云翳。

哈尼药 1. 根:治月经不调、鼻衄、咳血、妇女血崩、肝炎、气管炎。

2. 全草:调经活血。

彝药 1. 嫩茎叶:治蜈蚣咬伤。

2. 全草:治肝胆湿热。

其他：在马来半岛，粉末撒在女性腹部治疗不孕。在印度尼西亚，烧焦和粉碎结果枝，粉末用作收敛剂，用于伤口和新生儿脐带上；花、叶和果实用作收敛剂、抗风湿利尿剂，治疗痢疾、排尿困难和血尿。

【成分药理】 含有单宁和红色素。

Wrightia arborea（Dennst.）Mabb.
胭木

【缅甸名】 danghkyam-kaii, lettok-thein, mai-langmai-yang-hka-oaun, taung-zalut.

【分布】 分布于印度、缅甸、泰国和马来西亚等地，在世界各地均有种植。在中国分布于云南、贵州和广西等地。在缅甸主要分布于仰光、伊洛瓦底、勃固、曼德勒。

【用途】

缅药 树皮：治疗肾脏疾病。

其他：在印度，树皮用作止泻木树皮的替代品，治疗胃绞痛；根治疗发热、痢疾（与锡生藤属合用）；未指明的植物部分治疗肿瘤。在中南半岛，用作收敛剂和解毒剂。

Xylia xylocarpa（Roxb.）Taub.

【异名】 木荚豆，金车木，花梨木，泰国红花梨，虎皮檀。

【缅甸名】 hpat, mai-salan, pkhay, praing, pran, prway, pyin, pyinkado.

【分布】 原产于孟加拉国、柬埔寨、印度、老挝、缅甸、泰国和越南，非洲、菲律宾和新加坡引入栽培。在缅甸广泛种植。

【用途】

缅药 1. 树皮：用作收敛剂。

2. 种子：治疗风湿病。

其他：在印度，树皮治疗淋病、腹泻、呕吐，还可作杀虫剂。

Xylocarpus granatum J. Koenig
木果楝

【异名】 海柚（海南）。

【分布】 分布于中国、印度、印度尼西亚、马来西亚、巴布亚新几内亚、菲律宾、斯里兰卡、泰国、越南。在中国分布于海南。在缅甸主要分布于伊洛瓦底、若开邦、德林达依和仰光。

【用途】

缅药 1. 全株：用作收敛剂。

2. 树皮：治疗痢疾。

3. 果实、种子：用作止泻药。

4. 果皮或种皮：制成药膏治疗肿胀。

5. 种子：制成灰治疗瘙痒。

6. 树皮、根：用作强收敛剂。

7. 根：治疗霍乱。

其他：在印度，树皮用作收敛剂和退热药，治疗腹泻、痢疾和腹部问题；果实治疗象皮病和乳房肿胀；种仁用作补药；种子（与硫黄和椰子油混合）制成的软膏可治疗瘙痒。

Xylocarpus moluccensis（Lam.）M. Roem.

【缅甸名】 kyana, kyat-nan, pinle-ohn, pinle-on.

【分布】 遍及东半球和大部分热带地区，包括澳大利亚、斐济和汤加。在缅甸主要分布于仰光、伊洛瓦底、德林达依、若开邦。

【用途】

缅药 1. 全株：用作收敛剂。

2. 树皮：治疗痢疾。

3. 果实和种子：用作止泻药。

4. 果皮或种皮：作药膏治疗肿胀。

5. 种子：制成灰治疗瘙痒。

6. 树皮：用作强收敛剂。

7. 根：治疗霍乱。

Zanthoxylum acanthopodium DC.
刺花椒

【异名】 岩花椒(云南)。

【缅甸名】 chy-inbawngla，jangbawngla，jingbawngla，lan-salat，tabu。

【民族药名】 阿菊(拉祜药)。

【分布】 分布于中国、孟加拉国、不丹、印度尼西亚、老挝、马来西亚、缅甸、尼泊尔、泰国和越南。在中国分布于云南、西藏。在缅甸分布于勃固、钦邦、克钦邦、马圭、实皆、掸邦和仰光。

【用途】

缅药 种子:用作解热药和发汗药。

拉祜药 1. 根皮:治虫积腹痛,避孕。

2. 根、叶:治风寒感冒、胁脘寒痛、水肿(《滇省志》)。

其他:在中国,果实治疗痢疾和胃痛;种子用作发汗药、解热药、牙粉。

Zea mays L.
玉蜀黍

【异名】 玉米(《盛京通志》),包谷(《思州府志》),珍珠米(《华英字典》),苞芦(《种子植物名称》)。

【缅甸名】 pyaung-bu。

【民族药名】 采烟薯屋(白药);母毫太(布依药);尖号聋、考聋(傣药);蕊毫发(德昂药);包谷须(侗药);玉米须、的朵梦(仡佬药);累温蝶(毛南药);玉米须(蒙药);阿女包儿、干拎敢下、虑恩及得(苗药);反熬妹、反欧表、包谷须(水药);包谷心、包谷须、包谷米(土家药);西网、包谷(佤药);候沾(瑶药);红包谷子(彝药);麻美洛朵给梅朵(藏药)。

【分布】 分布于墨西哥,全世界热带和温带地区广泛种植。中国各地均有栽培。在缅甸广泛种植。

【用途】

缅药 花:发酵后制成汤剂,据记载有很强的降血糖作用。

白药 花柱:治高血压、水肿、盗汗(《滇药录》)。

布依药 花柱:治高血压。

傣药 1. 花柱:治腮腺炎、妇女血崩、肝炎、喉痛。

2. 果穗轴:治咽喉肿痛、口舌生疮、眼目红肿、发热(《滇药录》《版纳傣药》《滇省志》)。

德昂药 花柱:治急慢性肾炎、水肿、急慢性肝炎、高血压、糖尿病、慢性鼻窦炎、尿路结石、胆道结石、习惯性流产、尿血。

侗药 花柱:治肾性水肿、小便不利、湿热黄疸。

仡佬药 花柱:治鼻出血。

哈萨克药 花柱:治高血压、眩晕、心悸、肾炎浮肿、小便不利。

毛南药 花柱:治糖尿病。

蒙药 1. 花柱:治肾炎水肿、小便不利、黄疸型肝炎、胆囊炎、糖尿病、高血压。

2. 根、叶:治热淋、砂淋、石淋、小便涩痛(《蒙植药志》)。

苗药 1. 花柱:治水肿、小便淋漓、黄疸、胆囊炎、胆结石、高血压、糖尿病、乳汁不通、高血压引起的头晕、鼻出血。

2. 种子:捣碎冲开水服用,治木薯中毒或食物中毒昏迷。

3. 全草:治黄疸型肝炎、尿路感染、发热(《桂药编》《苗医药》《湘蓝考》)。

水药 花柱:治水臌病(肝硬化腹水)(《水医药》)。

土家药 1. 果穗轴:治小便不利、水肿、脚气、泄泻。

2. 花柱:治黄肿病、浮肿、淋病、水肿、肾结石、高血压。

佤药 叶、根、花柱:治淋沥砂石、吐血、水肿、肾炎、水肿、痢疾、高血压(《中佤药》)。

瑶药　根:治砂淋、吐血(《桂药编》)。

彝药　全株:治风湿骨痛、关节肿胀、肉食积滞、脾胃不和、骨疮痈疡、皮疹瘙痒(《哀牢》)。

藏药　花柱:治水肿、尿路结石(《藏本草》)。

其他:用于患有消耗性疾病的患者的饮食中,用作收敛剂,治疗松弛的肠道。在中国,叶和根的汤治疗排尿困难;玉米丝可作为水肿的利尿剂,治疗糖尿病,并与香蕉皮、西瓜皮合用煎煮治疗高血压;治疗鼻出血和月经过多可采用心络汤;种子广泛用于肿瘤和疣,也治疗痛经和逆证。在海地,用作利尿剂给人体注射,以治疗肾脏问题;汤剂或浸渍治疗炎症和水肿;谷物用于创伤部位的热敷和肿胀;磨粒的浆状物可应用于骨折;分裂穗被制成一种输液,作为一种抗高血压药物。

Zingiber montanum (J. Koenig) Link ex A. Dietr.

【异名】　野姜。

【缅甸名】　meik-tha-lin, hta-nah (Mon)。

【民族药名】　补累、野姜(傣药)。

【分布】　分布于亚洲的热带地区。在缅甸广泛种植。

【用途】

缅药　1. 全株:活血,利尿,治疗咳嗽、哮喘、麻风病及皮肤病,驱虫;与盐混合,治疗月经不调。与胡椒混合,预防感冒,缓解疼痛,消化不良;用适量的水冲泡服用,可治疗腹泻;对于蛇咬伤,内服全株汁液,也可将汁液外敷在伤口上。

2. 根茎:碾碎并用绷带绑在伤口上,治疗伤口疼痛;制成药膏,治疗老年人关节炎、膝盖肿胀和脚踝肿胀。

傣药　根茎:治食积胀满、肝脾肿大、食滞发呕、脘腹疼痛、恶心呕吐、关节红肿热痛、腹胀腹痛、头晕、心慌、耳鸣、烦躁不安、口鼻出血、尿血、月经不调、产后瘀血不止、胎衣不下。

Zingiber officinale Roscoe.
姜

【缅甸名】　သင်းဘာချင်းမခြောက်

gyin, lacow-sacopf, lagoe-htaneg (Mon)。

【民族药名】　腔(阿昌药);应(布依药);赛鞲刚、戈嗯刚(朝药);辛、辛姜、万、肯梗、生姜、喝逮坑、喝心、辛讲(傣药);应(侗药);生姜(东乡药);揩、色改、盖儿(仡佬药);嵯子、查直、脚掌根(哈尼药);超柯(基诺药);雀瘩(傈僳药);杆蛋、干姜、生姜(黎药);宝日嘎、札嘎(蒙药);山、凯(苗药);巧、生姜(怒药);姜姆、生姜、干姜(畲药);信(水药);可苏、生姜(土家药);西井(瓦药);赞吉维力、占吉维力(维药);姜松(苗药);查皮、拢底土、姜棵脚土(彝药);曼嘎、枷嘎(藏药);棵横(壮药);Koretupu、Koriyobu(台少药)。

【分布】　分布于亚洲东南部热带地区。在中国中部、东南部至西南部均有分布,在缅甸广泛种植。

【用途】

缅药　1. 根茎:刺激食欲,调节肠道,增强胆囊的功能,用作利尿剂和解毒剂,治疗喉炎、胸部和呼吸道疾病、感染性溃疡和受伤引起的炎症。

2. 根茎汁:用作滴耳液;与芝麻油一起烹制,揉搓发炎关节以减轻炎症和疼痛;与蜂蜜混合,治疗感冒、流鼻涕、咳嗽、哮喘和支气管炎;与洋葱汁混合,治疗恶心和打嗝;与平盛叶(美洲罗勒、柠檬罗勒或巴西罗勒)的果汁等量混合,用蜂蜜增甜,治疗霍乱;与山茱萸、槟榔叶一起煮沸,可治疗流感,助消化,净化产妇血液。

阿昌药　鲜根茎:治痰饮咳嗽。

布依药　根茎:放在热灰中烤热切开擦患处,治冻疮。

朝药　鲜根茎:治风寒感冒、胃寒、呕吐、小便不利、湿病、水积、气滞、气痛、气痰、胸痛、腹痛、阳虚厥逆、里寒证。

傣药　1. 根茎:治发冷发热、胸闷、胸腹胀痛、全身关节痛、跌打损伤、治吐血；生品用于发表，散寒，止呕，祛痰，升温；干品用于温中逐寒，回阳通脉（《滇药志》《傣药志》《滇药录》《德傣药》）。

2. 根：治便秘、尿黄、尿道炎、尿痛、咳嗽气管炎、水肿（《傣医药》）。

侗药 根茎：治脘腹冷痛、肢冷脉微、恶心呕吐、风寒感冒、咳嗽、胃寒痛、月经不调；经酒制后的水煎服治产后流血不止。

东乡药 鲜根茎：治气管炎。

仡佬药 根茎：治风寒轻型感冒。

哈尼药 根茎：治风寒感冒、胃寒呕吐、扭伤瘀血、风寒感冒、呕吐、头痛身重。

基诺药 根茎：治感冒、胃寒、呕吐、头痛、腹痛。

傈僳药 根茎：治风寒感冒、胃寒呕吐、痰饮、喘咳，解半夏、天南星和鱼蟹毒。

黎药 1. 叶：煮水洗澡，治皮肤过敏。

2. 根茎：治消化不良、腹痛感冒。

3. 根茎汁：加茶油或花生油调匀搽患处治烧烫伤。

蒙药 1. 根茎：治风寒感冒、胃寒呕吐、未消化病、胃寒性痞、"巴达干赫依""巴木"病。

2. 老根茎：治胃腹冷痛、虚寒吐泻、手足厥冷、痰饮喘咳。

3. 炮姜：治虚寒性吐血、便血、功能性子宫出血、痛经、慢性消化不良。

4. 姜皮：治水肿。

5. 干姜：治不消化症、清浊不分、胃火不足、"巴达干赫依"、肺脓疡、阳痿。

苗药 根茎：治恶心呕吐、风寒感冒、恶寒发热、头痛鼻塞、痰饮喘咳、胀满、泄泻、作寒作凉、伤风感冒、上腹疼痛。

纳西药 鲜根茎：治风寒感冒、呕吐腹泻、四肢厥冷、脾胃虚寒腹泻、十二指肠球部溃疡（虚寒型）、功能性子宫出血、水肿、秃头、冷厥、口舌、手脱皮。

怒药 根茎：治感冒。

畲药 1. 根茎：治风寒感冒、胃寒呕吐、胃

痛、蛔虫性肠梗阻、痰饮咳嗽、水肿、蛀牙痛。

2. 叶：煎水沐浴治风寒感冒。

水药 根茎：捣碎敷脸部痛处治牙龈肿痛、外感。

土家药 根茎：治风寒感冒、胃寒呕吐、寒痰咳嗽、脑壳痛、痧症、风寒骨痛、肚肠气痛、癫子、寒伤风症、伤风头痛、腹泻、骨刺颈痛。

佤药 根茎：治风寒感冒、心腹冷痛、呕吐、痰饮、腹部胀痛（《中佤药》）。

维药 根茎：治湿寒胃虚、胃纳不佳、大便稀薄、风寒感冒、腰冷阳痿、白带增多、寒症引起的寒病、吐泻、痢疾。

瑶药 根茎：水煎冲红糖服治风寒感冒、咳嗽、胃寒痛、月经不调；经酒制后水煎治产后流血不止。

彝药 根茎：治月经不调（逾期）、冷寒腹痛、风寒外感、杨梅疮、咳喘、风湿痛、腰腿痛、胃、十二指肠溃疡、疟疾、急性菌痢、蛔虫性肠梗阻、急性阑尾炎、白癜风、鹅掌风、甲癣、腹泻、老人咳、风寒外感、痰饮咳嗽，以及天南星、半夏、乌头、闹羊花、木薯、百部等中毒。

藏药 根茎：治"培根"病、"隆"病、中寒腹痛、吐泻、肢冷脉微、寒饮喘咳、风寒湿痹、胃寒、食欲不振、肺病、呕吐、"隆"病、未消化所致呕吐及腹泻、风寒感冒、血液凝滞。

壮药 根茎：水煎冲红糖服治风寒感冒、咳嗽、胃寒痛、月经不调；经酒制后水煎治产后流血不止（《桂药编》）。

台少药 根茎：治头痛、齿痛、腹痛、感冒、疟疾、肿疡、外伤、毒蛇咬伤、生产、产妇体衰。

Zingiber zerumbet（L.）Roscoe ex Sm.
红球姜

【缅甸名】 လင်းလကေ်ိမြဟာဗရိလင်းလ

zinbyu-bin, linne-gyi.

【民族药名】 明刺浪、万吷（傣药）；北了焉内（哈尼药）；柄敦榄（仡佬药）；粗怕撒（彝药）；牛

姜(壮药)。

【分布】 分布于亚洲热带地区,在印度广泛种植。在中国分布于广东、广西、云南等地。在缅甸广泛种植。

【用途】

缅药 根状茎:用作驱虫剂。

傣药 根茎:治腹泻、脘腹胀满、消化不良、跌打肿痛、疔腹痛、疮疡未溃(《德宏药录》《滇省志》)。

哈尼药 根茎:治腹痛、腹泻(《版纳哈尼药》)。

仫佬药 根茎:捣烂水煎服治黄疸型肝炎。水煎冲蜜糖服治心气痛;研粉冲开水服治肺结核。冲酒服可预防跌打损伤、瘀肿疼痛。

彝药 效用同仫佬药。

壮药 效用同仫佬药。

其他:根茎治疗咳嗽、胃痛、哮喘以及麻风和其他皮肤疾病,也用作杀虫剂;植株也治疗尿浊和支气管炎。

Ziziphus jujuba Mill.
枣

【异名】 枣树、枣子(俗称),大枣(湖北),红枣树、刺枣(四川),枣子树,贯枣,老鼠屎。

【缅甸名】 ဆီးပင်

eng-si, jujube, mahkaw, makhkaw-hku, zi, zi-daw-thi.

【民族药名】 哲日利格、查布干-楚莫、哲日力格-察巴嘎(蒙药);加惹(藏药);酸枣仁、山枣仁(阿昌药);朱浑瘦勒(满药)。

【分布】 原产于东亚温带、柬埔寨、缅甸。在中国广泛分布。在缅甸广泛种植。

【用途】

缅药 1. 树皮:治疗腹泻。

2. 叶:治疗蝎子蜇伤。

3. 叶、果:用作泻药和血液净化剂。

4. 根:退热。

蒙药 种子:治失眠、神经衰弱、多梦、健忘、虚汗、心烦、心悸、易惊(《蒙药》《蒙植药志》)。

藏药 种仁:治疗不育症(《藏本草》)。

阿昌药 治神经衰弱、失眠多梦、心悸、盗汗(《德宏药录》)。

满药 根:治疗神经症、失眠症。

其他:在韩国,种子用作安眠药和麻醉剂。在中国,果实用作收敛剂、洗眼剂,有强身健体、降血压、健胃、安神、通便、降暑、利尿的功效,能缓解失眠、盗汗和神经衰弱,也作为其他药用成分的佐剂,在熬药时加入使其减毒、增香和减少刺激的效果;木质根煎煮液可减轻胃胀感,助消化;与猪肉同煮的汤可以作为催乳剂,还可治疗咯血。

【成分药理】 种子油含有油酸(oleic)、亚油酸(linoleic)、棕榈酸(palmitic acids)和植物甾醇(phytosterol)。

Ziziphus rugosa Lam.
皱枣

【异名】 弯腰果、弯腰树(云南)。

【缅甸名】 မျောက်ဆီးတောဆီး

mak-kok, myauk-zi, sammankaw, taw-zi, zi-ganauk, zi-talaing.

【民族药名】 埋马(傣药)。

【分布】 分布于巴基斯坦、缅甸、印度、老挝、斯里兰卡、泰国、越南等地。在中国分布于广东、海南、云南、广西。在缅甸广泛种植。

【用途】

缅药 花:治疗月经过多。

傣药 根、茎:治风湿痹痛、颈项强痛、腰膝疼痛、肾石病、月经不调、痛经、闭经、恶露不尽、跌打损伤、骨折。

其他:在印度,树皮治疗腹泻、牙龈出血、口腔和舌头溃疡、性病疮和痈;花治疗月经过多。

附录一
中缅药用植物中、拉丁、英文名称对照表

序号	中文名	拉丁名	英文名
1	阿勃勒	*Cassia fistula* L.	Pudding Pipc Tree、Purging Cassia、Indian Laburnum
2	阿根木	*Alstonia scholaris*（L.）R. Br.	Dida Bark
3	阿拉伯金合欢	*Acacia nilotica*（L.）Delile	*
4	阿育魏	*Trachyspermum ammi*（L.）Sprague	Bishop's Weed
5	埃及田菁	*Sesbania sesban*（L.）Merr.	*
6	矮紫金牛	*Ardisia humilis* Vahl.	*
7	艾纳香	*Blumea balsamifera*（L.）DC.	Dog-Bush、Boneo Camphor
8	安纳士树	*Anneslea fragrans* Wall.	*
9	安石榴	*Punica granatum* L.	Pomegranate
10	庵摩勒	*Phyllanthus emblica* L.	Emblic Myrobalan、Indian Gooseberry
11	巴豆	*Croton tiglium* L.	Purgative、Croton、Purging Croton
12	巴仁	*Croton tiglium* L.	Purgative、Croton、Purging Croton
13	巴菽	*Croton tiglium* L.	Purgative、Croton、Purging Croton
14	巴霜刚子	*Croton tiglium* L.	Purgative、Croton、Purging Croton
15	霸贝菜	*Phyllanthus niruri* L.	*
16	霸王鞭	*Euphorbia neriifolia* L	Common Milk Hedge
17	白旃檀	*Santalum album* L.	White Sandal-Wood
18	白背枫	*Buddleja asiatica* Lour.	*
19	白菖蒲	*Acorus calamus* L.	Sweet Flag
20	白椿	*Chukrasia tabularis* A. Juss.	*
21	白杜鹃	*Rhododendron moulmainense* Hook. f.	*
22	白鸽草	*Evolvulus alsinoides*（L.）L.	*
23	白狗牙	*Tabernaemontana divaricata*（L.）R. Br. ex Roem. & Schult.	*
24	白合欢	*Leucaena leucocephala*（Lam.）de Wit	*

续表

序号	中文名	拉丁名	英文名
25	白花菜	*Cleome gynandra* L.	*
26	白花草	*Ageratum conyzoides* L.	Appa Grass、Goatweed
27	白花草	*Cleome gynandra* L.	*
28	白花臭草	*Ageratum conyzoides* L.	Appa Grass、Goatweed
29	白花丹	*Plumbago zeylanica* L.	Ceylon Lead-Wort、White Lead-Wort
30	白花金丝岩陀	*Plumbago zeylanica* L.	Ceylon Lead-Wort、White Lead-Wort
31	白花九股牛	*Plumbago zeylanica* L.	Ceylon Lead-Wort、White Lead-Wort
32	白花曼陀罗	*Datura metel* L.	*
33	白花牛角瓜	*Calotropis procera*（Aiton）Dryand.	Swallow-Wort
34	白花藤	*Convolvulus arvensis* L.	Bindweed
35	白花藤	*Ipomoea pes-caprae*（Linn.）Sweet	*
36	白花藤	*Plumbago zeylanica* L.	Ceylon Lead-Wort、White Lead-Wort
37	白花谢三娘	*Plumbago zeylanica* L.	Ceylon Lead-Wort、White Lead-Wort
38	白花羊蹄甲	*Bauhinia acuminata* L	*
39	白芥	*Sinapis alba* L.	*
40	白麻	*Boehmeria nivea*（L.）Gaudich.	*
41	白曼陀罗	*Datura metel* L.	*
42	白毛将	*Evolvulus alsinoides*（L.）L.	*
43	白毛苦	*Ageratum conyzoides* L.	Appa Grass、Goatweed
44	白千层	*Melaleuca cajuputi* Powell	*
45	白榕	*Ficus benjamina* L.	*
46	白桐树	*Claoxylon indicum*（Reinw. ex Bl.）Hassk.	*
47	白头妹	*Evolvulus alsinoides*（L.）L.	*
48	白皂药	*Plumbago zeylanica* L.	Ceylon Lead-Wort、White Lead-Wort
49	百日红	*Celosia argentea* L.	*
50	百日红	*Lagerstroemia speciosa*（L.）Pers	*
51	半灌木千斤拔	*Flemingia strobilifera*（L.）Ait.	*
52	蚌花	*Tradescantia spathacea* Sw.	*
53	包包菜	*Brassica oleracea* L.	Cabbage、Brussels Sprouts
54	包菜	*Brassica oleracea* L.	Cabbage、Brussels Sprouts
55	包袱草	*Cardiospermum halicacabum* L.	Balloon Vine、Winter Cherry、Heart's Pea
56	包谷	*Zea mays* L	*
57	包心菜	*Brassica oleracea* L.	Cabbage、Brussels Sprouts
58	苞芦	*Zea mays* L	*
59	暴臭蛇	*Evolvulus alsinoides*（L.）L.	*
60	倍子柴	*Rhus chinensis* Mill.	*

序号	中文名	拉丁名	英文名
61	崩大碗	*Centella asiatica*（L.）Urban	*
62	笔管草	*Equisetum ramosissimum* subsp. *debile*（Roxb. ex Vaucher）Hauke	*
63	闭鞘姜	*Cheilocostus speciosus*（J. Koenig）C. D. Specht	*
64	荜茇	*Piper longum* L.	Dried Catkins、Long Pepper
65	荜澄茄	*Piper cubeba* L. f.	Tailed Pepper、Cubeb
66	蓖麻	*Ricinus communis* L.	Castor-Oil、Castor Bean、Palma Christi
67	壁虱胡麻	*Linum usitatissimum* L.	Flax Plant、Linseed
68	鞭打绣球	*Nicandra physalodes*（L.）Gaertn	*
69	鞭龙	*Helicteres isora* L.	East-Indian Screw Tree
70	扁豆	*Lablab purpureus*（L.）Sweet	*
71	藊豆	*Lablab purpureus*（L.）Sweet	*
72	槟榔青	*Dracaena angustifolia* Roxb.	*
73	槟榔青	*Spondias pinnata*（L. f.）Kurz	*
74	冰粉	*Nicandra physalodes*（L.）Gaertn	*
75	柄腺山扁豆	*Chamaecrista pumila*（Lam.）K. Larsen	*
76	波罗蜜	*Artocarpus heterophyllus* Lam.	*
77	波斯皂荚	*Cassia fistula* L.	Pudding Pipe Tree、Purging Cassia、Indian Laburnum
78	菠萝麻	*Agave sisalana* Perr. ex Engelm	*
79	驳骨丹	*Buddleja asiatica* Lour.	*
80	驳骨树	*Casuarina equisetifolia* Forst.	*
81	薄荷	*Mentha arvensis* L.	Marsh Mint
82	补骨脂	*Cullen corylifolium*（L.）Medik.	Babchi Seeds
83	草决明	*Senna tora*（L.）Roxb.	Foetid Cassia、Cassia
84	草木棉	*Asclepias curassavica* L.	Blood flower、Wild ipecacuanha
85	茶梨	*Anneslea fragrans* Wall.	*
86	柴桂	*Cinnamomum tamala*（Bauch.-Ham.）Nees et Eberm.	Indiac Cassia Lignea
87	潺菜	*Basella alba* L.	Indian Spinach、Malabar Night Shade
88	菖蒲	*Acorus calamus* L.	Sweet Flag
89	长春花	*Catharanthus roseus*（L.）G. Don	*
90	长管大青	*Clerodendrum indicum*（L.）O. Ktze.	*
91	长管假茉莉	*Clerodendrum indicum*（L.）O. Ktze.	*
92	长花龙血树	*Dracaena angustifolia* Roxb.	*
93	长辣椒	*Capsicum annuum* L.	Spanish Pepper、Red Pepper
94	长命菜	*Portulaca oleracea* L.	Purslane

续表

序号	中文名	拉丁名	英文名
95	长生果	*Arachis hypogaea* L.	Pea-Nut、Ground-Nut、Earth-nut
96	长夜暗罗树	*Polyalthia longifolia*（Sonn.）Thwaites	*
97	长籽马钱	*Strychnos wallichiana* Steud. ex A. DC.	*
98	嫦娥奔月	*Ipomoea alba* L.	*
99	朝筒	*Oroxylum indicum*（L.）Kurz	*
100	车桑子	*Dodonaea viscosa*（L.）Jacq.	*
101	沉香	*Aquilaria malaccensis* Lam.	Aloe-Wood、Eagle-Wood
102	齿叶赪桐	*Rotheca incisa*（Klotzsch）Steane & Mabb.	*
103	赤木	*Bischofia javanica* Bl.	*
104	翅果麻	*Kydia calycina* Roxb.	*
105	翅荚决明	*Senna alata*（L.）Roxb.	Ringworm Shrub
106	翅子树	*Pterospermum acerifolium*（L.）Willd.	*
107	冲天子	*Millettia pachycarpa* Benth.	*
108	重瓣黄蝉	*Allamanda cathartica* L.	*
109	重阳草	*Ageratum conyzoides* L.	Appa Grass、Goatweed
110	臭草	*Acorus calamus* L.	Sweet Flag
111	臭草	*Dysphania ambrosiodies*（L.）Mosyakin & Clemants	Mexican Tea、Jerusalem Oak
112	臭菖蒲	*Acorus calamus* L.	Sweet Flag
113	臭芙蓉	*Tagetes erecta* L.	French Marigold
114	臭鸡矢藤	*Paederia foetida* L.	King's Tanic、Chinese Moon-Creeoer
115	臭炉草	*Ageratum conyzoides*（L.）L.	Appa Grass、Goatweed
116	臭娘子	*Premna serratifolia* L.	*
117	臭皮树	*Clausena excavata* Burm. f.	*
118	臭蒲	*Acorus calamus* L.	Sweet Flag
119	臭屎姜	*Adenanthera pavonina* L.	*
120	除虫菊	*Tanacetum cinerariifolium*（Trevir.）Sch. Bip.	Pyrethrum
121	川贝母	*Fritillaria cirrhosa* D. Don	*
122	穿心莲	*Andrographis paniculata*（Burm. f.）Nees	The Creat、King of Bitters
123	垂榕	*Ficus benjamina* L.	*
124	垂叶榕	*Ficus benjamina* L.	*
125	槌果藤	*Capparis zeylanica* L	*
126	锤果马兜铃	*Aristolochia tagala* Cham.	*
127	春筋藤	*Dregea volubilis*（L. f.）Benth. ex Hook. f.	*
128	刺红花	*Carthamus tinctorius* L.	Safflower、Wild Saffron
129	刺花椒	*Zanthoxylum acanthopodium* DC.	*
130	刺郎果	*Carissa spinarum* L.	*

序号	中文名	拉丁名	英文名
131	刺榴	*Catunaregam spinosa*（Thunb.）Tirveng.	*
132	刺毛黧豆	*Mucuna pruriens*（L.）DC.	Cowhage'、Cowitch Plant
133	刺毬花	*Acacia farnesiana*（L.）Willd.	Cassis Flower
134	刺蒴麻	*Triumfetta rhomboidea* Jacq.	*
135	刺桐	*Erythrina variegata* Linn.	*
136	刺五加	*Sida spinosa* L.	*
137	刺苋	*Amaranthus spinosus* L.	Prickly Amaranth
138	刺罂粟	*Argemone mexicana* L.	Yellow Thisle、Prickly、Mexican Poppy
139	刺枣	*Ziziphus jujuba* Mill.	Jujube Fruit、Chinese Date、Indian Jujube
140	刺子	*Catunaregam spinosa*（Thunb.）Tirveng.	*
141	粗糠柴	*Mallotus philippensis*（Lam.）Muell.-Arg.	Indian Kamala、Monkey Face Tree
142	粗毛扁担杆	*Grewia hirsuta* Vahl.	*
143	打油果	*Celastrus paniculatus* Willd.	*
144	大矮陀陀	*Alstonia scholaris*（L.）R. Br.	Dida Bark
145	大苞千斤拔	*Flemingia strobilifera*（L.）Ait.	*
146	大苞鸭跖草	*Commelina paludosa* Blume	*
147	大菖蒲	*Acorus calamus* L.	Sweet Flag
148	大车前	*Plantago major* L	Cart-Track Plant
149	大豆	*Glycine max*（Linn.）Merr.	*
150	大风艾	*Blumea balsamifera*（L.）DC.	Dog-Bush、Boneo Camphor
151	大高良姜	*Alpinia galanga*（L.）Willd.	Greater Galangal
152	大果咀彭	*Dregea volubilis*（L. f.）Benth. ex Hook. f.	*
153	大果西番莲	*Passiflora quadrangularis* L.	*
154	大花曼陀罗	*Brugmania suaveolens*（Humb. & Bonpl. ex Willd.）Bercht. & J. Presl.	*
155	大花田菁	*Sesbania grandiflora*（L.）Pers.	*
156	大花菟丝子	*Cuscuta reflexa* Roxb.	Dodder Plant
157	大花紫薇	*Lagerstroemia speciosa*（L.）Pers.	*
158	大还魂	*Justicia adhatoda* L.	Malabar Nut
159	大季花	*Plumeria rubra* L.	*
160	大金钱草	*Centella asiatica*（L.）Urban	*
161	大棵	*Clausena excavata* Burm. f.	*
162	大枯树	*Alstonia scholaris*（L.）R. Br.	Dida Bark
163	大陆棉	*Gossypium hirsutum* L.	*
164	大麻	*Cannabis sativa* L.	Indian Hemp、Ganja
165	大麻槿	*Hibiscus cannabinus* L.	Ambari Hemp、Deccan Hemp
166	大荨麻	*Girardinia diversifolia*（Link）Friis	*

续表

序号	中文名	拉丁名	英文名
167	大树矮陀陀	*Alstonia scholaris* (L.) R. Br.	Dida Bark
168	大树理肺散	*Alstonia scholaris* (L.) R. Br.	Dida Bark
169	大头菜	*Brassica oleracea* L.	Cabbage、Brussels Sprouts
170	大尾摇	*Heliotropium indicum* L.	Heliotrope
171	大西番莲	*Passiflora quadrangularis* L.	*
172	大蝎子草	*Girardinia diversifolia* (Link) Friis	*
173	大鸭跖草	*Commelina paludosa* Blume	*
174	大叶菖蒲	*Acorus calamus* L.	Sweet Flag
175	大叶豆腐柴	*Premna mollissima* Roth	*
176	大叶合欢	*Albizia lebbeck* (Linn.) Benth.	Siris
177	大叶火筒树	*Leea macrophylla* Roxb. ex Hornem.	*
178	大叶藤黄	*Garcinia xanthochymus* Hook. f.	*
179	大叶玉叶金花	*Mussaenda macrophylla* Wall.	*
180	大叶紫薇	*Lagerstroemia speciosa* (L.) Pers.	*
181	大叶紫珠	*Callicarpa macrophylla* Vahl	*
182	大枣	*Ziziphus jujuba* Mill.	Jujube Fruit、Chinese Date、Indian Jujube
183	大种马鞭草	*Stachytarpheta indica* (L.) Vahl	*
184	大猪耳朵草	*Plantago major* L.	Cart-Track Plant
185	大竹叶菜	*Commelina paludosa* Blume	*
186	大转心莲	*Passiflora quadrangularis* L.	*
187	丹若	*Punica granatum* L.	Pomegranate
188	倒地铃	*Cardiospermum halicacabum* L.	Balloon Vine、Winter cherry、Heart's pea
189	倒团蛇	*Stachytarpheta indica* (L.) Vahl	*
190	灯架树	*Alstonia scholaris* (L.) R. Br.	Dida Bark
191	灯笼花	*Hibiscus schizopetalus* (Dyers) Hook. f.	*
192	灯台树	*Alstonia scholaris* (L.) R. Br.	Dida Bark
193	灯油藤	*Celastrus paniculatus* Willd.	*
194	地胆草	*Elephantopus scaber* L.	Prickly Leaved Elephant's Foot
195	地胆头	*Elephantopus scaber* L.	Prickly Leaved Elephant's Foot
196	地豆	*Arachis hypogaea* L.	Pea-Nut、Ground-Nut、Earth-nut
197	地桃花	*Urena lobata* L.	Aramina Fibre
198	滇百部	*Asparagus filicinus* D. Don	*
199	滇南蛇藤	*Celastrus paniculatus* Willd.	*
200	滇石梓	*Gmelina arborea* Roxb.	*
201	吊灯扶桑	*Hibiscus schizopetalus* (Dyers) Hook. f.	*
202	蝶豆	*Clitoria ternatea* L.	*

续表

序号	中文名	拉丁名	英文名
203	丁香蒲桃	*Syzygium aromaticum* (L.) Merr. & L. M. Perry	Cloves
204	丁香叶	*Mirabilis jalapa* L.	Four O'clock Flower
205	丢了棒	*Claoxylon indicum* (Reinw. ex Bl.) Hassk.	*
206	冬瓜	*Benincasa hispida* (Thunb.) Cogn.	White Pumpkin、Ash Pumpkin
207	兜铃	*Oroxylum indicum* (L.) Kurz	*
208	豆腐菜	*Basella alba* L.	Indian Spinach、Malabar Night Shade
209	豆腐花	*Tabernaemontana divaricata* (L.) R. Br. ex Roem. & Schult.	*
210	杜荆	*Vitex glabrata* R. Br.	*
211	短穗鱼尾葵	*Caryota mitis* Lour.	*
212	短枝木麻黄	*Casuarina equisetifolia* Forst.	*
213	断肠草	*Calotropis gigantea* (L.) Dry. ex Ait. f.	Gigantic Swallowwort
214	断肠草	*Calotropis gigantea* (L.) Dry. ex Ait. f.	Gigantic Swallowwort
215	对叶莲	*Asclepias curassavica* L.	Blood Flower、Wild Ipecacuanha
216	对叶榕	*Ficus hispida* L. f.	*
217	钝刀木	*Stereospermum colais* (Buch. -Ham. ex Dillwya) Mabberley	*
218	钝叶桂	*Cinnamomum bejolghota* (Buch. -Ham.) Sweet	*
219	莪术	*Curcuma zedoaria* (Christm.) Roscoe.	Round Zedoary
220	峨眉荷木	*Schima wallichii* Choisy	*
221	鹅唇木	*Carallia brachiata* (Lour.) Merr	*
222	鹅脚草	*Dysphania ambrosiodies* (L) Mosyakin & Clemants	Mexican Tea、Jerusalem Oak
223	鹅莓	*Phyllanthus acidus* (L.) Skeels	*
224	鹅肾木	*Carallia brachiata* (Lour.) Merr	*
225	儿茶	*Acacia catechu* (L. f.) Willd.	Catechu tree、Cutch Tree
226	鸸鹋浆果	*Grewia polygama* Roxb.	*
227	耳丁藤	*Plumbago zeylanica* L.	Ceylon Lead-Wort、White Lead-Wort
228	耳叶决明	*Senna auriculata* (L.) Roxb.	Tanner's Cassia
229	耳叶马兜铃	*Aristolochia tagala* Cham.	*
230	耳叶马蓝	*Strobilanthes auriculatus* Nees	*
231	番豆	*Arachis hypogaea* L.	Pea-Nut、Ground-Nut、Earth-Nut
232	番瓜	*Carica papaya* L.	Arand-Akakri
233	番荔枝	*Annona squamosa* L.	Custard Apple、Sweet Sop
234	番木鳖	*Momordica cochinchinensis* (Lour.) Spreng.	*
235	番木瓜	*Carica papaya* L.	Arand-Akakri
236	番石榴	*Psidium guajava* L.	Guava

续表

序号	中文名	拉丁名	英文名
237	繁穗苋	*Amaranthus cruentus* L.	*
238	蘩露	*Basella alba* L.	Indian Spinach、Malabar Night、Shade
239	芳草花	*Asclepias curassavica* L.	Blood Flower、Wild Ipecacuanha
240	飞机草	*Chromolaena odorata* (L.) R.M. King & H. Rob.	*
241	飞相草	*Euphorbia hirta* L.	*
242	飞扬草	*Euphorbia hirta* L.	*
243	菲岛桐	*Mallotus philippensis* (Lam.) Muell.-Arg.	Indian Kamala、Monkey Face Tree
244	肥猪菜	*Sigesbeckia orientalis* L.	*
245	肥猪草	*Sigesbeckia orientalis* L.	*
246	肥猪叶	*Alstonia scholaris* (L.) R. Br.	Dida Bark
247	粉豆花	*Mirabilis jalapa* L.	Four O'clock Flower
248	粉叶决明	*Senna sulfurea* (Collad.) H. S. Irwin & Barneby	*
249	风船葛	*Cardiospermum halicacabum* L.	Balloon Vine、Winter Cherry、Heart's Pea
250	风茄花	*Datura metel* L.	*
251	风筝果	*Hiptage benghalensis* (L.) Kurz.	*
252	枫茄花	*Datura stramonium* L.	Devil's Apple、Thorn Apple、Stramonium
253	枫茄花	*Datura metel* L.	*
254	枫茄子	*Datura metel* L.	*
255	凤凰花	*Delonix regia* (Boj.) Raf	*
256	凤凰木	*Delonix regia* (Boj.) Raf	*
257	凤眼灵芝	*Commelina paludosa* Blume	*
258	肤杨树	*Rhus chinensis* Mill.	*
259	芙蓉麻	*Abelmoschus moschatus* Medicus	*
260	芙蓉麻	*Hibiscus cannabinus* L.	Ambari Hemp、Deccan Hemp
261	扶田秧	*Convolvulus arvensis* L.	Bindweed
262	扶秧苗	*Convolvulus arvensis* L.	Bindweed
263	甘蓝	*Brassica oleracea* L.	Cabbage、Brussels Sprouts
264	赶风紫	*Callicarpa macrophylla* Vahl	*
265	刚子	*Croton tiglium* L.	Purgative、Croton、Purging Croton
266	高地棉	*Gossypium hirsutum* L.	*
267	高良姜	*Alpinia officinarum* Hance.	Lesser Galangal
268	高盆樱桃	*Prunus cerasoides* D. Don	Himalayan Cherry Sweet Cherry
269	高网膜籽	*Hymenodictyon orixense* (Roxb.) Mabb.	*
270	疙瘩白	*Brassica oleracea* L.	Cabbage、Brussels Sprouts
271	各山消	*Dregea volubilis* (L. f.) Benth. ex Hook. f.	*
272	勾临链	*Ichnocarpus frutescens* (L.) W. T. Aiton	*

序号	中文名	拉丁名	英文名
273	狗核桃	*Datura stramonium* L.	Devil's Apple、Thorn Apple、Stramonium
274	狗尾草	*Celosia argentea* L.	*
275	狗牙花	*Tabernaemontana divaricata*（L.）R. Br. ex Roem. & Schult.	*
276	瓜米菜	*Portulaca oleracea* L.	Purslane
277	瓜子菜	*Portulaca oleracea* L.	Purslane
278	拐棍参	*Vernonia cinerea*（L.）Less	Ash-coloured Fleabane
279	贯枣	*Ziziphus jujuba* Mill.	Jujube Fruit、Chinese Date、Indian Jujube
280	光叶菝葜	*Smilax glabra* Roxb.	*
281	光籽棉	*Gossypium barbadense* L.	*
282	广藿香	*Pogostemon cablin*（Blanco）Benth.	*
283	广商陆	*Cheilocostus speciosus*（J. Koenig）C. D. Specht	*
284	圭亚那菝葜	*Smilax guianensis* Vitman	*
285	桂叶山牵牛	*Thunbergia erecta*（Benth.）T. Anderson	*
286	桂圆	*Dimocarpus longan* Lour.	*
287	过饥草	*Evolvulus alsinoides*（L.）L.	*
288	过江龙	*Entada phaseoloides*（L.）Merr.	*
289	过山香	*Clausena excavata* Burm. f.	*
290	孩儿茶	*Acacia catechu*（L. f.）Willd.	Catechu Tree、Cutch Tree
291	海巴戟	*Morinda citrifolia* L.	Indian Mulberry
292	海巴戟天	*Morinda citrifolia* L.	Indian Mulberry
293	海滨木巴戟	*Morinda citrifolia* L.	Indian Mulberry
294	海船	*Oroxylum indicum*（L.）Kurz	*
295	海岛棉	*Gossypium barbadense* L.	*
296	海红豆	*Adenanthera pavonina* L.	*
297	海南蒲桃	*Syzygium cumini*（L.）Skeels	*
298	海薯	*Ipomoea pes-caprae*（L.）Sweet	*
299	海棠果	*Calophyllum inophyllum* L.	*
300	海棠木	*Calophyllum inophyllum* L.	*
301	海桐	*Erythrina variegata* L.	*
302	海柚	*Xylocarpus granatum* Koenig	*
303	含羞草	*Mimosa pudica* L.	Sensitive Plant Touch-me-not
304	旱冬瓜	*Alnus nepalensis* D. Don	*
305	旱莲草	*Eclipta prostrata*（L.）L.	*
306	旱芹	*Apium graveolens* L.	Celery、Wild Celery
307	诃子	*Terminalia chebula* Retz.	*
308	合欢	*Albizia lebbeck*（L.）Benth.	Siris

续表

序号	中文名	拉丁名	英文名
309	鹤虱草	*Daucus carota* L.	Carrot
310	黑格	*Albizia odoratissima*（L. f.）Benth.	*
311	黑胡桃	*Terminalia tomentosa* Wight & Arn.	*
312	黑虎大王	*Coriaria nepalensis* Wall.	*
313	黑龙须	*Coriaria nepalensis* Wall.	*
314	黑面防己	*Aristolochia tagala* Cham.	*
315	黑奶奶果	*Carissa spinarum* L.	*
316	黑心树	*Senna siamea*（Lam.）H. S. Irwin & Barneby	*
317	黑羊巴巴	*Colebrookea oppositifolia* Smith	*
318	红背果	*Emilia sonchifolia*（L.）DC	*
319	红背叶	*Emilia sonchifolia*（L.）DC	*
320	红椿子	*Toona sureni*（Blume）Merr.	*
321	红豆	*Adenanthera pavonina* L.	*
322	红豆	*Abrus precatorius* L.	Indian、Jamaica、Will Liquorice
323	红豆蔻	*Alpinia galanga*（L.）Willd.	Greater Galangal
324	红瓜	*Coccinia grandis*（L.）Voigt	*
325	红广菜	*Colocasia antiquorum* Schott	*
326	红果果	*Mallotus philippensis*（Lam.）Muell.-Arg.	Indian Kamala、Monkey Face Tree
327	红果树	*Aphanamixis polystachya*（Wall.）R. N. Parker	*
328	红果藤	*Celastrus paniculatus* Willd.	*
329	红厚壳	*Calophyllum inophyllum* L.	*
330	红花	*Carthamus tinctorius* L.	Safflower、Wild Saffron
331	红花矮陀陀	*Asclepias curassavica* L.	Blood flower、Wild ipecacuanha
332	红花密花豆	*Spatholobus parviflorus*（DC.）Kuntze	*
333	红花蕊木	*Kopsia fruticosa*（Ker）A. DC.	*
334	红花楹	*Delonix regia*（Boj.）Raf	*
335	红鸡蛋花	*Plumeria rubra* L.	*
336	红蓝花	*Carthamus tinctorius* L.	Safflower、Wild Saffron
337	红罗	*Aphanamixis polystachya*（Wall.）R. N. Parker	*
338	红木	*Bixa orellana* L.	Anatto、Arnotto
339	红茄苳	*Rhizophora mucronata* Lam.	*
340	红球姜	*Zingiber zerumbet*（L.）Roscoe ex Sm.	*
341	红桑	*Acalypha wilkesiana* Muell.-Arg.	*
342	红杉	*Careya arborea* Roxb.	*
343	红头草	*Emilia sonchifolia*（L.）DC	*
344	红无娘藤	*Cuscuta reflexa* Roxb.	Dodder Plant

序号	中文名	拉丁名	英文名
345	红芽木	*Cratoxylum formosum*（Jack）Dyer	*
346	红盐果	*Rhus chinensis* Mill.	*
347	红眼树	*Cratoxylum formosum*（Jack）Dyer	*
348	红叶桃	*Rhus chinensis* Mill.	*
349	红芋	*Colocasia antiquorum* Schott	*
350	红枣树	*Ziziphus jujuba* Mill.	Jujube Fruit、Chinese Date、Indian Jujube
351	猴子眼	*Abrus precatorius* L.	Indian、Jamaica、Will Liquorice
352	厚果崖豆藤	*Millettia pachycarpa* Benth.	*
353	厚皮树	*Lannea coromandelica*（Houtt.）Merr.	*
354	厚藤	*Ipomoea pes-caprae*（L.）Sweet	*
355	鲎藤	*Ipomoea pes-caprae*（L.）Sweet	*
356	呼喝草	*Mimosa pudica* L.	Sensitive Plant Touch-me-not
357	胡瓜	*Cucumis sativus* L.	Common Cucumber
358	胡椒	*Piper nigrum* L.	Black Pepper
359	胡麻	*Cannabis sativa* L.	Indian Hemp、Ganja
360	胡麻	*Sesamum indicum* L	Sesamum、Sesame、Gingelly Seed
361	胡麻	*Abelmoschus esculentus*（L.）Moench	*
362	胡荽	*Coriandrum sativum* L.	Coriander
363	胡桐	*Calophyllum inophyllum* L.	*
364	葫芦茶	*Tadehagi triquetrum*（L.）Ohashi	*
365	虎耳草	*Avicennia officinalis* L.	White Mangrove
366	虎皮檀	*	*
367	虎掌荨麻	*Girardinia diversifolia*（Link）Friis	*
368	瓠子菜	*Portulaca oleracea* L.	Purslane
369	花古帽	*Emilia sonchifolia*（L.）DC	*
370	花梨木	*	*
371	花生	*Arachis hypogaea* L.	Pea-Nut、Ground-Nut、Earth-Nut
372	华黄细心	*Commicarpus chinensis*（L.）Heim	*
373	华南苏铁	*Cycas rumphii* Miq	*
374	滑桃树	*Mallotus nudiflorus*（L.）Kulju & Welzen	*
375	薁蓄	*Foeniculum vulgare* Mill.	*
376	黄豆	*Glycine max*（Linn.）Merr.	*
377	黄独	*Dioscorea bulbifera* L.	Yam
378	黄瓜	*Cucumis sativus* L.	Common Cucumber
379	黄合叶	*Buddleja asiatica* Lour.	*
380	黄蝴蝶	*Caesalpinia pulcherrima*（L.）Sw.	Peacock's Pride

续表

序号	中文名	拉丁名	英文名
381	黄花草	*Malvastrum coromandelianum*（L.）Garcke.	*
382	黄花夹竹桃	*Cascabela thevetia*（L.）Lippold	Exile Oleander
383	黄花假杜鹃	*Barleria prionitis* L.	*
384	黄花棉	*Malvastrum coromandelianum*（L.）Garcke.	*
385	黄花状元竹	*Cascabela thevetia*（L.）Lippold	Exile Oleander
386	黄花仔	*Sigesbeckia orientalis* L.	*
387	黄花仔	*Asclepias curassavica* L.	Blood Flower、Wild Ipecacuanha
388	黄浆果	*Cratoxylum formosum*（Jack）Dyer	*
389	黄姜粉	*Curcuma comosa* Roxb.	*
390	黄荆	*Vitex negundo* L.	*
391	黄葵	*Abelmoschus moschatus* Medicus	*
392	黄兰	*Magnolia champaca*（L.）Baill. ex Pierre	Golden、Yellow Champa
393	黄梁木	*Neolamarckia cadamba*（Roxb.）Bosser	Wild Cinchona
394	黄龙船花	*Ixora coccinea* L.	*
395	黄缅桂	*Magnolia champaca*（L.）Baill. ex Pierre	Golden、Yellow Champa
396	黄木巴戟	*Morinda angustifolia* Roxb.	*
397	黄藤草	*Cuscuta reflexa* Roxb.	Dodder Plant
398	黄细心	*Boerhavia diffusa* L	*
399	黄药	*Dioscorea bulbifera* L.	Yam
400	黄药子	*Dioscorea bulbifera* L.	Yam
401	黄玉兰	*Magnolia champaca*（L.）Baill. ex Pierre	Golden、Yellow Champa
402	黄肿树	*Jatropha curcas* L.	Angular-Leaved Physic Nut
403	灰菜	*Chenopodium album* L.	Goosefoot
404	灰藋	*Chenopodium album* L.	Goosefoot
405	灰罗勒	*Ocimum americanum* L.	*
406	灰毛豆	*Tephrosia purpurea*（L.）Pers. Syn.	Purple Tephrosia
407	茴香	*Foeniculum vulgare* Mill.	*
408	火鸡灌木	*Grewia polygama* Roxb.	*
409	火镰扁豆	*Lablab purpureus*（L.）Sweet	*
410	火麻	*Cannabis sativa* L.	Indian Hemp、Ganja
411	火烧花	*Mayodendron igneum*（Kurz）Kurz	*
412	火树	*Delonix regia*（Boj.）Raf	*
413	火索麻	*Helicteres isora* L.	East-Indian Screw Tree
414	火炭母	*Persicaria chinensis*（L.）H. Gross	*
415	火殃勒	*Euphorbia antiquorum* L.	Spurge Cactus
416	藿香	*Pogostemon cablin*（Blanco）Benth.	*

序号	中文名	拉丁名	英文名
417	藿香蓟	*Ageratum conyzoides* L.	Appa Grass、Goatweed
418	鸡冠花	*Celosia argentea* L.	*
419	鸡母黄	*Clausena excavata* Burm. f.	*
420	鸡母珠	*Abrus precatorius* L.	Indian、Jamaica、Will Liquorice
421	鸡嗉子	*Ficus semicordata* Buch. -Ham. ex J. E. Sm.	*
422	鸡嗉子果	*Ficus semicordata* Buch. -Ham. ex J. E. Sm.	*
423	鸡嗉子榕	*Ficus semicordata* Buch. -Ham. ex J. E. Sm.	*
424	鸡腰果	*Anacardium occidentale* L.	Cashew Nut
425	鸡腰肉托果	*Semecarpus anacardium* L. f.	*
426	鸡子	*Streblus asper* Lour.	*
427	积雪草	*Centella asiatica*（L.）Urban	*
428	吉贝	*Ceiba pentandra*（L.）Gaertn.	*
429	寄色草	*Vernonia cinerea*（L.）Less.	Ash-coloured Fleabane
430	蓟罂粟	*Argemone mexicana* L.	Yellow Thisle、Prickly、Mexican Poppy
431	加当	*Bischofia javanica* Bl.	*
432	加冬	*Bischofia javanica* Bl.	*
433	加力酸藤	*Acacia pennata*（Linn.）Willd.	*
434	加利福尼亚柏木	*Cupressus goveniana* Gordon	*
435	加拿楷	*Cananga odorata*（Lam.）Hook. f. & Thomson	*
436	家菖蒲	*Acorus calamus* L.	Sweet Flag
437	家麻	*Boehmeria nivea*（L.）Gaudich.	*
438	嘉兰	*Gloriosa superba* L.	Superb Xily、Climbing Lily、Superb Glory
439	蛱蝶花	*Caesalpinia pulcherrima*（L.）Sw.	Peacock's Pride
440	假白榄	*Jatropha curcas* L.	Angular-Leaved Physic Nut
441	假败酱	*Stachytarpheta indica*（L.）Vahl	*
442	假虎刺	*Carissa spinarum* L.	*
443	假花生	*Senna tora*（L.）Roxb.	Foetid Cassia、Cassia
444	假黄木	*Hymenodictyon orixense*（Roxb.）Mabb.	*
445	假黄皮	*Clausena excavata* Burm. f.	*
446	假苦果	*Passiflora foetida* L.	*
447	假绿豆	*Senna tora*（L.）Roxb.	Foetid Cassia、Cassia
448	假马鞭	*Stachytarpheta indica*（L.）Vahl	*
449	假猫豆	*Dregea volubilis*（L. f.）Benth. ex Hook. f.	*
450	假芹菜	*Hydrolea zeylanica*（L.）Vahl	*
451	假三稔	*Abelmoschus moschatus* Medicus	*
452	假酸浆	*Nicandra physalodes*（L.）Gaertn	*

续表

序号	中文名	拉丁名	英文名
453	假西藏红花	*Hibiscus schizopetalus*（Dyers）Hook. f.	*
454	假咸虾花	*Vernonia cinerea*（L.）Less.	Ash-Coloured Fleabane
455	假夜来香	*Dregea volubilis*（L. f.）Benth. ex Hook. f.	*
456	假油桐	*Aphanamixis polystachya*（Wall.）R. N. Parker	*
457	槚如树	*Anacardium occidentale* L.	Cashew Nut
458	尖叶阿婆钱	*Phyllodium pulchellum*（L.）Desv.	*
459	见血封喉	*Antiaris toxicaria* Lesch	Upas Tree
460	见肿消	*Asclepias curassavica* L.	Blood Flower、Wild Ipecacuanha
461	剑菖蒲	*Acorus calamus* L.	Sweet Flag
462	剑麻	*Agave sisalana* Perr. ex Engelm	*
463	剑叶菖蒲	*Acorus calamus* L.	Sweet Flag
464	箭毒木	*Antiaris toxicaria* Lesch	Upas Tree
465	箭叶旋花	*Convolvulus arvensis* L.	Bindweed
466	姜	*Zingiber officinale* Roscoe	Ginger
467	姜黄	*Curcuma longa* L.	Turmeric
468	姜黄	*Curcuma comosa* Roxb.	*
469	姜黄粉	*Curcuma comosa* Roxb.	*
470	浆果红豆杉	*Taxus baccata* L.	*
471	椒蒿	*Artemisia dracunculus* L.	*
472	角倍	*Rhus chinensis* Mill.	*
473	角胡麻	*Martynia annua* L.	*
474	节节草	*Equisetum ramosissimum* subsp. *debile*（Roxb. ex Vaucher）Hauke	*
475	节节茶	*Chloranthus elatior* Link	*
476	节节木贼	*Equisetum ramosissimum* subsp. *debile*（Roxb. ex Vaucher）Hauke	*
477	金车木	*	*
478	金凤花	*Asclepias curassavica* L.	Blood Flower、Wild ipecacuanha
479	金凤花	*Caesalpinia pulcherrima*（L.）Sw.	Peacock's Pride
480	金刚纂	*Euphorbia antiquorum* L.	Spurge Cactus
481	金刚纂	*Euphorbia neriifolia* L.	Common Milk Hedge
482	金瓜南木皮	*Alstonia scholaris*（L.）R. Br.	Dida Bark
483	金合欢	*Acacia farnesiana*（L.）Willd.	Cassis Flower
484	金桔草	*Cymbopogon nardus*（L.）Rendle	Lemon Grass
485	金丝苦楝藤	*Cardiospermum halicacabum* L.	Balloon Vine、Winter Cherry、Heart's Pea
486	金丝藤	*Cuscuta reflexa* Roxb.	Dodder Plant

序号	中文名	拉丁名	英文名
487	金盏银台	*Asclepias curassavica* L.	Blood Flower、Wild Ipecacuanha
488	荆芥	*Dysphania ambrosiodies*（L）Mosyakin & Clemants	Mexican Tea、Jerusalem Oak
489	九度叶	*Alstonia scholaris*（L.）R. Br.	Dida Bark
490	九节风	*Chloranthus elatior* Link	*
491	九重葛	*Bougainvillea spectabilis* Willd.	*
492	酒杯花	*Cascabela thevetia*（L.）Lippold	Exile Oleander
493	酒椰子	*Caryota mitis* Lour.	*
494	橘叶巴戟	*Morinda citrifolia* L.	Indian Mulberry
495	咀签	*Gouania leptostachya* DC.	*
496	蒌酱	*Piper betle* L	Betel-Leaf Vine、Betel Vine
497	卷心菜	*Brassica oleracea* L.	Cabbage、Brussels Sprouts
498	卷叶贝母	*Fritillaria cirrhosa* D. Don	*
499	决明	*Senna tora*（L.）Roxb.	Foetid Cassia、Cassia
500	决明子	*Senna italica* Mill.	*
501	君子树	*Calophyllum inophyllum* L.	*
502	咖啡黄葵	*Abelmoschus esculentus*（L.）Moench	*
503	卡开芦	*Phragmites karka*（Retz.）Trin. ex Steud.	*
504	棵黄价	*Oroxylum indicum*（L.）Kurz	*
505	榼藤	*Entada phaseoloides*（L.）Merr.	*
506	榼藤子	*Entada phaseoloides*（L.）Merr.	*
507	榼子藤	*Entada phaseoloides*（L.）Merr.	*
508	克兰树	*Kleinhovia hospita* L.	*
509	空心菜	*Ipomoea aquatica* Forsk.	Rabbit Greens
510	孔雀豆	*Adenanthera pavonina* L.	*
511	苦菜藤	*Dregea volubilis*（L. f.）Benth. ex Hook. f.	*
512	苦沉茶	*Cratoxylum formosum*（Jack）Dyer	*
513	苦地胆	*Elephantopus scaber* L.	Prickly Leaved Elephant's Foot
514	苦丁茶	*Cratoxylum formosum*（Jack）Dyer	*
515	苦丁香	*Mirabilis jalapa* L	Four O'clock Flower
516	苦瓜	*Momordica charantia* L.	Bitter Gourd、Carilla Fruit
517	苦郎树	*Volkameria inermis* L.	*
518	苦凉菜	*Dregea volubilis*（L. f.）Benth. ex Hook. f.	*
519	苦檀子	*Millettia pachycarpa* Benth.	*
520	阔荚合欢	*Albizia lebbeck*（L.）Benth.	Siris
521	喇叭花	*Datura metel* L.	*
522	腊肠树	*Cassia fistula* L.	Pudding Pipe Tree、Purging Cassia、Indian Laburnum

续表

序号	中文名	拉丁名	英文名
523	辣薄荷草	*Cymbopogon jwarancusa*（Jones）Schult.	*
524	辣椒	*Capsicum annuum* L.	Spanish Pepper、Red pepper
525	辣木	*Moringa oleifera* Lam.	Drum-Stick、Horse-Radish
526	辣子七	*Asclepias curassavica* L.	Blood Flower、Wild Ipecacuanha
527	来檬	*Citrus aurantiifolia*（Christm.）Swingle	*
528	癞葡萄	*Momordica charantia* L.	Bitter Gourd、Carilla Fruit
529	蓝桉	*Eucalyptus globulus* Labill.	Australian Fever Tree、Iron Bark、Blue Gum Tree
530	蓝蝴蝶	*Clitoria ternatea* L.	*
531	蓝花豆	*Clitoria ternatea* L.	*
532	榄核莲	*Andrographis paniculata*（Burm. f.）Nees	The Creat、King of Bitters
533	榄仁树	*Terminalia catappa* L.	Indian Almond
534	老虎楝	*Heynea trijuga* Roxb. ex Sims.	*
535	老妈妈拐棍	*Cheilocostus speciosus*（J，Koenig）C. D. Specht	*
536	老鼠拉冬瓜	*Momordica cochinchinensis*（Lour.）Spreng.	*
537	老鼠簕	*Acanthus ilicifolius* L.	Holly-Leaved Acanthus、Sea Holly
538	老鼠屎	*Ziziphus jujuba* Mill.	Jujube Fruit、Chinese Date、Indian Jujube
539	老鸦碗	*Centella asiatica*（L.）Urban	*
540	老鸦烟筒花	*Millingtonia hortensis* L. f.	*
541	老鸦嘴	*Asclepias curassavica* L.	Blood Flower、Wild Ipecacuanha
542	老阳子	*Croton tiglium* L.	Purgative、Croton、Purging Croton
543	竻苋菜	*Amaranthus spinosus* L.	Prickly Amaranth
544	勒苋菜	*Amaranthus spinosus* L.	Prickly Amaranth
545	簕牯树	*Catunaregam spinosa*（Thunb.）Tirveng.	*
546	簕泡木	*Catunaregam spinosa*（Thunb.）Tirveng.	*
547	离核木棉	*Gossypium barbadense* L.	*
548	离枝	*Litchi chinensis* Sonn.	*
549	犁田公藤	*Ichnocarpus frutescens*（L.）W. T. Aiton	*
550	蔄芭菜	*Basella alba* L.	Indian spinach、Malabar Night Shade
551	藜	*Chenopodium album* L.	Goosefoot
552	理肺散	*Alstonia scholaris*（L.）R. Br.	Dida Bark
553	鳢肠	*Eclipta prostrata*（L.）L.	*
554	丽蓼	*Persicaria pulchra*（Blume）Soják	*
555	荔枝	*Annona squamosa* L.	Custard Apple、Sweet Sop
556	荔枝	*Litchi chinensis* Sonn.	*
557	笠碗子树	*Phyllodium pulchellum*（L.）Desv.	*
558	痢疾灌木	*Grewia polygama* Roxb.	*

序号	中文名	拉丁名	英文名
559	莲花白	*Brassica oleracea* L.	Cabbage、Brussels Sprouts
560	莲生桂子花	*Asclepias curassavica* L.	Blood Flower、Wild Ipecacuanha
561	莲子草	*Alternanthera sessilis* (L.) DC	*
562	链荚豆	*Alysicarpus vaginalis* (L.) DC.	*
563	凉瓜	*Momordica charantia* L.	Bitter Gourd、Carilla Fruit
564	林檎	*Annona squamosa* L.	Custard Apple、Sweet Sop
565	玲甲花	*Bauhinia purpurea* L.	*
566	凌水挡	*Acorus calamus* L.	Sweet Flag
567	零余薯	*Dioscorea bulbifera* L.	Yam
568	零余子薯蓣	*Dioscorea bulbifera* L.	Yam
569	岭南倒捻子	*Garcinia xanthochymus* Hook. f.	*
570	柳木子	*Cascabela thevetia* (L.) Lippold	Exile Oleander
571	龙船花	*Ixora chinensis* Lam.	*
572	龙蒿	*Artemisia dracunculus* L.	*
573	龙葵	*Vallaris solanacea* (Roth) O. Ktze.	*
574	龙鳞草	*Phyllodium pulchellum* (L.) Desv.	*
575	龙脑薄荷	*Mentha arvensis* L.	Marsh Mint
576	龙吐珠	*Clerodendrum thomsonae* Balf.	*
577	龙须果	*Passiflora foetida* L.	*
578	龙眼	*Dimocarpus longan* Lour.	*
579	龙眼果	*Passiflora foetida* L.	*
580	龙珠草	*Passiflora foetida* L.	*
581	龙珠果	*Passiflora foetida* L.	*
582	龙爪茅	*Dactyloctenium aegyptium* (L.) Willd.	*
583	蒌叶	*Piper betle* L.	Betel-Leaf Vine、Betel Vine
584	芦荟	*Aloe vera* (L.) Burm. f.	Barbodos Aloe
585	芦竹	*Arundo donax* L.	*
586	陆地棉	*Gossypium hirsutum* L.	*
587	鹿耳草	*Elephantopus scaber* L.	Prickly Leaved Elephant's Foot
588	露笋	*Asparagus officinalis* L.	Common Asparagus
589	绿檬	*Citrus aurantiifolia* (Christm.) Swingle	*
590	绿升麻	*Ageratum conyzoides* L.	Appa Grass；Goatweed
591	卵叶雷公藤	*Aristolochia tagala* Cham.	*
592	卵叶马兜铃	*Aristolochia tagala* Cham.	*
593	落地生根	*Bryophyllum pinnatum* (Lam.) Oken	*
594	落花生	*Arachis hypogaea* L.	Pea-Nut、Ground-Nut、Earth-Nut

续表

序号	中文名	拉丁名	英文名
595	落葵	*Basella alba* L.	Indian Spinach、Malabar Night Shade
596	麻疯树	*Jatropha curcas* L.	Angular-Leaved Physic Nut
597	麻楝	*Chukrasia tabularis* A. Juss.	*
598	麻绳菜	*Portulaca oleracea* L.	Purslane
599	麻叶决明子	*Senna alexandrina* Mill.	*
600	马鞍藤	*Ipomoea pes-caprae* (L.) Sweet	*
601	马鞍子	*Coriaria nepalensis* Wall.	*
602	马鞭草	*Verbena officinalis* L.	*
603	马鞭梢	*Verbena officinalis* L.	*
604	马鞭子	*Verbena officinalis* L.	*
605	马齿菜	*Portulaca oleracea* L.	Purslane
606	马齿草	*Portulaca oleracea* L.	Purslane
607	马齿苋	*Portulaca oleracea* L.	*
608	马口含珠	*Aeginetia indica* L.	*
609	马利筋	*Asclepias curassavica* L.	Blood Flower、Wild Ipecacuanha
610	马六藤	*Ipomoea pes-caprae* (L.) Sweet	*
611	马钱子	*Strychnos potatorum* L. f.	Clearing-Nut Tree
612	马桑	*Coriaria nepalensis* Wall.	*
613	马桑柴	*Coriaria nepalensis* Wall.	*
614	马蛇子菜	*Portulaca oleracea* L.	Purslane
615	马蹄草	*Ipomoea pes-caprae* (L.) Sweet	*
616	马蹄草	*Centella asiatica* (L.) Urban	*
617	马蹄跌打	*Typhonium trilobatum* (L.) Schott	*
618	马蹄决明	*Senna tora* (L.) Roxb.	Foetid Cassia、Cassia
619	马蹄犁头尖	*Typhonium trilobatum* (L.) Schott	*
620	马蹄莲	*Buchanania lancifolia* Roxb.	*
621	马尾树	*Casuarina equisetifolia* Forst.	*
622	马苋	*Portulaca oleracea* L.	Purslane
623	马苋菜	*Portulaca oleracea* L.	Purslane
624	蚂蚁菜	*Portulaca oleracea* L.	Purslane
625	蚂蚱菜	*Portulaca oleracea* L.	Purslane
626	麦蓝菜	*Vaccaria hispanica* (Mill.) Rauschert	*
627	卖子木	*Ixora chinensis* Lam.	*
628	唛螺陀	*Annona squamosa* L.	Custard Apple、Sweet Sop
629	馒头果	*Kleinhovia hospita* L.	*
630	满山抛	*Carica papaya* L.	Arand-Akakri

序号	中文名	拉丁名	英文名
631	曼陀罗	*Datura stramonium* L.	Devil's Apple、Thorn Apple、Stramonium
632	蔓荆	*Vitex trifolia* L.	Indian Wild Pepper
633	杧果	*Mangifera indica* L.	Mango
634	莽果	*Mangifera indica* L.	Mango
635	莽吉柿	*Garcinia mangostana* L.	Mangosteen
636	猫尾木	*Markhamia stipulata*（Wall.）Seem.	*
637	猫须草	*Orthosiphon aristatus*（Blume）Miq.	*
638	猫须公	*Orthosiphon aristatus*（Blume）Miq.	*
639	毛宝巾	*Bougainvillea spectabilis* Willd.	*
640	毛地黄	*Digitalis purpurea* L.	Foxglove
641	毛花毛地黄	*Digitalis lanata* Ehrh.	*
642	毛将军	*Evolvulus alsinoides*（L.）L.	*
643	毛辣花	*Evolvulus alsinoides*（L.）L.	*
644	毛棉杜鹃花	*Rhododendron moulmainense* Hook. f.	*
645	毛茉莉	*Jasminum multiflorum*（Burm. f.）Andr	*
646	毛水蓑衣	*Hygrophila phlomiodes* Nees	*
647	毛土连翘	*Hymenodictyon orixense*（Roxb.）Mabb.	*
648	毛鸦船	*Oroxylum indicum*（L.）Kurz	*
649	毛叶破布木	*Cordia myxa* L.	Indina Sebestan Plum
650	玫瑰茄	*Hibiscus sabdariffa* L.	Rozelle Hemp、Red Sorrel
651	美棉	*Gossypium hirsutum* L.	*
652	美人蕉	*Canna indica* L.	*
653	美洲棉	*Gossypium hirsutum* L.	*
654	美洲木棉	*Ceiba pentandra*（L.）Gaertn.	*
655	猛老虎	*Plumbago zeylanica* L.	Ceylon Lead-Wort、White Lead-Wort
656	猛子仁	*Croton tiglium* L.	Purgative、Croton、Purging Croton
657	孟加拉苹果	*Aegle marmelos*（L.）Corrêa	Bael Fruit
658	米含	*Phyllanthus emblica* L.	Emblic Myrobalan、Indian Gooseberry
659	密花合耳菊	*Senecio densiflorus* Wall.	*
660	密花翼核果	*Ventilago denticulata* Willd.	*
661	密脉鹅掌柴	*Schefflera venulosa*（Wight et Arn.）Harms	*
662	蜜望	*Mangifera indica* L.	Mango
663	蜜望子	*Mangifera indica* L.	Mango
664	蜜中	*Lannea coromandelica*（Houtt.）Merr.	*
665	棉叶珊瑚花	*Jatropha gossypiifolia* L.	*
666	缅木	*Mayodendron igneum*（Kurz）Kurz	*

续表

序号	中文名	拉丁名	英文名
667	缅栀子	*Plumeria rubra* L.	*
668	面根藤	*Convolvulus arvensis* L.	Bindweed
669	面架木	*Alstonia scholaris*（L.）R. Br.	Dida Bark
670	面条树	*Alstonia scholaris*（L.）R. Br.	Dida Bark
671	面头棵	*Kleinhovia hospita* L.	*
672	明油子	*Dodonaea viscosa*（L.）Jacq.	*
673	磨地胆	*Elephantopus scaber* L.	Prickly Leaved Elephant's Foot
674	抹猛果	*Mangifera indica* L.	Mango
675	茉莉花	*Jasminum bumile* L.	*
676	墨江千斤拔	*Flemingia chappar* Buch.-Ham. ex Benth.	*
677	墨莱	*Eclipta prostrata*（L.）L.	*
678	墨西哥棉	*Gossypium hirsutum* L.	*
679	木本曼陀罗	*Brugmansia suaveolens*（Humb. & Bonpl. ex Willd.）Bercht. & J. Presl.	*
680	木鳖子	*Momordica cochinchinensis*（Lour.）Spreng.	*
681	木波罗	*Artocarpus heterophyllus* Lam.	*
682	木耳菜	*Basella alba* L.	Indian Spinach、Malabar Night Shade
683	木瓜	*Carica papaya* L.	Arand-Akakri
684	木果楝	*Xylocarpus granatum* Koenig	*
685	木蝴蝶	*Oroxylum indicum*（L.）Kurz	*
686	木荚豆	*Xylia xylocarpa*（Roxb.）Taub.	*
687	木橘	*Aegle marmelos*（L.）Corrêa	Bael Fruit
688	木梁木	*Bischofia javanica* Bl.	*
689	木麻黄	*Casuarina equisetifolia* Forst.	*
690	木曼陀罗	*Brugmansia arborea*（L.）Steud.	*
691	木棉	*Bombax ceiba* L.	*
692	木棉	*Gossypium barbadense* L.	*
693	木五倍子	*Rhus chinensis* Mill.	*
694	南山藤	*Dregea volubilis*（L. f.）Benth. ex Hook. f.	*
695	南蛇簕藤	*Acacia pennata*（L.）Willd.	*
696	喃木	*Lannea coromandelica*（Houtt.）Merr.	*
697	喃木波朗	*Mesua ferrea* L.	Cobra's Saffron
698	闹羊花	*Datura stramonium* L.	Devil's Apple、Thorn Apple、Stramonium
699	闹羊花	*Datura metel* L.	*
700	闹鱼儿	*Coriaria nepalensis* Wall.	*
701	尼泊尔桤木	*Alnus nepalensis* D. Don	*
702	尼泊尔獐牙菜	*Swertia chirata*（Roxb.）Buch.-Ham. ex C. B. Clarke.	Chiretta

序号	中文名	拉丁名	英文名
703	泥菖蒲	*Acorus calamus* L.	Sweet Flag
704	鸟笼胶	*Abelmoschus moschatus* Medicus	*
705	柠檬	*Citrus limon*（L.）Osbeck	Lemon
706	柠檬草	*Cymbopogon citratus*（DC.）Stapf.	*
707	牛肠麻	*Entada phaseoloides*（L.）Merr.	*
708	牛丁角	*Cratoxylum formosum*（Jack）Dyer	*
709	牛肚子果	*Artocarpus heterophyllus* Lam.	*
710	牛角瓜	*Calotropis gigantea*（L.）Dry. ex Ait. f.	Gigantic Swallowwort
711	牛角花	*Acacia farnesiana*（L.）Willd.	Cassis Flower
712	牛角椒	*Capsicum annuum* L.	Spanish Pepper、Red Pepper
713	牛角树	*Cassia fistula* L.	Pudding Pipc Tree、Purging Cassia、Indian Laburnum
714	牛脚筒	*Oroxylum indicum*（L.）Kurz	*
715	牛奶奶	*Emilia sonchifolia*（L.）DC	*
716	牛奶子	*Ficus hispida* L. f.	*
717	牛乳树	*Mimusops elengi* L.	Star-Flower Tree
718	牛蹄豆	*Pithecellobium dulce*（Roxb.）Benth.	*
719	牛头簕	*Catunaregam spinosa*（Thunb.）Tirveng.	*
720	牛眼睛	*Capparis zeylanica* L.	*
721	牛眼睛	*Entada phaseoloides*（L.）Merr.	*
722	扭蒴山芝麻	*Helicteres isora* L.	East-Indian Screw Tree
723	纽子花	*Vallaris solanacea*（Roth）O. Ktze.	*
724	脓泡草	*Ageratum conyzoides* L.	Appa Grass、Goatweed
725	糯饭果	*Momordica cochinchinensis*（Lour.）Spreng.	*
726	欧洲红豆杉	*Taxus baccala* L.	*
727	欧洲夹竹桃	*Nerium oleander* L.	*
728	欧洲蕨	*Pteridium aquilinum*（L.）Kuhn	*
729	怕丑草	*Mimosa pudica* L.	Sensitive Plant Touch-Me-Not
730	排钱草	*Phyllodium pulchellum*（L.）Desv.	*
731	排钱树	*Phyllodium pulchellum*（L.）Desv.	*
732	蓬莪茂	*Adenanthera pavonina* L.	*
733	膨皮豆	*Lablab purpureus*（L.）Sweet	*
734	毗黎勒	*Terminalia bellirica*（Gaertn.）Roxb.	*
735	片红青	*Emilia sonchifolia*（L.）DC	*
736	坡柳	*Dodonaea viscosa*（L.）Jacq.	*
737	破布木	*Cordia dichotoma* Forst. f.	*
738	破故纸	*Cullen corylifolium*（L.）Medik.	Babchi Seeds

续表

序号	中文名	拉丁名	英文名
739	破故纸	*Oroxylum indicum*（L.）Kurz	*
740	菩提树	*Ficus religiosa* L.	Sacred Fig、The Bo Tree、Peepul Tree
741	菩提子	*Coix lacryma-jobi* L.	Job's Tears、Adlay
742	蒲桃	*Syzygium jambos*（L.）Alston	*
743	七里香	*Buddleja asiatica* Lour.	*
744	七叶莲	*Schefflera venulosa*（Wight et Arn.）Harms	*
745	奇南沉香	*Aquilaria malaccensis* Lam.	Aloe-Wood、Eagle-Wood
746	桤的槿	*Kydia calycina* Roxb.	*
747	桤的木	*Kydia calycina* Roxb.	*
748	气管木	*Carallia brachiata*（Lour.）Merr	*
749	千层纸	*Oroxylum indicum*（L.）Kurz	*
750	千锤打	*Asparagus filicinus* D. Don	*
751	千年红	*Coriaria nepalensis* Wall.	*
752	千张纸	*Oroxylum indicum*（L.）Kurz	*
753	钱齿草	*Centella asiatica*（L.）Urban	*
754	钱贯草	*Plantago major* L.	Cart-Track Plant
755	茜草	*Rubia cordifolia* L.	*
756	荞麦	*Fagopyrum esculentum* Moench	Buck-Wheat
757	茄冬	*Bischofia javanica* Bl.	*
758	茄藤	*Rhizophora mucronata* Lam.	*
759	芹菜	*Apium graveolens* L.	Celery、Wild Celery
760	青蒿	*Artemisia dracunculus* L.	*
761	青黑檀	*Diospyros mollis* Griff	*
762	青麻	*Boehmeria nivea*（L.）Gaudich.	*
763	青葙	*Celosia argentea* L.	*
764	琼崖海棠树	*Calophyllum inophyllum* L.	*
765	秋风子	*Bischofia javanica* Bl.	*
766	秋枫	*Bischofia javanica* Bl.	*
767	秋葵	*Abelmoschus esculentus*（L.）Moench	*
768	球穗千斤拔	*Flemingia strobilifera*（L.）Ait.	*
769	鹊豆	*Lablab purpureus*（L.）Sweet	*
770	鹊肾树	*Streblus asper* Lour.	*
771	染绛子	*Basella alba* L.	Indian Spinach、Malabar Night Shade
772	染色草	*Vernonia cinerea*（L.）Less	Ash-Coloured Fleabane
773	热带玫瑰锦葵	*Hibiscus vitifolius* L.	*
774	热带扇叶	*Hibiscus vitifolius* L.	*

序号	中文名	拉丁名	英文名
775	热带铁苋菜	*Acalypha indica* L.	Indian Acalypha
776	人面果	*Garcinia xanthochymus* Hook. f.	*
777	人心果	*Manilkara zapota* (L.) P. Royen	*
778	日本瓜	*Passiflora quadrangularis* L.	*
779	日日草	*Catharanthus roseus* (L.) G. Don	*
780	日日新	*Catharanthus roseus* (L.) G. Don	*
781	绒毛榄仁	*Terminalia tomentosa* Wight & Arn.	*
782	榕	*Ficus retusa* L.	*
783	肉豆蔻	*Myristica fragrans* Houtt	Nutmeg
784	肉果	*Myristica fragrans* Houtt	Nutmeg
785	肉果	*Passiflora foetida* L.	*
786	肉托果	*Semecarpus anacardium* L. f.	Marking Nut Tree
787	乳籽草	*Euphorbia hirta* L.	*
788	软毛乌木	*Diospyros mollis* Griff	*
789	软枝黄蝉黄莺	*Allamanda cathartica* L.	*
790	若榴木	*Punica granatum* L.	Pomegranate
791	撒尔维亚	*Salvia officinalis* L.	*
792	赛葵	*Malvastrum coromandelianum* (L.) Garcke.	*
793	三齿草藤	*Convolvulus arvensis* L.	Bindweed
794	三对节	*Rotheca incisa* (Klotzsch) Steane & Mabb.	*
795	三尖栝楼	*Trichosanthes tricuspidata* Lour.	*
796	三角花	*Bougainvillea spectabilis* Willd.	*
797	三万花	*Catharanthus roseus* (L.) G. Don	*
798	伞房花耳草	*Oldenlandia corymbosa* L.	*
799	伞序臭黄荆	*Premna serratifolia* L.	*
800	杀虫芥	*Dysphania ambrosiodies* (L) Mosyakin & Clemants	Mexican Tea、Jerusalem Oak
801	沙参	*Boerhavia diffusa* L.	*
802	沙灯心	*Ipomoea pes-caprae* (L.) Sweet	*
803	沙罗	*Aphanamixis polystachya* (Wall.) R. N. Parker	*
804	沙藤	*Ipomoea pes-caprae* (L.) Sweet	*
805	山半夏	*Typhonium trilobatum* (L.) Schott	*
806	山菖蒲	*Acorus calamus* L.	Sweet Flag
807	山慈姑	*Dioscorea bulbifera* L.	Yam
808	山丹	*Ixora chinensis* Lam.	*
809	山芙蓉	*Abelmoschus moschatus* Medicus	*
810	山黄皮	*Clausena excavata* Burm. f.	*

续表

序号	中文名	拉丁名	英文名
811	山姜黄	*Adenanthera pavonina* L.	*
812	山葵	*Olax scandens* Roxb.	*
813	山力叶	*Punica granatum* L.	Pomegranate
814	山楝	*Aphanamixis polystachya*（Wall.）R. N. Parker	*
815	山罗	*Aphanamixis polystachya*（Wall.）R. N. Parker	*
816	山枇杷树	*Terminalia catappa* L.	Indian Almond
817	山埔姜	*Buddleja asiatica* Lour.	*
818	山茄子	*Hibiscus sabdariffa* L.	Rozelle Hemp、Red Sorrel
819	山石榴	*Catunaregam spinosa*（Thunb.）Tirveng.	*
820	山丝苗	*Cannabis sativa* L.	Indian Hemp、Ganja
821	山桃花	*Asclepias curassavica* L.	Blood Flower、Wild Ipecacuanha
822	山乌木	*Diospyros malabarica*（Desr.）Kostel.	*
823	山梧桐	*Rhus chinensis* Mill.	*
824	山西胡麻	*Linum usitatissimum* L.	Flax Plant、Linseed
825	山油麻	*Abelmoschus moschatus* Medicus	
826	山竹公	*Carallia brachiata*（Lour.）Merr.	*
827	山竹犁	*Carallia brachiata*（Lour.）Merr.	*
828	珊瑚花	*Jatropha multifida* L.	Coral Tree
829	伤寒草	*Vernonia cinerea*（L.）Less	Ash-Coloured Fleabane
830	蛇根木	*Rauvolfia serpentina*（L.）Benth. ex Kurz.	*
831	蛇蒿	*Artemisia dracunculus* L.	*
832	蛇藤	*Acacia pennata*（Linn.）Willd.	*
833	蛇系腰	*Cuscuta reflexa* Roxb.	Dodder Plant
834	神经灰树	*Grewia nervosa*（Lour.）Panigrahi	*
835	肾茶	*Orthosiphon aristatus*（Blume）Miq.	*
836	圣罗勒	*Ocimum tenuiflorum* L.	Holy Basil、Sacred Basil
837	胜红蓟	*Ageratum conyzoides* L.	Appa Grass、Goatweed
838	狮岳菜	*Portulaca oleracea* L.	Purslane
839	十八拉文公	*Lannea coromandelica*（Houtt.）Merr.	*
840	十香和	*Acorus calamus* L.	Sweet Flag
841	石菖蒲	*Acorus calamus* L.	Sweet Flag
842	石刁柏	*Asparagus officinalis* L.	Common Asparagus
843	石风节	*Chloranthus elatior* Link	*
844	石榴	*Punica granatum* L.	Pomegranate
845	莳萝	*Anethum graveolens* L.	*
846	史君子	*Quisqualis indica* L.	Rangoon Creeper、Chinese Honeysuckle

序号	中文名	拉丁名	英文名
847	使君子	*Quisqualis indica* L.	Rangoon Creeper、Chinese Honeysuckle
848	菽	*Glycine max*（Linn.）Merr.	*
849	树波罗	*Artocarpus heterophyllus* Lam.	*
850	树冬瓜	*Carica papaya* L.	Arand-Akakri
851	树胶	*Leucas cephalotes*（Roth）Spreng.	*
852	双萼观音草	*Peristrophe bicalyculata*（Retz.）Nees	*
853	双根藤	*Dregea volubilis*（L. f.）Benth. ex Hook. f.	*
854	双眼龙	*Croton tiglium* L.	Purgative、Croton、Purging Croton
855	水菖蒲	*Acorus calamus* L.	Sweet Flag
856	水丁药	*Ageratum conyzoides* L.	Appa Grass、Goatweed
857	水黄花	*Buddleja asiatica* Lour.	*
858	水剑草	*Acorus calamus* L.	Sweet Flag
859	水蕉花	*Cheilocostus speciosus*（J，Koenig）C. D. Specht	*
860	水马桑	*Coriaria nepalensis* Wall.	*
861	水榕	*Syzygium nervosum* A. Cunn. ex DC.	*
862	水翁	*Syzygium nervosum* A. Cunn. ex DC.	*
863	水翁蒲桃	*Syzygium nervosum* A. Cunn. ex DC.	*
864	水咸草	*Alysicarpus vaginalis*（L.）DC.	*
865	水羊角	*Asclepias curassavica* L.	Blood Flower、Wild Ipecacuanha
866	丝瓜	*Luffa cylindrica*（L.）Roem.	*
867	丝线吊芙蓉	*Rhododendron moulmainense* Hook. f.	*
868	思维树	*Ficus religiosa* L.	Sacred Fig、The Bo Tree、Peepul Tree
869	四角夹子树	*Stereospermum colais*（Buch. -Ham. ex Dillwya）Mabberley	*
870	四角羽叶楸	*Stereospermum colais*（Buch. -Ham. ex Dillwya）Mabberley	*
871	四君子	*Quisqualis indica* L.	Rangoon Creeper、Chinese Honeysuckle
872	四子柳	*Salix tetrasperma* Roxb.	*
873	酸菜	*Portulaca oleracea* L.	Purslane
874	酸橙	*Citrus aurantium* L	Common Orange
875	酸豆	*Tamarindus indica* L.	*
876	酸浆树	*Cratoxylum formosum*（Jack）Dyer	*
877	酸酱头	*Rhus chinensis* Mill.	*
878	蒜	*Allium sativum*	Garlic
879	穗菝葜	*Smilax aspera* L.	*
880	缩盖斑鸠菊	*Vernonia cinerea*（L.）Less	Ash-Coloured Fleabane

续表

序号	中文名	拉丁名	英文名
881	塔序豆腐柴	*Premna amplectens* Wall. ex Schauer.	*
882	太平洋枫树	*Aglaia cucullata*（Roxb.）Pellegr.	*
883	泰国红花梨	*	*
884	檀香	*Santalum album* L.	White Sandal-Wood
885	檀香	*Mansonia gagei* J. R. Drumm.	Bastard Sandal-Wood
886	唐绵	*Asclepias curassavica* L.	Blood Flower、Wild Ipecacuanha
887	糖胶树	*Alstonia scholaris*（L.）R. Br.	Dida Bark
888	螳螂跌打	*Pothos scandens* L.	*
889	藤菜	*Basella alba* L.	Indian Spinach、Malabar Night Shade
890	藤豆	*Lablab purpureus*（L.）Sweet	*
891	藤金合欢	*Acacia concinna*（Willd.）DC.	*
892	藤藤菜	*Ipomoea aquatica* Forsk.	Rabbit Greens
893	天茄儿	*Ipomoea alba* L.	*
894	天山娘	*Plumbago zeylanica* L.	Ceylon Lead-Wort、White Lead-Wort
895	天仙果	*Passiflora foetida* L.	*
896	田福花	*Convolvulus arvensis* L.	Bindweed
897	田基黄	*Grangea maderaspatana*（L.）Poir.	*
898	田基麻	*Hydrolea zeylanica*（L.）Vahl	*
899	田旋花	*Convolvulus arvensis* L.	Bindweed
900	甜荞	*Fagopyrum esculentum* Moench	Buck-Wheat
901	铁刀木	*Senna siamea*（Lam.）H. S. Irwin & Barneby	*
902	铁灯盏	*Centella asiatica*（L.）Urban	*
903	铁棱	*Mesua ferrea* L.	Cobra's Saffron
904	铁力木	*Mesua ferrea* L.	Cobra's Saffron
905	铁栗木	*Mesua ferrea* L.	Cobra's Saffron
906	铁马鞭	*Verbena officinalis* L.	*
907	铁芒萁	*Dicranopteris linearis*（Burm. f.）Underw.	*
908	铁木树	*Memecylon edule* Roxb.	*
909	通菜	*Ipomoea aquatica* Forsk.	Rabbit Greens
910	通菜蓊	*Ipomoea aquatica* Forsk.	Rabbit Greens
911	铜罗汉	*Millingtonia hortensis* L. f.	*
912	铜钱草	*Centella asiatica*（L.）Urban	*
913	铜树叶	*Acalypha wilkesiana* Muell. -Arg.	*
914	透骨草	*Verbena officinalis* L.	*
915	土百部	*Asparagus filicinus* D. Don	*
916	土茶	*Cratoxylum formosum*（Jack）Dyer	*

序号	中文名	拉丁名	英文名
917	土菖蒲	*Acorus calamus* L.	Sweet Flag
918	土常山	*Asclepias curassavica* L.	Blood Flower、Wild Ipecacuanha
919	土椿树	*Rhus chinensis* Mill.	*
920	土丁桂	*Evolvulus alsinoides*（L.）L.	*
921	土茯苓	*Smilax glabra* Roxb.	*
922	土黄柏	*Oroxylum indicum*（L.）Kurz	*
923	土茴香	*Anethum graveolens* L.	*
924	土荆芥	*Dysphania ambrosiodies*（L）Mosyakin &. Clemants	Mexican Tea、Jerusalem Oak
925	土灵芝草	*Aeginetia indica* L.	*
926	土木特张姑	*Datura stramonium* L.	Devil's Apple、Thorn Apple、Stramonium
927	土牛膝	*Achyranthes aspera* L	Rough Chaff Tree、Prickly Chaff Flower
928	团花	*Neolamarckia cadamba*（Roxb.）Bosser	Wild Cinchona
929	脱皮麻	*Lannea coromandelica*（Houtt.）Merr.	*
930	椭圆叶木蓝	*Indigofera cassoides* Rottl. ex DC.	*
931	歪脖子果	*Garcinia xanthochymus* Hook. f.	*
932	弯腰果	*Ziziphus rugosa* Lam.	Wiild Jujube
933	弯腰树	*Ziziphus rugosa* Lam.	Wiild Jujube
934	万年青	*Lannea coromandelica*（Houtt.）Merr.	*
935	万年青树	*Bischofia javanica* Bl.	*
936	万寿果	*Carica papaya* L.	Arand-Akakri
937	万寿菊	*Tagetes erecta* L.	French Marigold
938	万桃花	*Datura stramonium* L.	Devil's Apple、Thorn Apple、Stramonium
939	王蝴蝶	*Oroxylum indicum*（L.）Kurz	*
940	王记叶	*Buddleja asiatica* Lour.	*
941	望果	*Mangifera indica* L.	Mango
942	望果	*Phyllanthus emblica* L.	Emblic Myrobalan、Indian Gooseberry
943	微凹土密木	*Bridelia retusa*（L.）A. Juss.	*
944	文殊兰	*Crinum asiaticum* L.	Poison Bulb
945	文珠兰	*Crinum asiaticum* L.	Poison Bulb
946	蕹菜	*Ipomoea aquatica* Forsk.	Rabbit Greens
947	蕹菜	*Ipomoea aquatica* Forsk.	Rabbit Greens
948	乌爹泥	*Acacia catechu*（L. f.）Willd.	Catechu Tree、Cutch Tree
949	乌龙须	*Coriaria nepalensis* Wall.	*
950	乌楣	*Syzygium cumini*（L.）Skeels	*
951	乌面马	*Plumbago zeylanica* L.	Ceylon Lead-Wort、White Lead-Wort
952	乌墨	*Syzygium cumini*（L.）Skeels	*

续表

序号	中文名	拉丁名	英文名
953	乌酸桃	*Rhus chinensis* Mill.	*
954	乌桃叶	*Rhus chinensis* Mill.	*
955	乌烟桃	*Rhus chinensis* Mill.	*
956	乌盐泡	*Rhus chinensis* Mill.	*
957	无根花	*Cuscuta reflexa* Roxb.	Dodder Plant
958	无娘藤	*Cuscuta reflexa* Roxb.	Dodder Plant
959	五倍柴	*Rhus chinensis* Mill.	*
960	五倍子树	*Rhus chinensis* Mill.	*
961	五方草	*Portulaca oleracea* L.	Purslane
962	五狗卧花心	*Calotropis gigantea* (L.) W. T. Aiton	
963	五棱果	*Averrhoa carambola* L.	Chinese Gooseberry、Carambolaj
964	五楞金刚	*Euphorbia neriifolia* L	Common Milk Hedge
965	五敛子	*Averrhoa carambola* L.	Chinese Gooseberry、Carambolaj
966	五稔	*Averrhoa carambola* L.	Chinese Gooseberry、Carambolaj
967	五行菜	*Portulaca oleracea* L.	Purslane
968	五行草	*Portulaca oleracea* L.	Purslane
969	五桠果	*Dillenia indica* L.	*
970	五叶薯蓣	*Dioscorea pentaphylla* L.	*
971	五爪兰	*Artabotrys hexapetalus* (L. f.) Bhandari	*
972	午时合	*Phyllodium pulchellum* (L.) Desv.	*
973	西南荷木	*Schima wallichii* Choisy	*
974	西柠檬	*Citrus limon* (L.) Osbeck	Lemon'
975	西谢	*Acacia catechu* (L. f.) Willd.	Catechu Tree、Cutch Tree
976	西印度醋栗	*Phyllanthus acidus* (L.) Skeels	*
977	锡兰肉桂	*Cinnamomum verum* J. Presl	Ceylon Cinnamon
978	锡生藤	*Cissampelos pareira* L.	*
979	溪菖蒲	*Acorus calamus* L.	Sweet Flag
980	豨莶草	*Sigesbeckia orientalis* L.	*
981	橄树	*Morinda citrifolia* L.	Indian Mulberry
982	细青皮	*Altingia excelsa* Noronha	*
983	细叶榕	*Ficus benjamina* L.	*
984	虾子花	*Woodfordia fruticosa* (L.) Kurz.	*
985	狭叶青蒿	*Artemisia dracunculus* L.	*
986	狭叶醉鱼草	*Buddleja asiatica* Lour.	*
987	仙都果	*Sandoricum koetjape* (Burm. f.) Merr.	*
988	咸沙木	*Stereospermum colais* (Buch.-Ham. ex Dillwya) Mabberley	*

序号	中文名	拉丁名	英文名
989	咸虾花	*Ageratum conyzoides* L.	Appa Grass、Goatweed
990	咸鱼头	*Claoxylon indicum*（Reinw. ex Bl.）Hassk.	*
991	线麻	*Cannabis sativa* L.	Indian Hemp、Ganja
992	相思豆	*Abrus precatorius* L.	Indian、Jamaica、Will Liquorice
993	相思格	*Adenanthera pavonina* L.	*
994	相思藤	*Abrus precatorius* L.	Indian、Jamaica、Will Liquorice
995	相思子	*Abrus precatorius* L.	Indian、Jamaica、Will Liquorice
996	香港倒捻子	*Garcinia xanthochymus* Hook. f.	*
997	香桂树	*Mallotus philippensis*（Lam.）Muell.-Arg.	Indian Kamala、Monkey Face Tree
998	香合欢	*Albizia odoratissima*（L. f.）Benth.	*
999	香黑种草	*Nigella sativa* L.	Small Fennel、Black Cumin
1000	香花果	*Passiflora foetida* L.	*
1001	香茅	*Cymbopogon citratus*（DC.）Stapf.	*
1002	香蒲	*Acorus calamus* L.	Sweet Flag
1003	香茜藤	*Albizia odoratissima*（L. f.）Benth.	*
1004	香秋葵	*Abelmoschus moschatus* Medicus	*
1005	香楸藤	*Mallotus philippensis*（Lam.）Muell.-Arg.	Indian Kamala、Monkey Face Tree
1006	香水树	*Cananga odorata*（Lam.）Hook. f. & Thomson	*
1007	香荽	*Coriandrum sativum* L.	Coriander
1008	香檀	*Mallotus philippensis*（Lam.）Muell.-Arg.	Indian Kamala、Monkey Face Tree
1009	香须树	*Albizia odoratissima*（L. f.）Benth.	*
1010	象皮木	*Alstonia scholaris*（L.）R. Br.	Dida Bark
1011	消山虎	*Vernonia cinerea*（L.）Less	Ash-Coloured Fleabane
1012	消息花	*Acacia farnesiana*（L.）Willd.	Cassis Flower
1013	小蚌花	*Tradescantia spathacea* Sw.	*
1014	小豆	*Alysicarpus vaginalis*（L.）DC.	*
1015	小豆蔻	*Elettaria cardamomum*（L.）Maton.	*
1016	小返魂	*Phyllanthus niruri* L.	*
1017	小黑牛	*Typhonium trilobatum*（L.）Schott	*
1018	小黄蝉	*Allamanda cathartica* L.	*
1019	小黄果	*Celastrus paniculatus* Willd.	*
1020	小茴香	*Foeniculum vulgare* Mill.	*
1021	小粒咖啡	*Coffea arabica* L.	Coffee Plant
1022	小旋花	*Convolvulus arvensis* L.	Bindweed
1023	小叶榕	*Ficus benjamina* L.	*
1024	泻黄蝉	*Allamanda cathartica* L.	*

续表

序号	中文名	拉丁名	英文名
1025	谢三娘	*Plumbago indica* L.	Rose-Coloured Lead-wort、Fire Plant
1026	心叶宽筋藤	*Tinospora cordifolia*（Willd.）Miers.	*
1027	心叶木	*Haldina cordifolia*（Roxb.）Ridsdale	*
1028	心叶榕	Ficus rumphii Bl.	*
1029	新加坡马樱丹	*Lantana aculeata* L.	*
1030	呀拉菩	*Calophyllum inophyllum* L.	*
1031	鸦麻	*Linum usitatissimum* L.	Flax Plant、Linseed
1032	鸭脚板	*Aeginetia indica* L.	*
1033	鸭脚木	*Alstonia scholaris*（L.）R. Br.	Dida Bark
1034	鸭脚木	*Plumeria rubra* L.	*
1035	鸭舌草	*Monochoria vaginalis*（Burm. f.）C. Presl	*
1036	鸭皂树	*Acacia farnesiana*（L.）Willd.	Cassis Flower
1037	鸭子花	*Justicia adhatoda* L.	Malabar Nut
1038	鸭嘴花	*Justicia adhatoda* L.	Malabar Nut
1039	亚历山大番泻叶	*Senna alexandrina* Mill.	*
1040	亚麻	*Linum usitatissimum* L.	Flax Plant、Linseed
1041	亚婆钱	*Phyllodium pulchellum*（L.）Desv.	*
1042	亚香茅	*Cymbopogon nardus*（L.）Rendle	Lemon Grass
1043	亚香茅	*Cymbopogon nardus*（L.）Rendle	Lemon Grass
1044	亚洲扁担杆	*Grewia asiatica* L.	*
1045	胭木	*Wrightia tomentosa*（Roxb.）Roem et Schult.	*
1046	胭脂菜	*Basella alba* L.	Indian Spinach、Malabar Night Shade
1047	胭脂豆	*Basella alba* L.	Indian Spinach、Malabar Night Shade
1048	胭脂花	*Mirabilis jalapa* L	Four O'clock Flower
1049	胭脂木	*Bixa orellana* L.	Anatto、Arnotto
1050	烟斗花	*Aeginetia indica* L.	*
1051	烟筒花	*Millingtonia hortensis* L. f.	*
1052	烟油花	*Evolvulus alsinoides*（L.）L.	*
1053	芫荽	*Coriandrum sativum* L.	Coriander
1054	岩花椒	*Zanthoxylum acanthopodium* DC.	*
1055	沿篱豆	*Lablab purpureus*（Linn.）Sweet	*
1056	盐肤木	*Rhus chinensis* Mill.	*
1057	盐树根	*Rhus chinensis* Mill.	*
1058	盐酸白	*Rhus chinensis* Mill.	*
1059	眼镜豆	*Entada phaseoloides*（L.）Merr.	*
1060	雁来红	*Catharanthus roseus*（L.）G. Don	*

序号	中文名	拉丁名	英文名
1061	燕子草	*Convolvulus arvensis* L.	Bindweed
1062	羊齿天门冬	*Asparagus filicinus* D. Don	*
1063	羊耳朵	*Callicarpa macrophylla* Vahl	*
1064	羊角菜	*Cleome gynandra* L.	*
1065	羊角豆	*Abelmoschus esculentus*（L.）Moench	*
1066	羊角丽	*Asclepias curassavica* L.	Blood Flower、Wild ipecacuanha
1067	羊角藤	*Ichnocarpus frutescens*（L.）W. T. Aiton	*
1068	羊浸树	*Calotropis gigantea*（L.）Dry. ex Ait. f.	Gigantic Swallowwort
1069	羊蹄草	*Emilia sonchifolia*（L.）DC	*
1070	羊蹄甲	*Bauhinia purpurea* L.	*
1071	羊眼果树	*Dimocarpus longan* Lour.	*
1072	阳桃	*Averrhoa carambola* L.	Chinese Gooseberry、Carambolaj
1073	洋白菜	*Brassica oleracea* L.	Cabbage、Brussels Sprouts
1074	洋波罗	*Annona squamosa* L.	Custard Apple、Sweet Sop
1075	洋葱	*Allium cepa* L.	Onion
1076	洋刀豆	*Canavalia ensiformis*（L.）DC.	*
1077	洋地黄	*Digitalis purpurea* L.	Foxglove
1078	洋茴香	*Anethum graveolens* L.	*
1079	洋金凤	*Caesalpinia pulcherrima*（L.）Sw.	Peacock's Pride
1080	洋金花	*Datura stramonium* L.	Devil's Apple、Thorn Apple、Stramonium
1081	洋金花	*Datura metel* L.	*
1082	洋麻	*Hibiscus cannabinus* Linn	Ambari Hemp、Deccan Hemp
1083	洋柠檬	*Citrus limon*（L.）Osbeck	Lemon'
1084	洋桃	*Averrhoa carambola* L.	Chinese Gooseberry、Carambolaj
1085	腰骨藤	*Ichnocarpus frutescens*（L.）W. T. Aiton	*
1086	腰果	*Anacardium occidentale* L.	Cashew Nut
1087	舀求子	*Quisqualis indica* L.	Rangoon Creeper、Chinese Honeysuckle
1088	药芹	*Apium graveolens* L.	Celery、Wild Celery
1089	椰菜	*Brassica oleracea* L.	Cabbage、Brussels Sprouts
1090	野波萝蜜	*Artocarpus lakoocha* Wall. Ex Roxb.	Monkey Jack Tree
1091	野菖蒲	*Acorus calamus* L.	Sweet Flag
1092	野靛叶	*Justicia adhatoda* L.	Malabar Nut
1093	野丁香	*Mirabilis jalapa* L	Four O'clock Flower
1094	野甘草	*Scoparia dulcis* L.	Sweet Broomweed
1095	野菰	*Aeginetia indica* L.	*
1096	野鹤嘴	*Asclepias curassavica* L.	Blood Flower、Wild Ipecacuanha

续表

序号	中文名	拉丁名	英文名
1097	野胡萝卜	*Daucus carota* L.	Carrot
1098	野黄皮	*Clausena excavata* Burm. f.	*
1099	野茴香	*Anethum graveolens* L.	*
1100	野鸡冠花	*Celosia argentea* L.	*
1101	野姜	*Zingiber montanum*（J. Koenig）Link ex A. Dietr.	*
1102	野苦瓜	*Cardiospermum halicacabum* L.	Balloon Vine、Winter Cherry、Heart's Pea
1103	野辣子	*Asclepias curassavica* L.	Blood Flower、Wild Ipecacuanha
1104	野麻	*Boehmeria nivea*（L.）Gaudich.	*
1105	野麻	*Cannabis sativa* L.	Indian Hemp、Ganja
1106	野麻子	*Datura stramonium* L.	Devil's Apple、Thorn Apple、Stramonium
1107	野马桑	*Coriaria nepalensis* Wall.	*
1108	野棉花	*Abelmoschus moschatus* Medicus	*
1109	野牡丹	*Melastoma malabathricum* L.	*
1110	野木耳菜	*Emilia sonchifolia*（L.）DC	*
1111	野枇杷	*Acorus calamus* L.	Sweet Flag
1112	野山芋	*Colocasia antiquorum* Schott	*
1113	野仙桃	*Passiflora foetida* L.	*
1114	野油麻	*Abelmoschus moschatus* Medicus	*
1115	野芋	*Colocasia antiquorum* Schott	*
1116	野芋头	*Colocasia antiquorum* Schott	*
1117	野苎麻	*Boehmeria nivea*（L.）Gaudich.	*
1118	叶下红	*Emilia sonchifolia*（L.）DC	*
1119	叶子花	*Bougainvillea spectabilis* Willd.	*
1120	夜饭花	*Mirabilis jalapa* L.	Four O'clock Flower
1121	夜花	*Nyctanthes arbor-tristis* L.	*
1122	夜香牛	*Vernonia cinerea*（L.）Less	Ash-Coloured Fleabane
1123	一点红	*Emilia sonchifolia*（L.）DC	*
1124	一见不消	*Plumbago zeylanica* L.	Ceylon Lead-Wort、White Lead-Wort
1125	一见喜	*Andrographis paniculata*（Burm. f.）Nees	The Creat、King of Bitters
1126	依兰	*Cananga odorata*（Lam.）Hook. f. & Thomson	*
1127	依兰香	*Cananga odorata*（Lam.）Hook. f. & Thomson	*
1128	异株荨麻	*Urtica dioica* L.	*
1129	意大利番泻叶	*Senna italica* Mill.	*
1130	薏苡	*Coix lacryma-jobi* L.	Job's Tears、Adlay
1131	银合欢	*Leucaena leucocephala*（Lam.）de Wit	*
1132	银花草	*Evolvulus alsinoides*（L.）L.	*

序号	中文名	拉丁名	英文名
1133	印度草	*Andrographis paniculata*（Burm. f.）Nees	The Creat、King of Bitters
1134	印度大风子	*Hydnocarpus kurzii*（King）Warb	*
1135	印度大麻	*Abroma augustum*（L.）L. f.	*
1136	印度红睡莲	*Nymphaea rubra* Roxb. ex Andrews	*
1137	印度勒竹	*Bambusa bambos*（L.）Voss	Bamboo
1138	印度萝芙木	*Rauvolfia serpentina*（L.）Benth. ex Kurz.	*
1139	印度蛇根草	*Rauvolfia serpentina*（L.）Benth. ex Kurz.	*
1140	印度蛇根木	*Rauvolfia serpentina*（L.）Benth. ex Kurz.	*
1141	印度蛇木	*Rauvolfia serpentina*（L.）Benth. ex Kurz.	*
1142	印度田菁	*Sesbania sesban*（L.）Merr.	*
1143	印度乌木	*Diospyros malabarica*（Desr.）Kostel.	*
1144	印度无忧花	*Saraca indica* L.	The Asoka Tree
1145	英台木	*Alstonia scholaris*（L.）R. Br.	Dida Bark
1146	莺爪	*Artabotrys hexapetalus*（L. f.）Bhandari	*
1147	璎珞木	*Amherstia nobilis* Wall.	*
1148	鹰爪	*Artabotrys hexapetalus*（L. f.）Bhandari	*
1149	鹰爪花	*Artabotrys hexapetalus*（L. f.）Bhandari	*
1150	鹰爪兰	*Artabotrys hexapetalus*（L. f.）Bhandari	*
1151	鹰爪木	*Alstonia scholaris*（L.）R. Br.	Dida Bark
1152	硬骨散	*Pothos scandens* L.	*
1153	硬枝老鸦嘴	*Thunbergia erecta*（Benth.）T. Anders	*
1154	油葱	*Aloe vera*（L.）Burm. f.	Barbodos Aloe
1155	油甘子	*Phyllanthus emblica* L.	Emblic Myrobalan、Indian Gooseberry
1156	油麻	*Sesamum indicum* L	Sesamum、Sesame、Gingelly Seed
1157	油桐	*Aphanamixis polystachya*（Wall.）R. N. Parker	*
1158	有翅决明	*Senna alata*（L.）Roxb.	Ringworm Shrub
1159	柚木	*Tectona grandis* L. f.	Teak Tree
1160	余甘子	*Phyllanthus emblica* L.	Emblic Myrobalan、Indian Gooseberry
1161	鱼木	*Crateva religiosa* G. Forst.	*
1162	鱼子兰	*Chloranthus elatior* Link	*
1163	羽萼	*Colebrookea oppositifolia* Smith	*
1164	羽萼木	*Colebrookea oppositifolia* Smith	*
1165	羽叶白头树	*Garuga pinnata* Roxb	*
1166	羽叶金合欢	*Acacia pennata*（L.）Willd.	*
1167	羽叶楸	*Stereospermum colais*（Buch.-Ham. ex Dillwya）Mabberley	*
1168	玉果	*Myristica fragrans* Houtt	Nutmeg

续表

序号	中文名	拉丁名	英文名
1169	玉龙鞭	*Stachytarpheta indica*（L.）Vahl	*
1170	玉米	*Zea mays* L.	*
1171	玉蜀黍	*Zea mays* L.	*
1172	郁金	*Curcuma comosa* Roxb.	*
1173	郁金香粉	*Curcuma comosa* Roxb.	*
1174	圆白菜	*Brassica oleracea* L.	Cabbage、Brussels Sprouts
1175	圆眼	*Dimocarpus longan* Lour.	*
1176	圆叶小槐花	*Phyllodium pulchellum*（L.）Desv.	*
1177	圆锥南蛇藤	*Celastrus paniculatus* Willd.	*
1178	月光花	*Ipomoea alba* L.	*
1179	月下珠	*Phyllanthus niruri* L.	*
1180	月牙一支蒿	*Asparagus filicinus* D. Don	*
1181	越南割舌树	*Walsura pinnata* Hassk.	*
1182	越南黄牛木	*Cratoxylum formosum*（Jack）Dyer	*
1183	越南芝麻	*Abelmoschus esculentus*（L.）Moench	*
1184	云连	*Coptis teeta* Wall.	Gold Thread Root
1185	云南刺篱木	*Flacourtia jangomas*（Lour.）Rausch.	*
1186	云南黄连	*Coptis teeta* Wall.	Gold Thread Root
1187	云南石梓	*Gmelina arborea* Roxb	*
1188	云南菟丝子	*Cuscuta reflexa* Roxb.	Dodder Plant
1189	枣	*Ziziphus jujuba* Mill.	Jujube Fruit、Chinese Date、Indian Jujube
1190	枣树	*Ziziphus jujuba* Mill.	Jujube Fruit、Chinese Date、Indian Jujube
1191	枣子	*Ziziphus jujuba* Mill.	Jujube Fruit、Chinese Date、Indian Jujube
1192	枣子树	*Ziziphus jujuba* Mill.	Jujube Fruit、Chinese Date、Indian Jujube
1193	藻百年	*Exacum tetragonum* Roxb.	*
1194	贼子叶	*Callicarpa macrophylla* Vahl	*
1195	粘不扎	*Sigesbeckia orientalis* L.	*
1196	粘苍子	*Sigesbeckia orientalis* L.	*
1197	粘糊菜	*Sigesbeckia orientalis* L.	*
1198	樟	*Cinnamomum camphora*（L.）presl	Camphora Tree
1199	掌叶蝎子草	*Girardinia diversifolia*（Link）Friis	*
1200	沼菊	*Enydra fluctuans* Lour.	*
1201	照药	*Plumbago zeylanica* L.	Ceylon Lead-Wort、White Lead-Wort
1202	鹧鸪花	*Heynea trijuga* Roxb. ex Sims.	*
1203	鹧鸪麻	*Kleinhovia hospita* L.	*
1204	珍珠米	*Zea mays* L.	*

序号	中文名	拉丁名	英文名
1205	真檀	*Santalum album* L.	White Sandal-Wood
1206	芝麻	*Sesamum indicum* L.	Sesamum、Sesame、Gingelly Seed
1207	知羞草	*Mimosa pudica* L.	Sensitive Plant Touch-Me-Not
1208	脂麻	*Sesamum indicum* L.	Sesamum、Sesame、Gingelly Seed
1209	脂树	*Tectona grandis* L. f.	Teak Tree
1210	直立刀豆	*Canavalia ensiformis* (L.) DC.	*
1211	直立山牵牛	*Thunbergia erecta* (Benth.) T. Anders	*
1212	直生刀豆	*Canavalia ensiformis* (L.) DC.	*
1213	止泻木	*Holarrhena antidysenterica* Wall. ex A. DC.	Rosebay、Conessi Bark、Teilicberry Bark
1214	止血草	*Callicarpa macrophylla* Vahl	*
1215	中国苦树	*Picrasma javanica* Blume	*
1216	中国旋花	*Convolvulus arvensis* L.	Bindweed
1217	中华粘腺果	*Commicarpus chinensis* (L.) Heim	*
1218	蔠葵	*Basella alba* L.	Indian Spinach、Malabar Night Shade
1219	皱枣	*Ziziphus rugosa* Lam.	Wiild Jujube
1220	朱蕉	*Cordyline fruticosa* (L.) A. Cheval.	*
1221	珠仔树	*Symplocos racemosa* Roxb.	*
1222	珠子草	*Phyllanthus niruri* L.	*
1223	猪肚树	*Hymenodictyon orixense* (Roxb.) Mabb.	*
1224	猪肥菜	*Portulaca oleracea* L.	Purslane
1225	猪母菜	*Portulaca oleracea* L.	Purslane
1226	猪头果	*Anneslea fragrans* Wall.	*
1227	竹节树	*Carallia brachiata* (Lour.) Merr	*
1228	竹林标	*Asclepias curassavica* L.	Blood Flower、Wild Ipecacuanha
1229	竹球	*Carallia brachiata* (Lour.) Merr	*
1230	竹芋	*Maranta arundinacea* L.	*
1231	苎麻	*Boehmeria nivea* (L.) Gaudich.	*
1232	爪哇木棉	*Ceiba pentandra* (L.) Gaertn.	*
1233	状元花	*Mirabilis jalapa* L.	Four O'clock Flower
1234	姊妹树	*Millingtonia hortensis* L. f.	*
1235	紫背万年青	*Tradescantia spathacea* Sw.	*
1236	紫背叶	*Emilia sonchifolia* (L.) DC	*
1237	紫椿	*Toona sureni* (Blume) Merr.	*
1238	紫花丹	*Plumbago indica* L.	Rose-Coloured Lead-Wort、Fire Plant
1239	紫花复活百合	*Kaempferia elegans* (Wall.) Baker.	*
1240	紫花藤	*Plumbago indica* L.	Rose-Coloured Lead-Wort、Fire Plant

序号	中文名	拉丁名	英文名
1241	紫矿	*Butea monosperma*（Lamk.）Kuntze	*
1242	紫葵	*Basella alba* L.	Indian Spinach、Malabar Night Shade
1243	紫茉莉	*Mirabilis jalapa* L	Four O'clock Flower
1244	紫桑	*Coriaria nepalensis* Wall.	*
1245	紫雪花	*Plumbago indica* L.	Rose-Coloured Lead-Wort、Fire Plant
1246	紫油木	*Tectona grandis* L. f.	Teak Tree
1247	总序山矾	*Symplocos racemosa* Roxb.	*
1248	走马风	*Ipomoea pes-caprae*（L.）Sweet	*
1249	醉心花	*Datura stramonium* L.	Devil's Apple、Thorn Apple Stramonium
1250	醉鱼草	*Buddleja asiatica* Lour.	*
1251	醉鱼儿	*Coriaria nepalensis* Wall.	*
1252	*	*Acacia leucophloea*（Roxb.）Willd.	*
1253	*	*Aerva javanica*（Burmf）Juss. ex Schult.	*
1254	*	*Agave vera-cruz* Mill.	*
1255	*	*Amorphophallus paeoniifolius*（Dennst.）Nicolson	*
1256	*	*Archidendron jiringa*（Jack）I. C. Nielsen	*
1257	*	*Aristolochia indica* L.	Indian Birthwort
1258	*	*Azadirachta indica* A. Juss.	*
1259	*	*Barringtonia acutangula*（L.）Gaertn.	*
1260	*	*Berberis nepalensis* Spreng	*
1261	*	*Brugmansia suaveolens*（Humb. & Bonpl. ex Willd.）Bercht. & J. Presl	*
1262	*	*Butea superba* Roxb.	*
1263	*	*Capparis flavicans* Kurz	*
1264	*	*Chrozophora plicata*（Vahl）A. Juss. ex Spreng	*
1265	*	*Clematis smilacifolia* Wall.	*
1266	*	*Clerodendrum infortunatum* L.	*
1267	*	*Croton persimilis* Mull. Arg.	*
1268	*	*Cynometra ramiflora* L.	*
1269	*	*Cyperus scariosus* R. Br.	*
1270	*	*Eryngium caeruleum* M. Bieb.	*
1271	*	*Euonymus kachinensis* Prain	*
1272	*	*Eurycoma longifolia* Jack	*
1273	*	*Holoptelea integrifolia* Planch.	*
1274	*	*Hygrophila auriculata*（Schumach.）Heine	*
1275	*	*Ipomoea hederifolia* L.	*
1276	*	*Limonia acidissima* L.	*

续表

序号	中文名	拉丁名	英文名
1277	*	*Linostoma pauciflorum* Griff.	*
1278	*	*Mitragyna speciosa*（Korth.）Havil.	Bitter Gourd、Carilla Fruit
1279	*	*Morinda coreia* Buch.-Ham.	*
1280	*	*Nauclea orientalis*（L.）L.	*
1281	*	*Pavetta indica* L.	*
1282	*	*Quassia indica*（Gaertn.）Noot	Neepa-Bark
1283	*	*Sambucus javanica* Blume	*
1284	*	*Sapindus saponaria* L.	*
1285	*	*Schleichera oleosa*（Lour.）Merr.	*
1286	*	*Selinum wallichianum*（DC.）Raizada &. H. O. Saxena	*
1287	*	*Spermacoce hispida* L.	Shaggy Button Weed
1288	*	*Stereospermum chelonoides*（L. f.）DC.	*
1289	*	*Tamilnadia uliginosa*（Retz.）Tirveng. &. Sastre	*
1290	*	*Tecoma stans*（L.）Juss. ex Kunth	*
1291	*	*Terminalia citrina*（Gaertn.）Roxb.	*
1292	*	*Trachyspermum roxburghianum*（DC.）H. Wolff.	*
1293	*	*Urtica parviflora* Roxb.	*
1294	*	*Viscum cruciatum* Sieber ex Boiss	*
1295	*	*Xylocarpus moluccensis*（Lam.）M. Roem.	*

注：* 表示暂无相关中文或英文名称。

附录二
中缅药用植物中文名索引

主要参考书目

书名简称	书名全称	作者	出版者	出版时间
哀牢	哀牢本草	王正坤,周明康	太原:山西科学技术出版社	1991
哀牢医药	哀牢山彝族医药	云南省玉溪地区民族事务委员会	昆明:云南民族出版社	1991
版纳傣药	西双版纳傣药志(第一集)	西双版纳傣族自治州民族医药调研办公室	西双版纳傣族自治州卫生局	1979
	西双版纳傣药志(第二集)	西双版纳傣族自治州民族药调研办公室	西双版纳傣族自治州委科办,西双版纳傣族自治州卫生局	1980
	西双版纳傣药志(第三集)	西双版纳傣族自治州民族药调研办公室	西双版纳傣族自治州科学技术委员会,西双版纳傣族自治州卫生局	1982
版纳哈尼药	西双版纳哈尼族医药	阿海,王有柱,里二	昆明:云南民族出版社	1999
部藏标	中华人民共和国卫生部药品标准:藏药(第一册)	中华人民共和国卫生部药典委员会	(内部资料)	1995
藏本草	中华藏本草	罗达尚	北京:民族出版社	1997
藏标	藏药标准	西藏、青海、四川、甘肃、云南、新疆卫生局	西宁:青海人民出版社	1979
朝药录	朝鲜族民族药材录(第一册)	延边朝鲜族自治州卫生局	(内部资料)	1983
朝药志	朝药志	崔松男	延边:延边人民出版社	1995
楚彝本草	楚雄彝州本草	王敏,朱琚元	昆明:云南民族出版社	1998
大理资志	大理中药资源志	大理白族自治州人民政府	昆明:云南民族出版社	1991
傣药录	傣药名录	中国医学科学院药物研究所云南药用植物试验站	(内部资料)	1982
傣药志	傣医传统方药志	西双版纳州民族医药调研办公室(赵世望、周兆奎主编)	昆明:云南民族出版社	1985
傣医药	傣族传统医药方剂	西双版纳州民族医药研究所编写组	昆明:云南科技出版社	1995

续表

书名简称	书名全称	作者	出版者	出版时间
德傣药	德宏傣药验方集(1)	李波买、肖波嫩、方茂琴等	德宏:德宏民族出版社	1983
	德宏傣药验方集(2)	德宏州卫生局药品检定所(方茂琴主编)	昆明:云南民族出版社	1998
	德宏傣药验方集(3)			
德宏药录	德宏民族药名录	李荣兴	德宏:德宏民族出版社	1990
德民志	德宏民族药志	德宏州卫生局药品检定所	(内部资料)	1983
滇省志	云南省志(卷七十 医药志)	《云南省志—医药志》编辑委员会	昆明:云南人民出版社	1995
滇药录	云南民族药名录	云南省药品检验所(施文良主编)	(内部资料)	1983
侗医学	侗族医学	陆科闵	贵阳:贵州科技出版社	1992
桂药编	广西民族药简编	广西壮族自治区卫生局,药西检验所	(内部资料)	1998
哈尼药	元江哈尼族药	云南省玉溪地区药品检验所,元江哈尼族彝族傣族自治县药检所	(内部资料)	不详
基诺药	基诺族医药	杨正林,郭绍荣,郑品昌	昆明:云南科技出版社	2001
拉祜药	拉祜族常用药	思茅地区民族传统医药研究所	昆明:云南民族出版社	1986
拉祜医药	中国拉祜族医药	张绍云	昆明:云南民族出版社	1996
蒙药	实用蒙药学	仓都古仁	呼和浩特:内蒙古人民出版社	1987
蒙植药志	内蒙古植物药志(第一~三卷)	朱亚民	呼和浩特:内蒙古人民出版社	1989
苗药集	苗族药物集	陆科闵	贵阳:贵州人民出版社	1988
苗医药	苗族医药学	贵州省民委文教处,贵州省卫生厅中医处,贵州省中医研究所	贵阳:贵州民族出版社	1992
民族药志	中国民族药志(第一卷)	卫生部药品生物制品检定所,云南省药品检验所,等	北京:人民卫生出版社	1984
	中国民族药志(第二卷)	卫生部药品生物制品检定所,云南省药品检验所,等	北京:人民卫生出版社	1990
	中国民族药志(第三卷)	中国民族药志编委会	成都:四川民族出版社	2000
怒江药	怒江中草药	云南省怒江傈僳族自治州卫生局	昆明:云南科技出版社	1991
怒江志	怒江傈僳族自治州民族志	怒江州民族事务委员会,怒江州地方志编纂委员会	昆明:云南民族出版社	1993

书名简称	书名全称	作者	出版者	出版时间
青藏药鉴	青藏高原药物图鉴(第一册)	青海省生物研究所,同仁县隆务诊疗所	西宁:青海人民出版社	1972
	青藏高原药物图鉴(第二册)	青海省生物研究所,同仁县隆务诊疗所	西宁:青海人民出版社	1978
	青藏高原药物图鉴(第三册)	青海省生物研究所,同仁县隆务诊疗所	西宁:青海人民出版社	1975
畲医药	畲族医药学	陈泽远,关祥祖	昆明:云南民族出版社	1996
水族药	水族医药	王厚安	贵阳:贵州民族出版社	1997
图朝药	图们江流域朝药名录(第一册)	延边州民族医药研究所	(内部资料)	1986
土家药	土家族医药学	彭延辉,关祥祖	昆明:云南民族出版社	1994
维药志	维吾尔药志(上册)	刘勇民,沙吾提·伊克木	乌鲁木齐:新疆人民出版社	1985
维医药	维吾尔族医药学	朱琪,关祥祖	昆明:云南民族出版社	1995
湘蓝考	湖南省蓝山县中草药资源考察与研究	李庚嘉,胡久玉,谌铁民,盘伍仔	湖南省蓝山县中草药资源考察队,湖南省中医药研究所	1983
彝药志	彝药志	云南省楚雄彝族自治州卫生局药检所	成都:四川民族出版社	1983
彝植药	彝医植物药	李耕东,贺廷超	成都:四川民族出版社	1990
彝植药续	彝医植物药(续集)	李耕东,贺廷超	成都:四川民族出版社	1992
中国藏药	中国藏药(第一~三卷)	青海省药品检验所,青海省藏医药研究所	上海:上海科学技术出版社	1996
中佤药	中国佤族医药(一)	郭大昌,郭绍荣,段桦	昆明:云南民族出版社	1990
	中国佤族医药(二)	郭大昌,郭绍荣,段桦	昆明:云南民族出版社	1991
	中国佤族医药(三)	郭大昌,郭绍荣,段桦	昆明:云南民族出版社	1992
	中国佤族医药(四)	郭大昌,郭绍荣,段桦	昆明:云南民族出版社	1997